高职高专电气自动化技术专业规划教材
GAOZHI GAOZHUAN DIANQI ZIDONGHUA JISHU ZHUANYE GUIHUA JIAOCAI

自动化综合实践

编著　李方园
主审　张永惠

中国电力出版社
http://jc.cepp.com.cn

内 容 提 要

本书为高职高专电气自动化技术专业规划教材。

全书共分八个项目，包括机械手自动分拣装置、封口包装机、复卷机、恒压供水控制装置、离心机、电梯、电镀自动生产线和轨道输送车。本书是按照项目导入、任务驱动的原则进行编写的，对于每一个课题从课题任务书到子课题、综合解决方案，最后到技术答疑一一展开，阐述详细，通俗易懂，并充分考虑了自动化项目设计中的所有问题，同时具有新颖性、技术性、实用性和可操作性。

本书可作为高职高专电气自动化技术、机电一体化等专业的实践教材和毕业设计指导手册，同时也可作为广大自动化工程人员的设计指南。

图书在版编目（CIP）数据

自动化综合实践/李方园编著. —北京：中国电力出版社，2009

高职高专电气自动化技术专业规划教材

ISBN 978-7-5083-8851-9

Ⅰ. 自… Ⅱ. 李… Ⅲ. 自动化技术-高等学校：技术学校-教材 Ⅳ. TP2

中国版本图书馆 CIP 数据核字（2009）第 075573 号

中国电力出版社出版、发行

（北京三里河路 6 号 100044 http：//jc. cepp. com. cn）

北京市同江印刷厂印刷

各地新华书店经售

*

2009 年 6 月第一版 2009 年 6 月北京第一次印刷

787 毫米×1092 毫米 16 开本 16.75 印张 407 千字

定价 **26.80** 元

前 言

现代工业的发展趋势是自动化、信息化、网络化、智能化和柔性化，尤其是现代科学技术的发展和全球经济一体化步伐的加快，这就要求我国工业自动化在发展中，要时刻紧跟世界工业自动化技术发展的最新动态，利用先进技术改造我国传统产业，以提高生产效率，增强企业在国际市场上的竞争能力，加快我国工业现代化的步伐。

实践已经证明，要完成好自动化控制系统的设计任务，除了掌握必要的自动化基础知识外，还必须经过反复实践，以生产现场为学习对象，将不断积累的经验应用到设计中来。自动化综合实践正是为这一目的而安排的实践性教学环节，它是一项初步的工程训练。

自动化综合实践的主要目的是通过某一生产设备的电气自动化控制装置的设计实践，了解一般电气自动化控制系统的设计过程、设计要求、应完成的工作内容和具体设计方法。通过设计也有助于复习、巩固以往所学的知识，达到灵活应用的目的。自动化综合实践必须满足生产设备和生产工艺的要求，因此，设计之前必须了解设备的用途、结构、操作要求和工艺过程，在此过程中培养从事设计工作的整体观念。

自动化综合实践应强调能力培养，在独立完成设计任务的同时，还要注意其他几方面能力的培养与提高。例如：独立工作的能力与创造力；综合运用专业及基础知识的能力，解决实际工程技术问题的能力；查阅图书资料、产品手册和各种工具书的能力；工程绘图的能力；书写技术报告和编制技术资料的能力。

本书是按照项目导入、任务驱动的原则进行编写的。本书共分八个课题，包括机械手自动分拣装置、封口包装机装置、复卷机控制系统、恒压供水控制装置、离心机控制装置、电梯控制柜的设计、电镀自动生产线的设计和轨道输送车的自动化设计。全书由浙江工商职业技术学院李方园编著。

本书通俗易懂，对于每一个课题从课题任务书到子课题、综合解决方案，最后到技术答疑一一展开，阐述详细，并充分考虑了自动化项目设计中的所有问题。在编写过程中，张永惠教授给予了大力支持并主审了本书，西门子公司、GE Fanuc 公司、温州亚龙教仪等厂家相关人员也给予了帮助并提供了相当多的典型案例和维护经验。在编写中曾参考和引用了国内外许多专家、学者最新发表的论文和著作等资料。另外，陈亚玲、叶明、陈贤富、沈阿宝、陈亚珠、李伟庄、章富科、方定桂、叶再赞、周琦、张文杰、韦奇奎、潘芝渭等参与了资料整理、文字录入和校对工作。在此一并致谢。

本书作为省级精品课程的配套教材，得到相当多同行的帮助，编者也进行了相应的校订工作，但由于编者水平有限，书中难免存在疏漏和不足之处，恳请广大读者批评指正，编者将不胜感谢。

本书使用软件的免费版本及各课题的完整程序可从配套资源网站下载，地址为：http://jpkc.zjbti.net.cn/zdhzhsj。

编 者

2009 年 5 月

目 录

课题 1

机械手自动分拣装置

随着社会的不断发展，市场的竞争也越来越激烈，因此各个生产企业都迫切地需要改进生产技术，提高生产效率。尤其是需要进行物料分拣的企业，以往一直采用人工分拣的方法，致使生产效率低、生产成本高、企业的竞争能力差，因此物料的自动分拣已成为企业的最佳选择。

机械手自动分拣装置是一种高速自动化生产线上的金属与非金属自动分拣设备。其工作流程是：物料盘负责输送物料，一旦有物料进入准备状态，则启动机械手搬运机构；然后，机械手快速定位到物料的正上方，下降抓取物料、提升并释放至指定位置；待物料被释放后，传送装置联动，并根据金属与非金属的特点进行分拣；机械手则迅速返回，等待下一轮分拣抓取。

【课题任务书】

1. 任务概述

图 1－1 所示为机械手自动分拣装置，它包括物料盘、机械手、输送带、金属通道和非金属通道等。根据工艺流程和控制要求即可设计该装置的可编程控制器（PLC）控制系统硬件部分与软件部分。

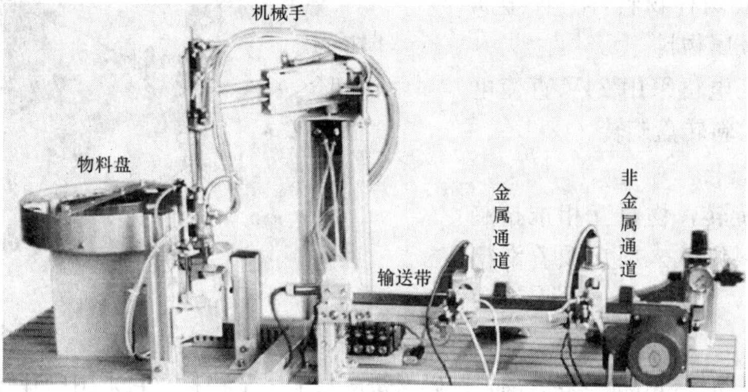

图 1－1　机械手自动分拣装置

2. 工艺流程

机械手自动分拣装置的工艺流程如下：

（1）按启动按钮后，启动送料电机驱动放料盘旋转，物料由送料槽滑到物料提升位置，物料检测光电传感器开始检测；

（2）送料电机运行一定时间后，如果物料检测光电传感器仍未检测到物料，则说明送料机构已经无物料，这时要停机并报警；

（3）当物料检测光电传感器检测到有物料时，将发出信号，上料单向电磁阀驱动上料，机械手臂伸出手爪下降抓物，然后手爪提升手臂缩回，手臂向右旋转到右限位，手臂伸出，手爪下降将物料放到传送带上；

（4）传送带输送物料，传感器则根据物料性质（金属和非金属），分别控制相应电磁阀使气缸动作，对物料进行分拣；

（5）最后机械手返回原位重新开始下一个流程。

3. 控制要求

（1）输入电源为三相 380V 电源；

（2）机械手自动分拣装置的控制核心要求为小型 PLC（如西门子S7－200）；

（3）机械手自动分拣装置工作流程如图 1－2 所示。

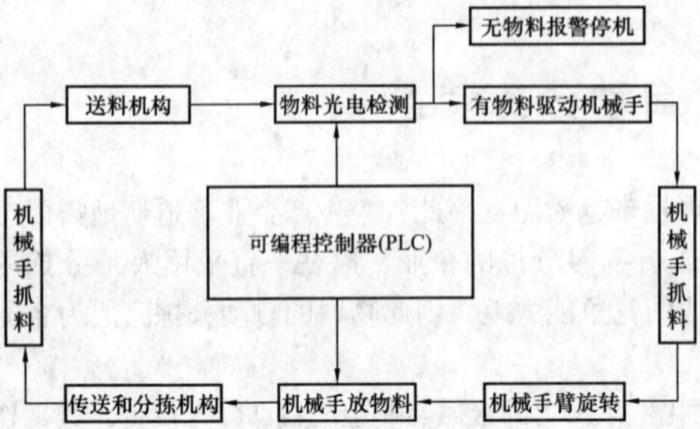

图 1－2　机械手自动分拣装置工作流程

子课题1　送料机构的控制

一、送料机构的组成部分

机械手自动分拣装置的第一部分是送料机构。所有的物料在放料转盘的转动下，逐个通过物料滑槽，等待提升气缸从提升台向上运送。送料机构如图 1－3 所示。

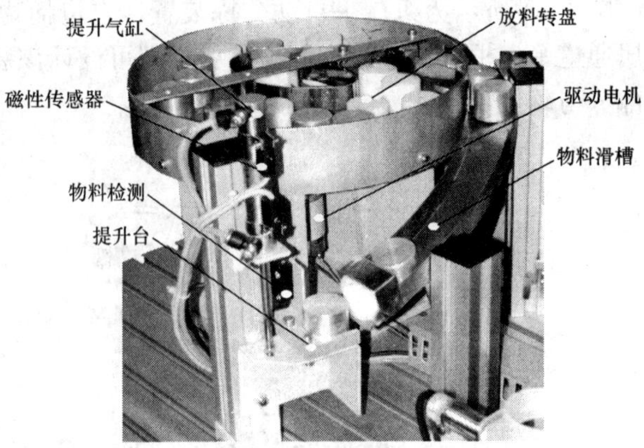

图 1－3　送料机构

1. 放料转盘

转盘中共放两种物料，一种金属物料，一种非金属物料。

驱动电机：电机采用 24V 直流电机，用于驱动放料转盘旋转。

2. 物料滑槽

放料转盘旋转，物料互相推挤趋向入料口，物料则从入料口顺着滑槽落到提升台上。

3. 提升台

提升台是将物料和滑槽有效分离，并确保每次只上一个物料，它采用提升气缸进行动作。

二、送料机构的传感器工作原理及选型

1. 送料检测

物料检测为光电漫反射型传感器，主要为 PLC 提供一个输入信号。如果有物料在提升台上，就会驱动提升气缸提升物料；如果运行中光电传感器没有检测到物料并保持一定的时间后，则让系统停机然后报警。

2. 光电开关的工作原理

红外线光电开关所发射的红外线属于一种电磁射线，其特性等同于无线电或 X 射线。人眼可见的光波是 380～780nm，发射波长为 780nm～1mm 的长射线称为红外线，一般红外线光电开关优先使用的是接近可见光波长的近红外线。图 1－4 所示为各种不同频率与波长的电磁射线。

图 1－5 所示为光电开关的工作原理示意，由光电开关内部振荡回路产生的调制脉冲先经反射电路后，由发射器辐射出光脉冲；当被测物体进入受光器作用范围时，被反射回来的光脉冲进入光敏二极管；并在接收电路中将光脉冲解调为电脉冲信号，再经放大器放大和同步选通整形，然后用数字积分或 RC 积分方式排除干扰，最后经延时（或不延时）触发驱动器输出光电开关控制信号。

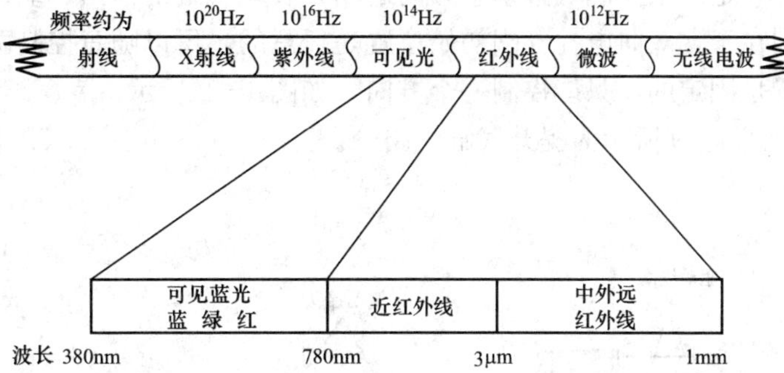

图 1－4　各种不同频率与波长的电磁射线

在机械手自动分拣装置中，应用最常见的是一种直接反射光电开关（见图 1－6）。它是一种集发射器和接收器于一体的传感器，当有被检测物体经过时，将光电开关发射器发射的足够量的光线反射到接收器，于是光电开关就产生了开关信号。当被检测物体的表面光亮或其反光率极高时，直接反射式的光电开关是首选的检测模式。

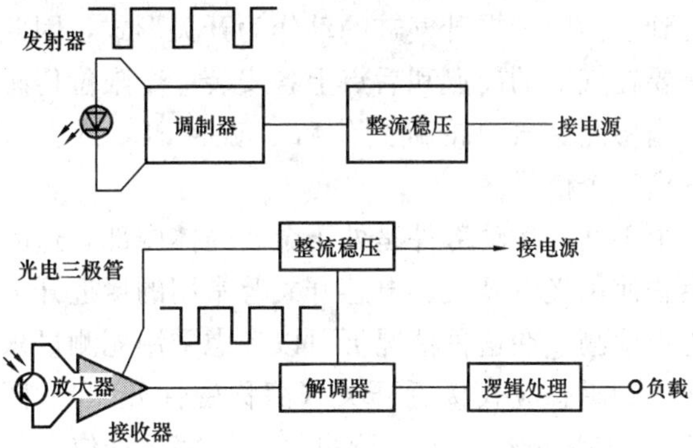

图 1－5　光电开关的工作原理示意

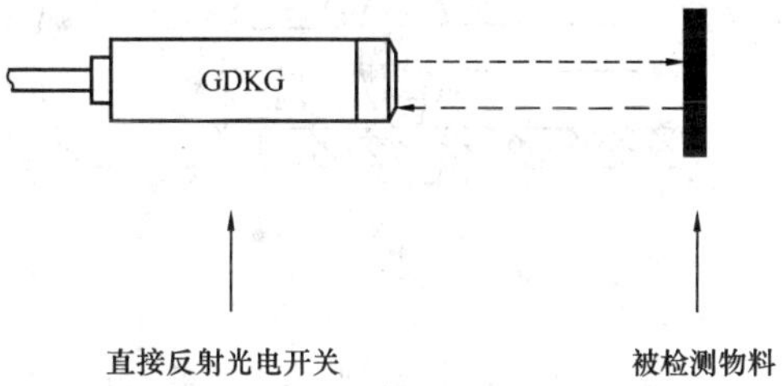

图 1－6　直接反射光电开关

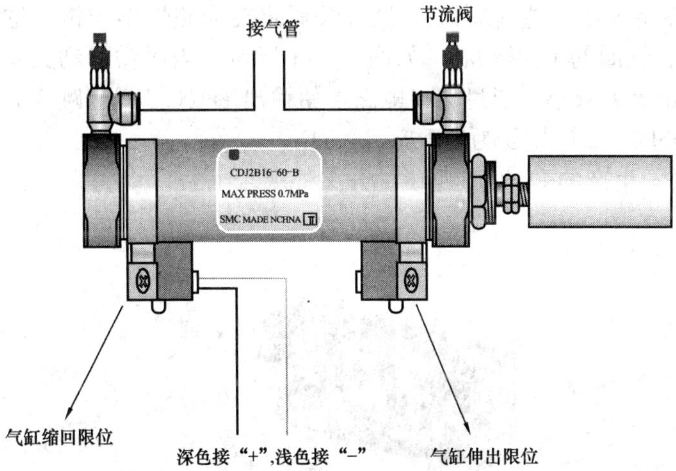

图 1－7　典型的提升气缸

三、提升台的操作

1. 提升气缸

提升气缸使用的是单向电控气阀。若电控气阀得电，则物料提升台上升；若电控气阀断电，则物料提升台下降。图 1－7 所示为典型的提升气缸。

提升气缸的正确运动使物料被运送到相应的位置，只要交换进出气的方向就能改变气缸的伸出（缩回）运动。与提升气缸相对应的是单向电控气阀，它是用来控制气缸单个方向运动，实现气缸的伸出、缩回运动。单向与双向电控气阀的区别在于：双向电控气阀初始位置是任意的，可以随意控制两个位置；而单向电控气阀初始位置是固定的，只能控制一个方向，如图 1－8 所示。

图 1－9 所示为提升气缸气路图。

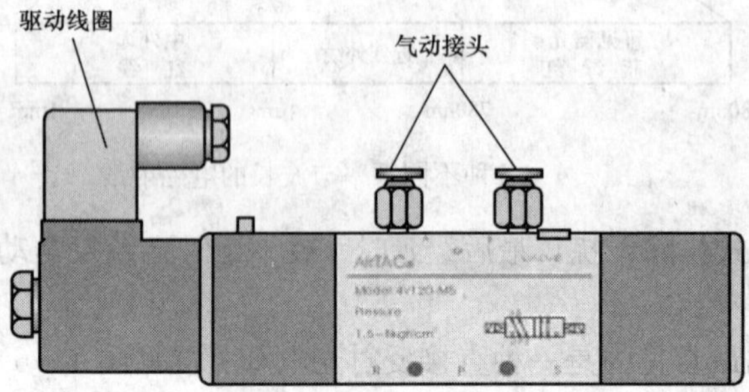

图 1－8　单向电控气阀示意图

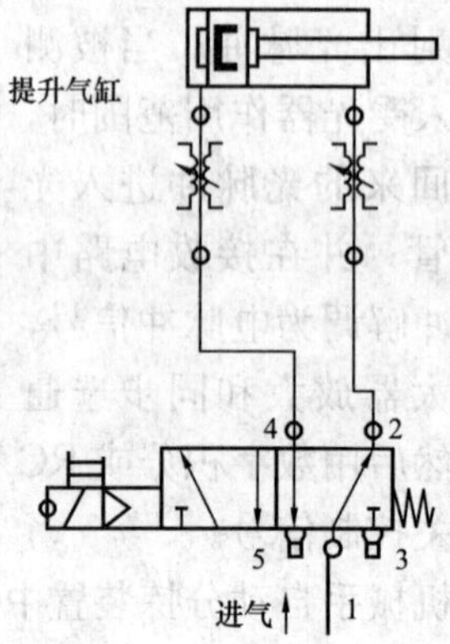

图 1－9　提升气缸气路图

2. 提升气缸的到位检测

为了确保气缸动作的正确性，通常还要在气缸上安装传感器，用于检测气缸伸出和缩回是否到位。由于提升气缸的动作为开关形式，因此只需要在气缸的前点和后点上各安装一个限位传感器，当检测到气缸准确到位后，就给 PLC 或上位机发出一个信号。

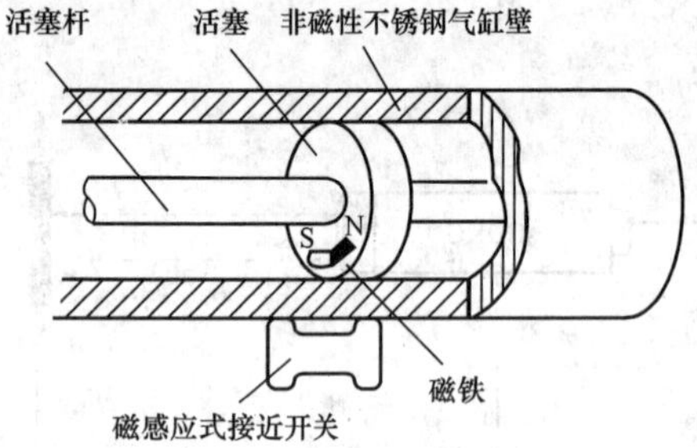

图 1－10　利用磁性开关来测量气缸活塞运动位置的示意图

由于气缸运动部件是处于金属壳体内部，这时就无法使用光电开关、电感开关等常用的接近开关来进行检测，在这种情况下可以考虑采用能测量永久变化的磁感应式接近开关（简称磁性开关）。图 1－10 是利用磁性开关来测量气缸活塞运动位置的示意图。

永久磁铁固定在非导磁性材料制作的活塞体内，磁性开关固定在非磁性不锈钢气缸壁上。磁性开关壳体内设置一只绕有线圈的 U 形铁心，如图 1－11 所示。当磁铁运动到铁心正上方时，铁心饱和，线圈电感量大大减小，通过转换电路，使输出端（OC 门）跳变为低电平（NPN 型），当磁铁远离铁心时 OC 门恢复为高阻态。

图 1－12 所示为日本 SMC 公司生产的 D－C73 型磁性开关外观。

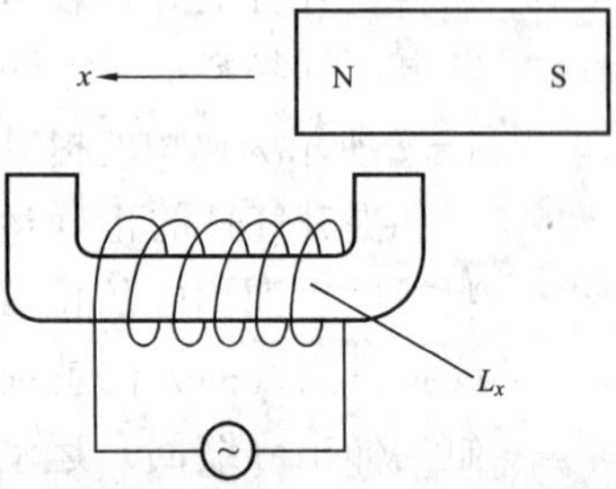

图 1－11　磁性开关的工作原理

图 1－12　磁性开关外观

用于气缸到位检测的磁性开关有不同的安装方式，主要有带式、导轨式、拉杆式和直接式四种，如图 1-13 所示。

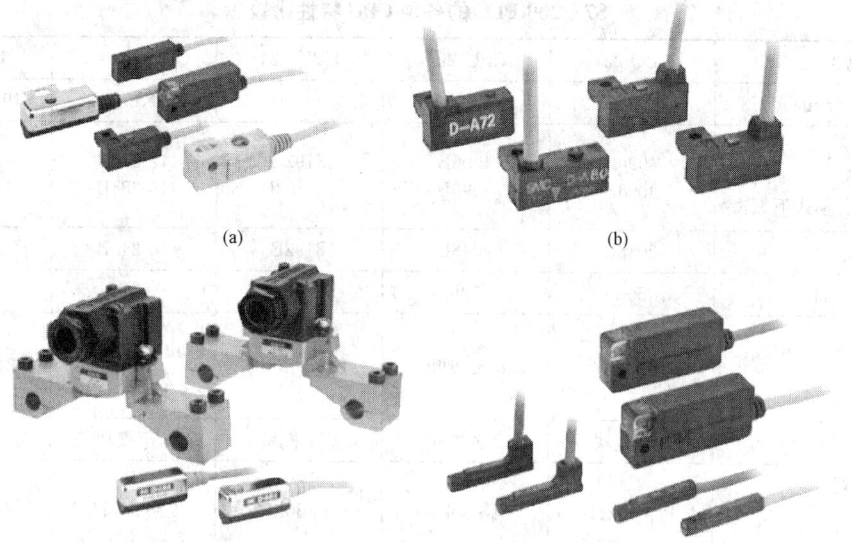

(a)　(b)　(c)　(d)

图 1-13　气缸用磁性开关的安装方式

(a) 带式安装；(b) 导轨式安装；(c) 拉杆式安装；(d) 直接式安装

四、西门子 S7-200 小型 PLC 的系统配置

西门子 S7-200 系列小型 PLC 适用于各行各业、各种场合中的检测、监测及控制的自动化，它的强大功能使其无论在独立运行中或相连成网络都能实现复杂的控制功能。因此 S7-200 系列小型 PLC 具有极高的性能/价格比。

1. CPU 单元设计

S7-200 CPU 将一个微处理器、一个集成电源和数字量 I/O 点集成在一个紧凑的封装中，从而形成了一个功能强大的小型 PLC，如图 1-14 所示。

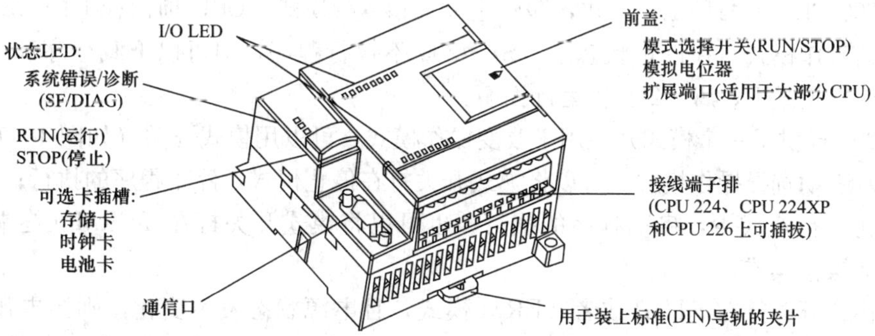

图 1-14　S7-200 PLC 的 CPU 单位设计

S7-200 PLC 具有集成的 24V 负载电源，它可直接连接到传感器、变送器和执行器，CPU 221、CPU 222 具有 180mA 输出，CPU 224、CPU 224XP、CPU 226 分别输出 280mA 或 400mA，可用作负载电源。

S7－200 PLC 提供了多种类型的 CPU 以适应各种应用，表 1－1 所示为各种 CPU 的特性简单比较。

表 1－1　S7－200 PLC 的各种 CPU 特性比较

特性	CPU 221	CPU 222	CPU 224	CPU 224×P	CPU 226
外形尺寸（mm）	90×80×62	90×80×62	120.5×80×62	140×80×62	190×80×62
程序存储器： 可在运行模式下编辑 不可在运行模式下编辑	4096B 4096B	4096B 4096B	8192B 12 288B	12 288B 16 384B	16 384B 24 576B
数据存储区	2048B	2048B	8192B	10 240B	10 240B
掉电保持时间	50h	50h	100h	100h	100h
本机 I/O 数字量 模拟量	6 入/4 出	8 入/6 出	14 入/10 出	14 入/10 出 2 入/1 出	24 入/16 出
扩展模块数量	0 个模块	2 个模块	7 个模块	7 个模块	7 个模块
高速计数器 单相 双相	4 路 30kHz 2 路 20kHz	4 路 30kHz 2 路 20kHz	6 路 30kHz 4 路 20kHz	4 路 30kHz 2 路 200kHz 3 路 20kHz 1 路 100kHz	6 路 30kHz 4 路 20kHz
脉冲输出（DC）	2 路 20kHz	2 路 20kHz	2 路 20kHz	2 路 100kHz	2 路 20kHz
模拟电位器	1	1	2	2	2
实时时钟	配时钟卡	配时钟卡	内置	内置	内置
通信口	1　RS－485	1　RS－485	1　RS－485	2　RS－485	2　RS－485
浮点数运算	有				
I/O 映象区	256（128 入/128 出）				
布尔指令执行速度	0.22μs/指令				

2. 选择 CPU 的工作方式

S7－200 PLC 有两种工作模式，即停止模式和运行模式。CPU 前面板上的 LED 状态显示了当前的工作模式。在停止状态下，S7－200 不执行程序，但可以下载程序和进行 CPU 组态；在运行模式下，S7－200 将运行程序。

S7－200 提供了一个模式开关用于改变操作模式，可以用模式开关（如图 1－14 所示的前盖下面）手动选择操作模式：可以将模式开关打在停止模式，停止程序的执行；可以将模式开关打在运行模式下，启动程序的执行；也可以将模式开关打在 TERM（终端）模式，不改变当前操作模式。

如果模式开关打在 STOP 或者 TERM 模式，且电源状态发生变化，则当电源恢复时，CPU 会自动进入停止模式；如果模式开关打在 RUN 模式，且电源状态发生变化，则当电源恢复时，CPU 会进入运行模式。

S7－200 PLC 的编程软件 STEP－Micro/WIN 允许用户改变与之相连的 S7－200 的工作模式，如果希望用软件来改变工作模式，CPU 上的模式开关必须打在 RUN 或者 TERM 上，然后用菜单命令中的 PLC＞STOP 和 PLC＞RUN 或者工具栏中的相关按钮来改变工作模式。

当然，还有一种方式，即在应用程序中插入 STOP 指令来将 S7－200 PLC 置为停止模式，它可以使逻辑程序停止运行。

3. S7－200 CPU 的基本接线

S7－200 CPU 的种类比较多，但根据输出结构来说，大致分为两类，即输出为晶体管的和输出为继电器的。图 1－15（a）、（b）所示分别为晶体管输出和继电器输出的基本接线图示意（以 CPU 224 为例）。

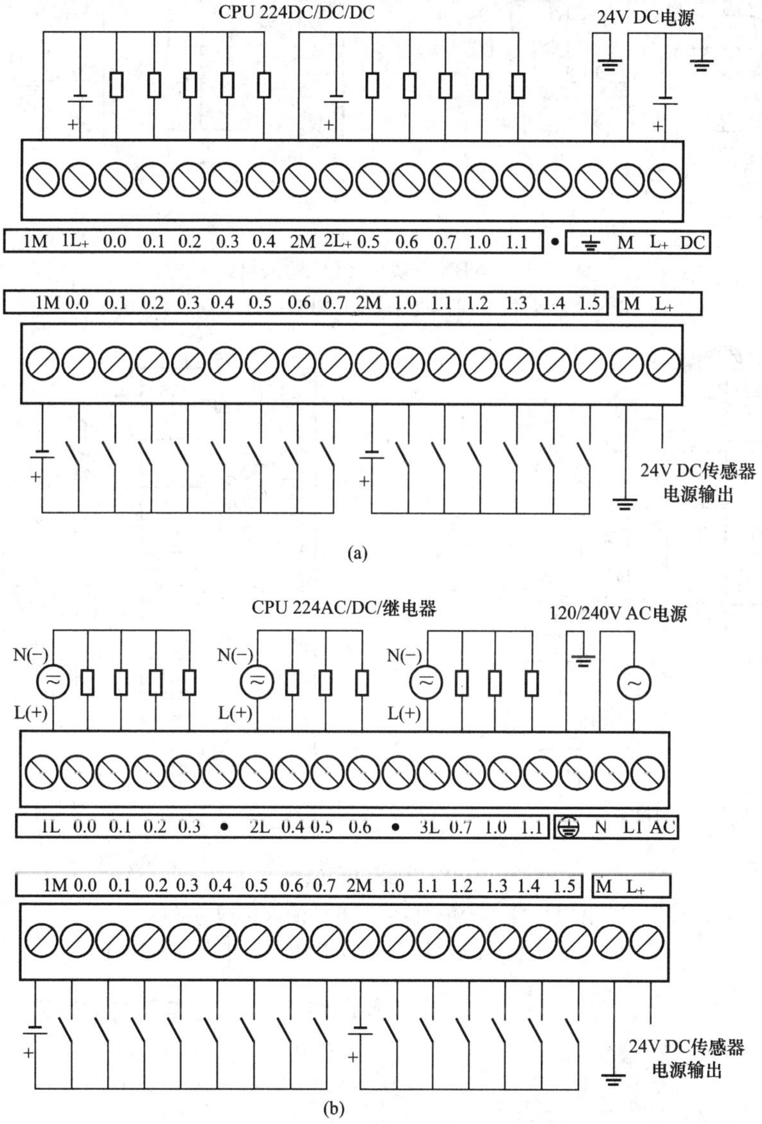

图 1－15 S7－200 CPU 的接线图

（a）晶体管输出的基本接线图示意；（b）继电器输出的基本接线图示意

对于送料机构来说，无论是光电开关还是磁性开关，都有 NPN 和 PNP 输出两种接线方式。对于 PLC 来说，也有对应的两种输入接线方式，如图 1－16 和图 1－17 所示。

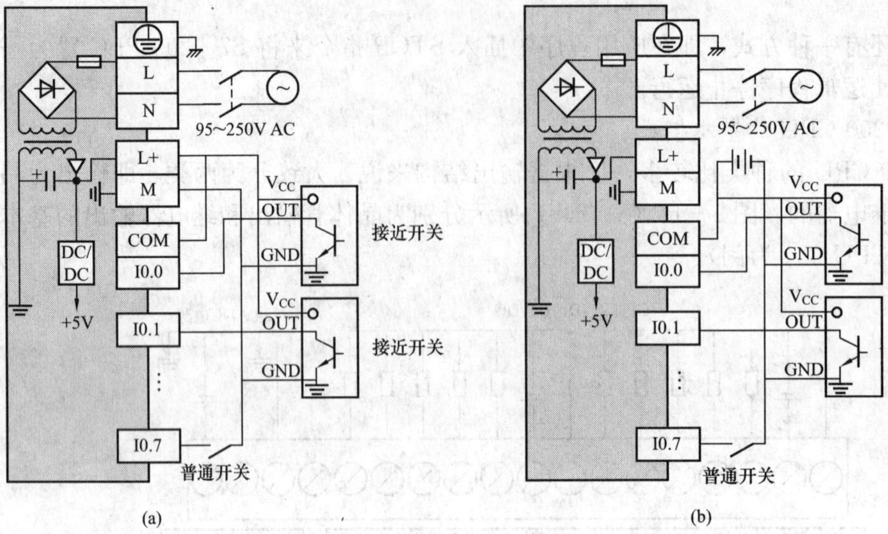

图 1-16 NPN 开关的 PLC 输入接线方式

(a) NPN 接近开关（内部供电）；(b) NPN 接近开关（外部供电）

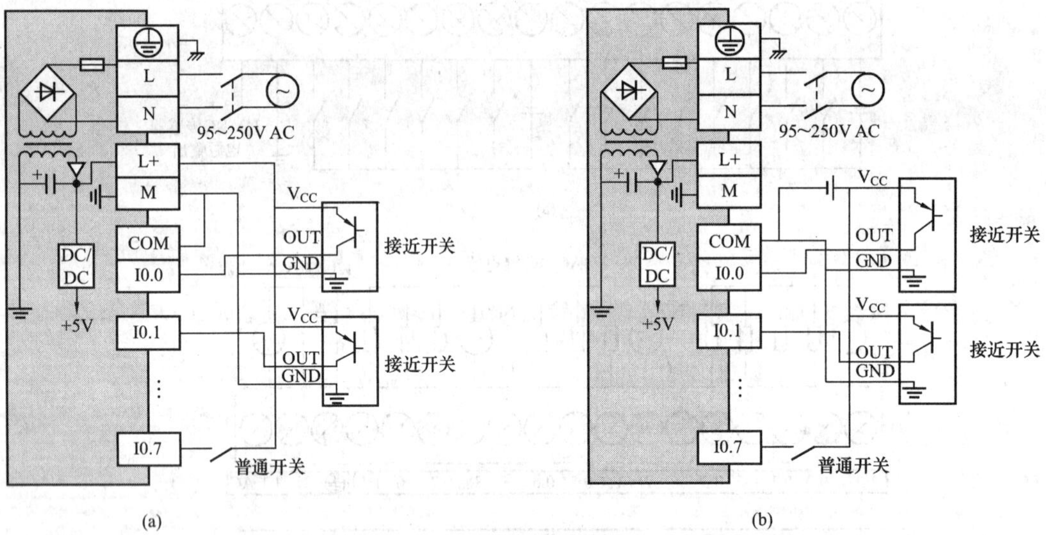

图 1-17 PNP 开关的 PLC 输入接线方式

(a) PNP 接近开关（内部供电）；(b) PNP 接近开关（外部供电）

【任务训练 1-1：光电开关的安装、接线与测试】

1. 光电开关选型

选择合适的光电开关，见图 1-18。

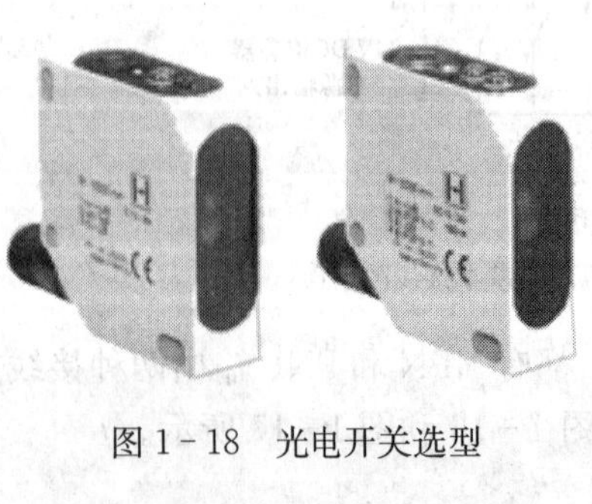

图 1-18 光电开关选型

2. 光电开关安装

按照光电开关说明书进行安装，见图 1-19。

3. 光电开关与 PLC 的连接

图 1-20 所示为 NPN 光电开关与西门子 PLC 的接线示意，该接线方式采用 PLC 内置的 24V DC 电源。

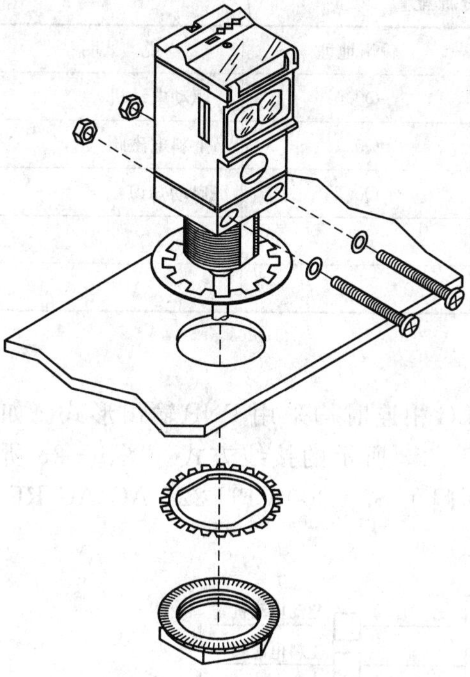

图1－19　光电开关安装

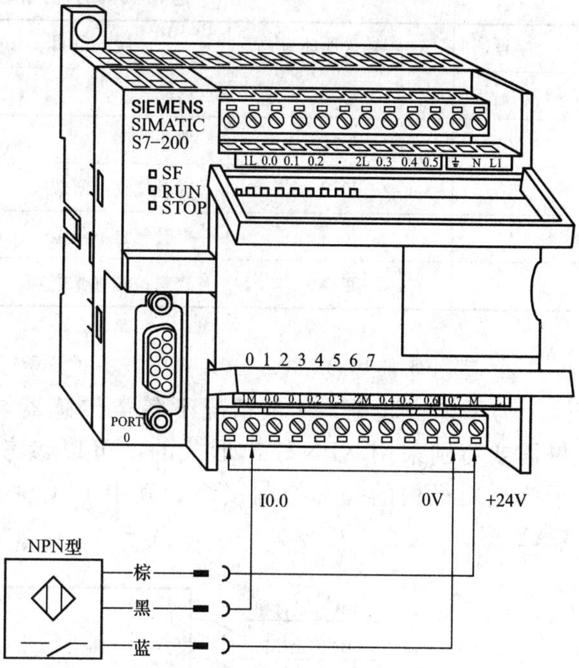

图1－20　NPN 光电开关与西门子 PLC 的接线示意

4．光电开关与物料的信号测试

上电正常后，用物料进行测试。测试内容包括感应距离、响应时间、输出信号、指示灯显示等。如果工艺要求有延时接通或延时断开或延时 ON/OFF 的，可以参考所接光电开关的说明，进行相应调整。图1－21所示为常见的几种光电开关与物料之间的信号关系。

为了确保物料检测的正确无误，需要进行光电开关的必要调整，图1－22所示为常见的光电开关调整模式。

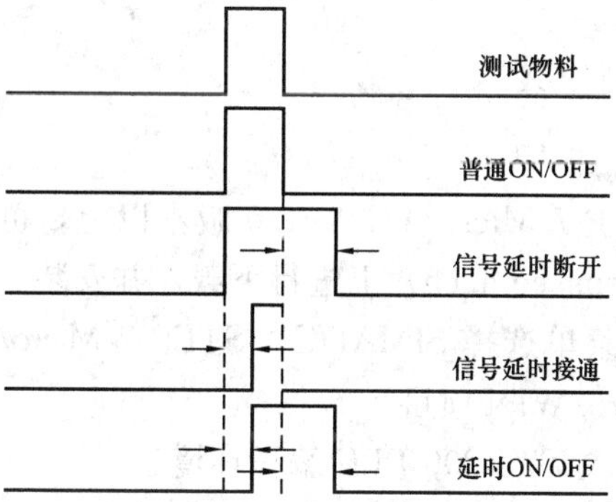

图1－21　常见的几种光电开关与物料之间的信号关系

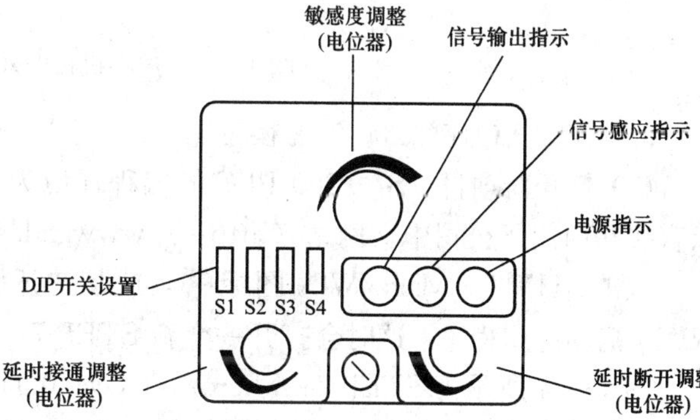

图1－22　常见的光电开关调整模式

【任务训练1－2：送料机构S7－200控制系统的接线及编程】

1．硬件分配表

根据送料机构的控制要求，现给出其输入/输出资源配置，如表1－2所示。其中输入5点，输出3点。

表 1-2 送料机构的输入/输出资源配置

序号	输入地址	说　明	输出地址	说　明
1	I0.0	启动	Q0.0	驱动电动机
2	I0.1	停止	Q0.1	上料电磁阀
3	I0.2	提升气缸上限位	Q0.2	启动知识
4	I0.3	提升气缸下限位		
5	I0.4	物料检测（光电）		

2. 画出外部接线图

为了统一起见，一般情况下各类传感器与 PLC 相连时均采用 PNP 输出形式。如果需要特别采用 NPN 输出形式的，可以参考图 1-23 所示的接线方式。图 1-23 所示为送料机构的外部控制接线，其中 PLC 采用西门子 S7-200 CPU 224 AC/AC/RELAY 型。

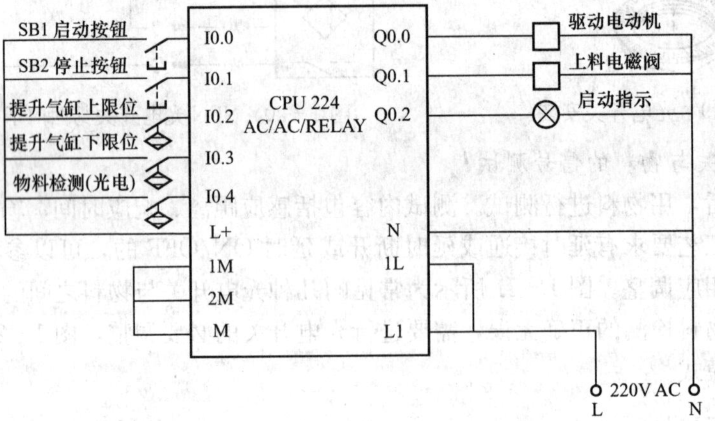

图 1-23 送料机构的外部控制接线

3. 熟悉 PLC S7-200 的编程环境

(1) 打开新项目。S7-200 PLC 的编程环境为 STEP 7-Micro/WIN v4.0 版本以上，可以直接从西门子公司中文网站（http：//www.ad.siemens.com.cn）上进行下载，并安装。

双击 STEP 7-Micro/WIN 图标，或从“开始”菜单选择 SIMATIC＞STEP 7 Micro/WIN，启动应用程序，这时会打开一个新 STEP 7-Micro/WIN 项目。

图 1-24 所示为 STEP 7-Micro/WIN v4.0 的全中文 S7-200 PLC 编程环境。

(2) 采用梯形图 LAD 进行编程。梯形图 LAD 是各种 PLC 的通用语言，根据图 1-25 输入一段简单逻辑程序。

LAD 的编辑可以包括工具条按钮、指令树拖放和功能键等多种方式，具体可以参看 STEP 7-Micro/WIN 帮助菜单。

(3) 对梯形图 LAD 程序进行编译。可以用工具条按钮或 PLC 菜单进行 S7-200 程序编译，如图 1-26 所示。

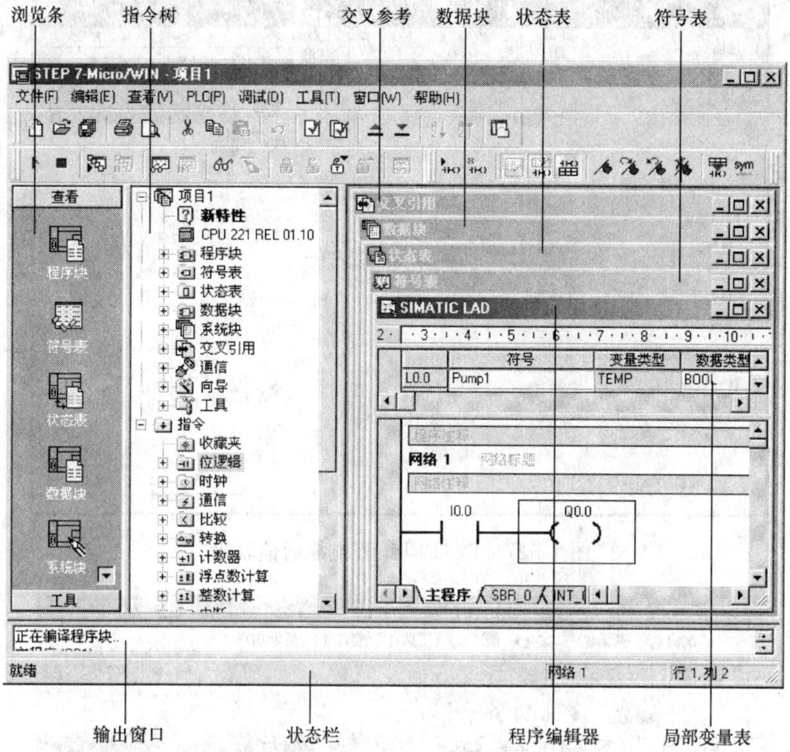

图1-24 S7-200 PLC编程环境

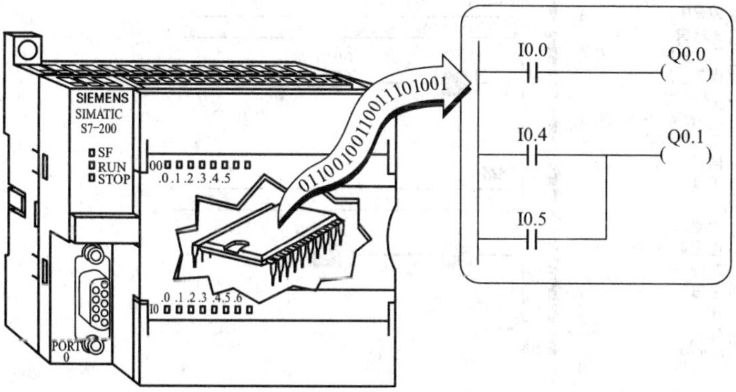

图1-25 简单逻辑程序

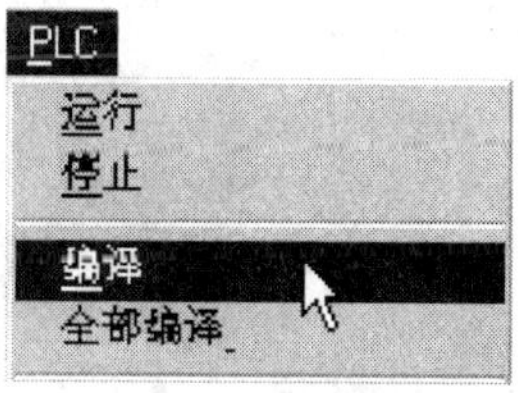

图1-26 S7-200程序编译

当用户在编译时，“输出窗口”会列出发生的所有错误。错误根据位置（网络、行和列）以及错误类型识别。这时可以双击错误线，调出程序编辑器中包含错误的代码网络。

（4）通过PC/PPI编程电缆连接PC与PLC。如图1-27所示进行PC/PPI编程电缆的通信联机，一旦联机成功后，即可下载程序到PLC。

（5）下载程序，并使CPU处于运行状态。图1-28所示为程序的联机运行、停止与状态监控，其中▶为程序RUN命令；■为程序STOP命令；为程序状态监控命令。

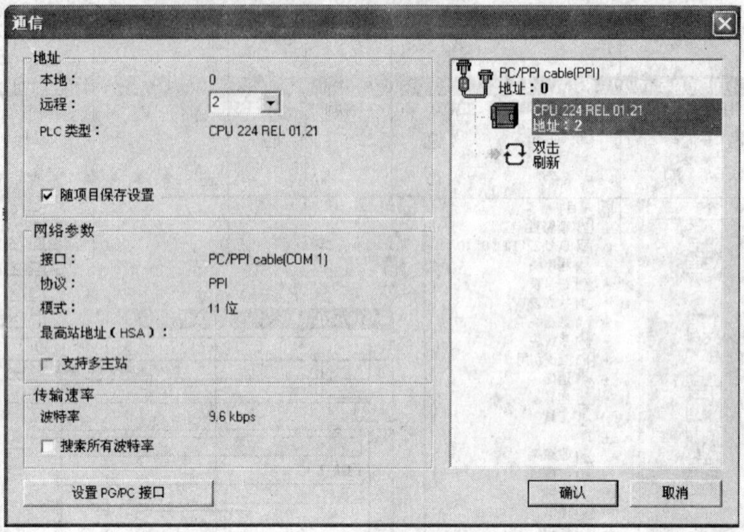

图 1-27 PC/PPI 编程电缆通信联机

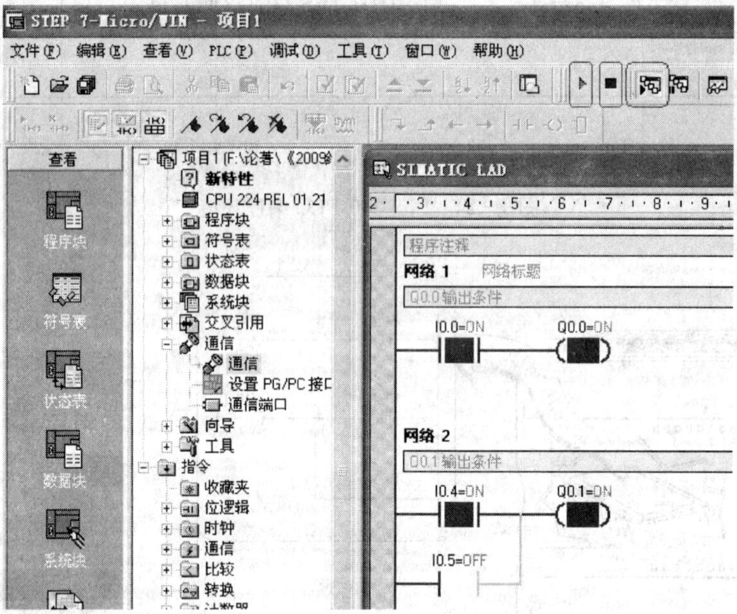

图 1-28 程序的联机运行、停止与状态监控

4. 送料机构的简单程序编制

对于送料机构的单个程序，可以按照以下思路进行简单设计。

(1) 按下启动按钮 SB1，驱动电动机运行，启动指示灯亮；

(2) 当物料检测（光电）开关检测到有物料下滑到指定位置时，提升气缸动作；

(3) 当按下停止按钮 SB2，驱动电机停止运行，提升气缸下降；

(4) 判断提升气缸的上下限位都亮时，表示气缸故障，启动指示灯按照 1s 频次进行闪烁。

送料机构的参考程序如图 1-29 所示。

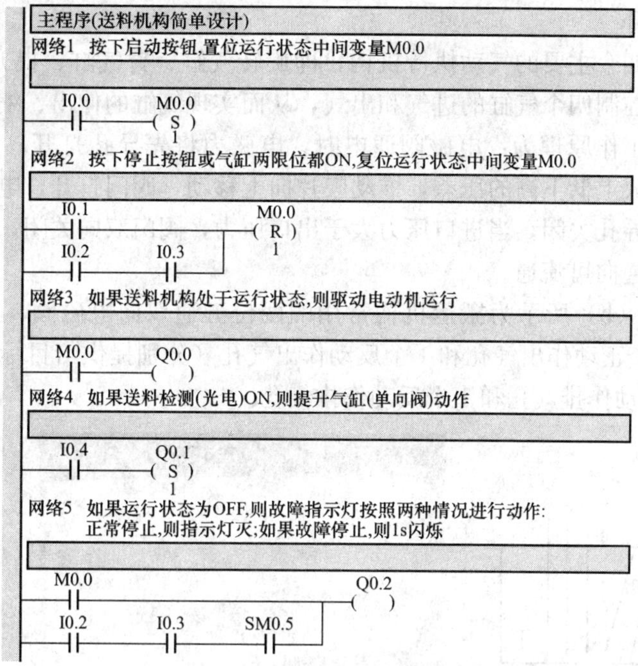

图 1-29　送料机构的参考程序

子课题 2　机械手搬运机构的控制

一、搬运机构的组成部分

机械手分拣装置的搬运机构能完成四个自由度动作，即手臂伸缩、手臂旋转、手爪上下、手爪紧松（如图 1-30 所示）。

搬运机构的各部分说明如下：

（1）手爪提升气缸：提升气缸采用双向电控气阀控制，气缸伸出或缩回可任意定位。

（2）磁性传感器：检测手爪提升气缸处于伸出或缩回位置。

（3）手爪：抓取物料由单向电控气阀控制，当单向电控气阀得电，手爪夹紧磁性开关有信号输出，指示灯亮；单向电控气阀断电，手爪松开。

（4）旋转气缸：机械手臂的正反转，由双向电控气阀控制。

（5）接近传感器：机械手臂正转和反转到位后，接近传感器信号输出。

（6）双杆气缸：机械手臂伸出、缩回，由双向电控气阀控制。气缸上装有两个磁性开关，检测气缸伸出或缩回位置。

（7）缓冲器：旋转气缸高速正转和反转到位时，起缓冲减速作用。

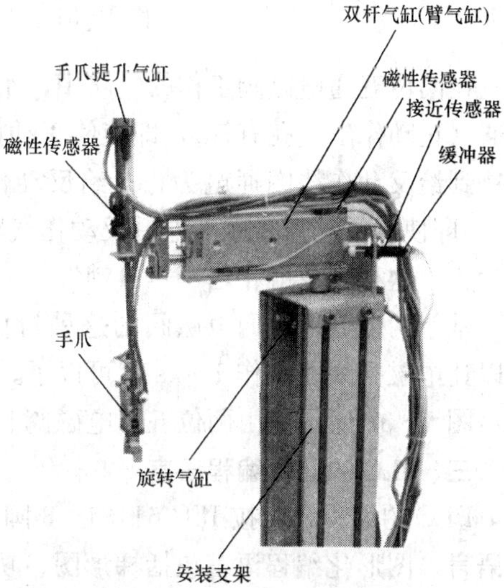

图 1-30　搬运机构

二、双向电磁阀

搬运机构共有四个主要的气动执行机构，即旋转气缸、臂气缸、提升气缸和夹紧气缸，都用双向电磁阀来控制四个气缸的进气和出气，从而实现气缸的伸出、缩回运动。

双向电磁阀的工作原理为：电磁阀通电时，电磁力将先导孔打开，上腔室压力迅速下降，在膜片周围形成上低下高的压差，推动膜片向上移动，阀门打开，电磁阀双向流通；断电时，弹簧力把先导孔关闭，当进口压力大于出口压力，阀门双向关闭，当进口压力小于出口压力时，电磁阀逆向可流通。

图1－31（a）、（b）所示为搬运机构常用的两位五通双向电磁阀，它具有1个进气孔（接进气气源）、1个正动作出气孔和1个反动作出气孔（分别提供给目标设备的一正一反动作的气源）、1个正动作排气孔和1个反动作排气孔。

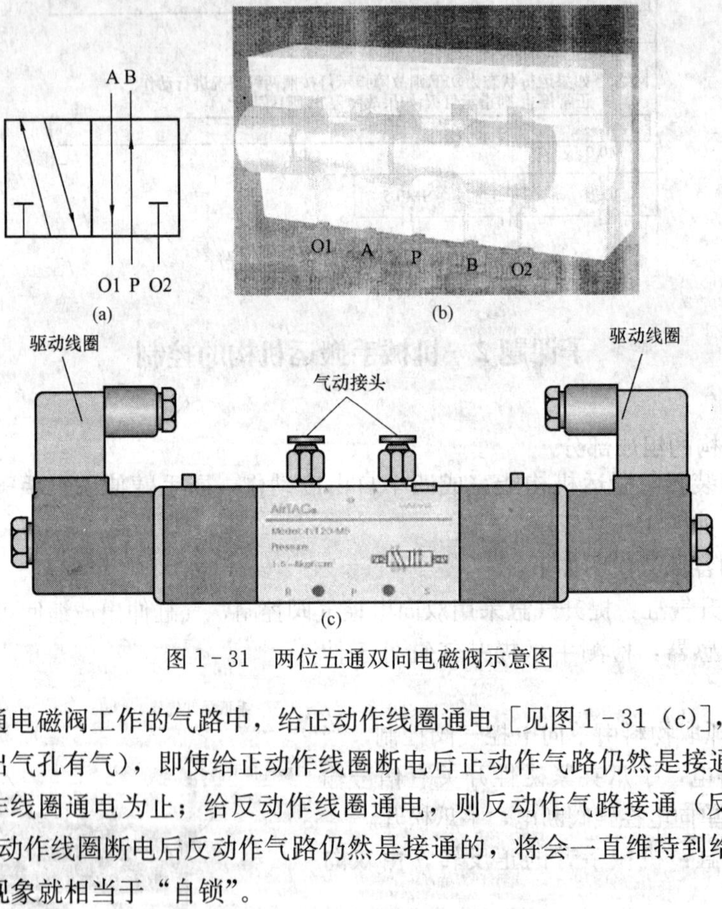

图1－31　两位五通双向电磁阀示意图

在两位五通电磁阀工作的气路中，给正动作线圈通电［见图1－31（c）］，则正动作气路接通（正动作出气孔有气），即使给正动作线圈断电后正动作气路仍然是接通的，将会一直维持到给反动作线圈通电为止；给反动作线圈通电，则反动作气路接通（反动作出气孔有气），即使给反动作线圈断电后反动作气路仍然是接通的，将会一直维持到给正动作线圈通电为止。这种现象就相当于“自锁”。

基于两位五通双向电磁阀的这种特性，在设计机电控制回路或编制PLC程序的时候，可以让电磁阀线圈动作1～2s就可以了，这样可以保护电磁阀线圈不容易损坏。

图1－32所示是由两位五通电磁阀和四个气缸所组成的机械手搬运机构的气路。

三、PLC的几种编程语言

PLC的编程语言按IEC 61131－3国际标准来分，主要包括图形化编程语言和文本化编程语言。图形化编程语言包括梯形图、功能块图、顺序功能图。文本化编程语言包括指令表和结构化文本。

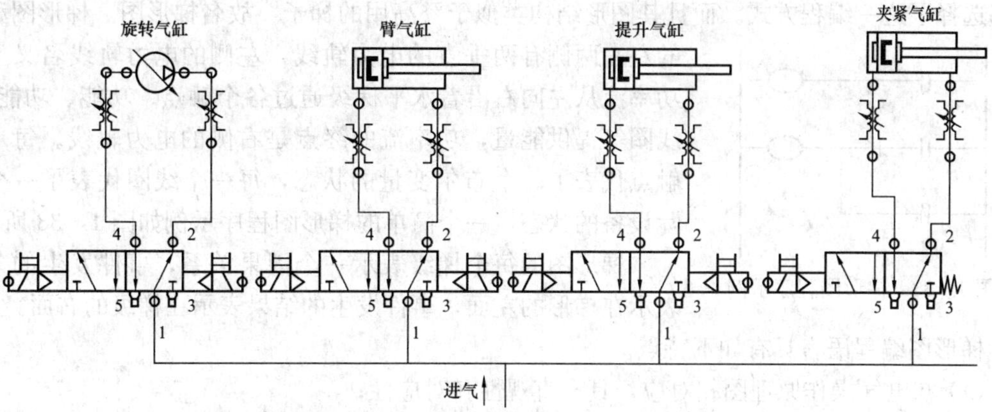

图1-32　机械手搬运机构的气路

1—P；2—B；3—O2；4—A；5—O1

1. 指令表编程语言

指令表编程语言又称为语句表或布尔助记符，是一种类似汇编语言的低级语言，属于传统的编程语言，用布尔助记符表示的指令来描述程序。它是在借鉴、吸收世界范围的PLC厂商的指令表语言的基础上形成的一种标准语言，可以用来描述功能、功能块和程序的行为，还可以在顺序功能流程图中描述动作和转变的行为。

指令表编程语言具有以下特点。

(1) 用布尔助记符表示操作功能，容易记忆，便于掌握；

(2) 适合于有经验的程序员；

(3) 有时可以解决利用梯形图等其他语言不容易解决的问题；

(4) 在编程器的键盘上直接采用助记符表示，便于操作；

(5) 与梯形图语言一一对应；

(6) 复杂控制系统用其编程时描述不够清晰。

指令表编程语言是一种通用的编程语言，所有的PLC都支持，并且其他的编程语言都可以转换为指令表形式。尽管各PLC的指令表均有助记的特点，但它们并不完全一致，大同小异。比如LD表示装入，是LOAD的缩写等，表1-3列出了几款较常用PLC部分助记符，以便比较。

表1-3　几种较常用PLC部分助记符比较

	欧姆龙	三菱	松下	西门子
装入指令	LD LD NOT	LD LDI	ST ST/	LD LDI
逻辑指令	OR OR NOT AND LD AND NOT	OR ORI AND ANI	OR OR/ AN AN/	ON ONI AN ANI
算术指令	ADD/SUB	ADD/SUB	+/−	+I/−I
置位/复位	SET/RSET	SET/RST	SET/RST	S/R
输出指令	OUT	OUT	OUT	=

2. 梯形图编程语言

梯形图来源于继电器逻辑控制系统的描述，是PLC编程中最为广泛使用的一种图形化语言，由于梯形图类似于继电器控制的电气接线图，便于理解，因此许多编程人员和维护人员都选择了这一编程方式。而且其图形结构类似于登高用的梯子，故名梯形图。梯形图程序的左右两侧有两垂直的电力轨线，左侧的电力轨线名义上为功率流从左向右沿着水平梯级通过各个触点、功能、功能块、线圈等提供能量，功率流的终点是右侧的电力轨线。每一个触点代表了一个布尔变量的状态，每一个线圈代表了一个实际设备的状态，一个简单的梯形图程序示例如图 1-33 所示。

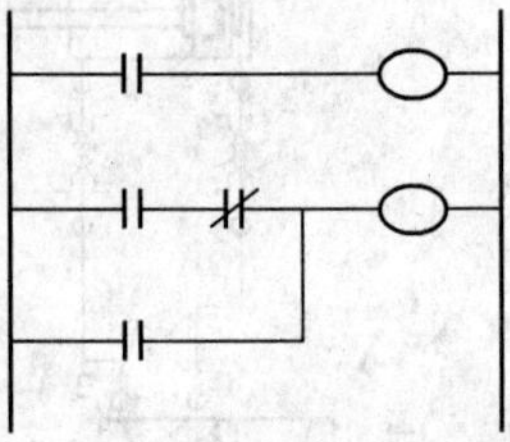

图 1-33 梯形图程序示例

梯形图的每个梯级表示一个因果关系，事件发生的条件表示在梯形的左面，事件发生的结果表示在梯级的右面。

梯形图编程语言具有如下特点。

（1）与电气操作原理图相对应，具有直观性和对应性；

（2）与原有继电器逻辑控制技术相一致，易于掌握和学习；

（3）对于复杂控制系统描述，仍不够清晰；

（4）可读性仍不够好。

几乎所有的 PLC 厂商提供的 PLC 都支持梯形图编程语言，而且都比较容易理解，只是在梯形图结构上可能稍有变化。比如西门子的 S7 系列梯形图就没有右边的电力轨线，在有此参考书中右边的电力轨线也常常被省略。

3. 功能块图编程语言

功能块图编程语言采用功能模块表示所具有的功能，不同的功能模块具有不同的功能。功能模块用矩形来表示，每一个功能模块的左侧有不少于一个的输入端，右侧有不少于一个的输出端。功能模块的类型名称通常写在块内，其输入输出名称写在块内的输入输出点对应的地方。

4. 顺序功能流程图编程语言

顺序功能流程图又称为功能表图，是一种用功能表图来描述程序的编程语言，是近年来才发展起来的。功能表图可以将一个复杂的控制系统分解为若干子系统，从功能入手，使系统的操作具有明确的含义，便于设计人员和操作人员的沟通、便于程序分工设计和检查调试。

5. 无结构化文本编程语言

结构化文本编程语言是用结构化描述语句来描述程序的一种编程语言。它是一种高级的文本语言，可以用来描述功能、功能块和程序的行为，还可以在顺序功能流程图中描述步、动作和转变的行为。

【任务训练 1-3：送料和搬运机构的程序编制与调试】

（1）根据控制工艺要求，列出送料和搬运机构的输入资源配置（见表 1-4）和输出资源配置（见表 1-5）。

表 1-4　　送料和搬运机构的输入资源配置

序号	输入地址	说　明	序号	输入地址	说　明
1	I0.0	启动	7	I0.6	提升气缸上限位
2	I0.1	停止	8	I0.7	提升气缸下限位
3	I0.2	手爪夹紧传感器	9	I1.0	提升气缸上限位
4	I0.3	旋转右限位（接近）	10	I1.1	提升气缸下限位
5	I0.4	伸出臂前点	11	I1.2	物料检测（光电）
6	I0.5	缩回臂后点			

表 1-5　送料和搬运机构的输出资源配置

序号	输出地址	说　明	序号	输出地址	说　明
1	Q0.0	驱动电动机	6	Q0.5	提升气缸上升
2	Q0.1	上料电磁阀	7	Q0.6	旋转气缸正转
3	Q0.2	臂气缸伸出	8	Q0.7	旋转气缸反转
4	Q0.3	臂气缸返回	9	Q1.0	驱动手爪夹紧
5	Q0.4	提升气缸下降	10	Q1.1	启动指示

(2) 画出送料和搬运机构的 PLC 控制外部接线示意图，如图 1-34 所示。

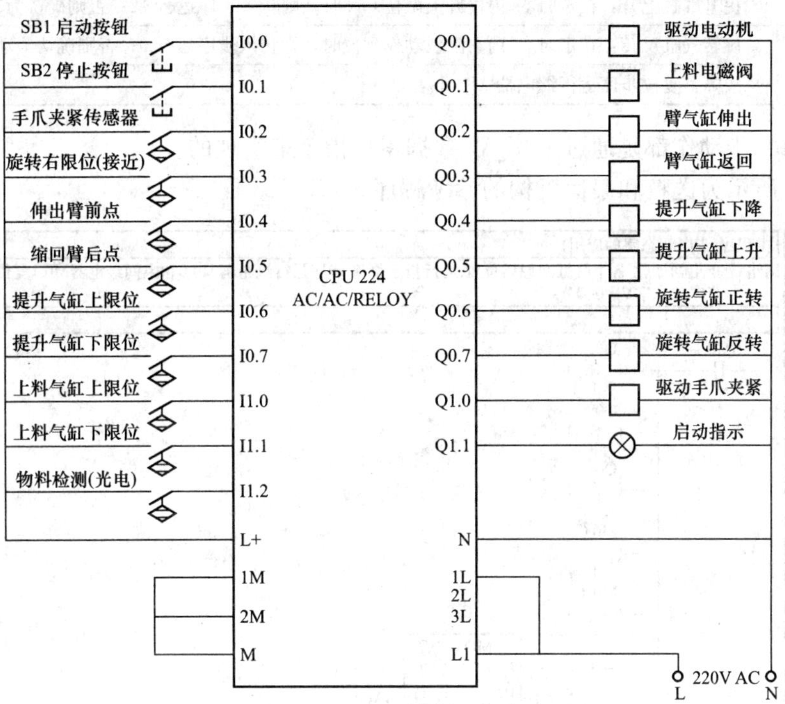

图 1-34　送料和搬运机构的 PLC 控制外部接线示意

图 1-34 中 1L/2L/3L 连接在一起；1M/2M 连接在一起。

(3) 参考程序。本程序编制最大的特点就是采用步序状态字，采用步序状态字的变化来实现送料和搬运机构的 12 个步骤，如表 1-6 所示。

表 1-6　步序控制字及其动作要求

步序状态字	步序动作要求
VW0=0	如 M0.0=OFF，则为停机状态 如 M0.0=ON，则为一个流程走完，即将进入下一个流程：在定时 5s 内物料检测 ON 时，则转入步序运行 1；否则确认为动作故障
VW0=1	驱动提升物料：在定时 5s 内提升气缸动作到位（上限位）时，则转入步序运行 2；否则确认为动作故障
VW0=2	臂气缸伸出：在定时 5s 内伸出臂前点动作到位时，则转入步序运行 3；否则确认为动作故障
VW0=3	臂气缸缩回：在定时 5s 内伸出臂后点限位 ON 时，则转入步序运行 4；否则确认为动作故障

续表

步序状态字	步序动作要求
VW0=4	提升气缸下降：在定时 5s 内提升气缸下限位 ON 时，则转入步序运行 5；否则确认为动作故障
VW0=5	驱动手爪夹紧：在定时 5s 内手爪夹紧限位 ON 时，则转入步序运行 6；否则确认为动作故障
VW0=6	提升气缸上升：在定时 5s 内提升上限位 ON 时，则转入步序运行 7；否则确认为动作故障
VW0=7	臂气缸缩回：在定时 5s 内伸出臂后点动作到位时，则转入步序运行 8；否则确认为动作故障
VW0=8	旋转气缸正转：在定时 5s 内右限位动作到位时，则转入步序运行 9；否则确认为动作故障
VW0=9	提升气缸下降：在定时 5s 内提升气缸下限位 ON 时，则转入步序运行 10；否则确认为动作故障
VW0=10	驱动手爪放松：在定时 5s 内手爪夹紧限位 OFF 时，则转入步序运行 11；否则确认为动作故障
VW0=11	提升气缸上升：在定时 5s 内提升上限位 ON 时，则转入步序运行 12；否则确认为动作故障
VW0=12	旋转气缸反转：在定时 5s 内右限位动作到位时，则转入步序运行 0；否则确认为动作故障
VW0=99	故障：复位步序运行继电器 M0.0

其中，每一步动作都是通过 INC_W 数据累加指令来实现的。

图 1-35 所示为送料和搬运机构的参考程序。

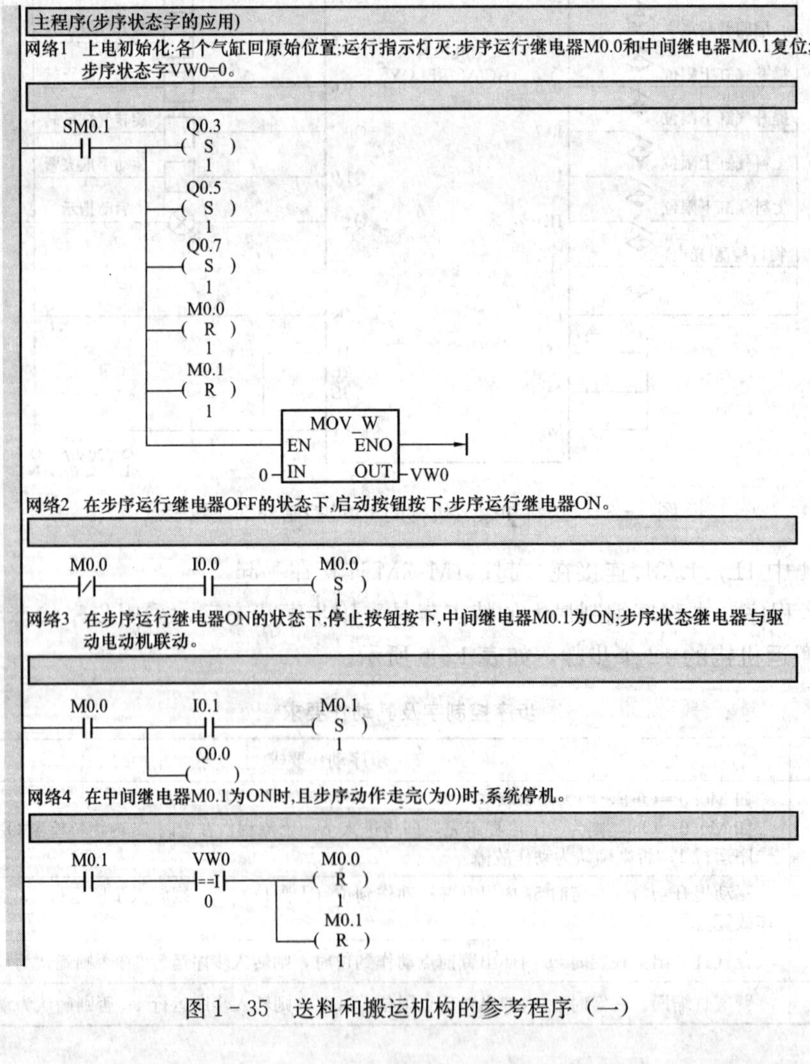

图 1-35 送料和搬运机构的参考程序（一）

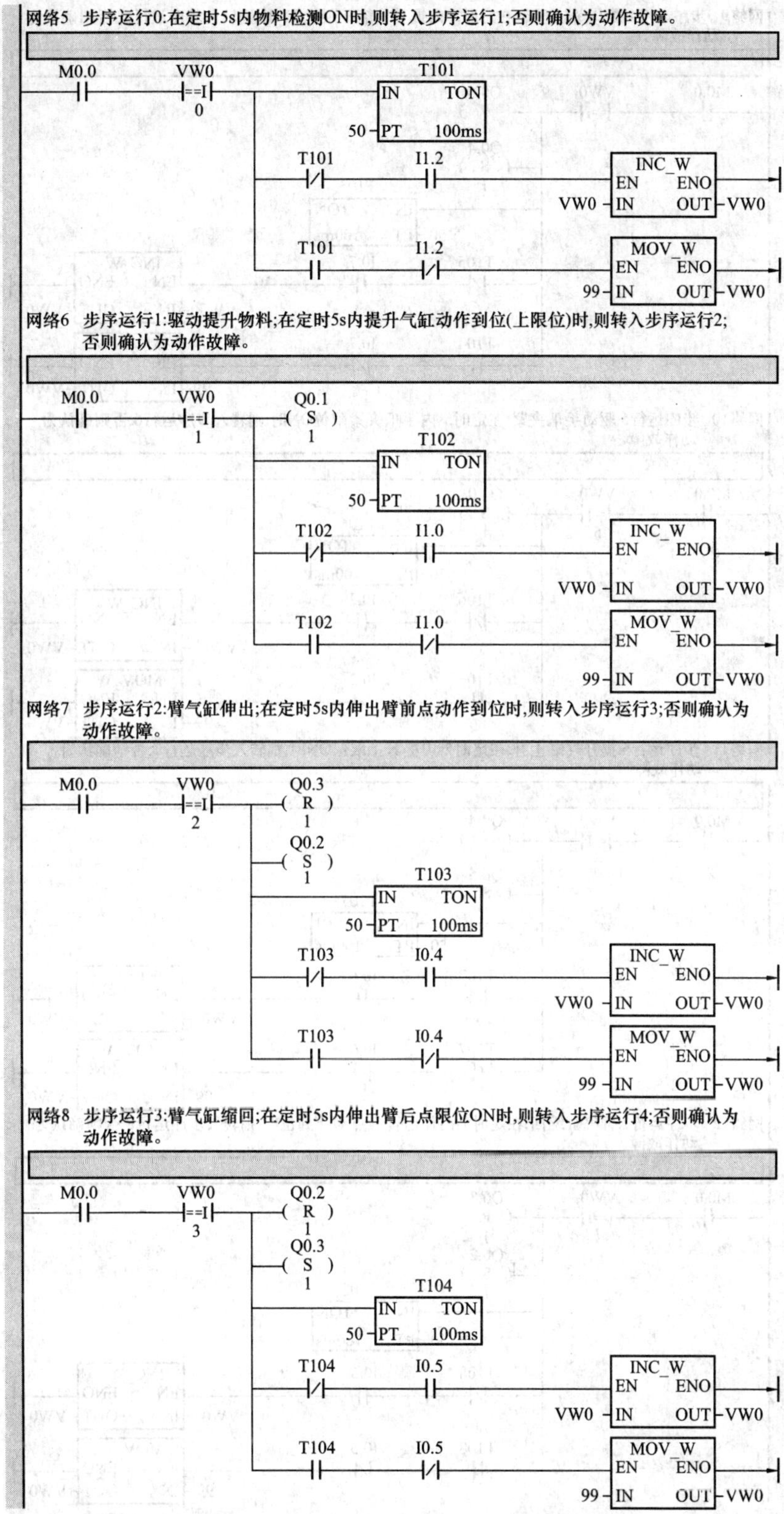

图1-35　送料和搬运机构的参考程序（二）

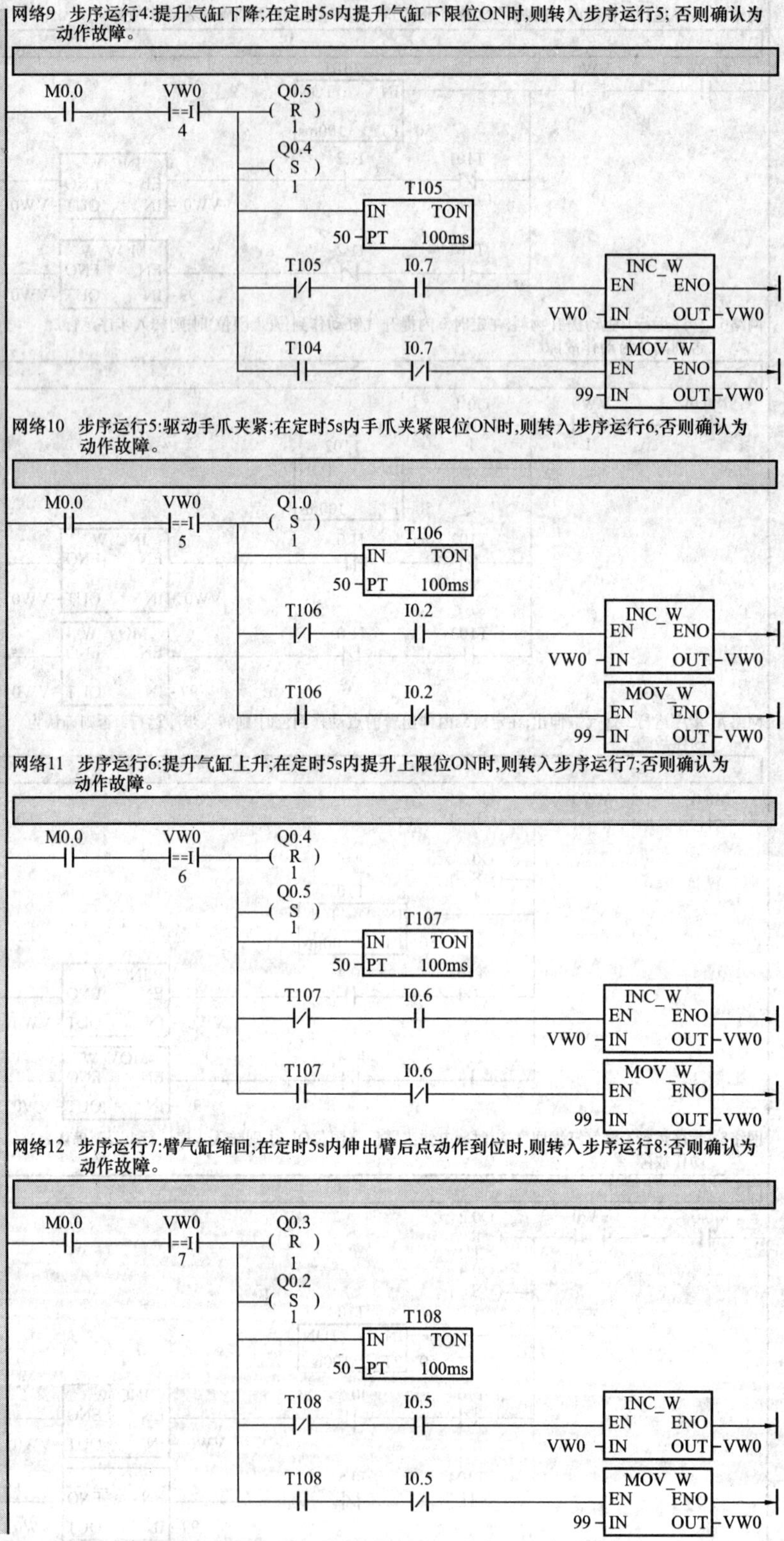

图 1-35 送料和搬运机构的参考程序（三）

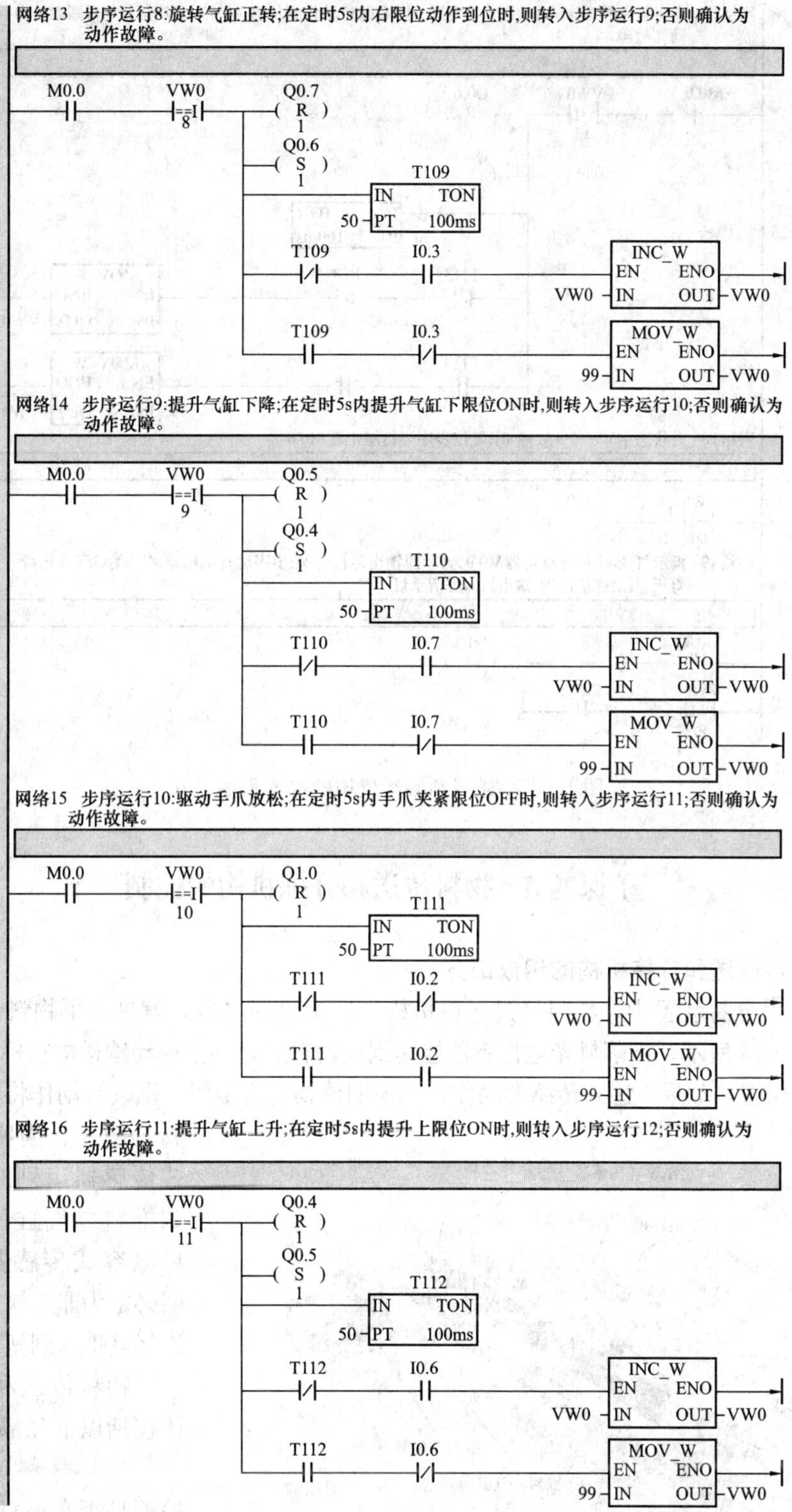

图 1 - 35　送料和搬运机构的参考程序（四）

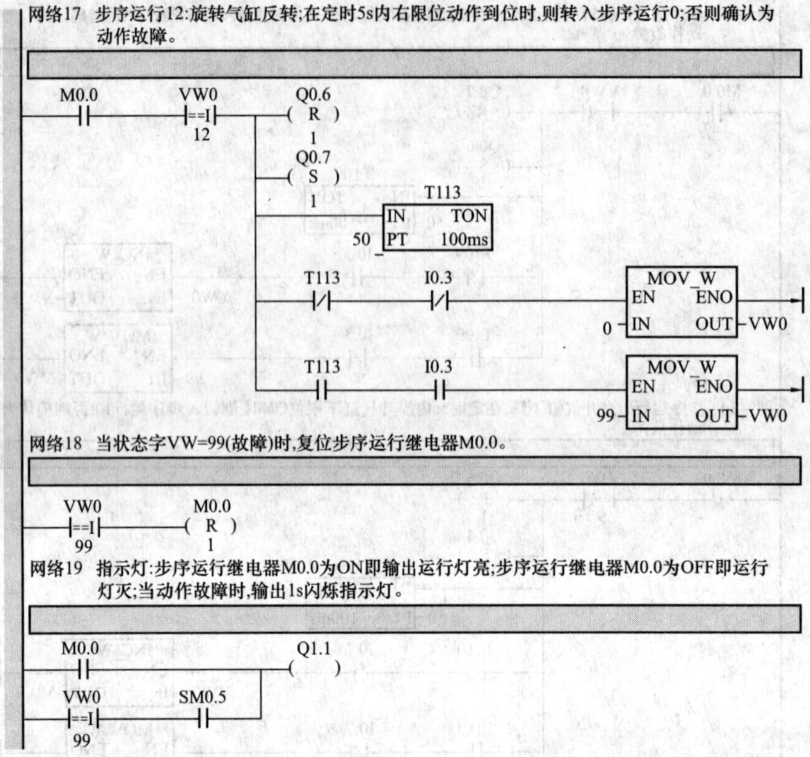

图 1-35 送料和搬运机构的参考程序（五）

子课题 3 物料传送和分拣机构的控制

一、物料传送和分拣机构的组成部分

在机械手分拣装置中，物料经过送料机构、搬运机构之后，就进入了物料传送和分拣机构。如图 1-36 所示，当落料光电传感器检测到有物料后，马上启动输送电动机；当物料经过推料一气缸位置，如果电感式传感器动作，则说明该物料为金属，则气缸动作将物料推入到金属料槽中；当物料未被电感式传感器识别时，而被输送到推料二气缸位置，此时如果电容式传感器动作，则说明必定为非金属物料，气缸动作将其推入到塑料料槽中。

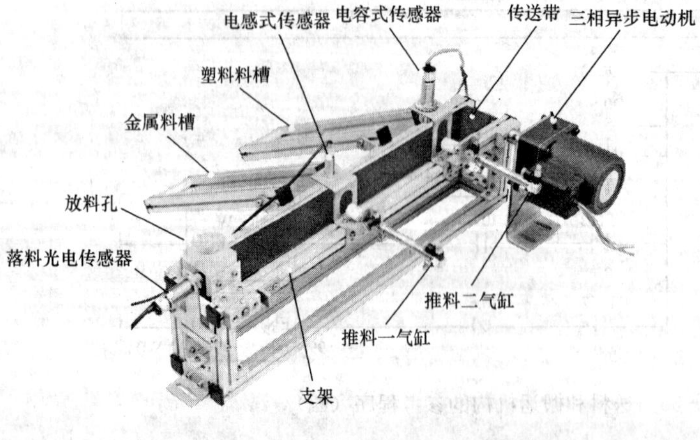

图 1-36 物料传送和分拣机构

物料传送和分拣机构具体包括以下几部分。

（1）落料光电传感器：检测是否有物料到传送带上，并给 PLC 一个输入信号。

（2）放料孔：物料落料

位置定位。

(3) 金属料槽：放置金属物料。

(4) 塑料料槽：放置非金属物料。

(5) 电感式传感器：检测金属材料。

(6) 电容式传感器：检测非金属材料。

(7) 三相异步电机：驱动传送带转动，低速运行。

(8) 推料气缸：将物料推入料槽，由双向电控气阀控制。

二、物料分拣用的检测开关

1. 金属分拣用的电感式传感器

电感式传感器由三大部分组成，即振荡器、开关电路及放大输出电路。振荡器产生一个交变磁场。当金属目标接近这一磁场，并达到感应距离时，在金属目标内产生涡流，从而导致振荡衰减，以至停振。振荡器振荡及停振的变化被后级放大电路处理并转换成开关信号，触发驱动控制器件，从而达到非接触式之检测目的（如图1-37所示）。

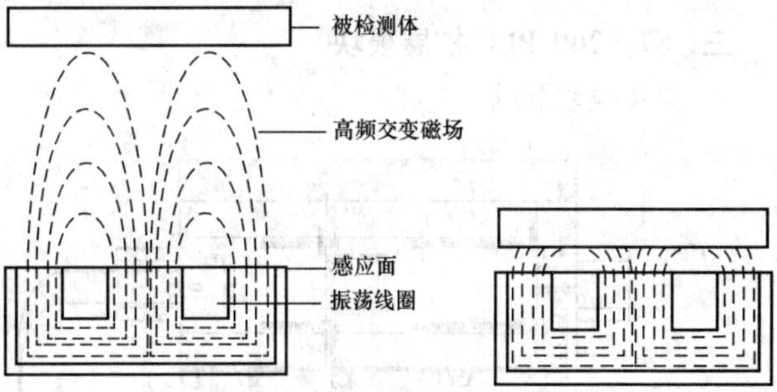

图1-37　电感式传感器工作原理

在物料分拣中，电感式传感器工作流程如图1-38所示，金属物体在接近电感式传感器的振荡感应头时，会在物体内部产生涡流，这个涡流反作用于传感器，使传感器振荡能力衰减，内部电路的参数发生变化，由此识别出有无金属物体接近，进而控制开关的通或断。这种电感式传感器所能检测的物体必须是金属物体。

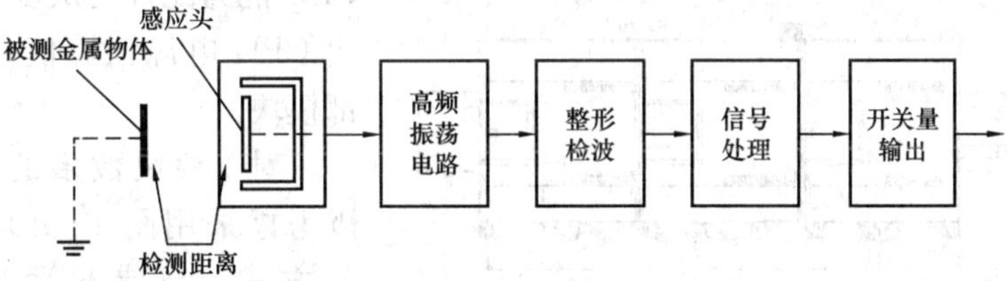

图1-38　电感式传感器工作流程

2. 物料分拣用的电容式传感器

电容式传感器的感应面由两个同轴金属电极构成，很像“打开的”电容器电极，这两个电极构成一个电容，串接在RC振荡回路内。电源接通时，RC振荡器不振荡，当一目标朝着电容器的电极靠近时，电容器的容量增加，振荡器开始振荡。通过后级电路的处理，将不振荡和振荡两种信号转换成开关信号，从而起到了检测有无物体存在的目的。该传感器能检测金属物体，也能检测非金属物体，对金属物体可以获得最大的动作距离；对非金属物体动作距离取决于材料的介电常数，材料的介电常数越大，可获得的动作距离越大。

图1-39所示为电容式传感器工作流程。电容式传感器也属于一种具有开关量输出的位置传感器，它的测量头通常是构成电容器的一个极板，而另一个极板是物体的本身，当物体

移向接近开关时，物体和接近开关的介电常数发生变化，使得和测量头相连的电路状态也随之发生变化，由此便可控制开关的接通和关断。这种传感器的检测物体，并不限于金属导体，也可以是绝缘的液体或粉状物体。在检测较低介电常数 ε 的物体时，可以调节传感器的内部电位器来增加感应灵敏度。

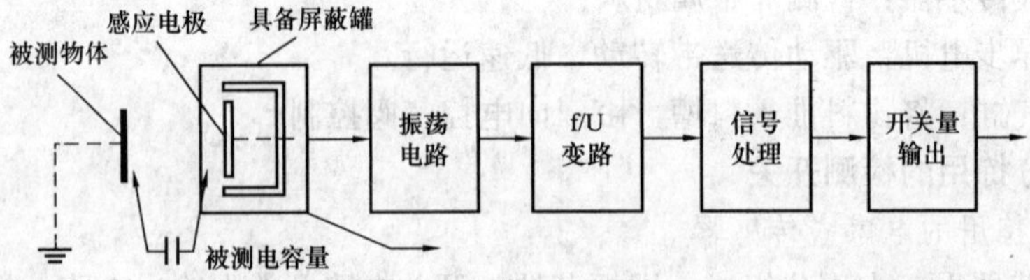

图 1-39 电容式传感器工作流程

三、S7-200 PLC 扩展模块

1. 扩展模块概念

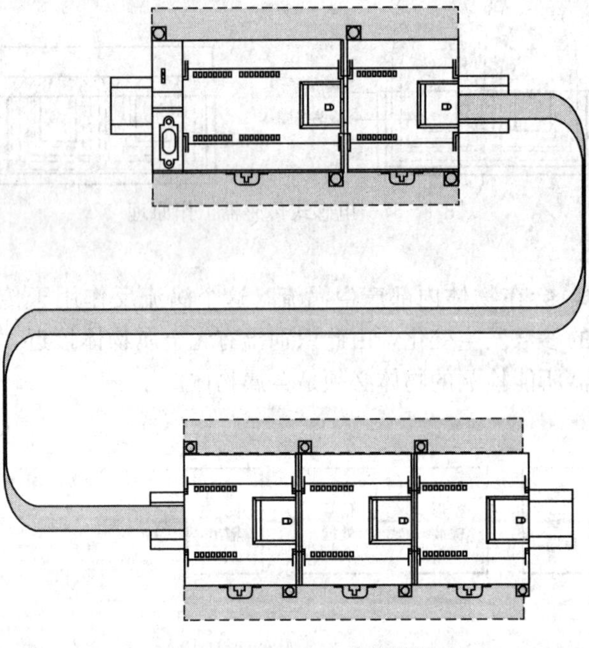

图 1-40 S7-200 模块安装

由于机械手自动分拣装置的输入和输出点数比较多，对于已经包含了送料机构、搬运机构、物料传送和分拣机构四大部分的设备来说，往往一个主 CPU 不能满足要求，这就需要进行扩展。

对于模块数量的配置，CPU 224 和 CPU 226 的最大扩展模块数是 7 个，但在实际配置时，必须考虑到电源消耗方面的因素，以确定 S7-200 CPU 能为配置提供多少功率，如果超出 CPU 电源预算值，将无法连接全部模块。

对于模块数多的 PLC 连接，可以考虑采用图 1-40 所示的模块安装方式，以满足紧凑性电控柜的要求。

2. 数字量输入 EM 221 模块

西门子 S7-200 EM 221 扩展模块为数字量输入，它有三种类型，即 8 点输入（24V DC)、8 点输入（120/230V AC）和 16 点输入（24V DC）。S7-200 数字量输入接线如图 1-41 所示。

对于 24V DC 输入电压类型来说，“1”信号电压应该在 15～30V 之间，“0”信号电压应该在 0～5V 之间。

3. 数字量输出 EM 222 模块

EM 222 是西门子扩展数字量输出模块，它共有三种输出类型，即 24V DC 输出、继电器输出和 120/230AC 输出。具体的 S7-200 数字量输出接线方式如图 1-42 所示。

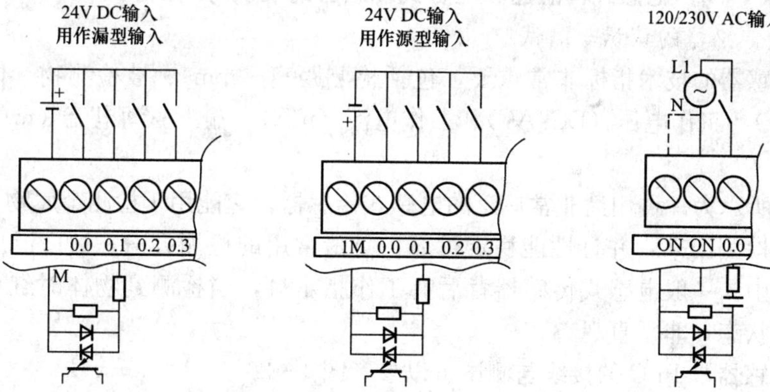

图 1-41　S7-200 数字量输入接线

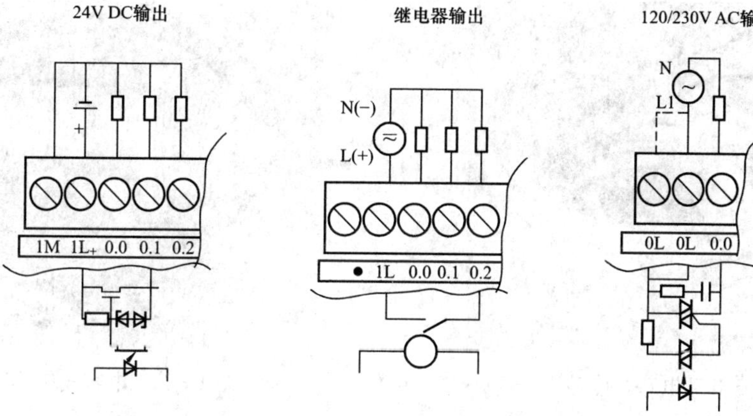

图 1-42　S7-200 数字量输出接线

在输出接线中，如果因为过多的感性开关或不正常的条件而引起输出过热，输出点可能关断或被损坏，因此必须采用一定的抑制电路，如图 1-43 所示。

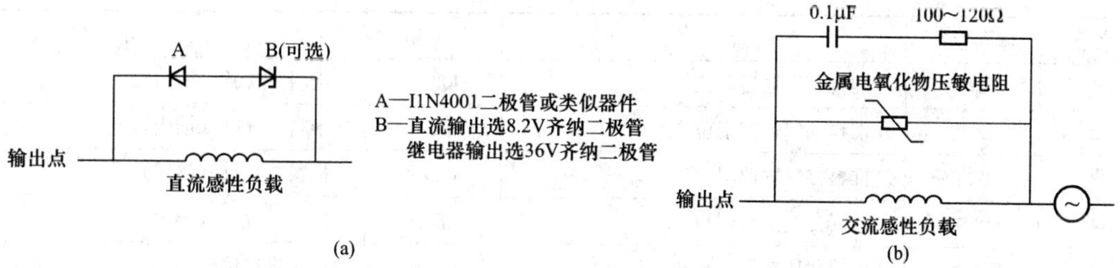

图 1-43　抑制电路

(a) 直流负载；(b) 交流负载

4. 数字量输入输出混合模块 EM 223

EM 223 是混合模块，包括输入 4 点输出 4 点、输入 8 点输出 8 点、输入 16 点输出 16 点三种类型，是使用频度非常高的模块。

【任务训练 1-4：电感式传感器和电容式传感器的认识与测试】

1. 电感式传感器的认识与测试

电感式传感器的技术指标非常重要，包括检测距离（mm）、被检测物（体积和介质）、响应频率（Hz）、工作电压（DC/AC）、工作电流（mA）、输出驱动电流（mA）、温度范围（℃）等。

图 1-44 所示为一种用途非常广泛的电感式传感器，它能用于检测金属物，特别是对铁金属能很好地检测出来，并且性能稳定可靠，是最常用的检测方法，被广泛应用到限位开关、状态检测中。一般电感式传感器背后有工作指示灯，当检测到物体时红色 LED 点亮，平时处于熄灭状态，非常直观。

电感式传感器与 PLC 的接线与测试可以参考图 1-20。

2. 电容式接近开关的认识与测试

图 1-45 所示是一种 M18 电容式传感器，它能检测各种金属与非金属。

图 1-44 电感式传感器

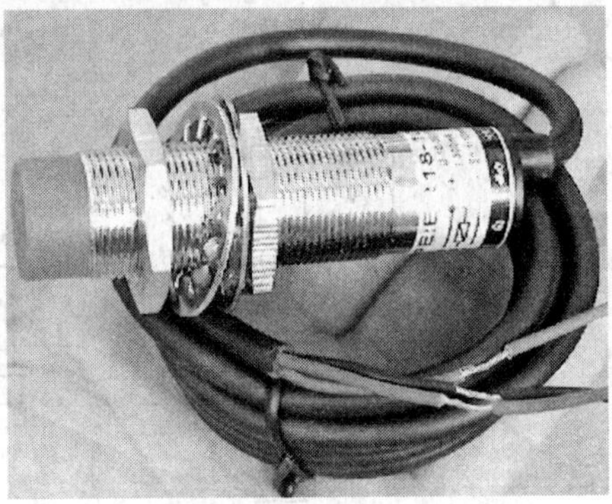

图 1-45 电容式传感器

【任务训练 1-5：物料传送与分拣机构的程序编制与调试】

(1) 根据控制工艺要求，列出物料传送和分拣机构的输入/输出资源配置，见表1-7。

表 1-7 物料传送与分拣装置的输入/输出资源配置

序号	输入地址	说明	输出地址	说明
1	I2.0	推料一气缸后限位	Q2.0	推料一气缸（缩回）
2	I2.1	推料一气缸前限位	Q2.1	推料一气缸（推出）
3	I2.2	推料二气缸前限位	Q2.2	推料二气缸（缩回）
4	I2.3	推料二气缸后限位	Q2.3	推料二气缸（伸出）
5	I2.4	电感式传感器（推料一气缸）	Q2.4	传送带启停
6	I2.5	电容式传感器（推料二气缸）		
7	I2.6	传送带物料检测光电传感器		

(2) 画出 PLC 外部接线，见图 1-46。

(3) 程序编制，其参考程序如图 1-47 所示。

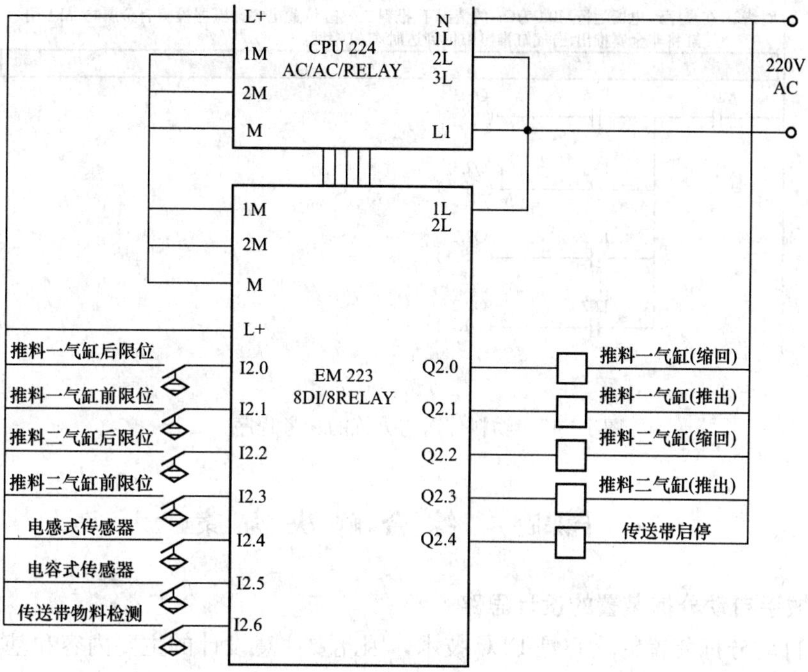

图 1－46　物料传送与分拣机构的 PLC 外部接线

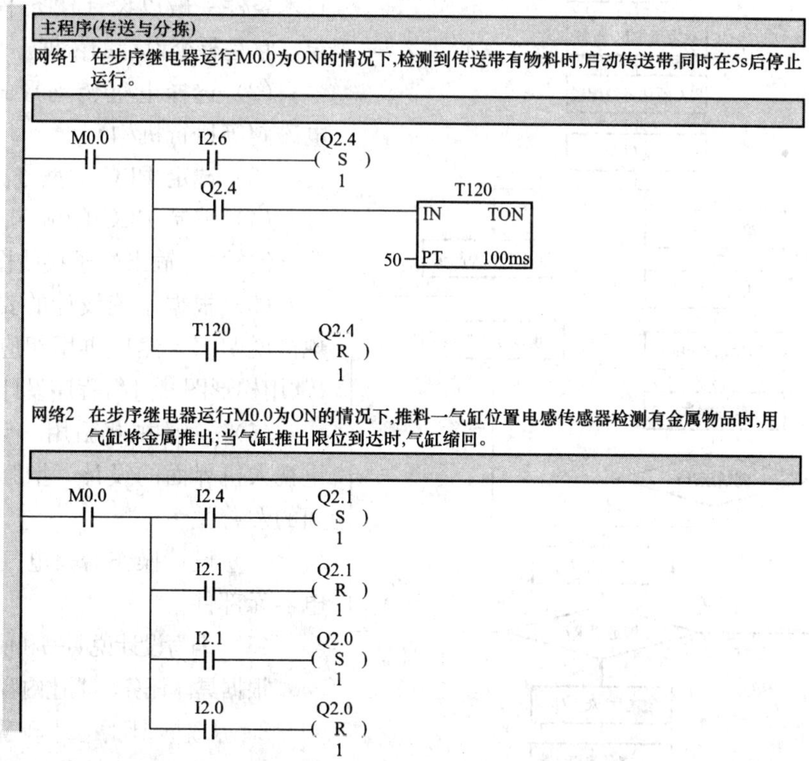

图 1－47　物料传送与分拣的参考程序（一）

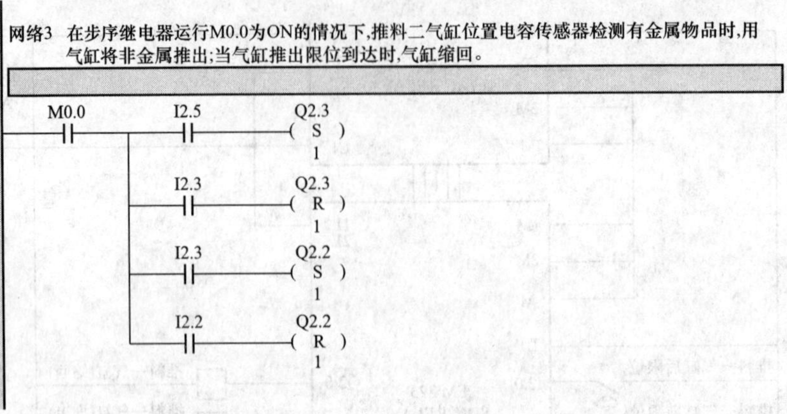

图 1-47 物料传送与分拣的参考程序（二）

子课题4 综合解决方案

一、机械手自动分拣装置的设计思路

机械手自动分拣装置的核心是 PLC 技术，因此要注意设计的主要内容和基本步骤。

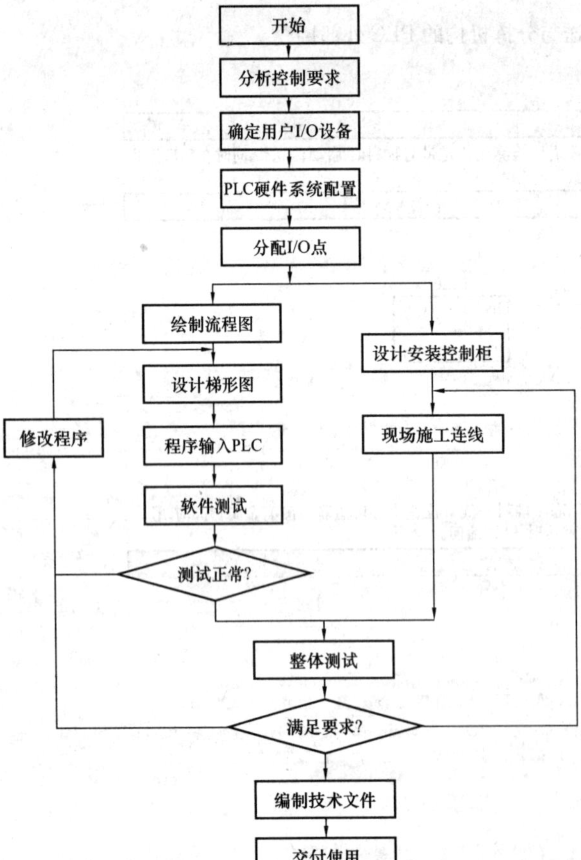

图 1-48 PLC 应用系统设计与测试的主要步骤

1. 系统设计的主要内容

（1）拟定控制系统设计的技术条件。技术条件一般以设计任务书的形式来确定，它是整个设计的依据。

（2）选择电气传动形式和电动机、电磁阀等执行机构。

（3）选定 PLC 的型号。

（4）编制 PLC 的输入/输出分配表或绘制输入/输出端子接线图。

（5）根据系统设计的要求编写软件规格说明书，然后再用相应的编程语言（常用梯形图）进行程序设计。

（6）了解并遵循用户认知心理学，重视人机界面的设计，增强人与机器之间的友善关系。

（7）设计操作台、电气柜及非标准电器元部件。

（8）编写设计说明书和使用说明书。

根据具体任务，上述内容可适当调整。

2. 系统设计的基本步骤

机械手自动分拣装置 PLC 应用系统可以采取如图 1-48 所示的设计与测试

的主要步骤。

二、机械手自动分拣装置的硬件部分

1. I/O分配

机械手分拣装置的输入/输出资源配置如表1-8所示。

表1-8 机械手分拣装置的输入/输出资源配置

序号	输入	说　明	输出	说　明
1	I0.0	启动	Q0.0	驱动电动机
2	I0.1	停止	Q0.1	上料电磁阀
3	I0.2	手爪夹紧传感器	Q0.2	臂气缸伸出
4	I0.3	旋转右限位（接近）	Q0.3	臂气缸返回
5	I0.4	伸出臂前点	Q0.4	提升气缸下降
6	I0.5	缩回臂后点	Q0.5	提升气缸上升
7	I0.6	提升气缸上限位	Q0.6	旋转气缸正转
8	I0.7	提升气缸下限位	Q0.7	旋转气缸反转
9	I1.0	上料气缸上限位	Q1.0	驱动手爪夹紧
10	I1.1	上料气缸下限位	Q1.1	启动指示
11	I1.2	物料检测（光电）	Q2.0	推料一气缸（缩回）
12	I2.0	推料一气缸后限位	Q2.1	推料一气缸（推出）
13	I2.1	推料一气缸前限位	Q2.2	推料二气缸（缩回）
14	I2.2	推料二气缸前限位	Q2.3	推料二气缸（伸出）
15	I2.3	推料二气缸后限位	Q2.4	传动带启停
16	I2.4	电感式传感器（推料一气缸）		
17	I2.5	电容式传感器（推料二气缸）		
18	I2.6	传送带物料检测光电传感器		

2. 外部接线示意

图1-49所示为机械手自动分拣装置的硬件解决方案示意。其中PLC由CPU主机CPU 224 AC/DC/RELAY和扩展模块EM 223 8DI/8RELAY组成，按钮、传感器、指示灯和中间继电器的接线可以参考本章课题1、2、3。24V开关电源主要是负责电磁阀等驱动电源。

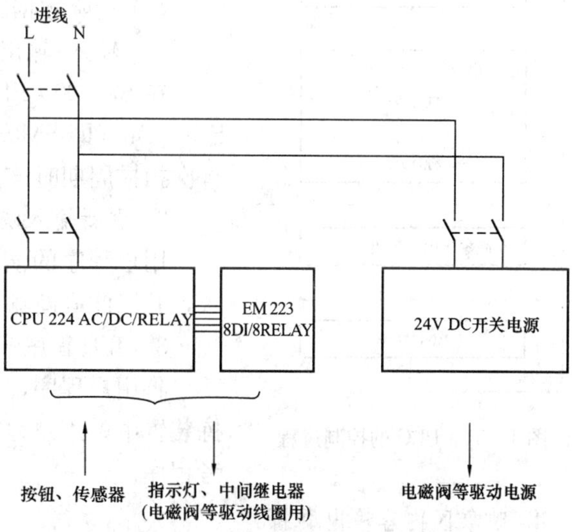

图1-49 机械手自动分拣装置的硬件解决方案示意

3. 机械手自动分拣装置的气路部分

机械手自动分拣装置的气路部分的解决方案如图1-50所示。

三、机械手自动分拣装置的软件部分

机械手自动分拣装置的软件主要是

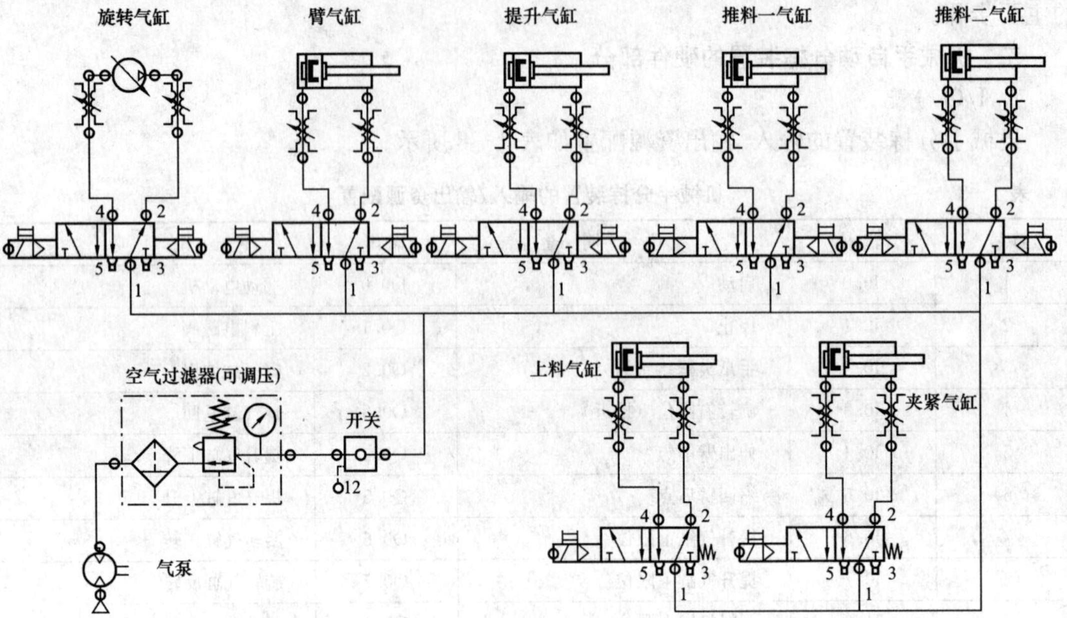

图 1-50 机械手自动分拣装置的气路部分的解决方案

1—P；2—B；3—O2；4—A；5—O1

PLC 的用户程序，它是从头至尾按顺序循环执行的。这一过程又被称为扫描，而这种处理方式称之为循环演算方式。PLC 的循环演算，除中断处理外一直继续下去，直至停止运行为止，如图 1-51 所示。

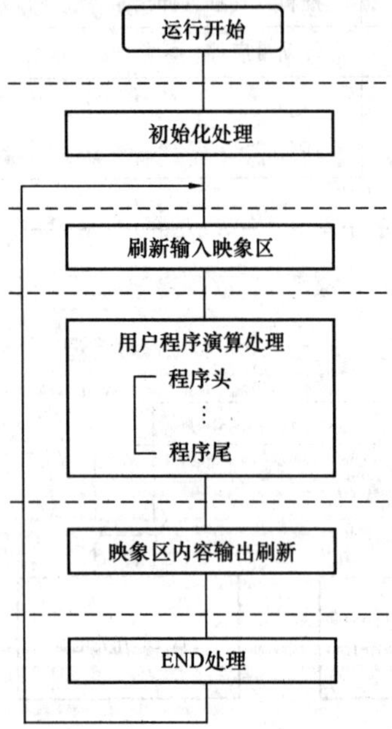

图 1-51 PLC 的控制过程

1. 初始化处理

上电运行或复位时处理一次，并完成如下任务。

(1) 复位输入输出模块。

(2) 进行自诊断。

(3) 清除数据区。

(4) 输入/输出模块的地址分配以及种类登记。

在 S7-200 PLC 中，初始化处理主要是执行以 First_Scan_On（即 SM0.1）变量为开头的语句。通常的做法就是首次扫描周期时该位打开，调用初始化子程序。

2. 刷新输入映象区

用户程序的演算处理之前，先将输入端口接点状态读入，并以此刷新输入映象区。

3. 用户程序演算处理

将用户程序，从头至尾依次演算处理。在机械手自动分拣装置中，用户程序包括本章子课题 2 和本章子课题 3 的参考程序。

4. 映象区内容输出刷新

用户程序演算处理完毕，将输出映象区内容传送到输出端口刷新输出。

5. END 处理

CPU 模块完成一次扫描后，为进入下一循环，进行如下处理。

（1）自诊断。

（2）计数器、定时器更新。

（3）同上位机、通信模块的通信处理。

（4）检查模式设定键状态。

子课题 5　技　术　答　疑

问题 1　光电开关、磁性开关、电感式传感器、电容式传感器以及各种按钮，如何与 PLC 相连？NPN 与 PNP 接线有何不同？

PLC 的数字量输入是指限位开关、光电传感器、按钮等外部器件向 PLC 输送信号，如图 1－52 所示。

PLC 的数字量输入一般都提供电流输出 PNP 型和电流输入 NPN 型两种方式。输入电压根据型号的不同有 24V DC，也有 220V AC（极少数场合使用）。其输入隔离方式以光耦隔离居多，如图 1－53 中的（a）和（b）所示，两者的区别在于：图 1－53（a）输入阻抗低，开关频率高；图 1－53（b）输入阻抗高，开关频率低。

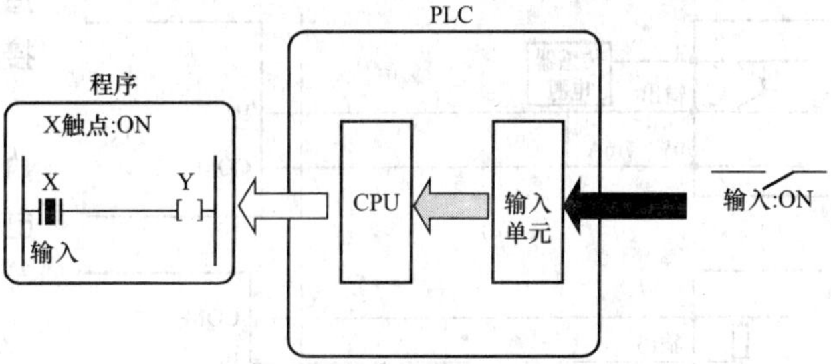

图 1－52　PLC 数字量输入

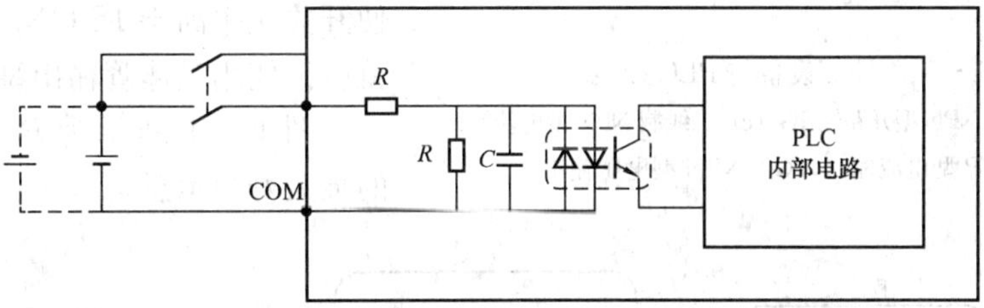

(a)

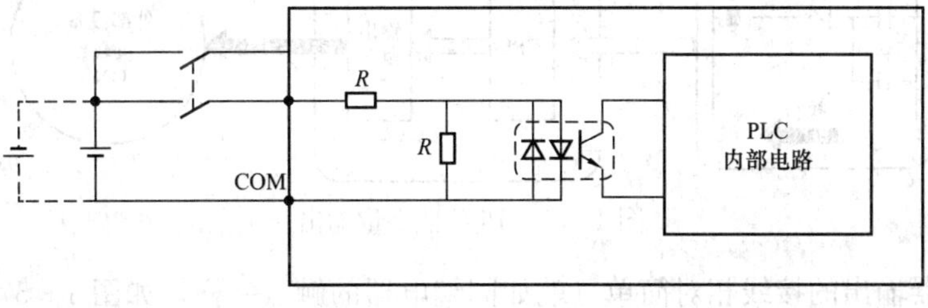

(b)

图 1－53　PLC 输入隔离

（a）输入低阻抗；（b）输入高阻抗

根据直流输入模块连接的外部设备的不同，其接线方式也不同，如图 1-54 所示。外部设备是开关量接点形式的，按图 1-54（a）接线，如继电器的触点、接触器和热继电器的辅助触点等作为输入形式的；外部设备是 NPN 型开路输出的，按图 1-54（b）接线，如 NPN 型开路输出的接近开关；外部设备是二线制类型的 NPN 型电流输出的，则按图 1-54（c）接线；外部设备是 PNP 型电流输出的，按图 1-54（d）接线；外部设备是 NPN 型电压输出的，则按图 1-54（e）接线。

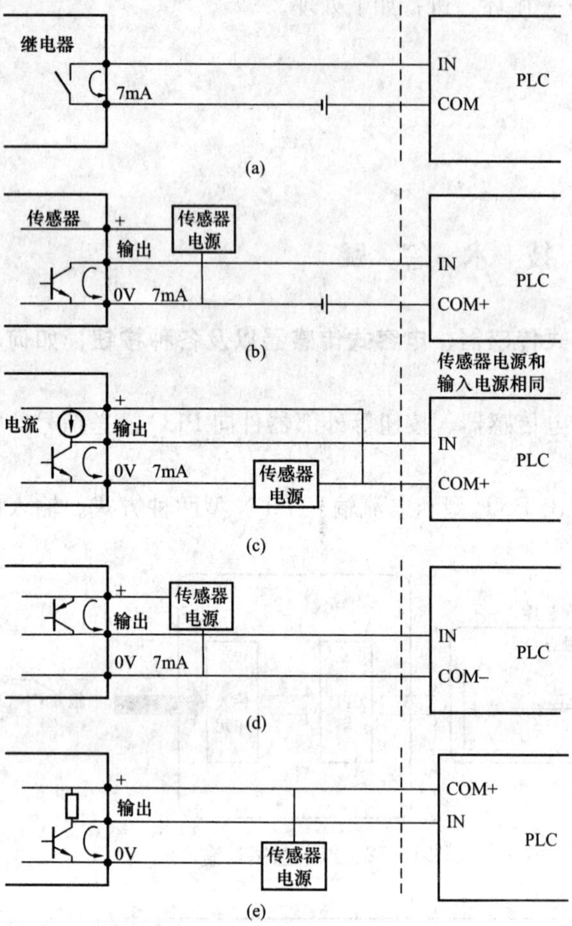

图 1-54　外部设备与 PLC 接线

（a）干触点；（b）NPN 型开路输出；（c）二线制 NPN 型电流输出；（d）PNP 型电流输出；（e）NPN 型电压输出

问题 2　搬运机构中涉及很多的电磁阀和中间继电器，如何连接才是最合适的？假如 PLC 型号采用晶体管输出，接线是否相同？

数字量输出是指输出 PLC 程序的执行结果，启动一外部设备或负载，如电磁阀、指示灯、控制面板、智能单元等，如图 1-55 所示。

PLC 的数字量输出分为两种，即继电器输出和晶体管输出。为了延长继电器输出寿命，一般在编程序时都建议使开关频率高于 1S ON/1S OFF，否则就应该使用晶体管输出型。

图 1-56 所示为 PLC 继电器输出的最大寿命示意。

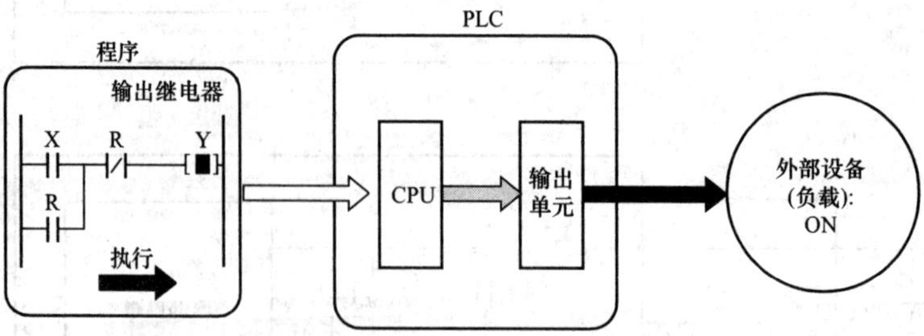

图 1-55　PLC 数字量输出

PLC 继电器输出的接线相对简单，就如同继电器的触点一样，如图 1-57 所示。

PLC 的另外一种输出方式为晶体管输出，可以广泛应用于开关频率高的场合，如步进电机的控制等。晶体管输出也有两种形式，图 1-58（a）所示为高频输出，图 1-58（b）所示为低频输出。

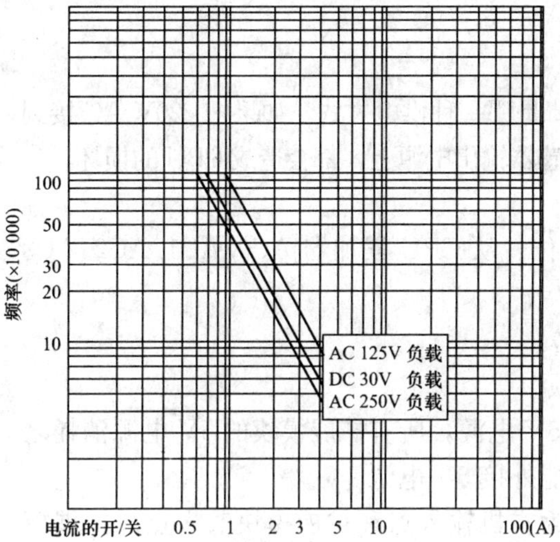

图 1-56　PLC 继电器输出的最大寿命示意

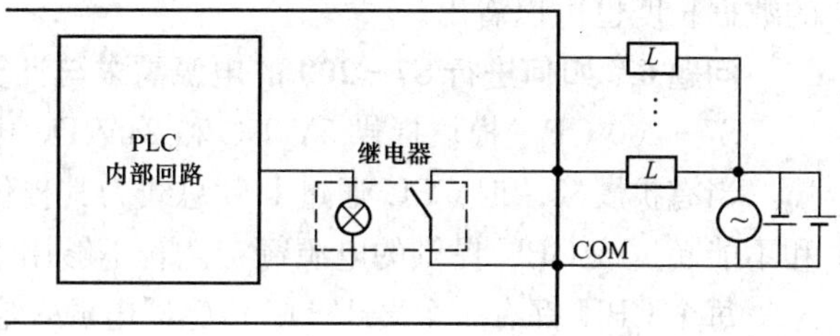

图 1-57　PLC 继电器输出接线

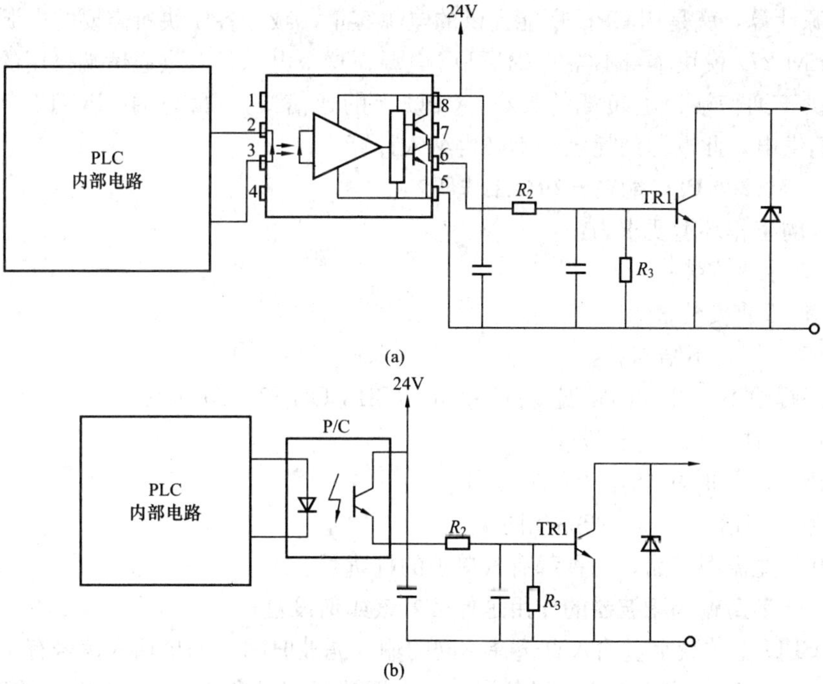

图 1-58　PLC 晶体管输出形式

（a）高频输出；（b）低频输出

问题 3　S7-200 PLC 硬件版本有什么区别？

二代 S7-200（CPU 22x）系列也分几个主要的硬件版本。

6ES721x-xxx21-xxxx 是 21 版；6ES721x-xxx22-xxxx 是 22 版。

22 版与 21 版相比，硬件、软件都有改进。22 版向下兼容 21 版的功能。

22 版与 21 的主要区别是：21 版 CPU 的自由口通信速率 300、600bit/s 被 22 版的 57 600、115 200bit/s 所取代，22 版不再支持 300bit/s 和 600bit/s，22 版不再有智能模块位

置的限制。

问题 4 PLC 的电源应该如何连接?

在给 CPU 进行供电接线时，一定要特别小心分清是哪一种供电方式，如果把 220V AC 接到 24V DC 供电的 CPU 上，或者不小心接到 24V DC 传感器输出电源上，都会造成 CPU 的损坏。

问题 5 S7－200 PLC 的处理器是多少位的?

S7－200 CPU 的中央处理芯片数据长度为 32 位。从 CPU 累加器 AC0/AC1/AC2/AC3 的数据长度也可以看出。

问题 6 如何进行 S7－200 的电源需求与计算?

S7－200 CPU 模块提供 5V DC 和 24V DC 电源：

当有扩展模块时 CPU 通过 I/O 总线为其提供 5V 电源，所有扩展模块的 5V 电源消耗之和不能超过该 CPU 提供的电源额定。若不够用不能外接 5V 电源。

每个 CPU 都有一个 24V DC 传感器电源，它为本机输入点和扩展模块输入点及扩展模块继电器线圈提供 24V DC。如果电源要求超出了 CPU 模块的电源定额，则可以增加一个外部 24V DC 电源来提供给扩展模块。

所谓电源计算，就是用 CPU 所能提供的电源容量，减去各模块所需要的电源消耗量。

注意：EM 277 模块本身不需要 24V DC 电源，这个电源是专供通信端口用的。24V DC 电源需求取决于通信端口上负载的大小。CPU 上的通信口，可以连接 PC/PPI 电缆和 TD 200 并为它们供电，此电源消耗已经不必再纳入计算。

问题 7 S7－200 PLC 能在－20℃工作吗?

S7－200 的工作环境要求为：

0～55℃，水平安装；

0～45℃，垂直安装；

相对湿度 95%，不结露。

西门子还提供 S7－200 的宽温度范围产品（SIPLUS S7－200）：

工作温度范围：－25～＋70℃；

相对湿度：55℃时 98%，70℃时 45%；

其他参数与普通 S7－200 产品相同。

S7－200 的宽温型产品，每种都有其单独的订货号。

问题 8 数字量输入滤波器的作用是什么？该如何设置?

可以为 CPU 上的数字量输入点选择不同的输入滤波时间。如果输入信号有干扰、噪声，可调整输入滤波时间，滤除干扰，以免误动作。滤波时间可在 0.20～12.8ms 的范围中选择几档。如果滤波时间设定为 6.40ms，数字量输入信号的有效电平（高或低）持续时间小于 6.4ms 时，CPU 会忽略它；只有持续时间长于 6.4ms 时，才有可能识别。

另外：支持高速计数器功能的输入点在相应功能开通时不受此滤波时间约束。滤波设置对输入映像区的刷新、开关量输入中断、脉冲捕捉功能都有效。

思考与练习

1. 报警指示灯如果设置为快速闪烁和慢速闪烁两种，当热继电器跳闸、空气压力低为快速闪烁，其他故障为慢速闪烁，请设计相应的电气回路，并进行软件编程。

2. 机械手输送带电机为双速电动机，现用 PLC 进行设计。

控制要求：当机械手一起动之后，输送带电机也起动，并处于低速运行状态；当落料光电传感器感应到物料时，输送带电机高速运行，待物料被推出到料槽中 10s 后自动转入低速运行。

3. 如果选择 OMRON 公司的光电传感器，请为机械手分拣装置的各个光电器进行重新选型。光电开关的灵敏度如何调节？

4. 假如物料推出的顺序为先推非金属，再推金属，该如何设计？包括产品选型、硬件设计和软件编程三个方面进行考虑。

课题 2

封口包装机装置

封口包装机是指在包装容器盛装产品后对容器进行封口的机械。在产品装入包装容器后，为了使产品得以密封保存，保持产品质量，避免产品流失，需要对包装容器进行封口，这种操作是在封口包装机上完成的。

我国封口包装机包装机械近几年发展较快，通过参考国外同类型产品，并在对其消化吸收的基础上自行开发研制，技术上有了很大的提高。但在高新技术应用方面与国外还有较大差距，尤其是在总体设计、新技术、新工艺方面差距较突出，如整机的自动化程度不高，有些大量使用继电器控制系统，执行机构和传动系统比较复杂、包装动作不够简捷快速等问题长期存在。

本课题通过应用温度PID控制技术、变频无级调速从整体上大大提高了封口包装机的整机运行效率。

【课题任务书】

1. 任务概述

尽管封口包装设备所面向的行业不同，但基本都由主传动及输送系统、供膜或供料系统、封口加热系统、日期打码系统等部分组成。图2-1（a）所示为典型的封口包装机外观图。它由压力调节按钮、导向带、主动导向轮、冷却块、加热块、封口带、被动轮和导向槽组成，如图2-1（b）所示。请设计该封口包装机的PLC温控系统和变频调速系统。

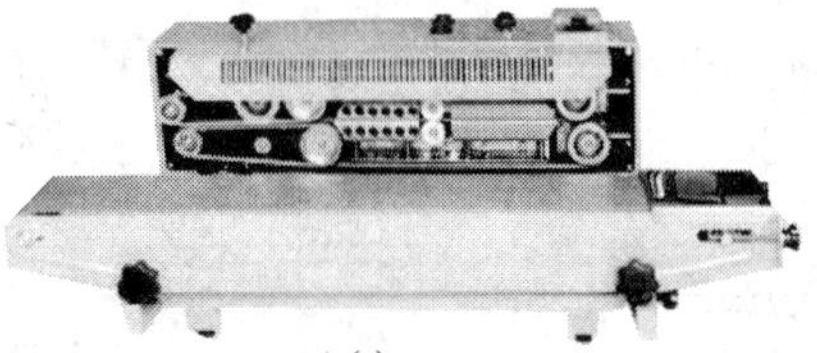

(a)

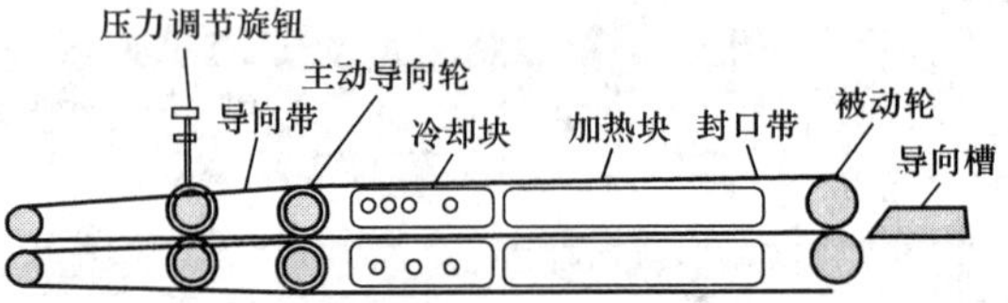

(b)

图2-1 封口包装机
（a）外观；（b）机械结构

2. 工艺流程

封口包装机的工艺流程包括以下几个步骤。

（1）接通电源，封口包装机各机构开始工作，电热元件通电后加热，使上下加热块急剧升温，并通过温度PID控制系统调整到所需温度，压印轮转动，根据需要冷却系统开始冷却（可选），输送带开始启动，并由调速装置调整到低速状态。

（2）当装有物品的包装被前级设备运送至封口包装机输送带上，袋的封口部分通过导向槽8被自动送入运转中的两根封口带6之间，并带入加热区5，加热块的热量通过封口带传输到袋的封口部分，使薄膜受热熔软，再通过冷却块4，使薄膜表面温度适当下降，然后经过滚花轮（或印字轮）滚压，使封口部分上下塑料薄膜黏合并压制出网状花纹（或印制标志），再由导向橡胶带2与输送带将封好的包装袋送出机外，封口包装机完成封口作业。

(3) 当封口包装机在低速运行取得满意的效果后，逐步提高封口速度至最高工作速度，同时根据工艺要求适当提高封口加热温度（根据不同材料，其设定温度不同）。

3. 控制要求

(1) 输入电源为三相380V电源；

(2) 主动导向轮、被动轮和各个传动机构间通过机械连接，最后由一台三相380V/1.5kW的异步电动机驱动，封口速度要求能调速（0～15m/min），调速精度为1%；

(3) 测温范围为0～400℃，温度控制精度为±2℃。

子课题1　封口包装机的温度检测

一、封口包装机的温度传感器

温度是封口包装机控制过程中最常见的一种模拟量，由于温度传感器在测温过程中输出的不是标准意义上0～10V或4～20mA等线性信号，因此都需要对此进行转换。温度传感器使用最多的是热电偶和热电阻。

1. 热电偶

热电偶传感器在封口包装机中使用极为广泛。其主要优点是：测温精度高；热电动势与温度在小范围内基本上呈单值、线性关系；稳定性和复现性较好，响应时间较快；测温范围宽。热电偶常用测温上限可达1600℃，低温可达−200℃。

热电偶的工作原理为：如果两种不同成分的均质导体形成回路，直接测温端叫测量端，接线端子端叫参比端，当两端存在温差时，就会在回路中产生热电流，那么两端之间就会存在Seebeck热电动势，即塞贝克效应。热电动势随着测量端温度升高而增加，热电动势的大小只和热电偶导体材质以及两端温差有关，和热电偶导体材质的长度、直径无关。热电偶测温原理如图2-2所示。

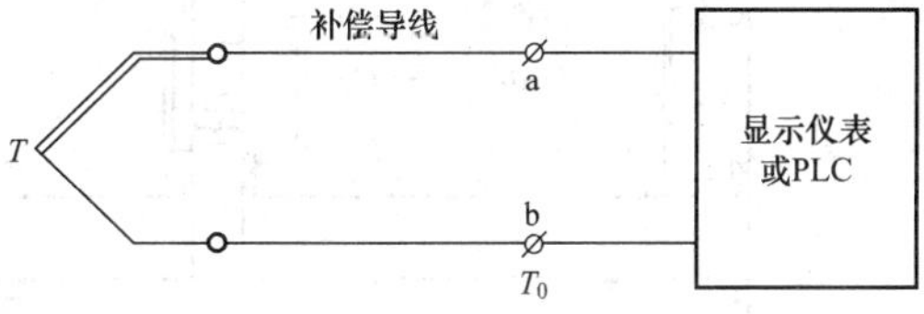

图2-2　热电偶测温原理

常用热电偶可分为标准热电偶和非标准热电偶两大类。标准热电偶是指国家标准规定了其热电动势与温度的关系、允许误差，并有统一的标准分度表的热电偶，它有与其配套的显示仪表可供选用。非标准化热电偶在使用范围或数量级上均不及标准化热电偶，一般也没有统一的分度表，主要用于某些特殊场合的测量。我国热电偶全部按IEC国际标准生产，并指定S、B、E、K、R、J、T七种标准化热电偶为统一设计型热电偶。

由于热电偶的材料一般都比较贵重（特别是采用贵金属时），而测温点到仪表的距离都很远，为了节省热电偶材料，降低成本，通常采用补偿导线把热电偶的冷端（自由端）延伸到温度比较稳定的控制室内，连接到仪表或PLC端子上。必须指出，热电偶补偿导线的作用只起延伸热电极，使热电偶的冷端移动到控制室的仪表端子上，它本身并不能消除冷端温度变化对测温的影响，不起补偿作用。因此，还需采用其他修正方法来补偿冷端温度$T_0\neq$0℃时对测温的影响。在使用热电偶补偿导线时必须注意与型号相配，极性不能接错，补偿导线与热电偶连接端的温度不能超过100℃。

2. 热电阻

热电阻是某些类型的封口包装机（比如中低温区）使用的一种测温元件。热电阻是利用物质在温度变化时本身电阻也随着发生变化的特性来测量温度的。热电阻的受热部分（感温元件）是用细金属丝均匀地缠绕在绝缘材料制成的骨架上，当被测介质中有温度梯度存在时，所测得的温度是感温元件所在范围内介质层中的平均温度。它的主要特点是测量精度高、性能稳定。其中铂热电阻的测量精确度最高。热电阻测温原理如图 2-3所示。

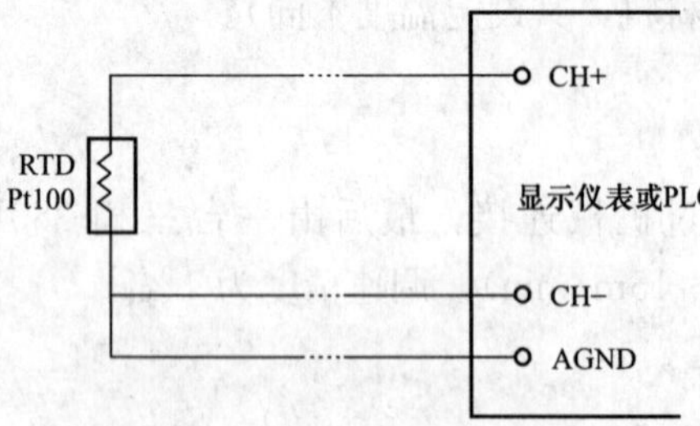

图 2-3 热电阻测温原理

二、PLC 的温度传感器模块

1. 小型 PLC 的温度传感器模块

小型 PLC 在接温度传感器时不能使用普通的模拟量输入模块，而必须采用专用的温度模拟量模块，而且传感器不同，模块类型也不同。

温度传感器模块负责将温度传感器信号转换为 PLC 的数据信号，其连接方式如图 2-4 所示。不同的 PLC 其连接温度传感器的数量有多有少，因此必须按照其自身规律进行有效连接。

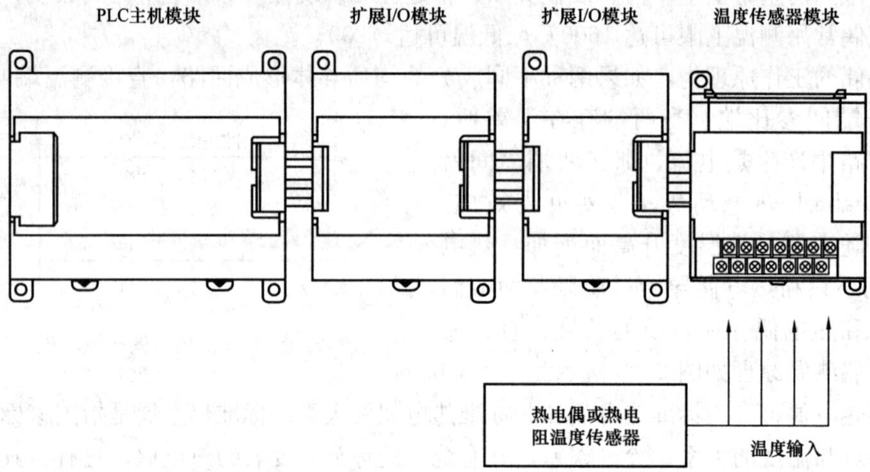

图 2-4 温度传感器模块的连接方式

一般来说，温度传感器模块的使用流程如图 2-5 所示。

2. 西门子 S7-200 的 EM 231 热电偶模块

EM 231 热电偶模块提供一个方便的、隔离的接口，用于七种热电偶类型，即 J、K、E、N、S、T、R 型。它允许 S7-200 连接微小的模拟量信号，±80mV 范围。用户必须用 DIP 配置开关来选择热电偶的类型、断线检查、测量单位、冷端补偿和开路故障方向等。所有连接到模块上的热电偶必须是相同类型的。组态 DIP 配置开关位于模块的下部，如图 2-6 所示。为了使 DIP 配置开关设置起作用，用户需要给 PLC 和/或用户的电源断电再通电。

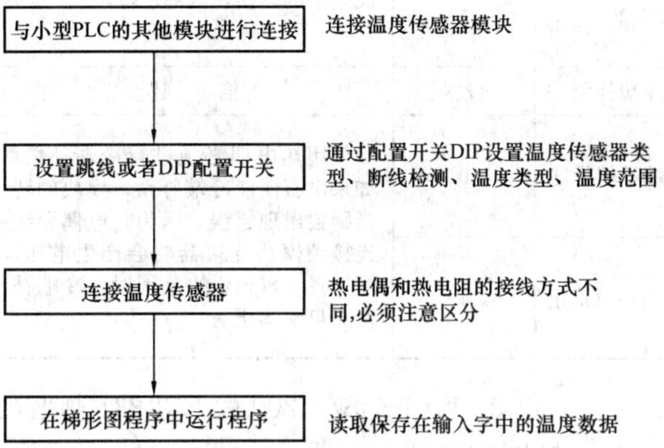

图 2－5　温度传感器模块的使用流程

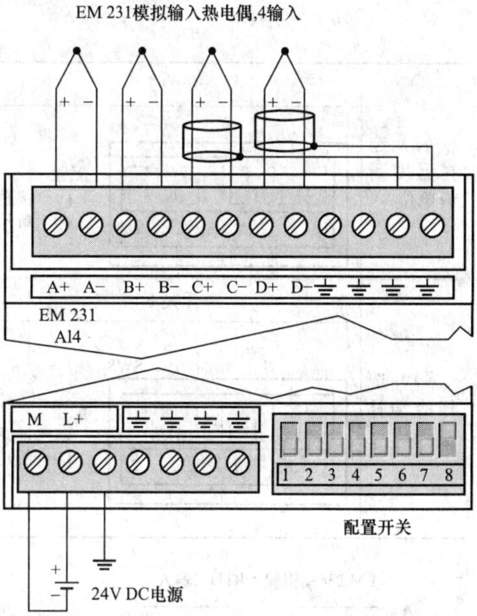

图 2－6　EM 231 热电偶模块端子示意

S7－200 PLC 选用读取热电偶信号的具体步骤见表 2－1。

表 2－1　　S7－200 PLC 选用读取热电偶信号的具体步骤

	开关 1，2，3	热电偶类型	设置	描　述
（1）选择热电偶类型	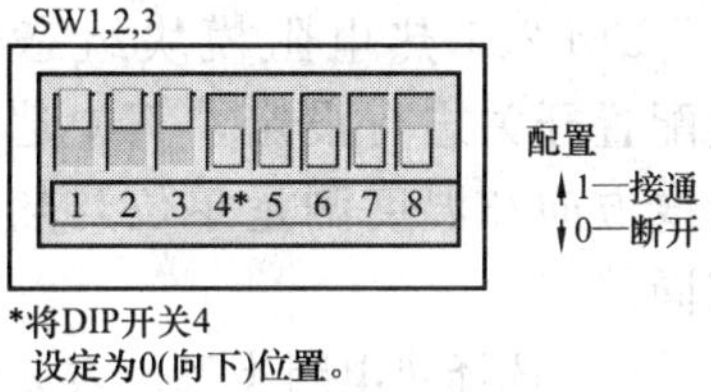	J（默认）	000	开关 1～3 为模块上的所有通道选择热电偶类型（或 mV 操作），例如，选 E 类型，热电偶开关 SW1＝0、SW2＝1、SW3＝1
		K	001	
		T	010	
		E	011	
		R	100	
		S	101	
		N	110	
		＋/－80mV	111	
（2）选择断线检测方向及使能	开关 5	断线检测方向	设置	描　述
	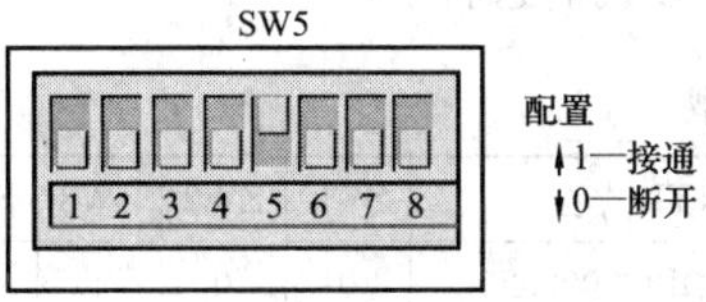	正向标定（＋3276.7 度）	0	0 指示正向断线检测 1 指示负向断线检测
		负向标定（－3276.8 度）	1	
	开关 6	断线检测使能	设置	描　述
	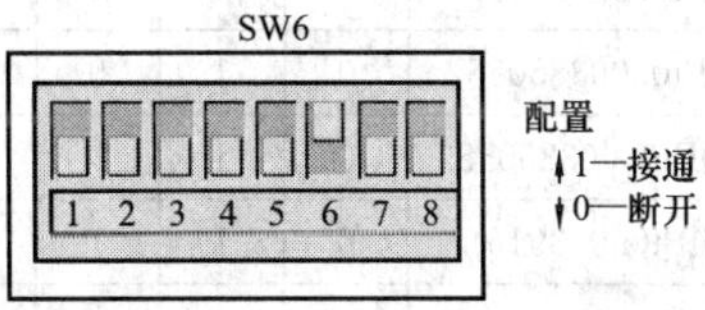	使能	0	通过加上 25μA 电流到输入端进行断线检测，断线检测使能开关可以使能或禁止检测电流，断线检测始终在进行，即使关闭了检测电流，如果输入信号超过±200mV，则 EM 231 热电偶模块开始断线检测，如检测到断线，测量读数被设定成由断线检测所选定的值
		禁止	1	

续表

	开关 7	温度范围	设置	描　述
（3）选择温度测量单位	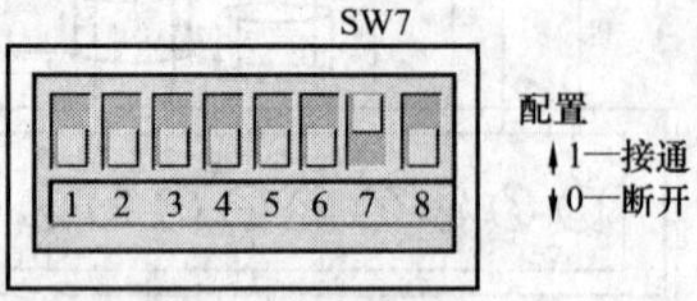	摄氏度（℃）	0	EM 231 热电偶模块能够报告摄氏温度和华氏温度，摄氏温度与华氏温度的转换在内部进行
		华氏度（℉）	1	
	开关 8	冷端补偿	设置	描　述
（4）选择冷端补偿	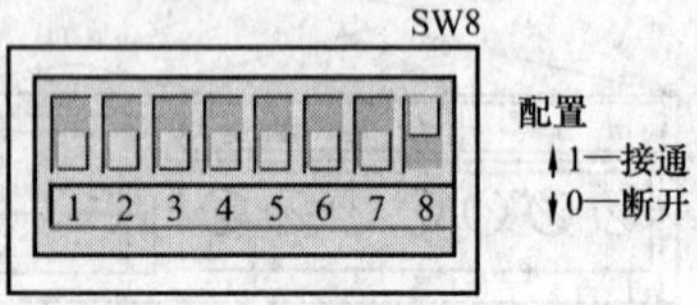	冷端补偿使能	0	使用热电偶必须进行冷端补偿，如果没有使能冷端补偿，模块的转换则会出现错误，因为热电偶导线连接到模块连接器时会产生电压，当选择±80mV 的范围时，冷端补偿会自动禁止
		冷端补偿禁止	1	

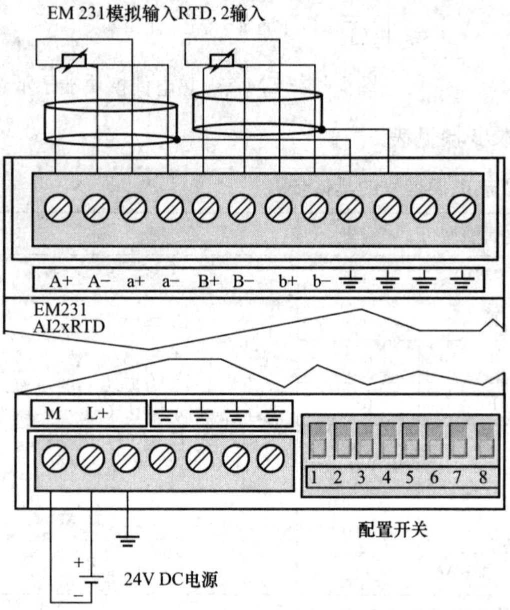

图 2－7　EM 231 热电阻模块端子示意

3. 西门子 S7－200 的 EM 231 热电阻模块

EM 231 热电阻模块提供了 S7－200 与多种热电阻的连接接口。用户可以通过 DIP 配置开关来选择热电阻的类型、接线方式、测量单位和开路故障的方向。所有连接到模块上的热电阻必须是相同类型的，如图 2－7 所示。

EM 231 热电阻模块组态也必须通过配置开关进行设定，其中选择传感器断线方向和温度测量单位与热电偶模块相同。

（1）选择热电阻类型。表 2－2 所示为热电阻类型。

（2）选择接线方式。图 2－8 所示为接线方式的选择。

表 2－2　　热电阻类型

RTD 类型	SW1	SW2	SW3	SW4	SW5	RTD 类型	SW1	SW2	SW3	SW4	SW5
100ΩPt0.003850（默认）	0	0	0	0	0	1000ΩPt0.003920	0	0	1	1	1
200ΩPt0.003850	0	0	0	0	1	100ΩPt0.00385055	0	1	0	0	0
500ΩPt0.003850	0	0	0	1	0	200ΩPt0.00385055	0	1	0	0	1
1000ΩPt0.003850	0	0	0	1	1	500ΩPt0.00385055	0	1	0	1	0
100ΩPt0.003920	0	0	1	0	0	1000ΩPt0.00385055	0	1	0	1	1
200ΩPt0.003920	0	0	1	0	1	100ΩPt0.003916	0	1	1	0	0
500ΩPt0.003920	0	0	1	1	0	200ΩPt0.003916	0	1	1	0	1

续表

RTD类型	SW1	SW2	SW3	SW4	SW5	RTD类型	SW1	SW2	SW3	SW4	SW5
500ΩPt0.003916	0	1	1	1	0	1000ΩNi0.00672	1	0	1	1	1
1000ΩPt0.003916	0	1	1	1	1	100ΩNi0.006178	1	1	0	0	0
100ΩPt0.003902	1	0	0	0	0	120ΩNi0.006178	1	1	0	0	1
200ΩPt0.003902	1	0	0	0	1	1000ΩNi0.006178	1	1	0	1	0
500ΩPt0.003902	1	0	0	1	0	10000ΩPt0.003850	1	1	0	1	1
1000ΩPt0.003902	1	0	0	1	1	10ΩCu0.004270	1	1	1	0	0
SPARE	1	0	1	0	0	150ΩFS电阻	1	1	1	0	1
100ΩNi0.00672	1	0	1	0	1	300ΩFS电阻	1	1	1	1	0
120ΩNi0.00672	1	0	1	1	0	600ΩFS电阻	1	1	1	1	1

开关8	接线方式	设置	描述
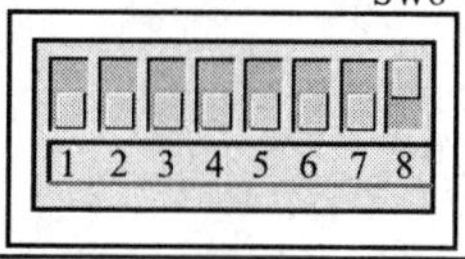 SW8 配置 ↑1—接通 ↓0—断开	3线	0	RTD模块与传感器的接线有3种方式(如图所示)：精度最高的是4线连接；2线连接精度最低，推荐只用于可忽略接线误差的应用场合
	2线或4线	1	

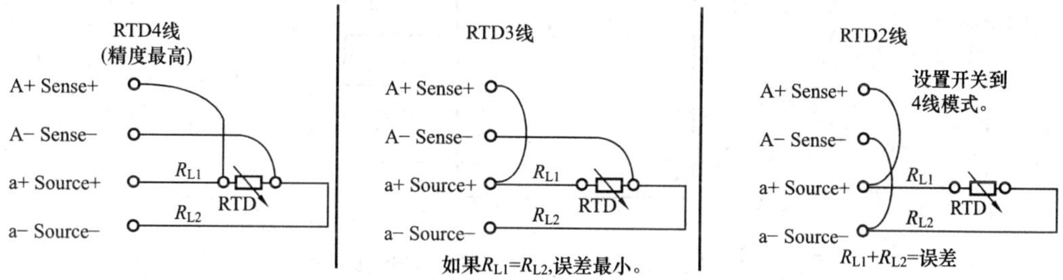

图2-8　接线方式的选择

注：R_{L1}＝从a＋端子到RTD的导线电阻，R_{L2}＝从a－端子到RTD的导线电阻。

三、S7-200对温度传感器模块的软件编程

温度模拟量输入模块（EM 231TC、EM 231RTD）所读取的数据是温度测量值的10倍（摄氏或华氏温度），如520相当于52.0度。在这里的每一温度传感器模块的起始地址都可在STEP 7-Micro/WIN中的菜单“PLC>Information（信息）”里在线读到。

【任务训练2-1：热电偶与PLC的硬件接线及其数据测试】

(1) 选择合适的K型热电偶（如图2-9所示）。

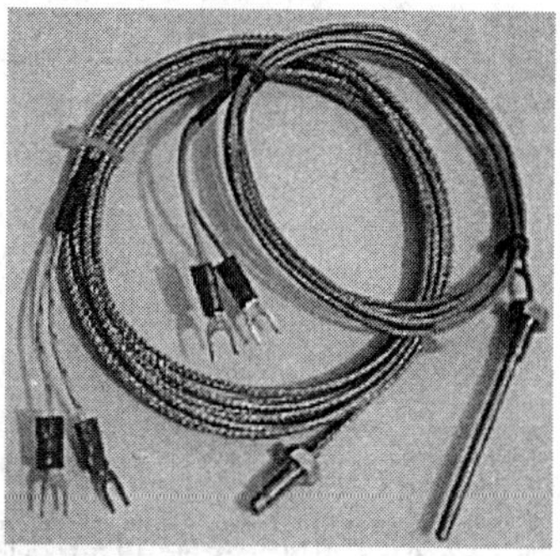

图2-9　K型热电偶

K型热电偶的温度测量范围和允许误差如表2-3所示。

表 2-3　K 型热电偶的温度测量范围和允许误差

名称	分度号	允差等级			
		Ⅰ级		Ⅱ级	
		允差值	测温范围（℃）	允差值	测温范围（℃）
镍铬—镍硅 WRK 或 WRKK	K	±1.5℃或 ±0.4%t	−40～1000	±2.5℃或 ±0.75%t	−40～1000

(2) 按照图 2-10 进行接线（注意：热电偶电线的方向不能接反）。

由于本课题需要采用晶体管输出的 PLC（固态继电器输出），因此选择 PLC 为 CPU 224 DC/DC/DC，工作电源为 24V DC，扩展模块 EM 231 4TC 的电源也为 24V DC。

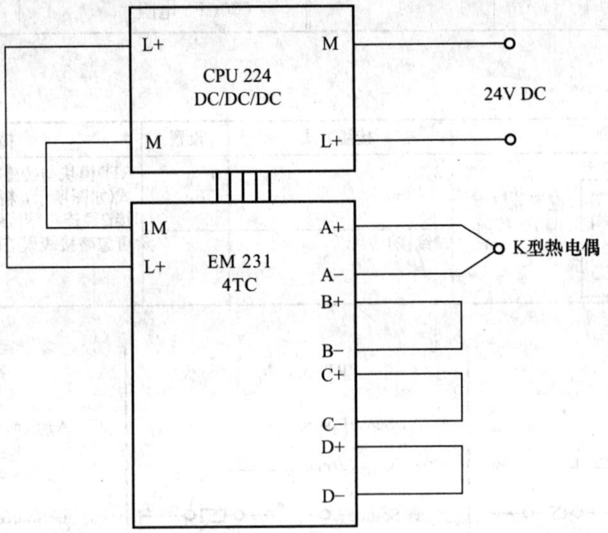

图 2-10　K 型热电偶与 PLC 连接示意

接线完成后，设置 EM 231 4TC 的 DIP：SW3 为 1，SW1/2/5/6/7/8 为 0。

(3) 上电进行温度测试。编程采用 MOV_W 语句进行测试，如图 2-11 所示。

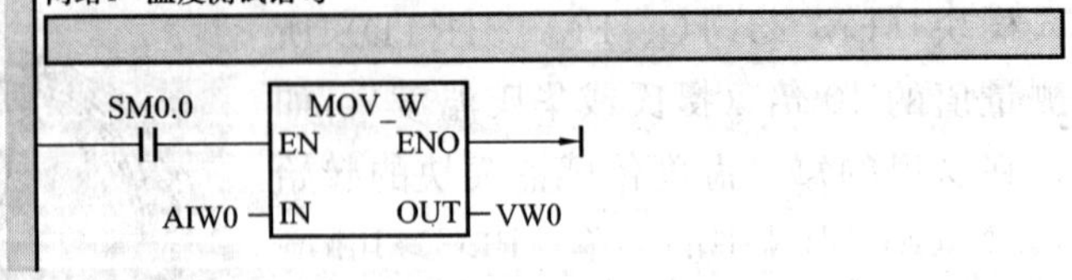

图 2-11　温度测试语句

在测试中，可以用热水和冷水进行测试，并与温度计进行比较。

(4) 对于不同类型的热电偶与 PLC 的内部值对应关系如表 2-4 所示。

表 2-4　不同类型的热电偶与 PLC 的内部值对应关系

十进制	类型 J	类型 K	类型 T	类型 E	类型 R，S	类型 N
32 767	>1200.0℃	>1372.0℃	>400.0℃	>1000.0℃	>1768.0℃	>1300.0℃
↑					↑	
17 680		↑			1768.0℃	
:						
13 720		1372.0℃				↑
:		超出范围				
13 000	↑	1300.0℃				1300.0℃
:						
12 000	1200.0℃			↑		
:						
10 000			↑	1000.0℃		
:						
4000			400.0℃		400.0℃	
:						
1	0.1℃	0.1℃	0.1℃	0.1℃	0.1℃	0.1℃
0	0.0℃	0.0℃	0.0℃	0.0℃	0.0℃	0.0℃
−1	−0.1℃	−0.1℃	−0.1℃	−0.1℃	−0.1℃	−0.1℃
:					低于范围	
−500					−50.0℃	
−1500	−150.0℃				↓	
:						
−2000	低于范围	−200.0℃				
:						
−2100	−210.0℃					
:	↓					
−2400				−240.0℃		
:		低于范围		低于范围		
−2550			−255.0℃			
:			低于范围			
−2700		−270.0℃	−270.0℃	−270.0℃		−270.0℃
↓		↓	↓	↓		↓
−32 768	<−210.0℃	<−270.0℃	<−270.0℃	<−270.0℃	<−50.0℃	<−270.0℃

子课题 2　封口包装机的温度控制

一、封口包装机的温度 PID 概述

1. 封口包装机的温度控制要求

封口包装机在工作时，封口温度的高低会直接影响产品质量，温度过高或过低，都会造成产品的缺陷，影响产品的美观。所以在包装机中，对封口的温度控制是十分重要的。

在封口包装机的温度控制中，采用具有结构简单、测温范围大、响应快的热电偶作为测量温度传感器。当 PLC 采样到实际温度之后，再与设定值进行比较，进行 PID 控制，就可

以控制固态继电器进行加热器的通与断。

2. PID 控制

在工程实际中，应用最为广泛的调节器控制规律为比例、积分、微分控制，简称 PID 控制或调节。PID 控制器问世至今已有近 70 年历史，它以其结构简单、稳定性好、工作可靠、调整方便而成为工业控制的主要技术之一。当被控对象的结构和参数不能完全掌握、或得不到精确的数学模型时，控制理论的其他技术难以采用时，系统控制器的结构和参数必须依靠经验和现场调试来确定，这时应用 PID 控制技术最为方便，即当我们不完全了解一个系统和被控对象、或不能通过有效的测量手段来获得系统参数时，最适合用 PID 控制技术。PID 控制，实际中也有 PI 和 PD 控制。PID 控制器就是根据系统的误差，利用比例、积分、微分计算出控制量进行控制的。

(1) 比例 (P) 控制。比例控制是一种最简单的控制方式。其控制器的输出与输入误差信号成比例关系。当仅有比例控制时系统输出存在稳态误差 (Steady-state Error)。

(2) 积分 (I) 控制。在积分控制中，控制器的输出与输入误差信号的积分成正比关系。对一个自动控制系统，如果在进入稳态后存在稳态误差，则称这个控制系统是有稳态误差的或简称有差系统 (System with Steady-state Error)。为了消除稳态误差，在控制器中必须引入"积分项"。积分项对误差取决于时间的积分，随着时间的增加，积分项会增大。这样，即便误差很小，积分项也会随着时间的增加而加大，它推动控制器的输出增大使稳态误差进一步减小，直到等于零。因此，比例+积分 (PI) 控制器，可以使系统在进入稳态后无稳态误差。

(3) 微分 (D) 控制。在微分控制中，控制器的输出与输入误差信号的微分（即误差的变化率）成正比关系。自动控制系统在克服误差的调节过程中可能会出现振荡甚至失稳。其原因是由于存在有较大惯性组件（环节）或有滞后 (delay) 组件，具有抑制误差的作用，其变化总是落后于误差的变化。解决的办法是使抑制误差的作用的变化"超前"，即在误差接近零时，抑制误差的作用就应该是零。这就是说，在控制器中仅引入"比例"项往往是不够的，比例项的作用仅是放大误差的幅值，而目前需要增加的是"微分项"，它能预测误差变化的趋势，这样，具有比例+微分的控制器，就能够提前使抑制误差的控制作用等于零，甚至为负值，从而避免了被控量的严重超调。所以对有较大惯性或滞后的被控对象，比例+微分 (PD) 控制器能改善系统在调节过程中的动态特性。

3. PID 算法

在连续控制系统中，模拟 PID 的控制规律形式为

$$u(t)=K_{\mathrm{P}}\left[e(t)+\frac{1}{T_{\mathrm{I}}}\int e(t)\mathrm{d}t+T_{\mathrm{D}}\frac{\mathrm{d}e(t)}{\mathrm{d}t}\right] \tag{2-1}$$

式中 $e(t)$——偏差输入函数；

$u(t)$——调节器输出函数；

K_{P}——比例系数；

T_{I}——积分时间常数；

T_{D}——微分时间常数。

由于式（2－1）为模拟量表达式，而PLC程序只能处理离散数字量，为此，必须将连续形式的微分方程化成离散形式的差分方程。式（2－1）经离散化后的差分方程为

$$u(k)=K_{D}\left[e(k)+\frac{1}{T_{1}}\sum_{i=0}^{k}Te(k-i)+T_{D}\frac{e(k)-e(k-1)}{T}\right] \quad (2-2)$$

式中　T——采样周期；

k——采样序号，$k=0$，1，2，…，i，…，k；

$u(k)$——采样时刻k时的输出值；

$e(k)$——采样时刻k时的偏差值；

$e(k-1)$——采样时刻$k-1$时的偏差值。

为了减小计算量和节省内存开销，将式（2－2）化为递推关系式形式为

$$\begin{aligned}u(k)&=u(k-1)+K_{P}\left(1+\frac{T}{T_{1}}+\frac{T_{D}}{T}\right)e(k)-K_{D}\left(1+\frac{2T_{D}}{T}\right)e(k-1)+K_{P}\frac{T_{D}}{T}e(k-2)\\&=u(k-1)+r_{0}e(k)-r_{0}e(k-1)+r_{2}e(k-2)\\&=u(k-1)-r_{0}f(k)+r_{1}f(k-1)-r_{2}f(k-2)+S_{p}(r_{0}-r_{1}+r_{2})\end{aligned} \quad (2-3)$$

式中　S_{p}——调节器设定值；

$f(k)$——采样时刻k时的反馈值；

$f(k-1)$——采样时刻$k-1$时的反馈值；

$f(k-2)$——采样时刻$k-2$时的反馈值。

至此，式（2－3）已可以用作编程算法使用了。

二、西门子S7－200 PID指令

1. PID标准指令

西门子S7－200 PLC具有标准的PID回路指令来实现各种温度控制（如图2－12所示）。PID回路（PID）指令根据表格（TBL）中的输入和配置信息对引用LOOP执行PID回路指令操作数（如表2－5所示）。同时，逻辑堆栈（TOS）顶值必须是“打开”（使能位）状态，才能启用PID计算。

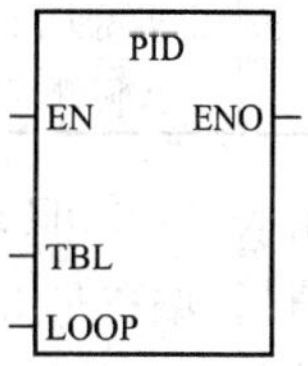

图2－12　PID回路指令

表2－5　**PID回路指令操作数**

输入	操作数	数据类型	备　注
TBL	VB	字节	标准80个字节
LOOP	常数（0～7）	字节	最多8个回路

S7－200程序中可使用八条PID指令，如果两条或多条PID指令使用相同的回路号码（即使它们的表格地址不同），PID计算会互相干扰，结果难以预料。因此，必须在程序设计之初为每一个PID控制指定不同的回路号。

LOOP回路表存储用于控制和监控回路运算的参数，包括进程变量、设定值、输出、增益、采样时间、积分时间（复原）、微分时间（速率）等数值。PID指令框中输入的表格（TBL）起始地址为回路表分配80个字节（如表2－6所示）。

表 2-6　PID 语句 LOOP 回路表

偏移量	域	格式	类型	说　明
0	PV_n 进程变量	双字—实数	入	包含进程变量，必须在 0.0～1.0 范围内
4	SP_n 设定值	双字—实数	入	包含设定值，必须在 0.0～1.0 范围内
8	M_n 输出	双字—实数	入/出	包含计算输出，在 0.0～1.0 范围内
12	K_c 增益	双字—实数	入	包含增益，此为比例常数，可为正数或负数
16	T_s 采样时间	双字—实数	入	包含采样时间，以秒为单位，必须为正数
20	T_I 积分时间或复原	双字—实数	入	包含积分时间或复原，以分钟为单位，必须为正数
24	T_D 微分时间或速率	双字—实数	入	包含微分时间或速率，以分钟为单位，必须为正数
28	MX 偏差	双字—实数	入/出	包含 0.0 和 1.0 之间的偏差或积分和数值
32	PV_{n-1} 以前的进程变量	双字—实数	入/出	包含最后一次执行 PID 指令存储的进程变量以前的数值
36	PID 扩展表标识	ASCII	常数	“PIDA”（PID 扩展到 A 版）：ASCII 常数
40	AT 控制（ACNTL）	字节	入	
41	AT 状态（ASTAT）	字节	出	
42	AT 结果（ARES）	字节	入/出	
43	AT 配置（ACNFG）	字节	入	
44	偏差（DEV）	实数	入	最大 PV 振荡幅度的归一值
48	滞后（HYS）	实数	入	用于确定过零的 PV 滞后之归一值
52	初始输出步长（STEP）	实数	入	用于在 PV 中诱发振荡的输出值中的步长改变的归一值
56	看门狗时间（WDOG）	实数	入	在两个过零之间以秒为单位的最大允许时间
60	建议增益（AT_KC）	实数	出	由自动调谐过程确定的建议回路增益
64	建议积分时间（AT_TI）	实数	出	由自动调谐过程确定的建议积分时间
68	建议微分时间（AT_TD）	实数	出	由自动调谐过程确定的建议微分时间
72	实际步长（ASTEP）	实数	出	由自动调谐过程确定的归一输出步长值
76	实际滞后（AHYS）	实数	出	由自动调谐过程确定的归一 PV 滞后值

由表 2-6 可以看出，偏移量 0 为实际检测值（或称反馈值），偏移量 4 为设定值（或称目标值），偏移量 8 为输出值。需要注意的是：此表起初的长度为 36 个字节，但在西门子新版本软件 v4.0 增加了 PID 自动调谐后，回路表现已扩展到 80 个字节。

2. PID 语句的使用

在工业控制系统中，可能有必要仅采用一种或两种回路控制方法。例如，可能只要求比例控制或比例和积分控制。这时可以通过设置常数参数值对所需的回路控制类型进行选择。

如果不需要积分运算（即在 PID 计算中无“I”），则应将积分时间（复原）指定为“INF”（无限大）。由于积分和 MX 的初始值，即使没有积分运算，积分项的数值也可能不为零。

如果不需要求导数运算（即在 PID 计算中无“D”），则应将微分时间（速率）指定为 0.0。

如果不需要比例运算（即在 PID 计算中无“P”），但需要 I 或 ID 控制，则应将增益值指定为 0.0。

在实际应用中，设定值、反馈值和输出值均为实际数值，其大小、范围和工程单位可能不同。

（1）设定值和反馈值的转换。将这些数值用于 PID 指令操作之前，必须将其标准值转换成标准化小数表示法，即

$$\text{PID 标准值}=\text{原值}\div\text{值域}+\text{偏置值}$$

偏置值如果是单极性数值，则取0.0；如果是双极性数值，则取0.5。
单极性数值转换为PID标准值例子如图2-13所示。

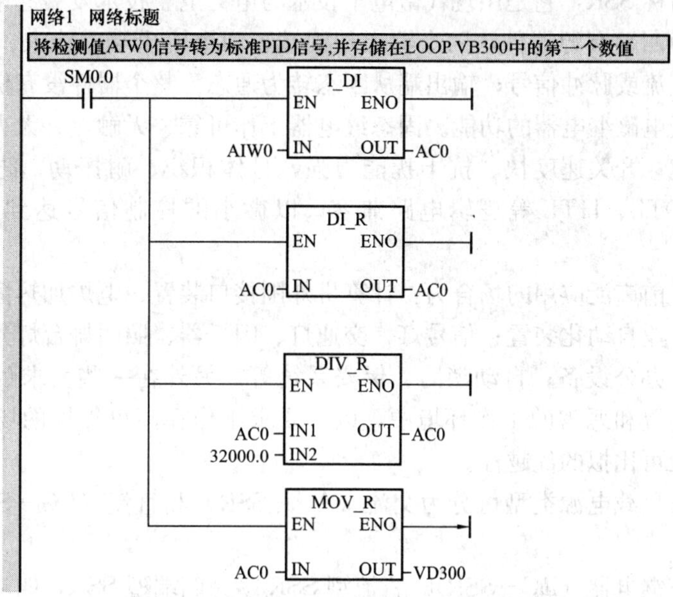

图2-13　单极性数值转换为PID标准值

（2）输出值的转换。该数值在PID操作之后，必须将PID标准化小数转换成实际值(0~32000)，其方法为

实际输出值=(PID标准输出值-偏置值)×值域

偏置值的选择同（1）。单极性数值输出的例子如图2-14所示。

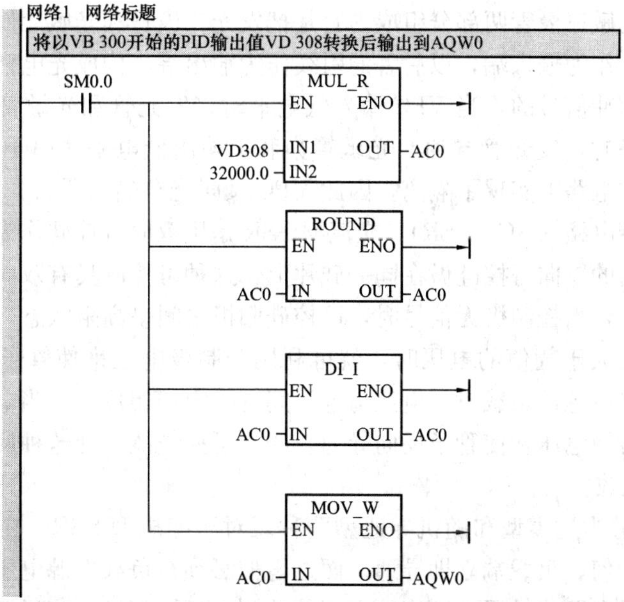

图2-14　单极性数值输出

三、固态继电器 SSR

1. 固态继电器的工作原理

固态继电器简称 SSR，它是用现代微电子技术与电力电子技术发展起来的一种新型无触点开关器件。它为四端有源器件，两个输入控制端，两个输出端，输入、输出间为光电隔离，输入端加上直流或脉冲信号，输出端从断态转为通态。整个器件没有任何可动部件和触点，实现了相当于电磁继电器的功能。固态继电器工作可靠、无触点、无火花、寿命长、无噪声、无电磁干扰、开关速度快、抗干扰能力强，且体积小、耐振动、防爆、防潮、防腐蚀，能与 TTL、DTL、HTL 等逻辑电路兼容，以微小的控制信号达到直接驱动大电流负载。

固态继电器目前广泛应用的场合为：计算机外围接口装置、电炉加热恒温系统；数控机械、遥控系统，工业自动化装置；信号灯、交通灯、闪烁器、照明舞台灯光控制系统；仪器仪表、医疗器械、办公设备；自动消防、保安系统等。另外在一些要求耐振、耐潮、耐腐蚀、防爆的特殊装置和恶劣的工作环境中，以及要求工作在高可靠性的场合中，SSR 能比传统的继电器有无可比拟的优越性。

固态继电器按负载电源类型可分为交流（AC－SSR）和直流（DC－SSR）两类，现分述其工作原理。

（1）直流固态继电器（DC－SSR）。直流型 SSR 多为四端型 SSR，四端型是指有两个输入端、两个输出端。这是近年发展起来的多用途开关。图 2－15 所示为 DC－SSR 的原理框图，继电器输入端仅要求很小的控制电流，输出用于直流大功率控制场合。

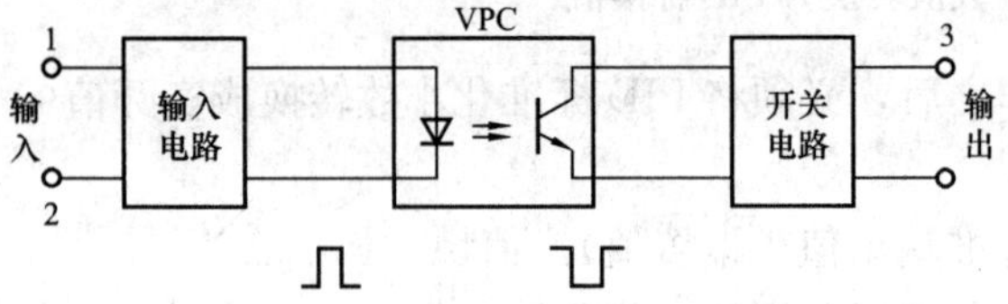

图 2－15 DC－SSR 的原理框图

图 2－15 中 VPC 是光电耦合器，主要由发光二极管和光敏三极管两部分组成。它是把发光二极管和光敏元件装在一个密封的管壳内，以前者的引线作为输入端，以后者的引线作为输出端，构成光电耦合器。在这里光电耦合器是用于耦合脉冲信号的，当 VPC 输入低电平时，发光管和光敏管都截止，输出高电平；当输入为高电平时，发光管导通，光敏管饱和，输出低电平。由于输入输出通过光信号，输出输入之间在电路上实现了隔离，因此 VPC 又叫光电隔离器。

（2）交流固态继电路（AC－SSR）。交流型 SSR 是用双向可控硅作为开关器件。双向可控硅可看作两个反向的单向可控硅做在同一硅片上，这种可控硅具有双向导通功能，它的通断情况由控制极决定，当控制极无信号时，可控硅阳极之间呈高阻状态，可控硅截止；而当阳极和阴极之间加上大于阈值的电压时，就可利用控制极电压来使管子导通。但需注意的是，当双向可控硅接有感性负载时，电流与电压间有一定的相位差，当电流为零时，电压可能不为零，且超过转换电压，使管子反向导通。故要可控硅能承受这种反向电压，并在回路中加 RC 网络加以吸收。

交流型 SSR 可分为过零型和随机导通型两种。对于随机型 SSR，在输入信号时，不管负载电源电压相位如何，负载端立即导通；而过零型必须在负载电源电压接近零且输入信号有效时，输出端负载电源才导通。而当输入端的控制电压撤消后，流过双向可控硅负载的电源电压为零时即关断。

工业自动控制系统中普遍采用的是过零触发型交流SSR。它一般由信号输入电路、光电隔离、过零触发双向可控硅、RC吸收电路组成。图2-16所示为这种SSR的原理电路，其中VPC是一个以光控可控硅为输出器件的光电耦合器，它除了传递控制信号外，还具有隔离功能。光控可控硅依靠VD1～VD4通过整流从交流电源取得正向工作电压，使它在交流正、负两个半周内均处在待触发状态。R_1 和 C_1 并联后接于可控硅的控制极，以削弱干扰的影响。过零检测环节由 R_2、R_3 和晶体管V构成。这里所谓的“零”并非指交流电压为0V瞬时值，而是指0V附近的一个电压小区间，大约在±10～±15V，称为零区。若交流电压过大，落在零区之外，则由 R_2、R_3 分压后的电压可使三极管V饱和，把光控硅的控制极和阴极短路。此时即使输入端有正向电流使发光管发光，也无法使光控管导通。只有在交流电压经过零区时，V才能因基极电压过低而近乎截止，使得光控管才有可能导通，向可控硅VT提供触发电压。适当选择 R_2 和 R_3 的值可调整零区的范围。

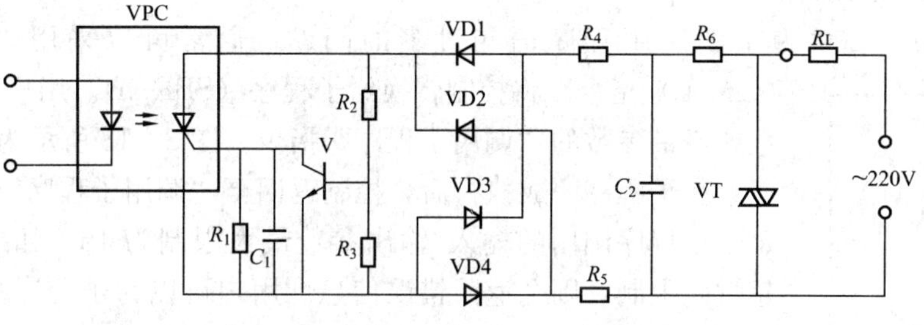

图2-16　AC-SSR原理电路

图2-16中，电阻 R_4 为光控可控硅的限流电阻；R_5 为触发电阻，VT依靠它取得触发脉冲；R_6、C_2 构成阻容吸收网络，用于VT的保护。

当输入端出现信号时，一旦交流电压过零，光控可控硅即导通，R_5 上形成的电压马上触发VT导通，把负载 R_1 与交流电源接通。输入信号消失后，光控管即截止，R_5 上的触发电压随即消失，这样，待交流电压过零时，VT因失去维持电流而关断，于是负载失电。它的工作波形如图2-17所示。

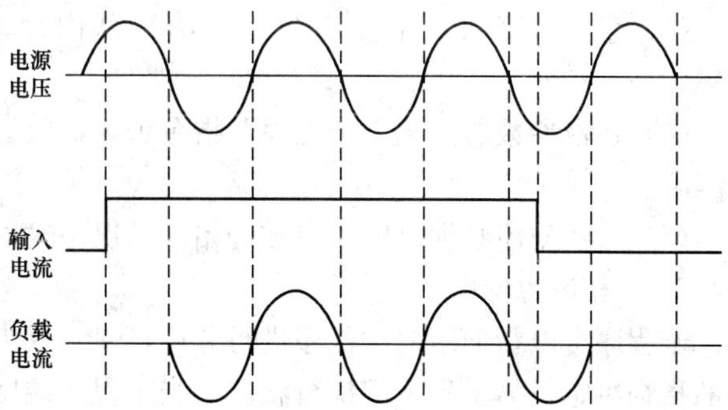

图2-17　AC-SSR的工作波形

2. 固态继电器的使用

固态继电器规格的选取一般采用有效值等的原则，然后再考虑一定的安全系数；触发信号要触发多组固态继电器可把触发线串联在一起，同时控制多组固态继电器。

固态继电器的安装要注意以下要求。

(1) 继电器与散热器的安装面要平整、光滑。

(2) 继电器的导热底板与散热器各应均匀涂覆一层导热硅脂，使其接触良好，减小接触热阻。

（3）继电器与散热表面紧固用 M5 或 M6 平头螺钉和弹垫加以拧紧，每个螺钉用力要均匀。

（4）继电器主电极接线应用铜排或线鼻子引出并用带弹垫的免费钉拧紧。

（5）引出导线或铜排均应套上绝缘热缩管，用热见回热使之收缩。

（6）控制线应用多股软线（1mm^2）。

固态继电器的负载能力受环境温度和自身温升的影响较大，在安装使用过程中，应保证其有良好的散热条件，额定工作电流在 10A 以上的产品应配散热器，100A 以上的产品应配散热器加风扇强冷。在安装时应注意继电器底部与散热器的良好接触，并考虑涂适量导热硅脂以达到最佳散热效果。

如继电器长期工作在高温状态下（40～80℃），用户可根据厂家提供的最大输出电流与环境温度曲线数据，考虑降额使用来保证正常工作。

四、S7-200 的子程序和中断程序

1. 子程序 CALL 指令

西门子 S7-200 为了解决主程序语句过多的问题，通常可以采用“调用子程序（CALL）指令”将控制转换给子程序（SBR_n）。用户可以使用带参数或不带参数的“调用子程序”指令。图 2-18 所示为 CALL 语句。

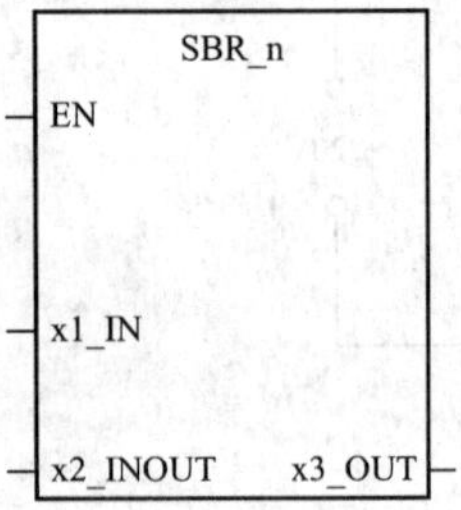

图 2-18 CALL 语句

在子程序完成执行后，控制返回至“调用子程序”之后的指令。每个子程序调用的输入/输出参数最大限制为 16。如果下载的程序超过此限制，则会返回错误信息。用户可以为子程序指定一个符号名，例如 USR_NAME，该符号名会出现在指令树的“子程序”文件夹中。

将参数值指定给子程序中的局部内存时应遵循以下几点。

（1）参数值指定给局部内存的顺序由 CALL 指定，参数从 Lx.0 开始。

（2）1～8 个连续位参数值被指定给从 Lx.0 开始持续至 Lx.7 的单字节。

（3）字节、字和双字数值被指定给局部内存，位于字节边界（LBx、LWx 或 LDx）位置。

（4）在带参数的“调用子程序”指令中，参数必须与子程序局部变量表中定义的变量完全匹配。

（5）参数顺序必须以输入参数开始，其次是输入/输出参数，然后是输出参数。

2. 子程序的使用

子程序可以帮助用户对程序进行分块，使其成为较小的、更易管理的块。而主程序中使用的指令决定具体子程序的执行状况。当主程序调用子程序并执行时，子程序执行全部指令直至结束。然后，系统将控制返回至调用子程序网络中的主程序。

在程序中调试和维护时，用户可以利用子程序的优势，通过使用较小的程序块，对这些区域和整个程序简单地进行调试和故障排除。

要在程序中使用子程序，必须执行下列三项任务：

（1）建立子程序；

（2）在子程序局部变量表中定义参数（如果有参数的话）；

（3）从适当的 POU（从主程序或另一个子程序）调用子程序。

当子程序被调用时，整个逻辑堆栈被保存，堆栈顶端被设为 1，所有其他堆栈位置被设为 0，控制被传送至调用子程序。当该子程序完成时，堆栈恢复为在调用点时保留的数值，控制返回调用例行程序。

子程序和调用例行程序共用累加器。由于子程序的使用，对累加器不执行保存或恢复操作。

需要注意的是，在西门子 S7 - 200 程序中，不使用 RET 指令终止子程序，也不得在子程序中使用 END（结束）指令。

图 2 - 19 所示为子程序的调用说明，其中箭头所指语句不用编程，由 Micro/WIN 自动处理。

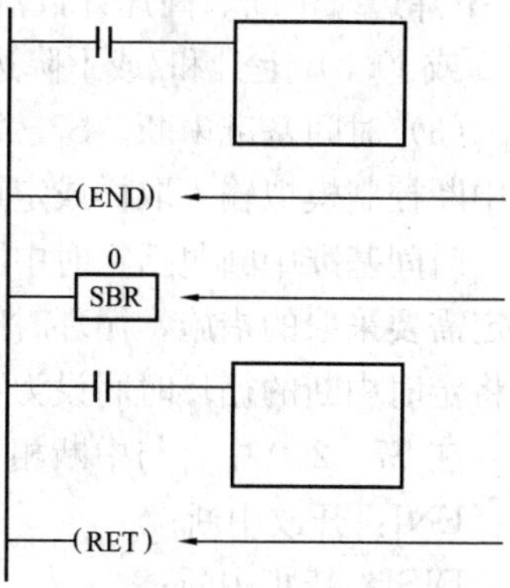

图 2 - 19　子程序的调用说明

图 2 - 20 所示为子程序调用示例。

用于SBR_0的局部变量表

	Name	Var Type	Data Type	Comment
	EN	IN	BOOL	
L0.0	IN1	IN	BOOL	
LB1	IN2	IN	BYTE	
L2.0	IN3	IN	BOOL	
LD3	IN4	IN	DWORD	
		IN		
LD7	INOUT	IN_OUT	REAL	
		IN_OUT		
LD11	OUT	OUT	REAL	
		OUT		

LAD主程序

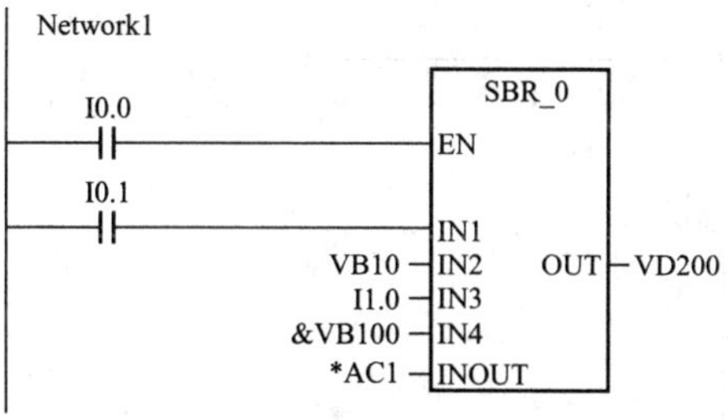

图 2 - 20　子程序调用示例

3. 中断程序

中断程序可以为 PLC 内部或外部的特殊事件提供快速反应，比如在封口包装机中可以采用定时中断，进行温度采样，并进行 PID 控制。通常中断例行程序都较为短小和简明扼要，这样可以加快中断程序执行的速度，使其他程序不会受到长时间的延误。

S7 - 200 支持以下中断例行程序类型。

（1）通信端口中断。S7 - 200 生成允许程序控制通信端口的事件。此种操作通信端口的模式被称为自由端口模式。在自由端口模式中，程序定义波特率、每个字符的位、校验和协议，可提供“接收”和“传送”中断，协助用户进行程序控制的通信。

（2）I/O 中断。S7 - 200 生成用于各种 I/O 状态不同变化的事件。这些事件允许程序对高速计数器、脉冲输出或输入的升高或降低状态作出应答。一般情况下，I/O 中断包括上升/下降边缘中断、高速计数器中断和脉冲链输出中断。S7 - 200 可生成输入（I0.0、I0.1、I0.2 或 I0.3）上升和/或下降边缘中断。

（3）时间基准中断。S7 - 200 生成允许程序按照具体间隔作出应答的事件。通常使用定时中断控制模拟输入取样或定期执行 PID 环路。

时间基准中断包括定时中断和定时器 T32/T96 中断。用户可以使用定时中断基于循环指定需要采取的措施，循环时间通常被设为从 1～255ms，每 1ms 递增一次。一般在 SMB34 中将定时中断的循环时间设为 0，在 SMB35 中将定时中断的循环时间设为 1。

在 S7 - 200 中，与中断相关的指令有 6 个，具体为：

ENI：开放中断；

DISI：禁止中断；

RETI：从中断（INT）有条件返回；

ATCH：连接中断；

DTCH：分离中断；

CLR_EVNT：清除中断事件。

【任务训练 2 - 2：封口机温度 PID 控制的接线与编程】

1. 硬件接线

温度 PID 控制的硬件接线如图 2 - 21 所示。

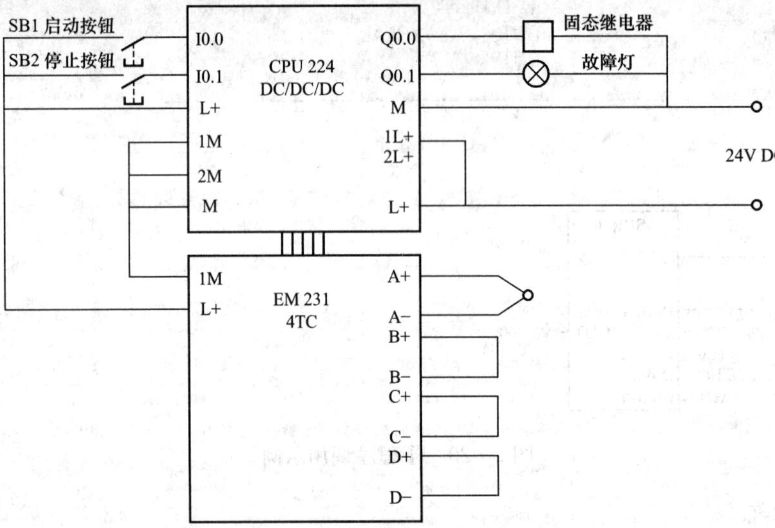

图 2 - 21 温度 PID 控制的硬件接线

由于固态继电器输出是采用脉冲开关形式，因此采用 PLC 的晶体管输出，型号为 CPU 224 DC/DC/DC。对于扩展模块 EM 231 4TC 的另外 3 个端口，采取短接的形式，以防止不必要的干扰。

2. PID 编程

PID 编程包括温控主程序（如图 2 - 22 所示）、温控子程序（如图 2 - 23 所示）和温控中断程序（如图 2 - 24 所示）三部分。

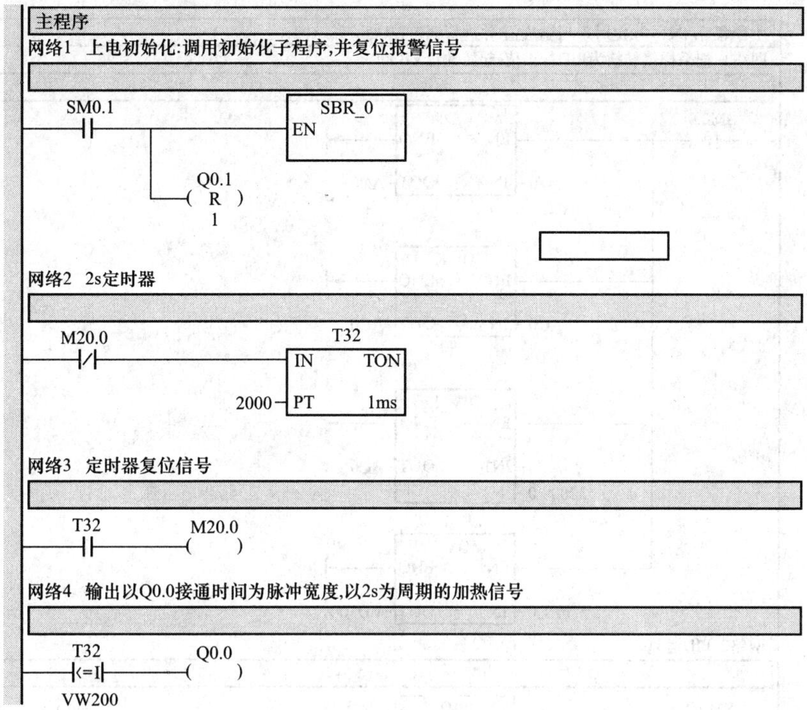

图2-22 封口包装机温控主程序

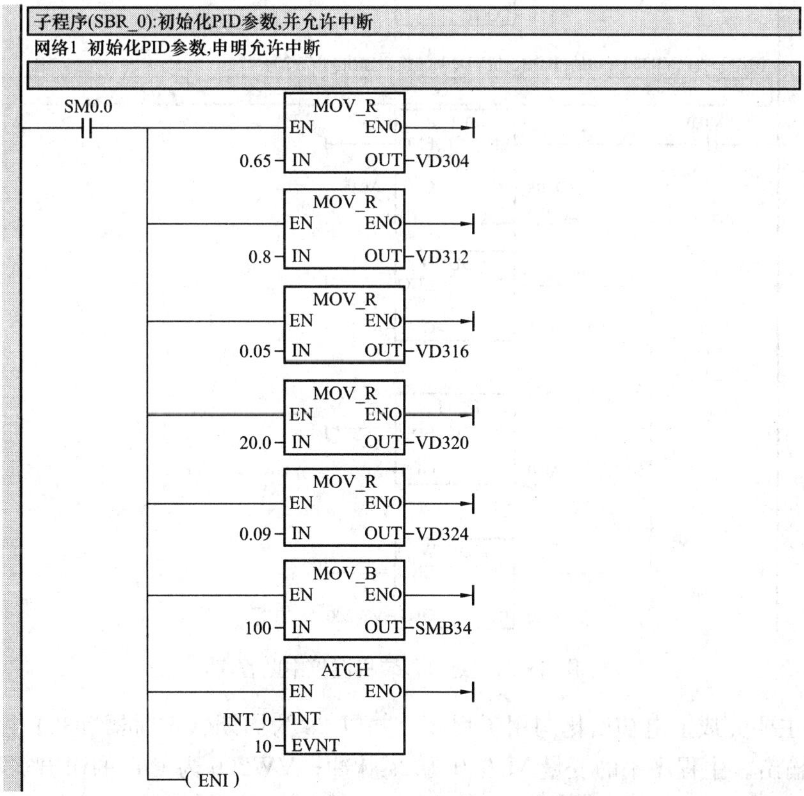

图2-23 封口包装机温控子程序

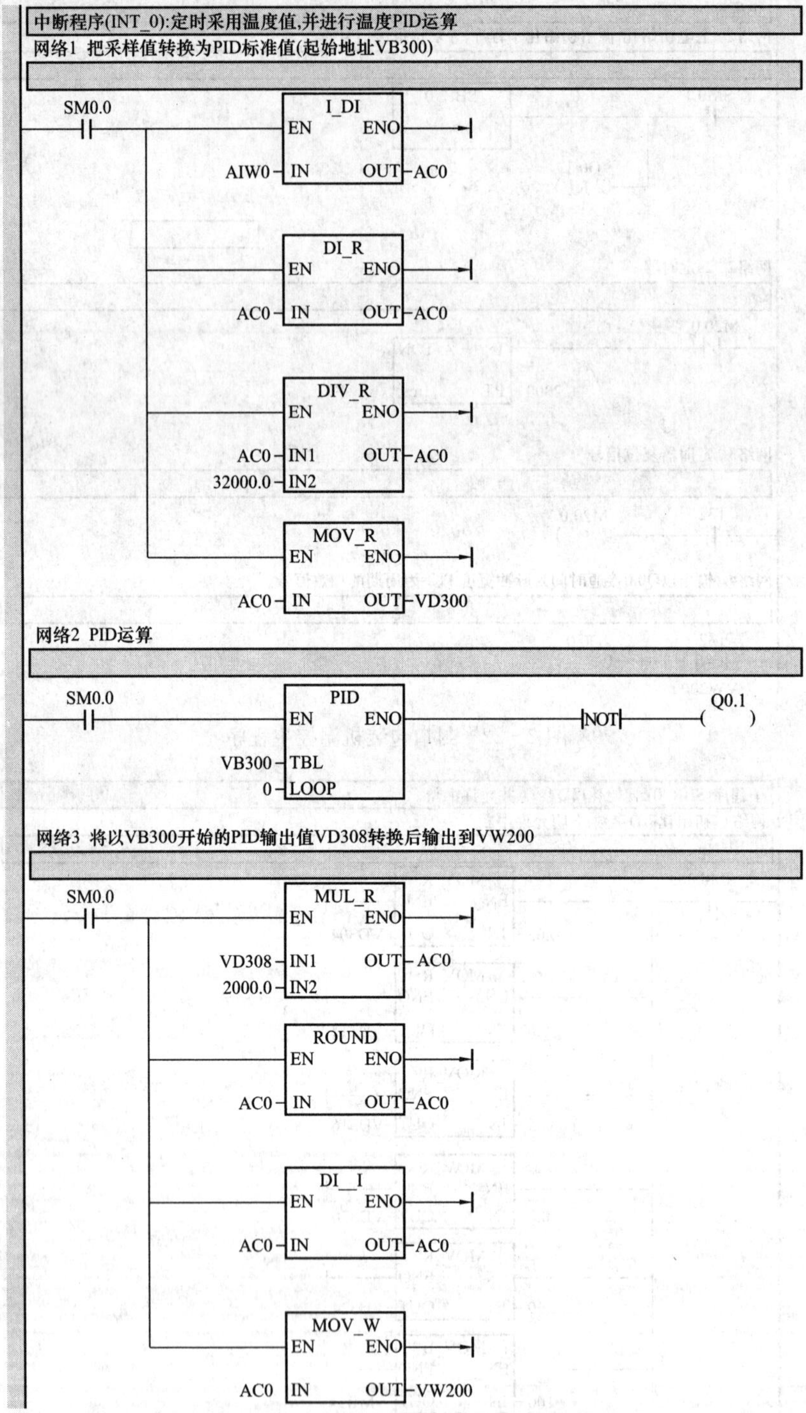

图 2-24 封口包装机温控中断程序

主程序主要完成上电初始化调用子程序，并以 2s 为周期（定时器 T32）控制固态继电器 Q0.0 的输出。主程序中的变量 M20.0 为 2s 脉冲；VW200 为 PID 的输出实际值。

子程序负责初始化温度 PID 控制的参数，并申明允许中断。在子程序中，PID 表的各个参数分别为：温度 PID 回路表 VB300；输入标准值 VD300；温度设定值 VD304；输出标准值 VD308；PID 增益参数 VD312；PID 采样时间 VD316；PID 积分时间 VD320；PID 微分时间 VD324。

中断程序的触发时间为 SMB34，触发事件为 10。

子课题3　封口包装机的变频传动控制

一、封口包装机主传动的变频控制原理

1. 主传动的特点

主传动及输送系统是封口包装机的一个重要部分，由它来控制生产的速度和物料的传送。通常，主传动及输送系统由一个主动导向轮作为动力来源，其他则通过齿轮、同步带或其他机械方式进行机械同步。图 2-25 所示是封口包装机中一个典型的主传动。

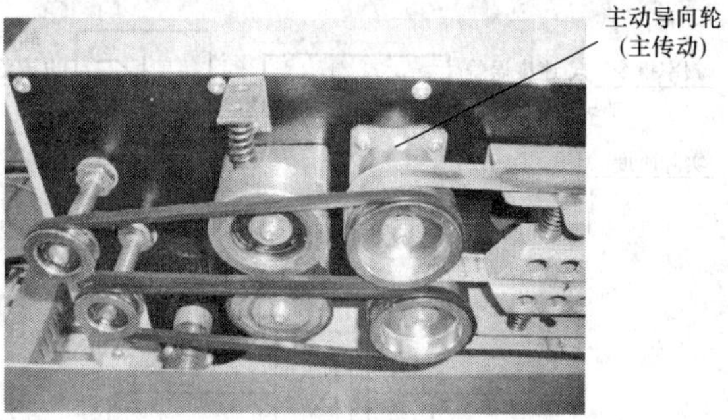

图 2-25　封口包装机的主传动

封口包装机对主传动的要求通常有以下两点。

(1) 调速范围广。封口包装机在启动时，为了确保封口包装的工艺要求，在开机时主传动采取低速运行；当启动正常后，能高速运行，以达到必要的生产效率。

(2) 动态性能高。系统要求较快的动态跟随性能和高稳速精度，以保证达到前后一致的封口包装品质。

2. 主传动变频控制的原理

作为目前最优秀的调速控制设备，变频器是封口包装机主传动驱动控制器的首选。它是通过改变异步电动机供电电源的频率 f 来实现无级调速的，其接线如图 2-26 所示。

封口包装机的主传动电动机采用变频调速以后，电动机转轴直接与负载连接，电动机由变频器供电，从而可以实现相当宽频率范围内的无级调速，如 0～650Hz。封口包装机变频器在运行中，通常都会采用 U/f 控制方式、矢量控制方式和 DTC 直接转矩控制方式中的任何一种。

(1) U/f 控制方式。变频器 U/f 控制的基本思想是 $U/f=C$，其中 C 为常数，就是压频比系数。图 2-27 所示就是变频器的基本运行 U/f 曲线。

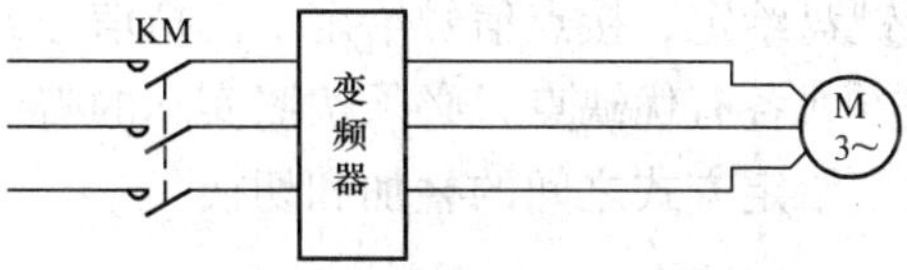

图 2-26　封口包装机主传动变频器接线

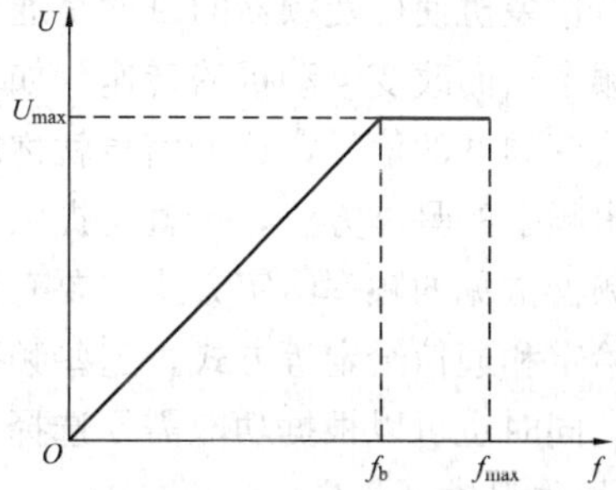

图 2-27　基本运行 U/f 曲线

从图 2-27 中可以看出，当电动机的运行频率高于一定值时，变频器的输出电压不能再随频率的上升而上升，我们就将该特定值称之为基本运行频率，用 f_b 表示。也就是说，基本运行频率是指变频器输出最高电压时对应的最小频率。在通常情况下，基本运行频率是电动机的额定频率，如电动机铭牌上标识的 50Hz 或 60Hz。同时与基本运行频率对应的变频器输出电压称之为最大输出电压，用 U_{max} 表示。

当电动机的运行频率超过基本运行频率 f_b 后，U/f 不再是一个常数，而是随着输出频率的上升而减少，电动机磁通也因此减少，变成“弱磁调速”状态。

（2）矢量控制方式。异步电动机的矢量控制是仿照直流电动机的控制方式，把定子电流的磁场分量和转矩分量解耦开来，分别加以控制，即将异步电动机的物理模型等效地变成类似于直流电动机的模式，主要包括无传感器矢量控制与闭环矢量控制两种。

矢量控制方式区别于 U/f 控制方式的地方在于矢量控制方式采用了速度调节器 ASR（如图 2-28 所示），其中 K_P 为比例增益，K_I 为积分时间。积分时间设为 0 时，则无积分作用，速度环为单纯的比例调节器。如果是无速度传感器矢量控制方式，速度环的实际速度来源于变频器内部的实际计算值。

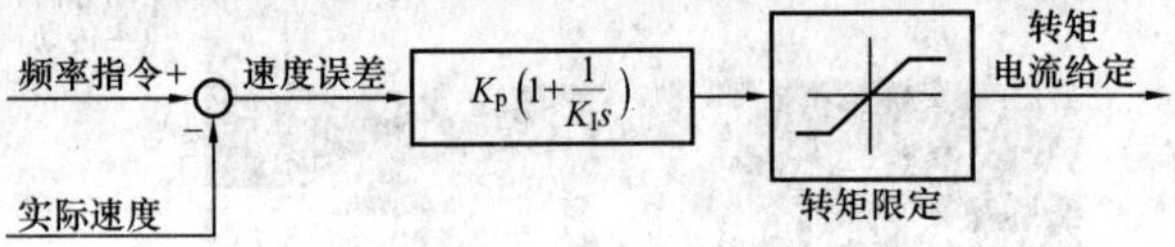

图 2-28 矢量控制方式 ASR 简化框图

（3）DTC 直接转矩控制方式。DTC 直接转矩控制是利用空间矢量坐标的概念，在定子坐标系下分析交流电机的数学模型、控制电机的磁链和转矩，通过检测定子电阻来达到观测定子磁链的目的，因此省去了矢量控制等复杂的变换计算，系统直观、简洁，计算速度和精度都比矢量控制方式有所提高。即使在开环的状态下，也能输出 100%的额定转矩，对于多拖动具有负荷平衡功能。

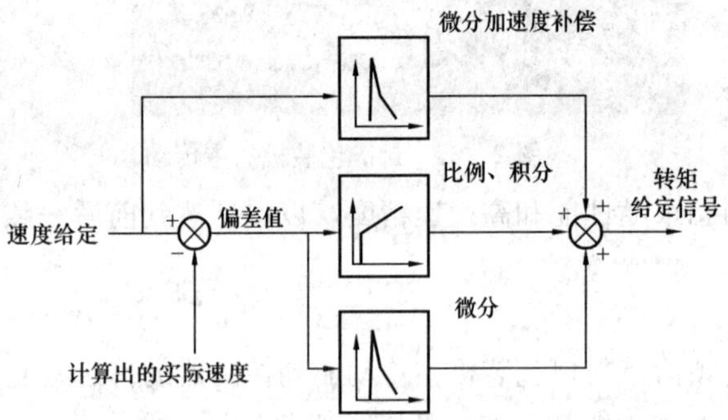

图 2-29 DTC 速度控制器原理电路

DTC 速度控制器的原理电路见图 2-29，该控制器包含了比例、积分、微分和微分加速度补偿，其经过 PID 作用后的输出作为转矩控制器的转矩给定信号。

二、封口包装机变频器的频率给定方式

封口包装机使用变频器的目的是通过改变变频器的输出频率，即改变变频器驱动电动机的供电频率从而改变电动机的转速。如何调节变频器的输出频率呢？关键是必须首先向变频器提供改变频率的信号，这个信号就称之为频率给定信号。所谓频率给定方式，就是调节变频器输出频率的具体方法，也就是提供给定信号的方式。

变频器常见的频率给定方式主要有操作器键盘给定、接点信号给定、模拟信号给定、脉冲信号给定和通信给定等方式。这些频率给定方式各有优缺点，必须按照实际的需要进行选择设置，同时也可以根据功能需要选择不同频率给定方式之间的叠加和切换。

1. 操作器键盘给定

操作器键盘给定方式是变频器最简单的频率给定方式，用户可以通过变频器的操作器键

盘上的电位器、数字键或上升下降键来直接改变变频器的设定频率（图2-30所示为西门子BOP面板）。

操作器键盘给定的最大优点就是简单、方便、醒目（可选配LED数码显示和中文LCD液晶显示），同时又兼具监视功能，即能够将变频器运行时的电流、电压、实际转速、母线电压等实时显示出来。如果选择键盘数字键或上升下降键给定，则由于是数字量给定，精度和分辨率非常高，其中精度可达±0.01%、分辨率为0.01Hz。如果选择操作器上的电位器给定，则属于模拟量给定，精度稍低，但由于无需像外置电位器的模拟量输入那样另外接线，实用性非常高。

变频器的操作器键盘通常可以取下或者另外选配，再通过延长线安置在用户操作和使用方便的地方。一般情况下，延长线可以在5m以下选用，对于距离较远的则不能简单地加长延长线，而是必须使用远程操作器键盘。

2. 接点信号给定

接点信号给定方式就是通过变频器的多功能输入端子的UP和DOWN接点来改变变频器的设定频率值。该接点可以外接按钮或其他类似于按钮的开关信号（如PLC或DCS的继电器输出模块、常规中间继电器）。其具体接线可见图2-31。

图2-30 西门子BOP面板
（操作器键盘给定方式）

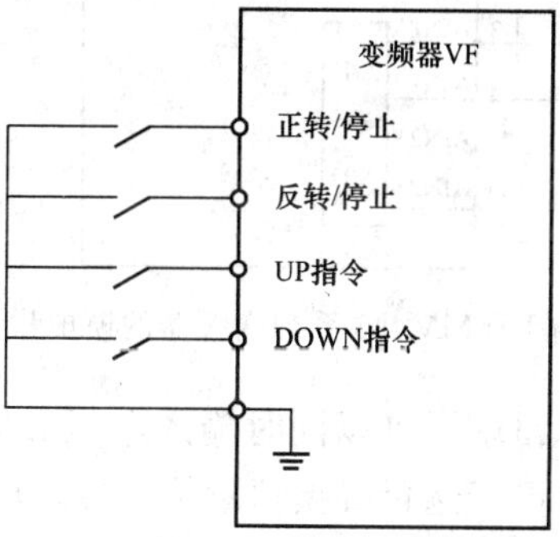

图2-31 接点信号给定方式接线

注意以下几点。

(1) 多功能输入端子需分别设置为UP指令或DOWN指令中的其中一个，不能重复设置，也不能只设置一个，更不能使UP/DOWN指令和保持加减速停止指令被同时分配。

(2) 端子的UP/DOWN速率必须被正确设置，速率单位为Hz/s。有了正确的速率设置，即使UP上升接点一直吸合，变频器的频率上升也不会一下子窜到最高输出频率，而是按照其上升速率上升。

(3) 是否断电保持频率功能必须设置，如设置为“断电保持有效”时，当变频器电源切断后频率指令被记忆，接通电源运行指令再次输入时，变频器自动加速运行到被记忆的频率为止。如设置“断电保持无效”时，当变频器电源切断后频率指令不被记忆，接通电源运行指令再次输入时，变频器按参数数值不同运行到某一固定频率（0Hz或其他，该参数依赖于变频器的型号）。

3. 模拟信号给定

模拟信号给定方式即通过变频器的模拟量端子从外部输入模拟量信号（电流或电压）进行给定，并通过调节模拟量的大小来改变变频器的输出频率。模拟量给定中通常采用电流或电压信号，常见于电位器、仪表、PLC 和 DCS 等控制回路。模拟量给定方式如图 2-32 所示。

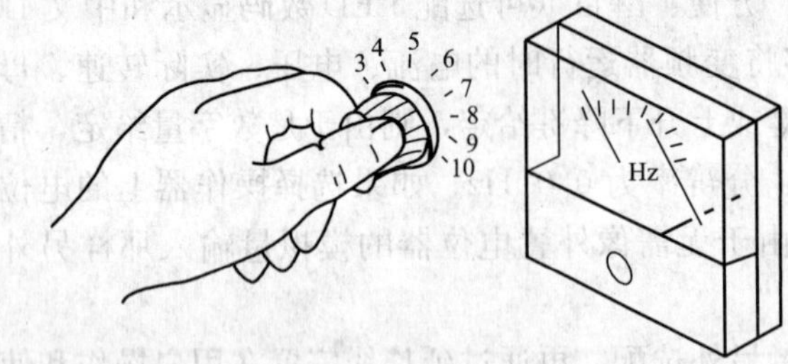

图 2-32　模拟量给定方式

电流信号一般是指 0～20mA 或4～20mA。电压信号一般指 0～10V、2～10V、0～±10V、0～5V、1～5V、0～±5V 等。电流信号在传输过程中，不受线路电压降、接触电阻及其压降、杂散的热电效应以及感应噪声等影响，抗干扰能力较电压信号强。但由于电流信号电路比较复杂，故在距离不远的情况下，仍以选用电压给定为模拟量信号居多。

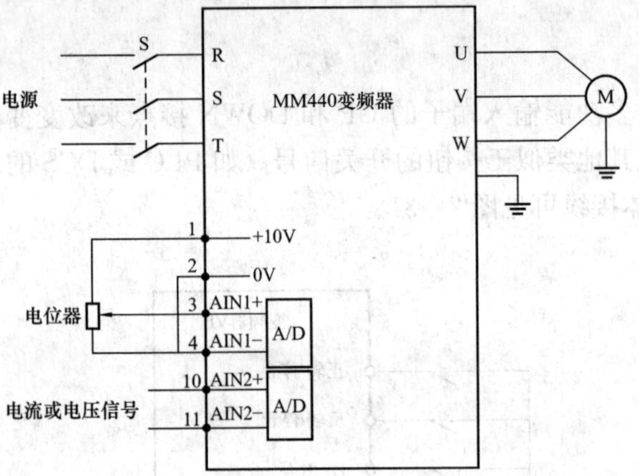

图 2-33　西门子 MM440 系列变频器的模拟量输入端子

变频器通常都会有两个及以上的模拟量端子（或扩展模拟量端子），图 2-33 所示为西门子 MM440 系列变频器的模拟量输入端子（端子 3 和 4、10 和 11 分别为模拟输入通道 1 和 2）。

有些模拟量端子可以同时输入电压和电流信号（但必须通过跳线或短路块进行区分），因此对变频器已经选择好模拟量给定方式后，还必须按照以下步骤进行参数设置。

1）选择模拟量给定的输入通道；

2）选择模拟量给定的电压或者电流方式及其调节范围，同时设置电压/电流跳线，注意必须在断电时进行操作；

3）选择模拟量端子多个通道之间的组合方式（叠加或者切换）；

4）选择模拟量端子通道的滤波参数、增益参数、线性调整参数。

(1) 频率给定曲线。所谓频率给定曲线，就是指在模拟量给定方式下，变频器的给定信号 P 与对应的变频器输出频率 $f(x)$ 之间的关系曲线 $f(x)=f(P)$。这里的给定信号 P，既可以是电压信号，也可以是电流信号，其取值范围在 0～10V 或 0～20mA 之内。

一般的电动机调速都是线性关系，因此频率给定曲线可以简单地通过定义首尾两点的坐标（模拟量，频率）即可确定该曲线。如图 2-34 (a) 所示，定义首坐标为（P_{min}，f_{min}）和尾坐标（P_{max}，f_{max}），可以得到设定频率与模拟量给定值之间的正比关系。如果在某些变频器运行工况需要频率与模拟量给定成反比关系的话，也可以定义首坐标为（P_{min}，f_{max}）和尾坐标（P_{max}，f_{min}），如图 2-34 (b) 所示。

这里必须注意以下几点。

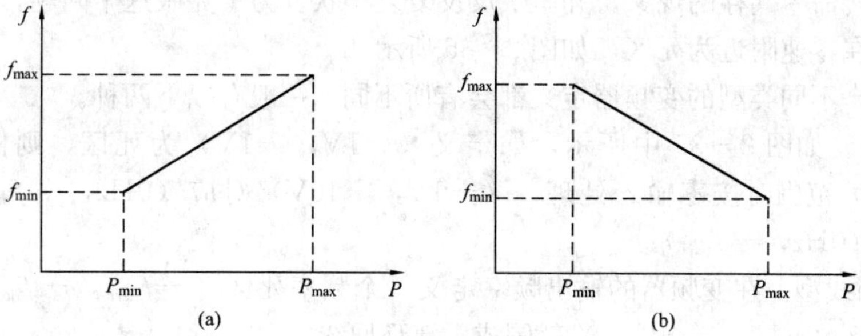

图 2-34 频率给定曲线

(a) 正比关系；(b) 反比关系

1）如果根据频率给定曲线计算出来的设定频率超出频率上下限范围，则只能取频率上下限值，因此，频率上下限值优先考虑。

2）在一些变频器参数定义中，模拟量给定信号 P 或设定频率 f 是采用百分比赋值，其百分比的定义为模拟量给定百分比 $P\%=P/P_{max}\times100\%$ 和设定频率百分比 $f\%=f/f_{max}\times100\%$。

3）在一些变频器参数定义中，频率给定曲线不是直接描述出来，而是通过最大频率、偏置频率和频率增益表达的。

(2) 模拟量给定的滤波和增益参数。模拟量的滤波是为了保证变频器获得的电压或电流信号能真实地反映实际值，消除干扰信号对频率给定信号的影响。滤波的工作原理是数字信号处理，即数字滤波。滤波时间常数就是特指模拟量给定信号上升至稳定值的 63%所需要的时间（单位为 s）。

滤波时间的长短必须根据不同的数学模型和工况进行设置，滤波时间太短，当变频器显示“给定频率”时有可能不够稳定而呈闪烁状；滤波时间太长，当调节给定信号时，给定频率跟随给定信号的响应速度会降低。一般而言，出于对抗干扰能力的考虑，需要增加滤波时间常数；出于对响应速度快的考虑，需要降低滤波时间常数。

模拟量通道的增益参数与上面的频率增益不一样，后者主要是为定义频率给定曲线的坐标值，前者则是在频率给定曲线既定的前提下，降低或者提高模拟量通道的电压值或者电流值。

(3) 模拟量给定的正反转控制。一般情况下，变频器的正反转功能都可以通过正转命令端子或反转命令端子来实现。在模拟量给定方式下，还可以通过模拟量的正负值来控制电动机的正反转，即正信号（0～+10V）时电动机正转、负信号（−10V～0）时电动机反转。如图 2-35 所示，10V 对应的频率值为 f_{max}，−10V 对应的频率值为 $-f_{max}$。

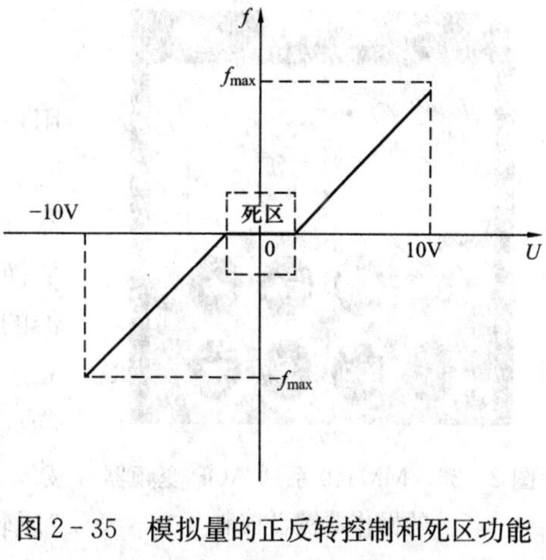

图 2-35 模拟量的正反转控制和死区功能

在用模拟量控制正反转时，零界点即 0V 时应该为 0Hz，但实际上真止的 0Hz 很难做到，且频率值很不稳定，在频率 0Hz 附近时，常常出现正转命令和反转命令共存的现象，并呈“反反复复”状。为了克服这个问题，预防反复切换现象，就定义在零速附近为死区，如图2-35所示。

对于死区，不同类型的变频器定义都会有所不同。一般有以下两种。

1）线段型。如图2-35中所示，如定义（－1V，＋1V）为死区，则模拟量信号在（－1V，＋1V）范围时按零输入处理，（＋1V，＋10V）对应（0Hz，$+f_{max}$），（－1V，－10V）对应（0Hz，$-f_{max}$）。

2）滞环回线型。在变频器的输出频率定义一个频率死区（$-f_{dead}$，$+f_{dead}$），这样一来配合着电压死区（$-U_{dead}$，$+U_{dead}$）就围成了滞环回线。

模拟量的正反转控制功能还有一种就是在模拟量非双极性功能的情况下（也就是说电压不为负的单极性模拟量）也可以实现，即定义在给定信号中间的任意值作为正转和反转的零界点（相当于原点），高于原点以上的为正转，低于原点以下的为反转。同理，也可以相应设置死区功能，实现死区跳跃。但是，在这种情况下，却存在一个特殊的问题，即万一给定信号因电路接触问题或其他原因而丢失，则变频器的输入端得到的信号为0V，其输出频率将跳变为反转的最大频率，电动机将从正常工作状态转入高速反转状态。十分明显，在生产过程中，这种情况的出现将是十分有害的，甚至有可能损坏生产机械。对此，变频器设置了一个有效的“零”功能。就是说，让变频器的实际最小给定信号不等于0，而当给定信号等于0时，变频器的输出频率则自动降至零速。

4. 脉冲信号给定

脉冲信号给定方式即通过变频器的特定的高速开关端子从外部输入脉冲序列信号进行频率给定，并通过调节脉冲频率来改变变频器的输出频率。

5. 通信给定

通信给定方式就是指上位机通过通信口按照特定的通信协议、特定的通信介质进行数据传输到变频器以改变变频器设定频率的方式。

三、封口包装机变频器的运转指令方式

变频器的运转指令方式是指如何控制变频器的基本运行功能，这些功能包括启动、停止、正转与反转、正向点动与反向点动、复位等。与变频器的频率给定方式一样，变频器的运转指令方式也有操作器键盘控制、端子控制和通信控制三种。这些运转指令方式必须按照实际的需要进行选择设置，同时也可以根据功能进行相互之间的方式切换。

图2-36 MM440系列AOP变频器的操作器键盘控制

1. 操作器键盘控制

操作器键盘控制是变频器最简单的运转指令方式，用户可以通过变频器的操作器键盘上的运行键、停止键、点动键和复位键来直接控制变频器的运转。在操作器键盘控制下，变频器的正转和反转可以通过正反转键切换和选择。图2-36所示为MM440系列AOP变频器的操作器键盘控制。

如果键盘定义的正转方向与实际电动机的正转方向（或设备的前行方向）相反，则可以通过修改相关的参数来更正，如有些变频器参数定义是“正转有效”或“反转有效”，有些变频器参数定义则是“与命令方向相同”或“与命令方向相反”。对于某些生产设备是不允许反转的，如泵类负载，变频器则专门设置了禁止电动机反转的功能参数。

2. 端子控制

(1) 正转与反转。端子控制是变频器的运转指令通过其外接输入端子从外部输入开关信号（或电平信号）来进行控制的方式。此时这些按钮、选择开关、继电器、PLC或DCS的继电器模块就替代了操作器键盘上的运行键、停止键、点动键和复位键，可以远距离控制变频器的运转。

在图2-37中，正转FWD、反转REV、点动JOG、复位RESET、使能ENABLE在实际变频器的端子中有三种具体表现形式。

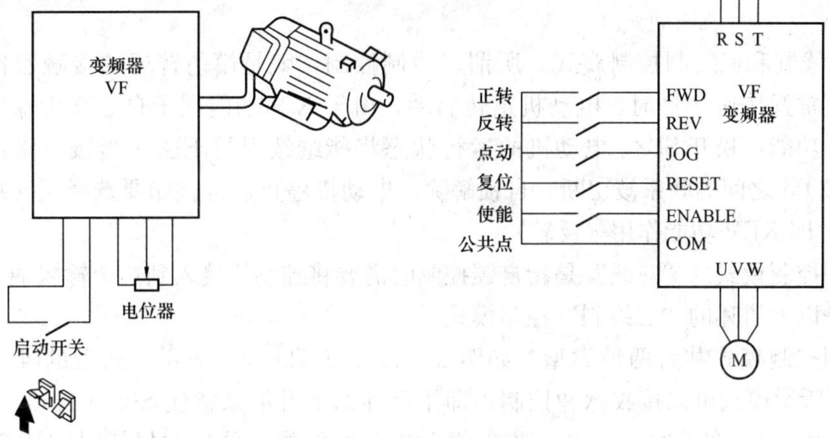

图2-37 端子控制原理

1）上述几个功能都是由专用的端子组成，即每个端子固定为一种功能。在实际接线中，非常简单，不会造成误解，这在早期的变频器中较为普遍。

2）上述几个功能都是由通用的多功能端子组成，即每个端子都不固定，可以通过定义多功能端子的具体内容来实现。在实际接线中，非常灵活，可以大量节省端子空间。

3）上述几个功能除正转和反转功能是由专用固定端子实现以外，其余的如点动、复位、使能则均融合在多功能端子中来实现。在实际接线中，能充分考虑到灵活性和简单性于一体。现在大部分主流变频器都采用这种方式。

由变频器拖动的电动机负载在实现正转和反转功能时非常简单，只需改变控制回路（或激活正转和反转）即可，而无需改变主回路。

常见的正反转控制有两种方法，如图2-38所示。FWD代表正转端子，REV代表反转端子，K1、K2代表正反转控制的接点信号（“0”表示断开、“1”表示吸合）。图2-38 (a) 所示的方法中，接通FWD和REV的其中一个就能实现正反转控制，即FWD接通后正转、REV接通后反转，若两者都接通或都不接通，则表示停机。图2-38 (b) 所示的方法中，接通FWD才能实现正反转控制，即REV不接通表示正转、REV接通表示反转，若FWD不接通，则表示停机。

这两种方法在不同的变频器里有些只能选择其中的一种，有些可以通过功能设置来选择任意一种。但是如变频器定义为“反转禁止”，则反转端子无效。

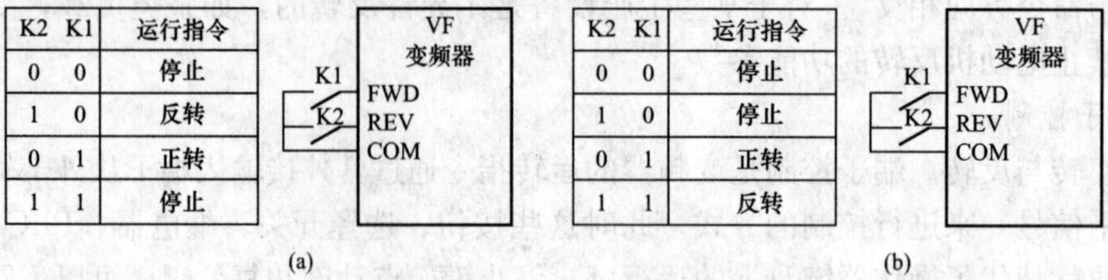

图 2-38 正反转控制原理

(a) 控制方法一；(b) 控制方法二

变频器由正向运转过渡到反向运转，或者由反向运转过渡到正向运转的过程中，中间都有输出零频的阶段，在这个阶段中，设置一个等待时间，即称为“正反转死区时间”，如图 2-39 所示。

(2) 二线制和三线制控制模式。所谓三线制控制，就是模仿普通的接触器控制电路模式，当按下常开按钮 SB2 时，电动机正转启动，由于 X 多功能端子自定义为保持信号（或自锁信号）功能，松开 SB2，电动机的运行状态将能继续保持下去；当按下常闭按钮 SB1 时，X 与 COM 之间的联系被切断，自锁解除，电动机停止运行。如要选择反转控制，只需将 K 吸合，即 REV 功能作用（反转）。

三线制控制模式的“三线”是指自锁控制时需要将控制线接入到三个输入端子，与此相对应的就是以上讲述的“二线制”控制模式。

三线制控制模式共有两种类型，如图 2-40（a）和（b）所示。两者的唯一区别是图 2-40（b）所示模式可以接收脉冲控制，即用脉冲的上升沿来替代 SB2（启动）、下降沿来替代 SB1（停止）。在脉冲控制中，要求 SB1 和 SB2 的指令脉冲的保持时间达 50ms 以上，否则为不动作。

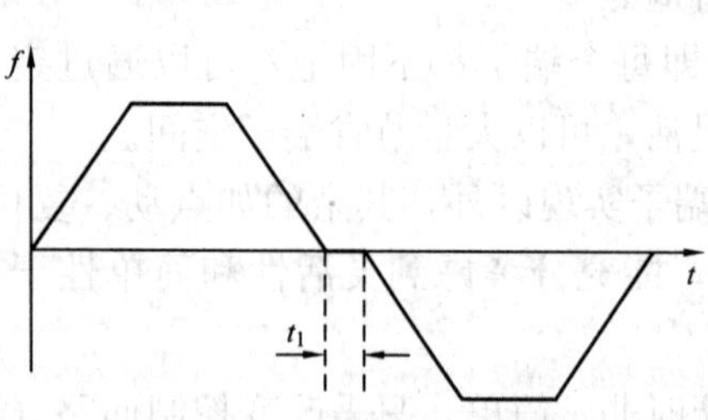

图 2-39 正反转死区时间

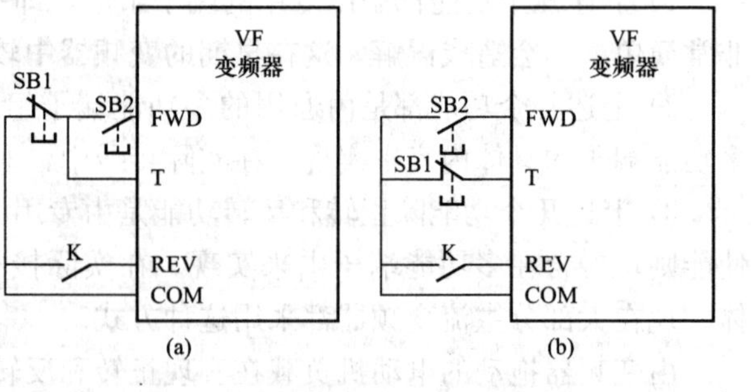

图 2-40 三线制端子控制

(a) 控制方法一；(b) 控制方法二

(3) 点动。端子控制的点动命令将比操作器键盘控制更简单，它只要在变频器运行的情况下（无论正转还是反转），都能设置单独的两个端子来实现正向点动和反向点动，其点动运行频率、点动间隔时间以及点动加减速时间跟键盘控制和通信控制方式下相同，均可在参数内设置。

3. 通信控制

通信控制的方式与通信给定的方式相同，在不增加线路的情况下，只需修改一下上位机给变频器的传输数据即可对变频器进行正反转、点动、故障复位等控制。

【任务训练 2-3：MM440 变频器在封口包装机主传动中的应用】

（1）选择 1.5kW 三相 MM440 变频器安装到导轨上（如图 2-41 所示）。

（2）根据 MM440 变频器说明书进行输入电缆、输出电缆和控制电缆的接线（如图 2-42 所示）。

图 2-41 变频器安装

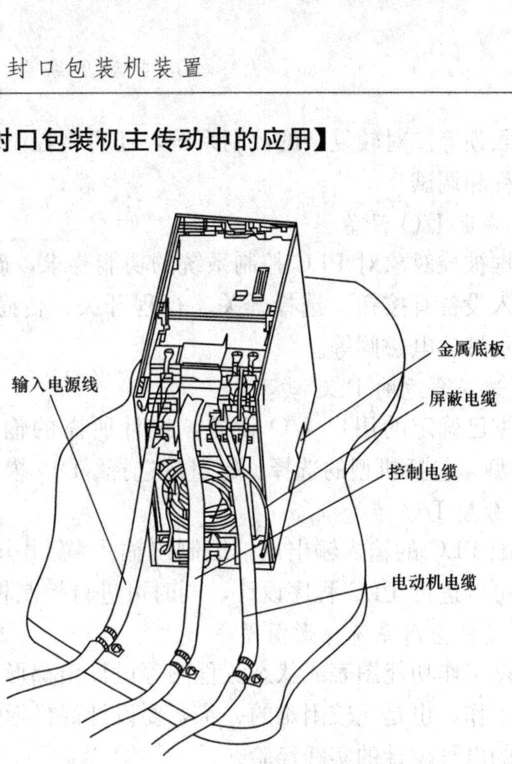

图 2-42 MM440 变频器接线

变频器的控制回路接线可以参考图 2-43。

（3）变频器参数设置。

根据图 2-43 所示的控制回路接线，进行变频器参数设定（如表 2-7 所示）。

表 2-7 变频器参数设定

	端子号	参数的设置值	默认的操作
数字输入 1	5	P0701=‘1’	ON，正向运行
数字输入 2	6	P0702=‘12’	反向运行
数字输入 3	7	P0703=‘9’	故障确认
数字输入 4	8	P0704=‘15’	固定频率
数字输入 5	16	P0705=‘15’	固定频率
数字输入 6	17	P0706=‘15’	固定频率
数字输入 7	经由 A1N1	P0707=‘0’	不激活
数字输入 8	经由 A1N2	P0708=‘0’	不激活

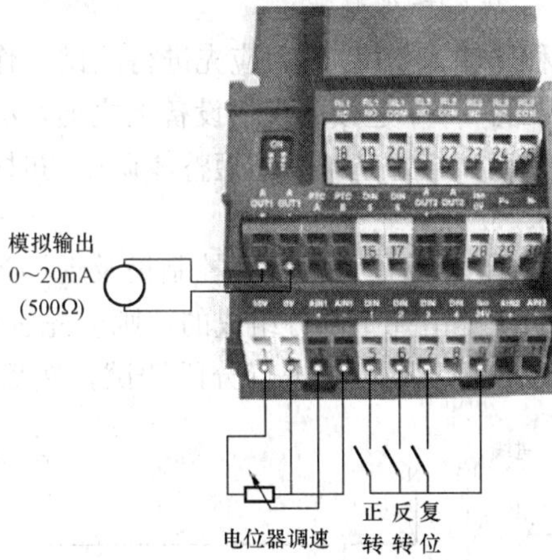

图 2-43 变频器的控制回路接线图

子课题 4 综 合 解 决 方 案

一、封口包装机控制系统的设计原则

1. 深入了解和分析被控对象——封口包装机的工艺条件和控制要求

（1）被控对象就是受控的机械、电气设备、生产线或生产过程，在本课题中，被控对象就是封口包装机。

（2）控制要求主要是指控制的基本方式、应完成的动作、自动工作循环的组成、必要的保护和联锁等。对较复杂的控制系统，还可将控制任务分成几个独立部分，可化繁为简，有利于编程和调试。

2. 确定 I/O 设备

根据被控对象对 PLC 控制系统的功能要求，确定系统所需的用户输入、输出设备。常用的输入设备有按钮、选择开关、行程开关、传感器等，常用的输出设备有继电器、接触器、指示灯、电磁阀等。

3. 选择合适的 PLC 类型

根据已确定的用户 I/O 设备，统计所需的输入信号和输出信号的点数，选择合适的 PLC 类型，包括机型的选择、容量的选择、I/O 模块的选择、电源模块的选择等。

4. 分配 I/O 点

分配 PLC 的输入输出点，编制出输入/输出分配表或者画出输入/输出端子的接线图。接着就可以进行 PLC 程序设计，同时可进行控制柜或操作台的设计和现场施工。

5. 设计应用系统梯形图程序

根据工作功能图表或状态流程图等设计出梯形图即编程。这一步是整个应用系统设计的最核心工作，也是比较困难的一步，要设计好梯形图，首先要十分熟悉控制要求，同时还要有一定的电气设计的实践经验。

6. 将程序输入 PLC

当使用简易编程器将程序输入 PLC 时，需要先将梯形图转换成指令助记符，以便输入。当使用可编程序控制器的辅助编程软件在计算机上编程时，可通过上下位机的连接电缆将程序下载到 PLC 中去。

7. 进行软件测试

程序输入 PLC 后，应先进行测试工作。因为在程序设计过程中，难免会有疏漏的地方。因此在将 PLC 连接到现场设备上之前，必须进行软件测试，以排除程序中的错误，同时也为整体调试打好基础，缩短整体调试的时间。

8. 应用系统整体调试

在 PLC 软硬件设计和控制柜及现场施工完成后，即可进行整个系统的联机调试，如果控制系统是由几个部分组成的，则应先进行局部调试，然后再进行整体调试；如果控制程序的步序较多，则可先进行分段调试，然后再连接起来总调。调试中发现的问题，要逐一排除，直至调试成功。

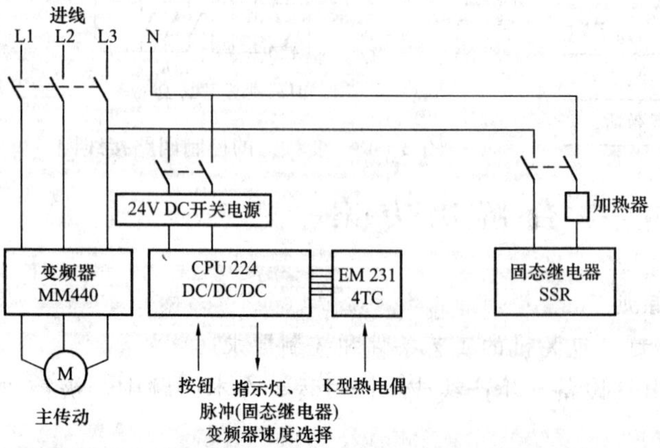

图 2-44 封口包装机的硬件框架

9. 编制技术文件

系统技术文件包括说明书、电气原理图、电器布置图、电气元件明细表、PLC 梯形图。

二、封口包装机的硬件部分

1. 封口包装机的硬件框架（如图 2-44 所示）

它包括封口包装机主传动的变频器、PLC 主机 CPU 224 DC/DC/DC 和扩展模块 EM 231 4TC 以及固态继电器 SSR。

2. I/O 配置（如表 2－8 所示）

表 2－8　封口包装机的输入/输出资源配置

序号	输入	说　明	输出	说　明
1	I0.0	SB1 启动按钮	Q0.0	固态继电器输出
2	I0.1	SB2 停止按钮	Q0.1	故障灯
3	I0.2	变频器加速按钮	Q0.2	变频器启动
4	I0.3	变频器减速按钮	Q0.3	速度选择开关 1
5	AIW0	封口包装机 K 型热电偶	Q0.4	速度选择开关 2
			Q0.5	速度选择开关 3

3. 外部接线示意

外部接线主要包括 PLC 部分（见图 2－45）和变频器部分（见图 2－46）。

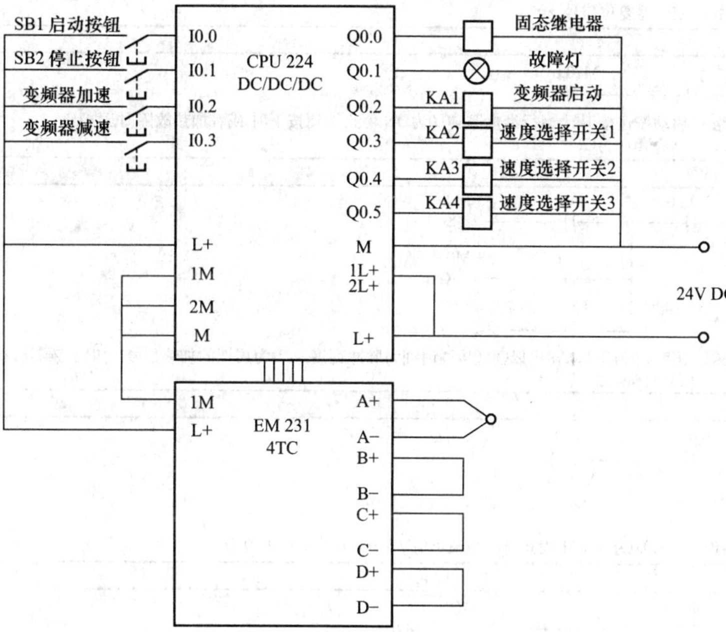

图 2－45　PLC 原理接线

三、封口包装机的软件部分

封口包装机的软件部分主要是实现温度 PID 控制和变频调速。其中温度 PID 控制部分已经在子课题 1 和 2 中阐述清楚，子程序和中断程序参照图 2－23 和图 2－24 不变。变频调速部分采用变频器外部端子控制和多段速频率控制，其程序主要在主程序中体现。

封口包装机的主程序如图

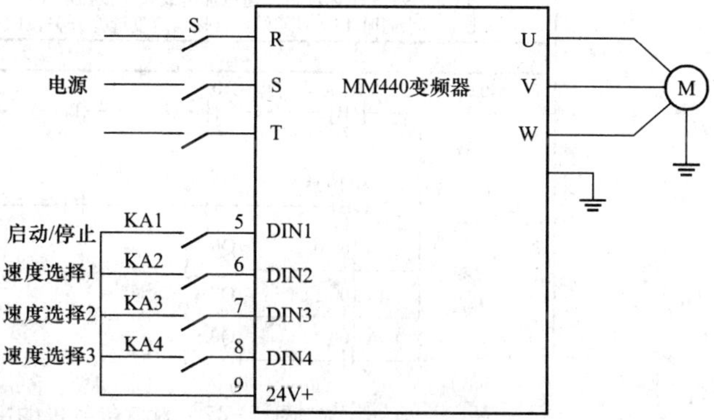

图 2－46　变频器原理接线图

2-47 所示，其中网络 1～5 为温度控制部分，网络 6～7 为多段速给定部分的参考程序。在参考程序中，中间变量 VB100 的值为 1～7，表示变频器运行的 7 段速，控制输出继电器 KA2/KA3/KA4；VB100 的变化是通过对加速按钮 I0.2 和减速按钮 I0.3 的上升沿脉冲读取来获得的。变频器的参数设置参考本章子课题 3。

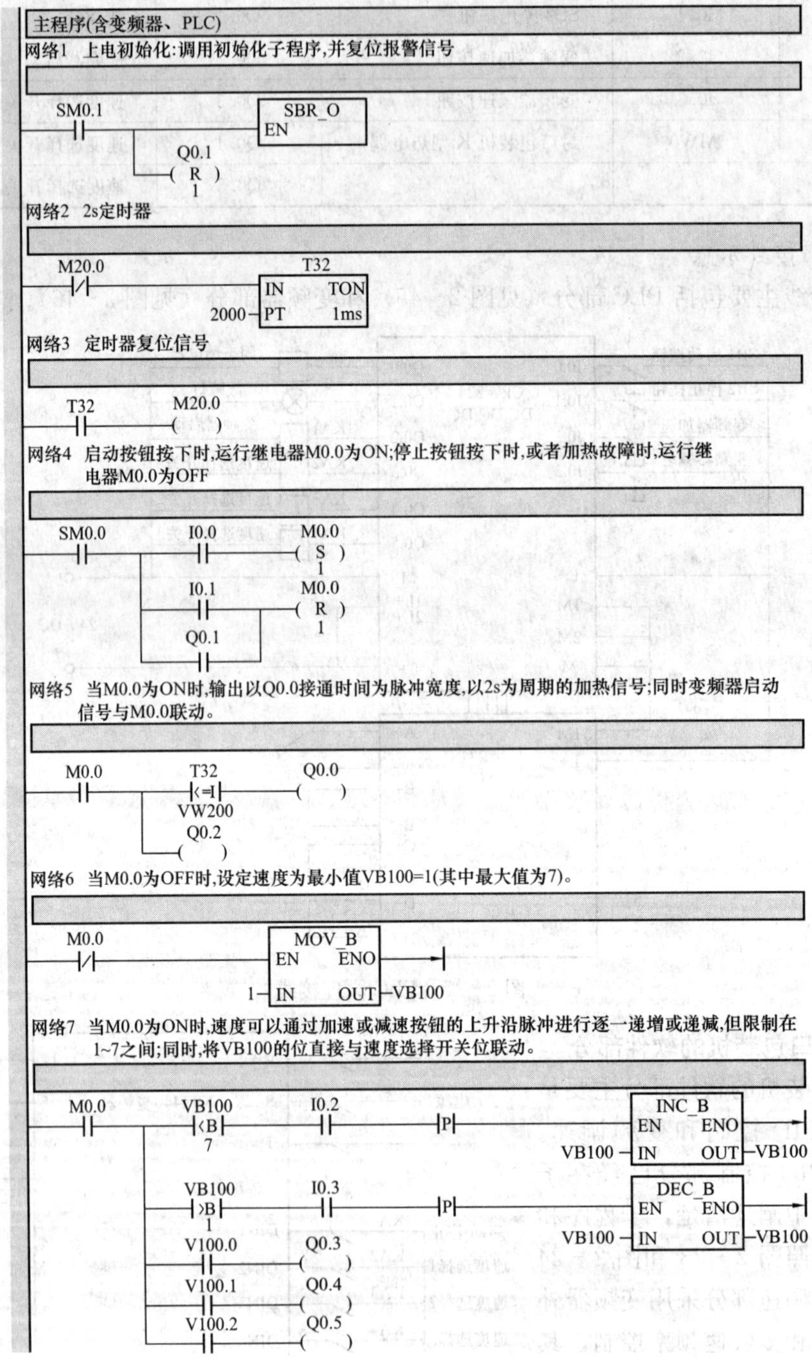

图 2-47 封口包装机的主程序

子课题5　技　术　答　疑

问题1　有些封口包装机的温度检测是采用热电阻，那么如何在 EM 231 RTD 热电阻模块中连接未使用的输入端子？

如果 S7－200 的 EM 231 RTD 模块只有一个输入通道在使用，其他未使用的通道保持不连接，EM 231 RTD 模块的 SF 错误指示灯就会亮起，并在 CPU 信息中显示模块状态为“AREA OVERFLOW”。这是因为 SF 指示灯用于识别连接输入上的“连线断开”，以保证在正常工作中，防止热电阻由于各种原因断线，从而导致系统出现严重故障。

为了避免热电阻由于各种原因断线而导致系统故障，一般可以采用以下两种方式。

(1) 并联通道 A 和 B。EM 231 RTD 模块当只有一个通道在使用时，可以将另外一个通道的输入 1 对 1 地连接到该通道中。如图 2－48 所示，通道 A 在使用热电阻，通道 B 则相应并联即可。

(2) 用普通电阻短路未用通道端子。当 EM 231 RTD 模块只有一个通道在使用时，另外一个通道也可以采取用普通电阻进行短接的方式。图 2－49 所示为通道 A 使用了热电阻，而通道 B 将普通电阻 R 以二线制传感器的连接方式进行端子连接。

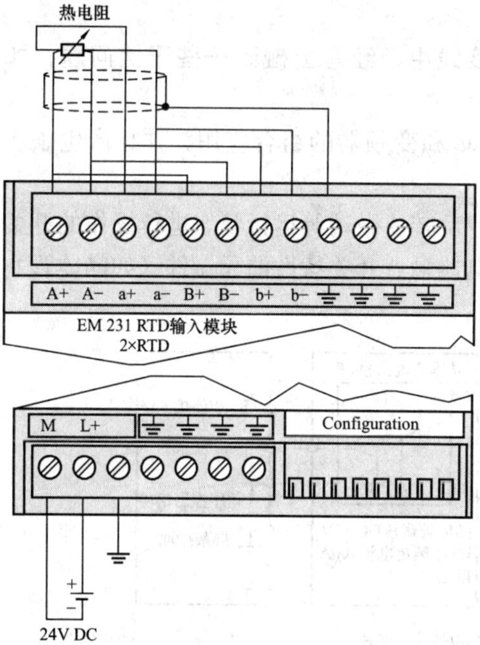

图 2－48　热电阻模块的并联通道

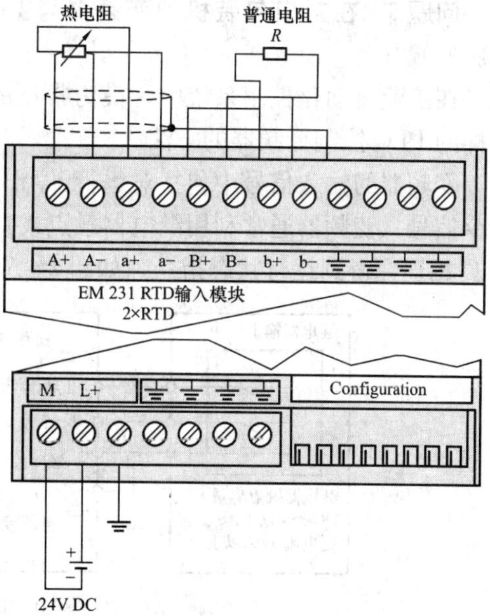

图 2－49　普通电阻短接未用通道

对于普通电阻 R 阻值的选择，需要根据 EM 231 RTD 模块的 DIP 开关选择来决定，也就是根据已使用传感器类型来决定 R 的阻值。表 2－9 所示为常用的几种对应阻值。

表 2－9　　常用的几种对应阻值

RTD型号	R阻值（Ω）	RTD型号	R阻值（Ω）
PT100	100	PT500	500
PT200	200	PT1000	1000

问题 2　PID 总是输出很大的值，并在这一区间内波动，应如何处理？

增益（Gain）值太高或 PID 扫描时间（sample time）太长（对于快速响应 PID 的回路）的解决方法是：降低增益（Gain）值并且/或选择短一些的扫描时间。

问题 3　PID 输出非常不稳定是什么原因？

产生 PID 输出不稳定的原因如下：

（1）如果用了微分，可能是微分参数有问题；

（2）若没有微分，则可能是增益（Gain）值太高。

对应解决方法如下：

（1）调整微分参数到 0～1 的范围内；

（2）根据回路调节特性将增益值降低，最低可从 0 开始逐渐增大往上调，直到获得稳定的 PID。

问题 4　对于某个具体的 PID 控制项目，是否可能事先得知比较合适的参数？有没有相关的经验数据？

虽然有理论上计算 PID 参数的方法，但由于闭环调节的影响因素很多而不能全部在数学上精确地描述，计算出的数值往往没有什么实际意义。因此，除了实际调试获得参数外，没有什么可用的经验参数值存在。甚至对于两套看似一样的系统，都可能通过实际调试得到完全不同的参数值。

问题 5　在封口包装机的变频器与 PLC 的接线中，经常会碰到一些干扰问题，如何解决？

在工业自动化控制系统中，最为常见的是 PLC 和变频器的组合应用，并且产生了多种多样的 PLC 控制变频器的方法。

变频器的输入信号中包括对运行/停止、正转/反转、微动等运行状态进行操作的开关型指令信号。变频器通常利用继电器触点或具有继电器触点开关特性的元器件（如晶体管）与 PLC 相连，得到运行状态指令，如图 2－50 所示。

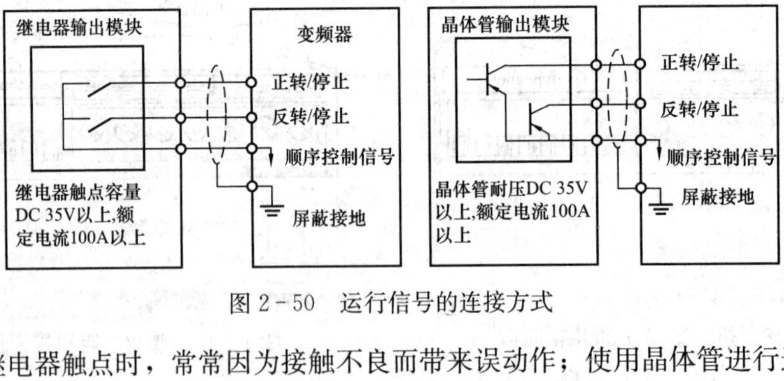

图 2－50　运行信号的连接方式

在使用继电器触点时，常常因为接触不良而带来误动作；使用晶体管进行连接时，则需考虑晶体管本身的电压、电流容量等因素，以保证系统的可靠性。

在设计变频器的输入信号电路时还应该注意，当输入信号电路连接不当时有时也会造成变频器的误动作。例如，当输入信号电路采用继电器等感性负载时，继电器开闭产生的浪涌电流带来的噪声有可能引起变频器的误动作，应尽量避免。图 2－51 与图 2－52 给出了正确与错误的接线例子。

当输入开关信号进入变频器时，有时会发生外部电源和变频器控制电源（DC 24V）之间的串扰。正确的连接方法是利用 PLC 电源，将外部晶体管的集电极经过二极管接到 PLC，如图 2－53 所示。

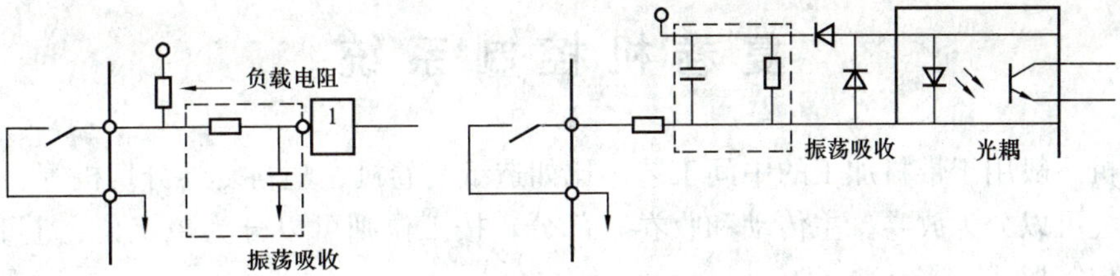

图 2－51　变频器输入信号的正确接入方式

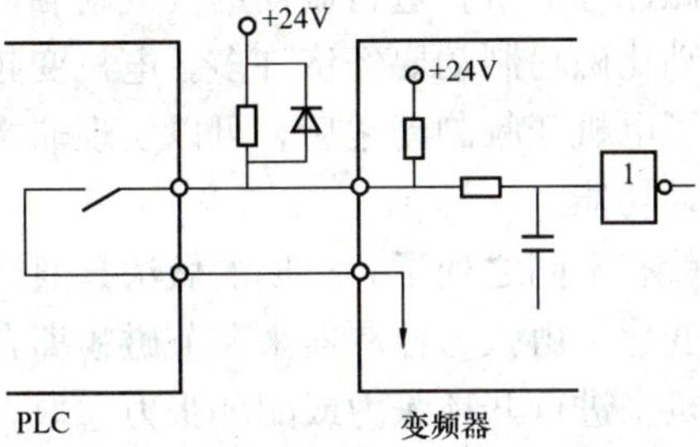

图 2－52　输入信号的错误接法

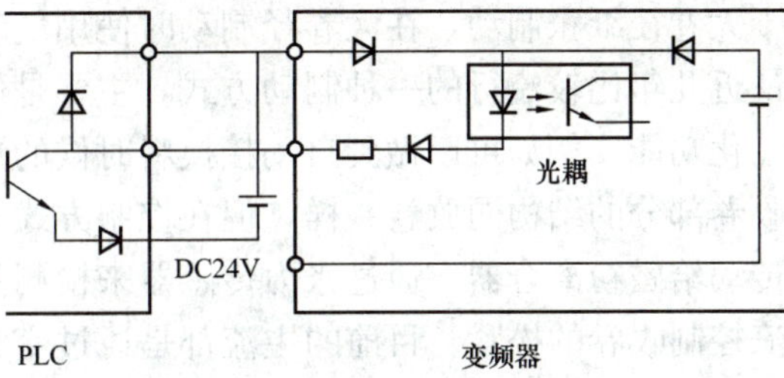

图 2－53　输入信号防干扰的接法

思 考 与 练 习

1. 封口包装机的温度控制如果采用温控表 PID 控制，该如何选择产品？

2. 如果封口包装的温度传感器选用 Pt100，则 S7－200 的温度模块该如何选择？控制如果采取 ON－OFF 控制，则如何编程？

3. 对封口包装机的主传动变频采用四段速控制，且按照温度设定值进行自动调整，比如温度设定值在 80～100℃之间为速度一、101～120℃之间为速度二、121～140℃之间为速度三，超过 140℃的为速度四，请设计硬件电路，并进行软件编程。

4. 按照以下工艺流程进行软件编程：按下封口包装机起动按钮后，在实际温度值未到达设定温度时，主机传动不起动，等温度到达后，才开始起动；停机按钮按下后，在实际温度未低于 50℃时，主机传动不停止运行。

课题 3

复卷机控制系统

复卷机一般用于带材加工的中间工艺，比如造纸复卷机、塑料复卷分切机等。复卷机按照传动类型可以分为放卷、主传动和收卷三部分，按工位则可以分为单工位、上下双工位、翻转双工位等形式。

复卷机放卷的制动方式通常分四种：机械制动、磁粉制动、气动制动以及电机变频制动。机械制动是非常传统的结构。磁粉制动是利用电磁原理对带材进行制动的。气动制动主要用于大卷径纸张制动，在大卷径制动时使用气动制动比磁粉制动要经济许多。电机变频制动是最近几年比较流行的一种制动方式，主要是使用了电机变频制动之后，可以实现非常多的自动化功能，例如可以做到自动接换料时候的预驱动功能。

收卷部分的结构同放卷一样，但在控制方式上，就有不同之处了。早期的做法是通过主电机传动给磁粉离合器，通过张力传感器来检测张力变化，由张力控制器来调节磁粉离合器的电流控制收卷的松紧。目前的主流都是通过变频电机来进行开环张力或闭环张力卷取，采用这种方式还可以实现较多的功能，如自动锥度张力、不停机接换料等。

【课题任务书】

1. 任务概述

图 3－1 所示为复卷机控制结构，它包括放卷磁粉制动器、主电动机、计长辊和收卷电动机等部分。请根据工艺流程和控制要求，设计合理的自动控制系统。

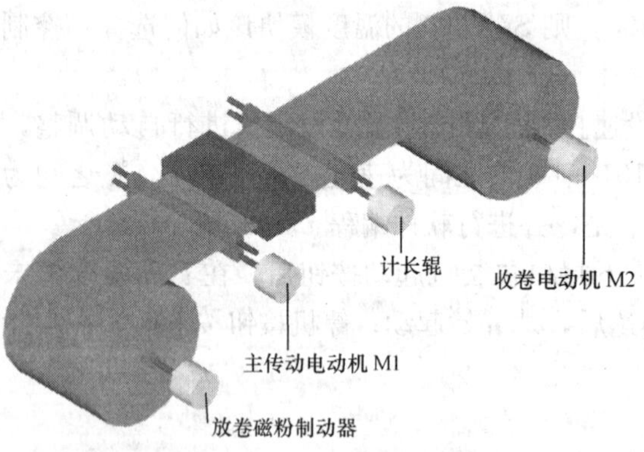

图 3－1　复卷机控制结构

2. 工艺流程

根据图 3－1 所示，小型复卷机的工艺流程包括以下几个步骤。

(1) 通过 PLC 进行数据设定，一旦 PLC 接收到启动命令（数字量输入信号），PLC 通过数字量输出，控制主传动按照模拟量设定的频率运行，此时高速计数器指令开始工作，并将脉冲信号转化为长度信号，当长度到时，主传动停止工作，进行换卷后重新计长。

(2) 当放卷端的卷筒快要变空时，自动停止主传动运行。

3. 控制要求

(1) 输入电源为三相 380V 电源。

(2) 主传动电动机 M1 和收卷电动机 M2 采用变频控制，要求收卷端面整齐、锥度合理、紧度适中。

(3) 计长辊主要外接编码器信号，以便在设定的长度内进行自动换卷操作。

子课题1　放卷与收卷传动控制

一、典型的张力控制系统

在工业生产的很多行业中，都需要进行精确的张力控制，保持张力的恒定，以提高产品质量。这些行业如造纸、包装、印刷、染整、线缆、纤维、橡胶等片材、线材和带材的加工和制造。从行业的发展趋势看，张力系统在很多应用领域中是控制产品质量和生产效率的重要因素，并将得到越来越多的重视。图3-2所示为典型的张力控制收卷和放卷示意图。

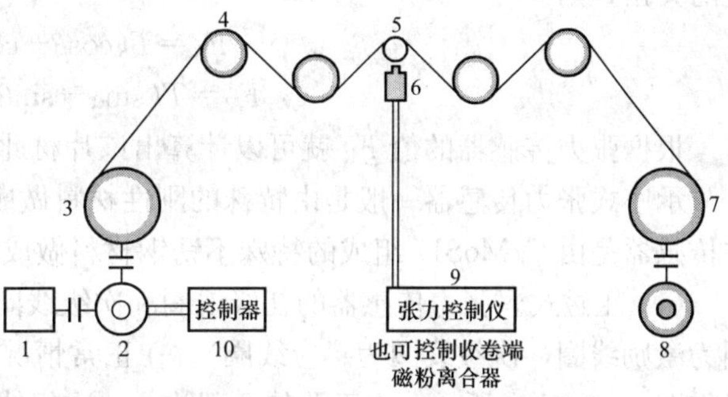

图3-2　张力控制收卷和放卷示意图

1—电机；2—磁粉离合器；3—收卷芯；4—传动轮；5—张力检测辊；6—张力传感器；7—放卷芯；8—磁粉制动器；9—自动张力控制仪；10—控制器

张力控制系统，其基本元件包括张力控制器、离合器及制动器。张力控制可以分成手动控制和自动控制。手动控制器即稳流电流是依收料或出料的变化而分阶段手动调整离合器或制动器的激磁电流，从而获得一致的张力。自动张力控制器由张力传感器检测张力，控制器把张力数据处理后再去自动调整离合器或制动器的激磁电流从而控制卷绕物的张力。

在放卷端，放料的张力是依设于放料组的磁粉制动器的扭矩而定。在收卷端，收料张力由磁粉离合器的传递扭矩来决定，为保持固定的张力，须按卷径的大小来加大或减小传递扭矩。自动张力控制器是以单片机为核心的一种新型智能张力控制器，其响应速度快、控制精度高，LED数字显示张力值，手动/自动两种状态能缓冲无断点切换，使运转更加平滑；在自动状态下如卷绕物意外断裂或整机停机，该控制器能自动保持断点时的张力。

自动张力控制器启动后自动进入手动状态，而后如果触发手动/自动键，则自动灯亮，控制器进入自动状态；再触发则又返回到手动状态。在手动状态下，可以在额定范围内调节输出电流的大小，同时可以观察到实际张力的大小的变化。同时可以调节设定张力的张力值，当有加调节键或减调节键按下时，设定张力将改变。无论在手动状态或自动状态，如果按下存储键，则把当前的设定张力值和加载电流值保存，即使断电后，仍被存储。当系统复位或重新启动时，设定张力和输出电流将自动恢复成存储值。

二、张力传感器和张力信号

张力传感器的功能就是能在生产过程中对片材、线材、带材及其他类似产品的张力进行在线连续测量，并能提供瞬时值。

常见的张力传感器主要有以下几种。

1. 承座式张力传感器

它是指对张力直接进行检测，与机械紧密地结合在一起，没有移动部件的检测方式。通常两个传感器配对使用，将它们装在检测导辊两侧的端轴上，料带通过检测浮辊施加负载，使张力传感器敏感元件产生位移或变形，从而检测出实际张力值，并将此张力数据转换成张力信号反馈给张力控制器，最终实现张力闭环控制。其优点是检测范围宽、响应速度快、线性好；缺点是不能吸收张力的峰值，机械的加减速难以处理，不容易实现高速切换卷等。因此，当处于平衡状态的张力控制系统受到较强的干扰时，系统瞬间来不及作出反应，料带上张力变化的幅度值会较大，对张力控制尽快重新进入平衡状态不利。

张力传感器放置在浮辊的支持轴承下方，由刚性材料做成，它只对水平方向的张力起作用。当一定张力的片材通过该浮辊时，片材所受到的张力分成两部分（水平方向的力 F_R 和垂直方向的力 F_V）。如图 3-3（a）所示，设张力为 T，F_T 为浮辊和轴承的重力，α、β 为片材的夹角，则

$$F_R = T(\cos\beta - \cos\alpha)$$

$$F_V = T(\sin\alpha - \sin\beta) + F_T$$

根据张力传感器的值 F_R 就可以计算出该片材此时的张力值 T。

承座式张力传感器一般是由特殊的刚性材料做成，如 ABB 公司 PFTL101A、101B 系列的传感器是由 CrMoS17 组成的特殊不锈钢材料做成的。其工作原理通常有以下三种。

(1) 压磁式。张力传感器的初级线圈和次级线圈正确通过传感器的四个孔（其中初级线圈为激励线圈，次级线圈为感应线圈）。在正常情况下（即无水平张力）初级线圈的感应磁场如图 3-3（b）所示，由于孔的合理放置，次级线圈无感应电压产生。当水平张力 T 作用在传感器上时，初级线圈的电磁场就会产生变化，从而次级线圈就会感应出相应的电压，如图 3-3（c）所示。一旦水平张力作用改变方向，次级线圈的电压极性也相应改变。张力传感器的激励信号为 330Hz、0.5A 的交流信号，张力作用的大小反映在输出信号的幅度上，张力的方向则反映在输出信号的极性上。信号放大器的作用就是先过滤为 DC 信号，然后通过增益运算放大器，最后可以选择适当的加法器、减法器等输出张力控制所需的纸幅 A 侧张力信号、B 侧张力信号、A 侧+B 侧的张力之和信号和 A 侧-B 侧的张力之差信号。

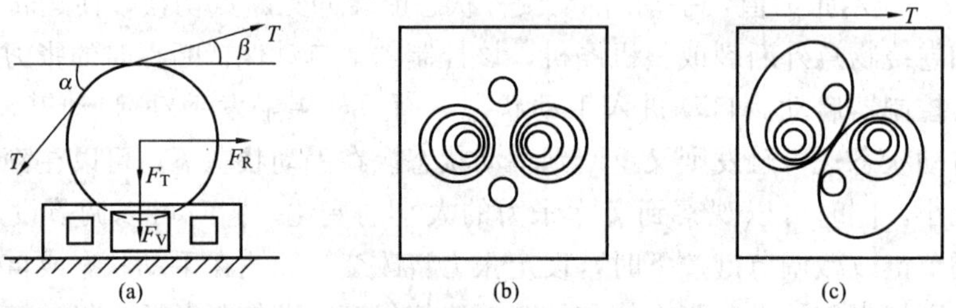

图 3-3 张力传感器的测量原理和工作原理

（a）张力分析；（b）不受力时的张力传感器；（c）受力时的张力传感器

该类型传感器通常是由两块铁板和四片弹性钢片连接组成的。四片弹性钢片用来吸收垂直方向的分力，磁性测量元件安装在中间两片钢片的当中，使测力计只对测量方向上的机械应力敏感。在测量过程中，磁弹性元件由于受机械应力的变化，将产生磁性材料的导磁性能变化。该元件是用一种经过特殊技术处理过的多片金属薄片制成。在元件上绕有两个交叉而互成垂直角度的两个线圈，在没有外界机械应力时，因为两个线圈相互垂直，故不会出现磁耦现象，即在次级线圈上不会产生感应电压。当磁性元件在测量方向上受到机械应力时即出现磁耦现象。在次级线圈上产生与机械力成正比的感应交流电压信号，通过信号处理，输出

一个与机械力大小成正比的张力信号。

(2) 压敏电阻。该传感器安装于轴承和机架之间，记录水平方向的卷筒张力，采用相应的放大器进行全桥电压供给和测量信号的处理。放大器输出端的信号和径向作用力成比例，可用于数字显示或作为闭环回路的瞬时值。

如美国蒙特福T系列就属于压敏电阻型。

(3) 板簧式微位移张力传感器。该类型张力传感器通过滚轮施加负载，使板簧产生微位移（约±200μm），然后通过差接变压器检测出张力（如图3-4所示）。由于该传感器采用差动变压器结构，温度稳定性好，线性度高。

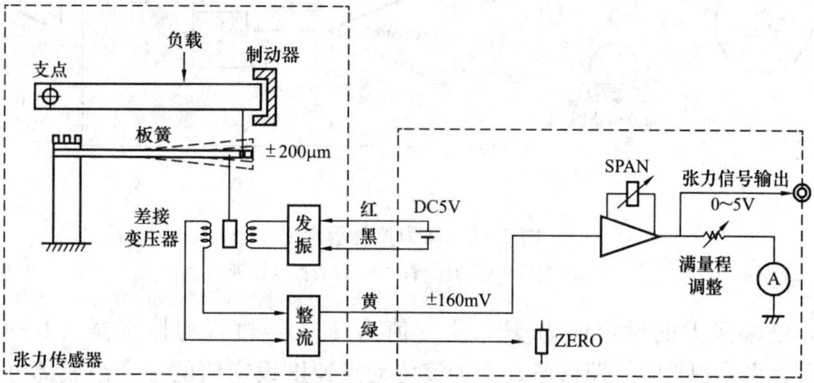

图3-4　板簧式微位移张力传感器

如日本三菱LX-TD型属于板簧式微位移张力传感器。

2. 浮辊式张力检测方式

它是一种间接的张力检测方式，实质上是一种位置控制，当张力稳定时，料带上的张力与气缸作用力保持平衡，使浮辊处于中央位置。当张力发生变化时，张力与气缸作用力的平衡被破坏，浮辊位置会上升或下降，此时摆杆将绕中心点转动并带动浮辊电位器一起转动。这样，浮辊电位器准确地检测出浮辊位置的变化，它将以位置信号反馈给张力控制器，控制器经过计算并输出控制信号，控制伺服驱动系统进行纠偏。然后浮辊恢复到原来的平衡位置。

由于浮辊式张力检测装置本身是一种储能结构，利用其自身的沉余作用，对大范围的张力跳变有良好的吸收缓冲作用，同时也能减弱料卷的偏心（椭圆）以及速度变化对张力的影响。此系统要求气缸摩擦系数小、响应速度快、气源稳定。浮辊和摆杆的质量要轻，转动要灵活。

常用的浮辊电位器如Honeywell公司的WPM（如图3-5所示），它的总机械行程为连续角度，理论电气行程340°～353°不等，线性度±0.75%。由于采取隔离滚珠轴承，即使在侧面加载也能保证长寿命，并能抵抗恶劣环境。

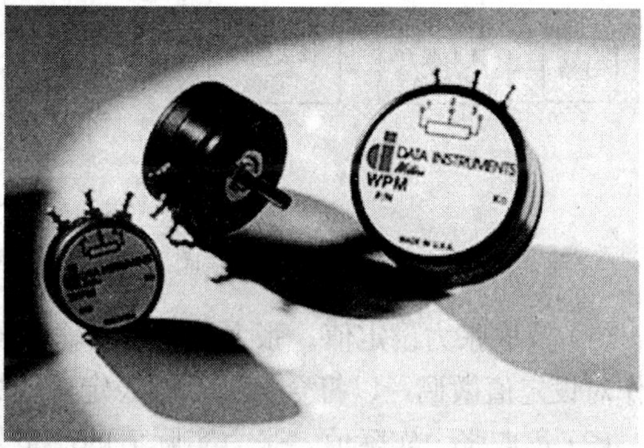

图3-5　WPM系列浮辊式电位器

三、变频张力控制

1. 张力控制原理

以造纸机的张力控制为例，在图 3-6（a）所示的张力控制示意图中，传动电动机 M 的张力实际值是位于它前面的张力传感器的实际值。通过检测该处的张力情况，来控制传动电动机 M 的速度，从而形成一个张力闭环。电动机 M 的速度加快，则纸幅拉紧，张力的实际值就会上升；相反，速度降低，则纸幅松垂，张力的实际值就下降。

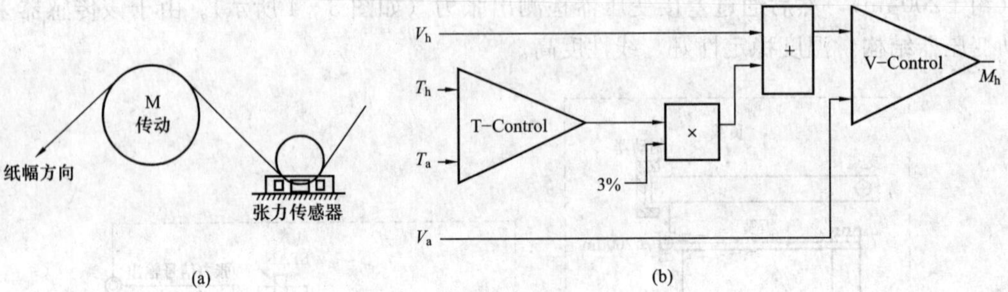

图 3-6　张力控制示意图

（a）造纸机张力控制；（b）张力控制原理

在这里，纸幅张力的设定值为 T_h，实际值为 T_a，经过张力控制器（T-Control）的 PID 调节器后，再乘以 3%的偏移量，作为该传动点速度设定值的一个组成部分。原来传动的速度设定值（V_h）加上该组成部分，就是速度环（V-Control）的输入值，然后即可进行速度控制。在这里设置 3%偏移量的目的就是通过传动速度的改变而使张力得到有效的控制。

在图 3-6（b）所示的张力控制原理中，T-Control 就是张力控制模块的实现，包括自动和手动方式两种。张力控制模块投运前需先检测判定现在的张力实际值是否在可投运的范围之内，否则就不能投运，此时按手动投运按钮或自动投运信号为“1”时，即进入张力控制模块的循环中。张力 PID 模块的退出条件为相关部位检测到断纸信号或按手动退出按钮。

2. 张力控制软件流程

这里以某一点的张力控制为例，采用高级语言编程进行张力软件的设计。张力控制软件流程图如图 3-7 所示。

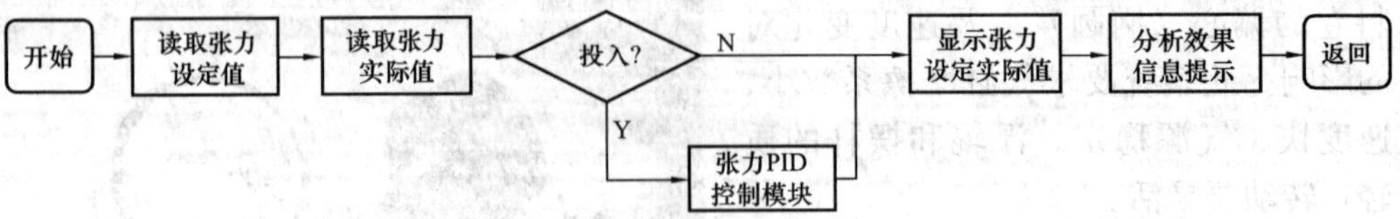

图 3-7　张力控制软件流程图

（1）读取张力设定值。张力设定值的输入可从工艺控制台上进行，并可通过脉冲开关的动作对设定值微调，以符合实际纸幅稳定运行的需要。

（2）读取张力实际值。张力实际值的产生是从 PLC 的模拟量板中获取的，调用相应的功能块程序。本过程读取张力的模拟量值后，在输出端得到标准化的量值，并可通过“高限”和“低限”参数来设置量程。从模拟量输入板读出的模拟量值首先是变换为右边对齐的定点数（以标称范围为基础）。

（3）张力控制投入判断。张力控制是否投入取决于工艺的需要和纸幅是否已经上卷、纸幅是否断裂，在其他逻辑块中进行手动按钮投入或自动信号投入的设定，以及自动退出。因此这里需要判断张力控制是否投入，如已投入，则进入张力 PID 控制模块，否则就只是显示数值和信息，不进行控制。

（4）张力 PID 控制模块。张力 PID 控制模块可以调用标准的功能块，以执行闭环控制系统。PID 算法是在特殊的时间采样分隔下调用的，并产生操作变量，采样间隔时间越短观察得越精确，控制器完成任务就越精密。因此，在接口数据块中指定的控制参数必须适应于采样周期。

（5）显示张力设定实际值。这是指负责将张力的设定值和实际值显示在工艺控制台上。

（6）分析效果信息提示。在软件设计中，应该对张力系统的实际运行效果进行分析并提示信息：①断纸状态时，如果检测到某点的张力实际值与基准零点的偏差值过高则显示“张力零点偏移”，出现该情况的原因可能是张力传感器检测故障、张力信号放大器零位漂移、轴承支座卡死等；②正常出纸时，张力瞬时实际值超过设定值过高，达到设定值的 2 倍以上时，此时提示“张力实际值 HH”，出现该情况预示该处纸幅紧度过高将引起断纸；③正常出纸时，张力控制器的输出值振幅过宽，此时提示“张力控制输出值 HH”，出现该情况表明纸幅纵向波动大，需对多点的速度值进行调整。

在某纸厂的多点纸幅张力控制中，我们选取了其中的一点进行测试（见图 3－8）。横坐标为时间 t，纵坐标为张力实际值的百分比 $T\%$。从断纸时刻开始计时（0s），由于一直处于纸幅断裂状态，因此张力实际值一直为“0”；从 44s 开始进行引纸，随着纸幅从半幅到全幅，张力实际值也逐渐快速上升并呈不规则波动；在 98s 时，进行张力控制模块的投运，因为是 PID 控制，先出现明显的超调和振荡，然后超调量减少，最后张力的实际输出值慢慢接近设定值（67%）。当然，选取合适的参数值甚至再增加合适的回路，将会进一步减少超调量和振荡周期，使纸幅的张力值稳定在允许的范围之内。

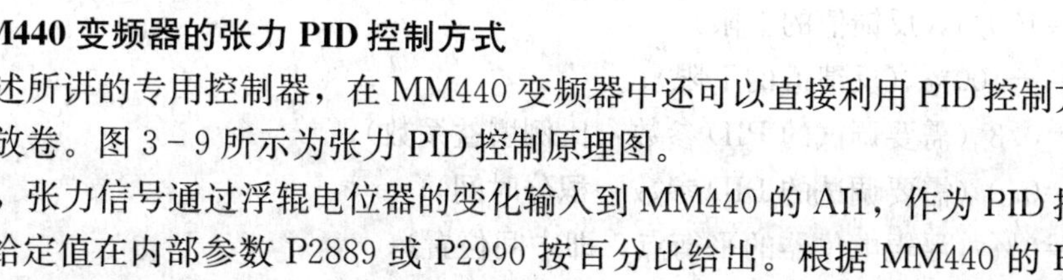

图 3－8 张力控制效果

四、MM440 变频器的张力 PID 控制方式

除了上述所讲的专用控制器，在 MM440 变频器中还可以直接利用 PID 控制方式来实现张力收卷与放卷。图 3－9 所示为张力 PID 控制原理图。

在这里，张力信号通过浮辊电位器的变化输入到 MM440 的 AI1，作为 PID 控制器的反馈，PID 的给定值在内部参数 P2889 或 P2990 按百分比给出。根据 MM440 的 PID 控制功能，采用一个外部点控制 SB2（自锁按钮）从而控制 PID 的投入和退出，以满足手动和自动的切换。

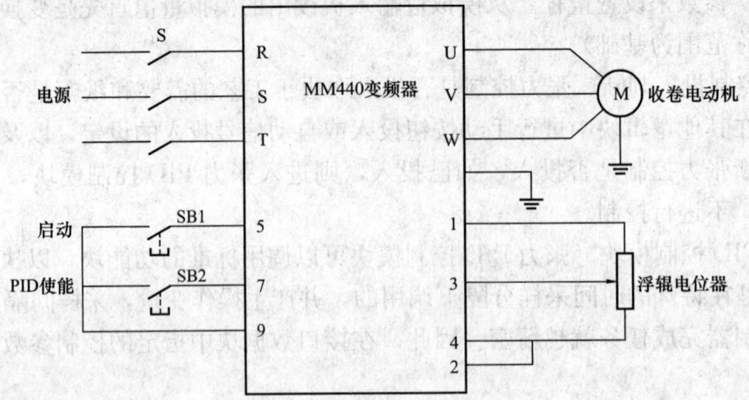

图 3-9 张力 PID 控制原理图

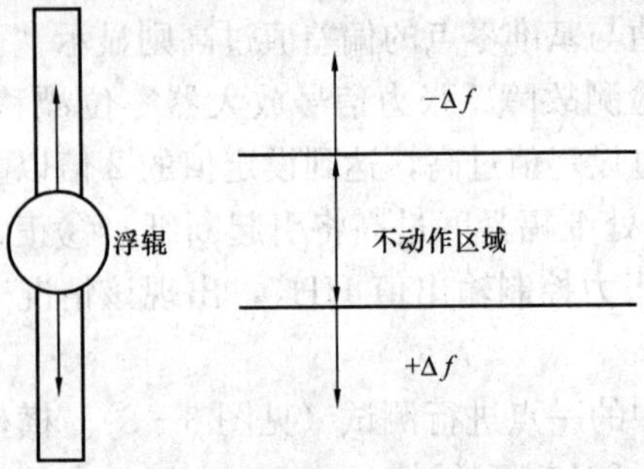

图 3-10 浮辊动作原理

图 3-10 所示为浮辊动作原理。当浮辊位置变化量在一定范围内时，频率不发生变化；当浮辊下降时，表示收卷速度有点慢，则应该增加频率（即+Δf）；当浮辊上升时，表示收卷速度太快，应该降低频率（即−Δf）。

【任务训练 3-1：MM440 复卷机收卷张力控制的调试】

（1）按图 3-9 进行电气接线（选择合适的电位器信号）。

（2）变频器上电，并进行参数设置：

P701＝99（DI1 使能 BICO，将作为启动信号）；

P703＝99（DI3 使能 BICO，将作为 PID 切换信号）；

P757＝0（AI1 的 X1）；

P758＝−100％（AI1 的 Y1）；

P759＝10（AI1 的 X2）；

P760＝100％（AI1 的 Y2）；

P840＝722.0（使用 DI1 作为启动信号）；

P2200＝722.2（使用 DI3 来切换手动和 PID 自动）；

P2253＝2889（PID 给定值来源于 P2889）；

P2264＝755.0（PID 反馈值来源于 AI1）；

P2267＝100％（反馈值的上限）；

P2268＝−100％（反馈值的下限）；

P2280＝0.3（需要调试的 PID 参数：比例增益系数）；

P2285＝0.9（需要调试的 PID 参数：积分时间）；

P2889＝0％（浮辊电位器的平衡点，即中间位置）；

P2291＝100％（PID 上限幅）；

P2292＝−100％（PID 下限幅）；

(3) 带负载运行，并适时调节PID参数值，直至浮辊处于平衡位置。

子课题2　计　长　控　制

一、复卷机计长控制的原理

1. 控制原理

图3-11所示为复卷机计长控制原理图，在某带材中如果要实现定长复卷，则可以在主传动后的计长辊处安装一个高速编码器EC，并接入计数器端口，通过PLC的数据设定，一旦PLC接收到启动命令（数字量输入信号），PLC通过数字量输出，控制送进辊电机的高速运行，此时计数器指令开始工作，并将脉冲信号转化为长度信号，当长度快接近到设定值时，PLC输出低速指令，以保证计数精确，在长度达到时，送进辊电机停止并使制动器工作。

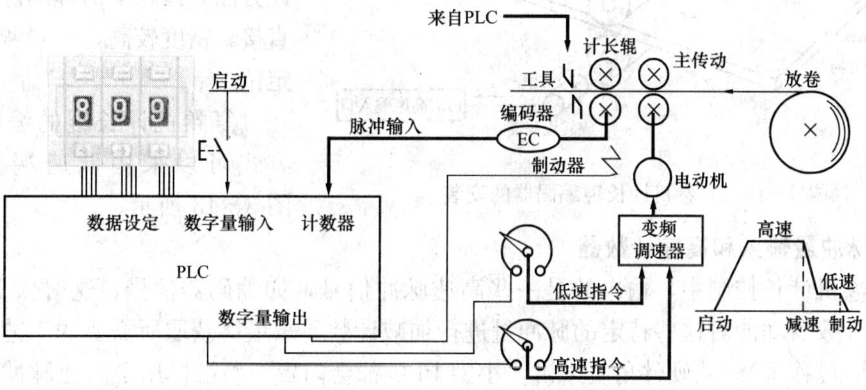

图3-11　复卷机计长控制原理图

2. 编码器概述

编码器是把角位移或直线位移转换成电信号的一种装置，前者称为码盘，后者称为码尺。图3-12所示为编码器外观图。

编码器有以下几种分类方式。

(1) 按照读出方式编码器可以分为接触式和非接触式两种。接触式采用电刷输出，一电刷接触导电区或绝缘区来表示代码的状态是“1”还是“0”；非接触式的接受敏感元件是光敏元件或磁敏元件，采用光敏元件时以透光区和不透光区来表示代码的状态是“1”还是“0”。

图3-12　编码器外观图

(2) 按照工作原理编码器可分为增量式和绝对式两类。增量式编码器是将位移转换成周期性的电信号，再把这个电信号转变成计数脉冲，用脉冲的个数表示位移的大小。绝对式编码器的每一个位置对应一个确定的数字码，因此它的示值只与测量的起始和终止位置有关，而与测量的中间过程无关。

绝对式编码器可以分单圈绝对式编码器和多圈绝对式编码器。旋转单圈绝对式编码器，通过转动中测量光码盘各道刻线获取唯一的编码，当转动超过360°时，编码又回到原点，这样就不符合绝对编码唯一的原则，这样的编码器只能用于旋转范围360°以内的测量，称为单圈绝对式编码器。如果要测量旋转超过360°的范围，就要用到多圈绝对式编码器。

3. 编码器的安装

旋转编码器的机械安装有高速端安装、低速端安装、辅助机械装置安装等多种形式。

高速端安装：是指编码器安装于传动转轴端（或齿轮连接）。此方法的优点是分辨率高，由于多圈编码器有4096圈甚至更多，转动圈数在此量程范围内，可充分用足量程而提高分辨率；缺点是运动物体通过减速齿轮后，来回程有齿轮间隙误差，一般用于单向高精度控制定位。编码器直接安装于高速端，传动抖动须较小，不然易损坏编码器。

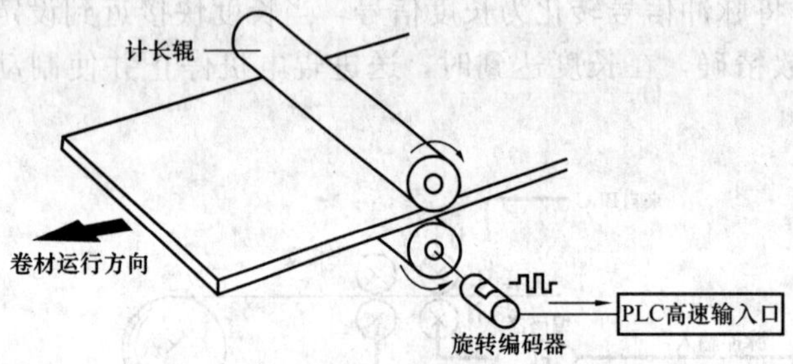

图3-13 复卷机计长辊编码器的安装

低速端安装：是指编码器安装于减速齿轮后，如卷扬钢丝绳卷筒的轴端或最后一节减速齿轮轴端。此方法无齿轮来回程间隙，测量较直接，精度较高，一般测量长距离定位。

复卷机计长辊的编码器安装方式可以采用低速端安装，如图3-13所示。

二、脉冲量输入和高速计数器

在复卷机计长控制中，输入的是一些高速脉冲信号，如编码器信号，这时候PLC可以使用高速计数器功能对这些特定的脉冲量进行加减计数．来最终获取所需要的工艺数据（转速、角度、位移等）。从硬件角度来讲，小型PLC都会内置一些端口用于高速脉冲输入，其结构与普通的数字量不同。从软件角度来讲，小型PLC都会采用特殊的高速计数器指令，来进行中断处理。

高速计数器的模式一般有以下四种。

1. 1相运行模式

1相运行模式即在输入脉冲的上升沿时当前值加1，如图3-14所示。

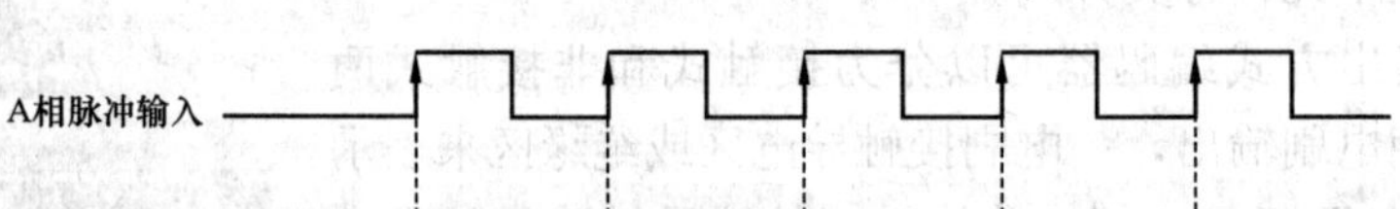

图3-14 1相运行模式

2. 1相脉冲+方向模式

当B相为低电平时，在A相脉冲的上升沿时当前值加1。当B相为高电平时，在A相脉冲的上升沿时当前值加1，如图3-15所示。

3. 2相CW/CCW模式

当B相为低电平时，在A相输入脉冲的上升沿时当前值加1。当A相为低电平时，在B相输入脉冲的上升沿时当前值加1，如图3-16所示。

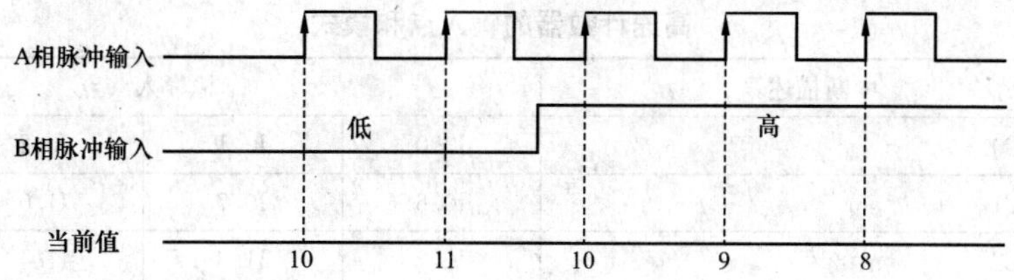

图 3－15　1 相脉冲＋方向模式

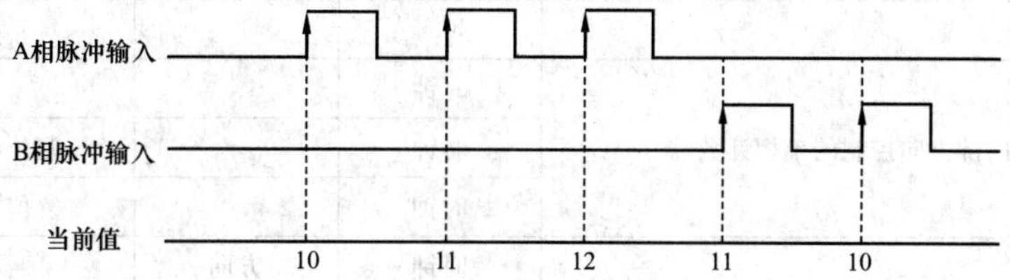

图 3－16　2 相 CW/CCW 模式

4. 2 相乘法模式（乘 4）

Up 或 Down 通过 A 相和 B 相的不同自动设定，如图 3－17 所示。

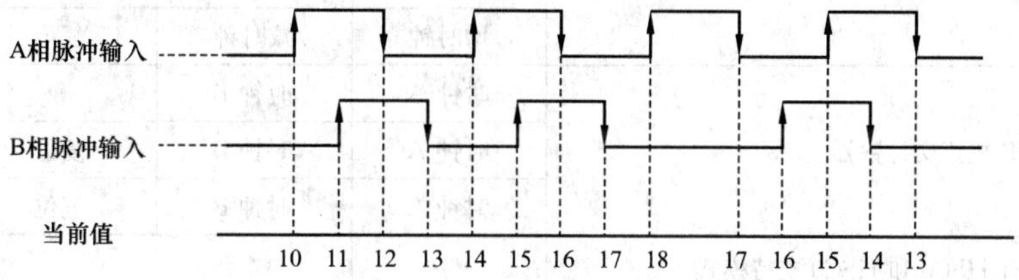

图 3－17　2 相乘法模式（乘 4）

（1）Up 计数器：

1）当 B 相低电平时，在 A 相脉冲输入的上升沿动作。

2）当 B 相高电平时，在 A 相脉冲输入的下降沿动作。

3）当 A 相高电平时，在 B 相脉冲输入的上升沿动作。

4）当 A 相低电平时，在 B 相脉冲输入的下降沿动作。

（2）Down 计数器：

1）当 B 相高电平时，在 A 相脉冲输入的上升沿动作。

2）当 B 相低电平时，在 A 相脉冲输入的下降沿动作。

3）当 A 相低电平时，在 B 相脉冲输入的上升沿动作。

4）当 A 相高电平时，在 B 相脉冲输入的下降沿动作。

三、西门子 S7－200 的脉冲量输入

1. 高速计数器

在 S7－200 中，可以使用高速计数器定义指令来定义计数器的模式和输入，表 3－1 给出了与高速计数器相关的时钟、方向控制、复位和启动输入点。同一个输入点不能用于两个不同的功能，但是任何一个没有被高速计数器的当前模式使用的输入点，都可以被用作其他用途。

表 3-1　高速计数器的输入点和模式

模式	中断描述	输入点			
	HSC0	I0.0	I0.1	I0.2	
	HSC1	I0.6	I0.7	I1.0	I1.1
	HSC2	I1.2	I1.3	I1.4	I1.5
	HSC3	I0.1			
	HSC4	I0.3	I0.4	I0.5	
	HSC5	I0.4			
0	带有内部方向控制的单相计数器	时钟			
1		时钟		复位	
2		时钟		复位	启动
3	带有外部方向控制的单相计数器	时钟	方向		
4		时钟	方向	复位	
5		时钟	方向	复位	启动
6	带有增减计数时钟的双相计数器	增时钟	减时钟		
7		增时钟	减时钟	复位	
8		增时钟	减时钟	复位	启动
9	A/B 相正交计数器	时钟 A	时钟 B		
10		时钟 A	时钟 B	复位	
11		时钟 A	时钟 B	复位	启动
12	只有 HSC0 和 HSC3 支持模式 12。 HSC0 计数 Q0.0 输出的脉冲数。 HSC3 计数 Q0.1 输出的脉冲数				

在理解高速计数器的时序动作时，还必须注意复位和启动的操作。图 3-18 中所示的复位和启动操作适用于使用复位和启动输入的所有模式，且都被编程为高电平有效。

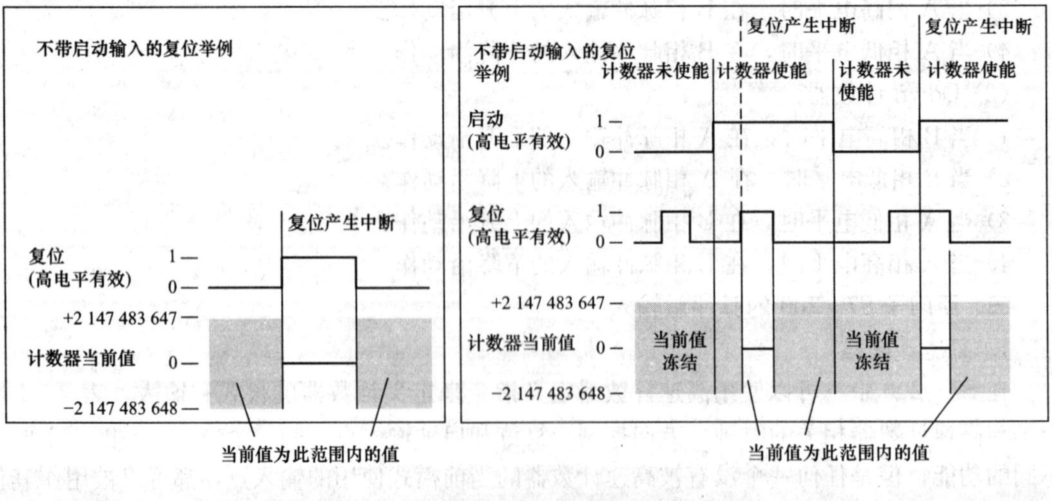

图 3-18　带有或者不带有启动输入的复位操作

在访问高速计数器时，需要指定其地址，同时使用存储器类型 HC 和计数器号（例如 HC0）。在 S7－200 中，高速计数器的当前值是只读值特性，以双字 32 位来分配，如图 3－19 所示。

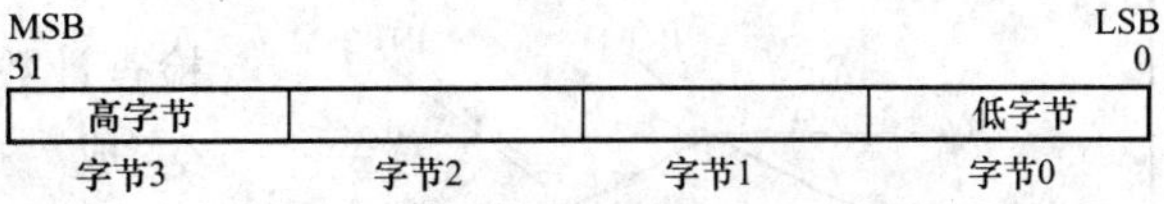

图 3－19　高速计数器的双字 32 位分配

2. 使用 HSC 向导

在 S7－200 编程环境中，选择菜单命令工具（T）＞指令向导 HSC；或点击浏览条中的指令向导图标，然后选择 HSC；或打开指令树中的“向导”文件夹并随后打开 HSC 向导。

使用 HSC 向导的步骤为：选择计数器类型和操作模式；指定初始参数；程序中断事件/多步操作；生成代码。

（1）选择计数器类型和操作模式。从列表框（根据 PLC）选择须配置的计数器。从列表框选择操作模式，根据选择的计数器决定它可用的模式。

（2）指定初始参数。初始化参数包括：向导为子程序指定一个默认名称，用户也可以指定一个不同的名称，但请勿使用现有子程序名称；为计数器 CV 和 PV 指定一个双字地址、全局符号或整数常数；指定初始计数方向。

（3）程序中断事件/编程多步操作。计数器类型和操作模式选择决定可用的中断事件。当用户选择对当前数值等于预置值事件（CV＝PV）进行编程时，向导允许指定多步计数器操作。

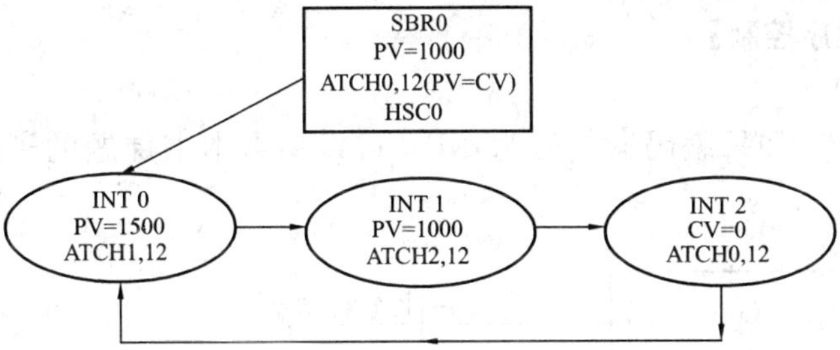

图 3－20　HSC 向导举例

图 3－20 说明了一个简化的、三个步骤的 HSC 应用。

SBR 0：该子程序包含计数器初始化。计数器的当前值被指定为 0（CV＝0）。计数器的预置值被指定为 1000（PV＝1000）。计数方向为 UP（向上）。事件 12（HSC0 CV＝PV）被连接至 INT 0，计数器被启动。

INT 0：当计数器达到第一个预置值 1000 时，执行 INT 0。计数器预置值被更改为 1500，方向不变。事件 12（HSC0 CV＝PV）被重新连接至 INT 1，计数器被重新启动。

INT 1：计数器再次达到预置值（1500）时，执行 INT 1。此时，将预置值更改成 1000（PV＝1000），将计数方向更改为 DOWN（减），将 INT 1 连接至事件 12（HSC0 CV＝PV），并重新启动计数器。

INT 2：当计数器向下计数至预置值 1000 时，执行 INT 2。此时，将当前值设为 0（CV＝0），并将计数方向更改为 UP（增）。事件 12 被重新连接至 INT 0，至此则完成了计数器操作的循环。

图 3－21 所示为计数器当前值随时间的变化情况。每个（CV＝PV）中断事件均标有该事件调用的 INT 程序。

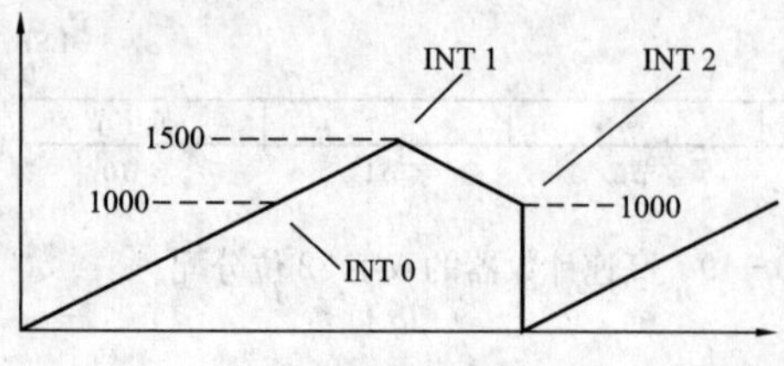

图 3-21 计数器当前值随时间的变化情况

(4) 生成代码。完成 HSC 参数配置后，可以检查计数器使用的子程序/中断程序列表。在点击“完成”按钮后，允许向导为 HSC 生成必要的程序代码。代码包括用于高速计数器初始化的子程序。另外，为您选择编程的每一个事件生成一个中断程序。对于多步应用，则为每一个步生成一个中断程序。

当然要使能计数器操作，必须从主程序中调用包含初始化代码的子程序，如使用 SM0.1 或沿触发指令确保该子程序仅被调用一次。

3. HSC 指令

高速计数器 HSC 指令（见图 3-22）根据 HSC 特殊内存位的状态配置和控制高速计数器。参数 N 指定高速计数器的号码。高速计数器最多可配置为十二种不同的操作模式。每个计数器在功能受支持的位置有专用时钟、方向控制、复原和起始输入。

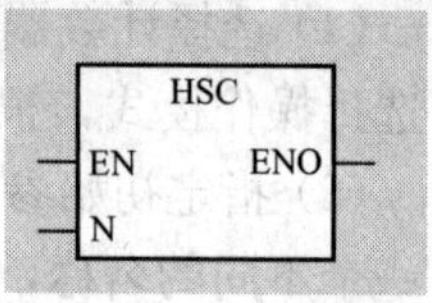

图 3-22 HSC 指令

对于双相计数器，两个时钟均可按最高速度运行。在正交模式中，可以选择一倍（1×）或四倍（4×）的最高计数速率。所有的计数器按最高速率运行，而不会相互干扰。其中 CPU 221 和 CPU 222 支持 4 台高速计数器（HSC0、HSC3、HSC4、HSC5）；CPU 221 和 CPU 222 不支持 HSC1 和 HSC2；CPU 224、CPU 224XP、CPU 226 支持 6 个高速计数器（HSC0～HSC5）。

【任务训练 3-2：复卷机计长程序控制】

1. 电气接线（如图 3-23 所示）

图 3-23 所示接线方式为 PNP，如果编码器信号为 NPN 可以参考本书课题的子课题 1。

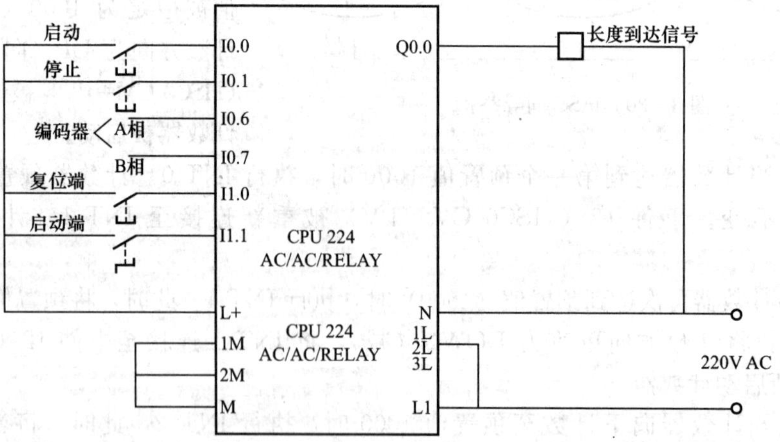

图 3-23 复卷机计长程序电气接线

2. 程序编制

复卷机计长程序分为主程序、子程序和中断程序。本程序设置一个两相正交 4× 高速计数器，通过调用子程序实现对高速计数器的设置（允许计数、更新当前值、更新预置值、更新计数方向为加计数、正交计数设置为4×、定义HSC1的工作模式为11等），通过中断程序改写高速计数器的值。程序中SMD52为用户预置计数值15000，可以根据实际情况进行修改。

主程序负责上电初始化，调用初始化子程序（如图3-24所示）。

图3-24 复卷机计长主程序

复卷机计长子程序如图3-25所示。

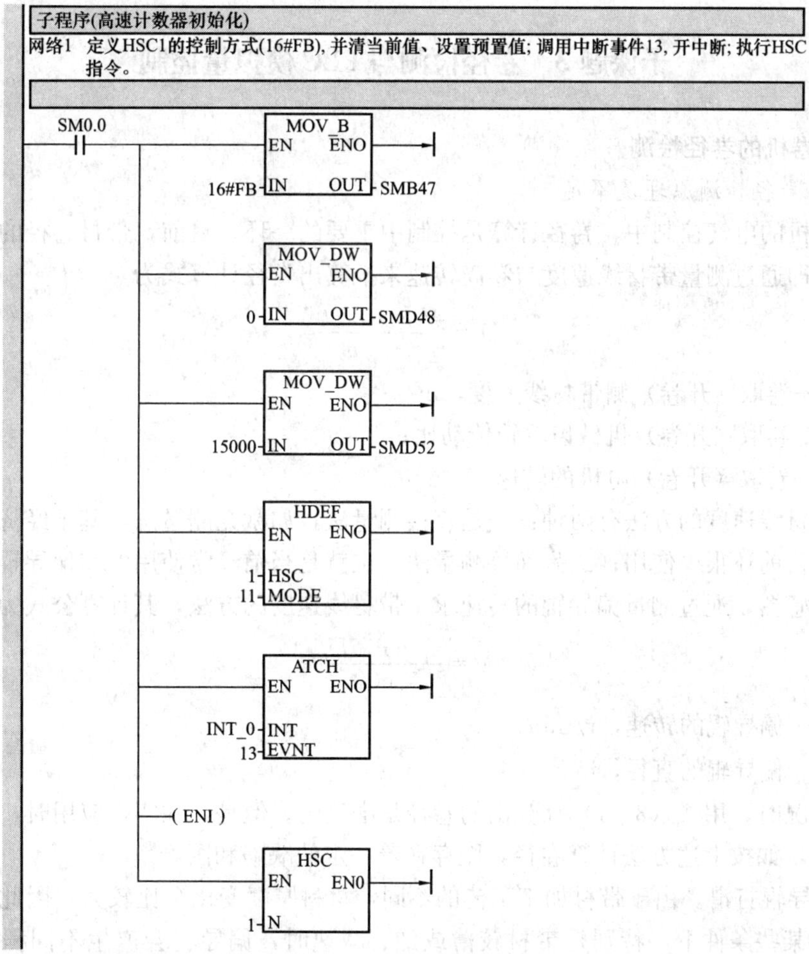

图3-25 复卷机计长子程序

复卷机计长中断程序如图3-26所示。

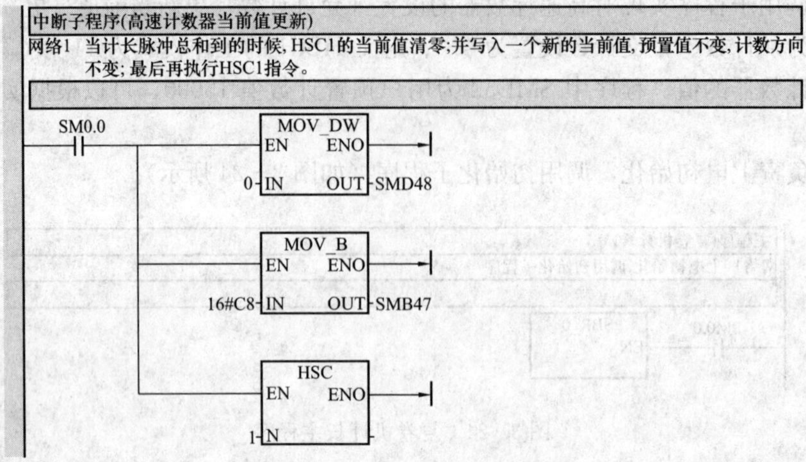

图 3-26 复卷机计长中断程序

子课题 3 卷径检测与 PLC 模拟量控制

一、复卷机的卷径检测

1. 目前卷径检测原理及不足

在复卷机的电气控制中，卷径计算是控制中重要的一环。目前，带材卷径的测量大都为间接方式，即通过测量带材线速度与卷筒转速来推算出卷径计算式为

$$D=\frac{V\times i\times 60}{\pi\times n} \tag{3-1}$$

式中 V——卷取（开卷）侧带材线速度，m/s；

i——卷取（开卷）机械齿轮箱传动比；

n——卷取（开卷）电机的转速，r/min。

测量带材线速度的方法有两种：一是直接测量法，如激光测量法，基于经济条件和使用环境限制，目前还很少使用；二是间接测量法，也就是当前经常使用的在偏导辊上安装一个同轴转速传感器，通过测量偏导辊的转速求出带材线速度的方法，其计算公式为

$$V=\frac{n_p\times\pi\times D_p}{60} \tag{3-2}$$

式中 n_p——偏导辊的转速，r/min；

D_p——偏导辊的直径，m。

正常情况时，用式（3-1）计算出的卷径是准确的。但是，在实际应用时，往往出现下列几种情况，如按上述方法计算卷径，则存在着一定的缺陷和困难。

（1）偏导辊打滑。由于带材加工工艺的不同，材料厚度变化会比较大，因此张力的变化也很大，在某些条件下，特别是带材较薄或加、减速时，偏导辊会产生不同程度的打滑现象，从而使线速度的测量值不准确。这会造成卷径计算值出现偏差，与实际卷径不符，轻则引起张力波动，影响带材质量，重则导致断带。

（2）偏导辊转速传感器安装困难。在某些带材最小可到 0.007mm 时，其张力较小，偏

导辊和带材之间的摩擦力也较小。为尽量减少打滑，减小偏导棍自身的转动惯量是有效的方法之一。所以，偏导棍一般都是空心的。另外，在一个空心的偏导棍上安装同轴的转速传感器非常困难。

(3) 初始卷径需人工置入。在复卷机操作工艺中，带材的初始卷径需要置入控制系统，目前大都为人工置入。人工置入工作不仅繁琐，而且经常会置错，一旦置错将影响整个工艺流程的控制。

2. 超声波测量的基本原理

超声波传感器包括三个部分，即超声换能器、处理单元和输出级，如图3-27所示。首先处理单元对超声换能器加以电压激励，其受激后以脉冲形式发出超声波，接着超声换能器转入接收状态（相当于一个麦克风），处理单元对接收到的超声波脉冲进行分析，判断收到的信号是不是所发出的超声波的回声。如果是，就测量超声波的行程时间，根据测量的时间换算为行程，除以2，即为反射超声波的物体距离。

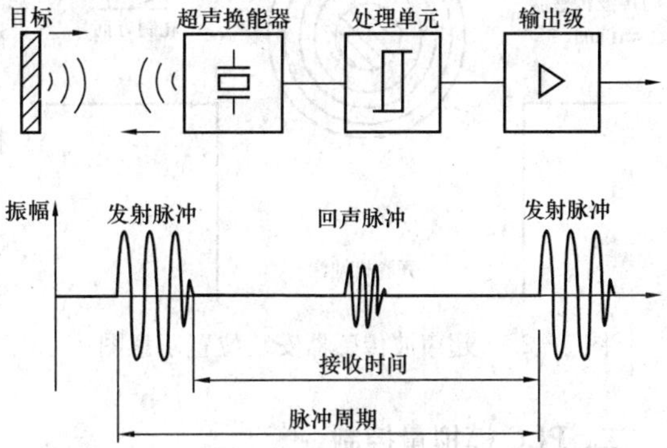

图3-27 超声波测量的基本原理图

把超声波传感器安装在合适的位置，对准铝卷卷径变化方向发射超声波，就可测量带卷表面与传感器的距离，经过处理可得到带卷的直径。

超声波检测中，环境会对其产生何种影响，通过以下几点可以说明。

(1) 空气温度的影响。声波行程时间受气温的影响程度为0.17%。也就是说40℃时的声速相对于20℃时改变了+3.4%，因此测量距离也会改变约+3.4%。但如果选用的超声波传感器中有温度补偿功能，此影响可忽略不计。

(2) 空气湿度的影响。从干燥的空气到饱和湿度的空气中，声速最多增加2%，因此测量距离改变最大也只有2%。实际现场中，空气湿度变化不会如此大，此影响一般小于1%。

(3) 空气压力的影响。在一固定地点，正常情况下的气压波动为±5%，会造成声速波动约±0.6%。

(4) 气流影响。当风速大于50km/h时，声波速度及方向的改变会大于3%。在现场使用中，只有靠近带材表面的几厘米的气流有可能大于20km/h，且垂直于测量方向，故对测量结果的影响可忽略。

(5) 油雾的影响。只要防止油雾沉降在超声换能器的有效表面上，就可避免它的影响。

3. 测量开卷侧卷径

复卷机卷材的卷径变化范围一般比较大，比如为0.5～1.7m，由于超声波测量的是带材卷筒的半径，所以超声波传感器的工作范围应满足大于（1.7－0.5)/2＝0.6m。再考虑到安装位置和安全距离以及传感器的盲区，超声波传感器到卷轴表面的距离一般应大于1.5m，故其测量距离应大于1.5m。以德国P＋F公司的传感器（具体型号为UC2000-30GM-IU-V1）为例，其主要参数见表3-2。

表 3-2 超声波传感器的主要参数

检测范围	200～2000mm	温度漂移	校补偿
发射频率	约为 175kHz	工作电压	DC10～30V
响应时间	≤100ms	功 耗	≤800mW
最高分辨率	0.172mm	电流输出	4～20mA R_L<500Ω
可重复性	≤0.1%	电压输出	0～10V R_L≥1000Ω
线 性 度	≤0.1%	工作温度	-25～+70℃

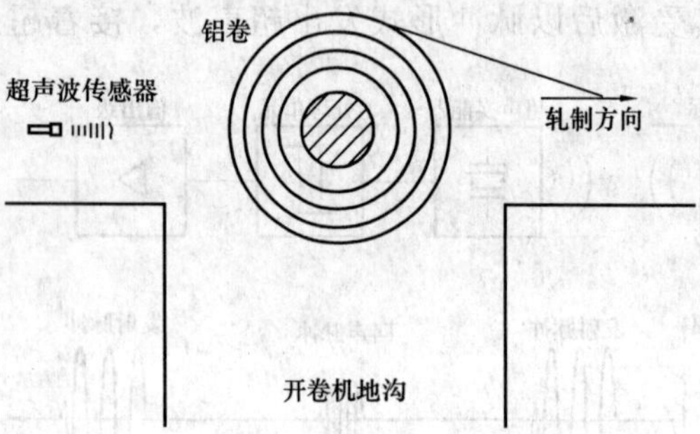

图 3-28 超声波传感器安装位置示意图

测量开卷卷径的超声波传感器安装在开卷机地沟的外侧，既便于安装调试，又容易测量，如图 3-28 所示。

选择传感器的输出为电压输出，可以直接连到 PLC 上。整定传感器的输出，当最大卷径（1.70m）时电压为 10V，当最小卷径（0.54m）时电压为 0V。这样当输出电压为 U 时，经过计算可知当前卷径 D 为

$$D=\frac{1.7-0.54}{10}U+0.54\ (\mathrm{m}) \qquad (3-3)$$

二、PLC 模拟量控制

1. 模拟量输入

模拟量值是一个连续变化值，如电压、电流、温度、速度、压力、流量等。例如，压力是随着时间的变化而变化的，这个压力值不是直接作为 PLC 的输入，而是必须通过变换器把同压力值相对应的电压值（0～10V）或电流值（4～20mA）输入到 PLC 中，如图 3-29 所示。

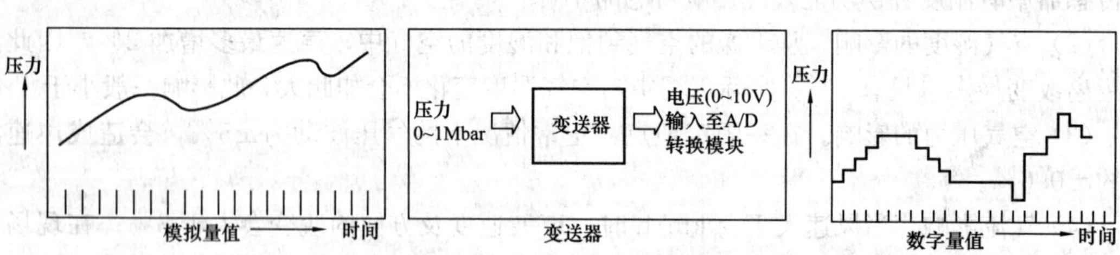

图 3-29 模拟量与数字量

PLC 的模拟量输入包括信号为 0～10V DC、0～20mA 或者 4～20mA 三种，对于不同的输入，尤其是电流输入和电压输入，都应该设置硬跳线（拨码开关）或者软跳线（参数设定）。PLC 的模拟量输入模块负责 A/D 转换，将模拟量信号转换为 PLC 可以认识的数字量信号。

图 3-30 所示为模拟量输入电压的转换实例，每一种 PLC 输入 10V 都会对应一个最大数值，有些 PLC 是固定的，如 S7-200 固定为 32 000；有些则是可以设置的，如艾默生的 EC20 等。这里以最大值 4000 为例，即输入 10V 对应数值 4000，则其输入特性的曲线为 $y=400x$（y 代表数字输出值，x 代表模拟量输入电压）。输入 2.5mV 等同数字值 1，小于 2.5mV 的值不能转换。

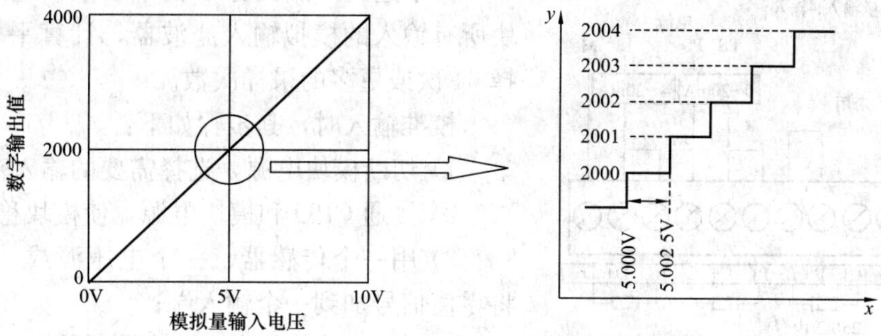

图 3-30 模拟量输入电压的转换实例

2. 模拟量输出

PLC 的模拟量输出包括信号为 0～10VDC、0～20mA 或者 4～20mA 等几种，从 PLC 到最终输出的流程如图 3-31 所示。

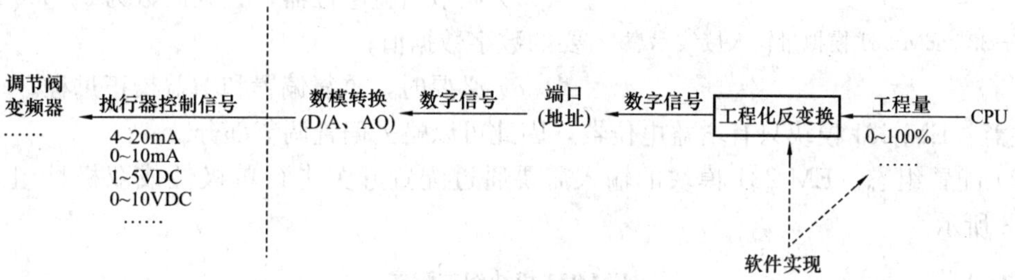

图 3-31 模拟量输出流程图

用软件实现的工程化反变换如图 3-32 所示。

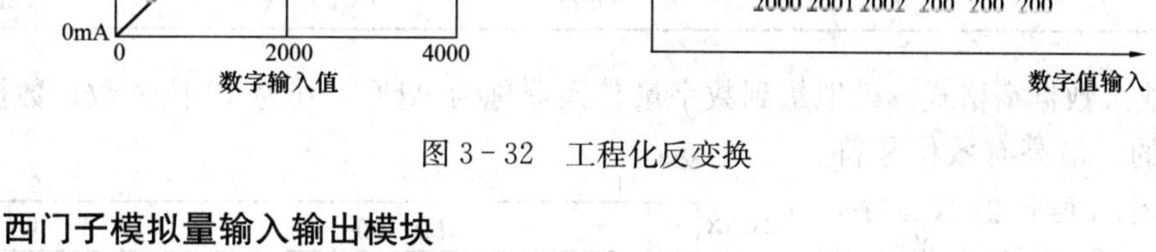

图 3-32 工程化反变换

三、西门子模拟量输入输出模块

1. EM 231 模拟量输入模块

图 3-33 所示为 EM 231 模拟量输入接线示意。

(1) 输入校准。校准调节影响模拟量多路转换器运算的放大器，因此校准影响到所有的同一个模块的输入通道。即使在校准以后，如果模拟量多路转换器之前的输入电路的部件值发生变化，那么，从不同通道读入同一个输入信号，其信号值也会有微小的不同。

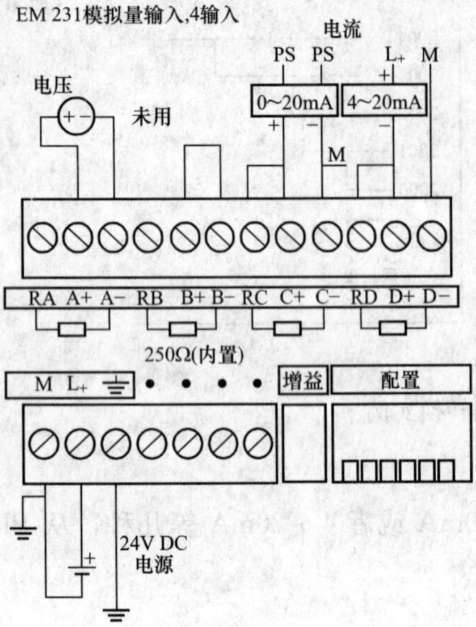

图 3-33 EM 231 模拟量输入接线示意

为了达到产品的标准技术参数，应启动用于模块所有输入的模拟输入滤波器，计算平均值时，选择 64 次或更多的采样次数。

校准输入时，其步骤如下：

1）切断模块电源，选择需要的输入范围；

2）接通 CPU 和模块电源，使模块稳定 15min；

3）用一个传感器、一个电压源或一个电流源，将零值信号加到一个输入端；

4）在 CPU 的程序中读出测量值；

5）调节偏置电位器，直到读数为零，或所需要的数字数据值；

6）将一个满刻度值信号 10VDC 或 10mA 信号接到输入端子中的一个，读出 CPU 中的数值；

7）调节增益电位器，直到读数为 32 000 或所需要的数字数据值；

8）必要时，重复偏置和增益校正过程。

注意：EM 231 模块只有增益电位器，因此可以略去偏置调节部分。

（2）配置组态。EM 231 模块的输入需要通过配置开关进行单极性或双极性组态，如表 3-3 所示。

表 3-3 EM 231 模块组态配置

单极性			满量程输入	分辨率
SW1	SW2	SW3		
ON	OFF	ON	0～10V	2.5mV
	ON	OFF	0～5V	1.25mV
			0～20mV	5μA
双极性			满量程输入	分辨率
SW1	SW2	SW3		
OFF	OFF	ON	±5V	2.5mV
	ON	OFF	±2.5V	1.25mV

（3）输入数据字格式。模拟量到数字量转换器称为 ADC，其为 12 位读数，数据格式是左端对齐的。最高有效位是符号位，0 表示是正值数据字，如图 3-34 所示，对单极性格式，3 个连续的“0”使得 ADC 计数数值每变化一个单位则数据字的变化是以 8 为单位变化的；对双极性格式，4 个连续的“0”使得ADC计数数值每

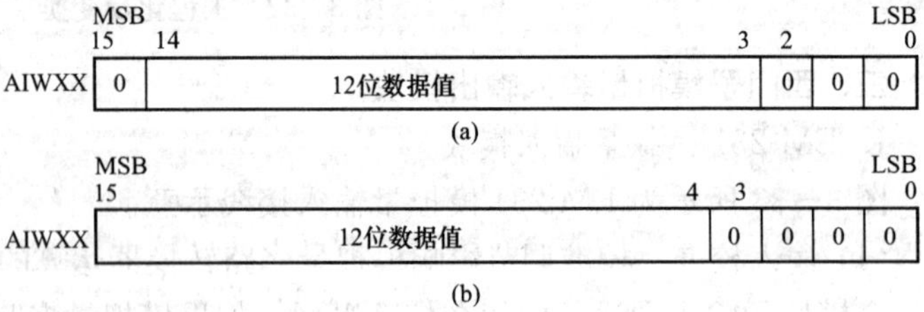

图 3-34 输入数据字格式

（a）单极性；（b）双极性

变化一个单位，则数据字的变化是以 16 为单位变化的。

2. EM 232 模拟量输出模块

S7-200 PLC 的模拟量输出模块 EM 232，有两个输出，接线方式如图 3-35 所示。

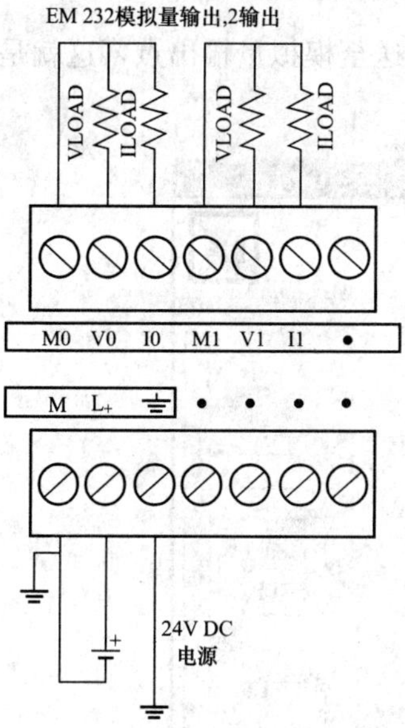

图 3-35 EM 232 输出接线示意

数字量到模拟量的转换器称为 DAC，分电流和电压两种输出格式，电流为 11 位读数，电压为 12 位读数，如图 3-36 所示。

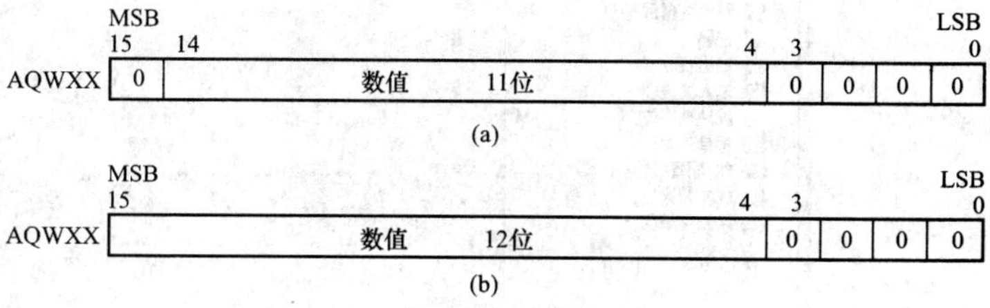

图 3-36 输出数据格式

(a) 电流输出数据格式；(b) 电压输出数据格式

3. 模拟量输入滤波功能

S7-200 PLC 允许对每一路模拟量输入选择软件滤波功能，滤波值是多个模拟量输入采样值的平均值，滤波器参数（如采样次数和死区）对于允许滤波的所有模拟量输入是相同的。

模拟量输入步骤如下：

(1) 通过菜单命令选中输入滤波器，点击模拟量标签；

(2) 选择需要滤波的模拟量输入、采样个数和死区；

(3) 确认后，将改变后的系统块下载到 PLC 中。

S7-200 模拟量输入滤波设置如图 3-37 所示。

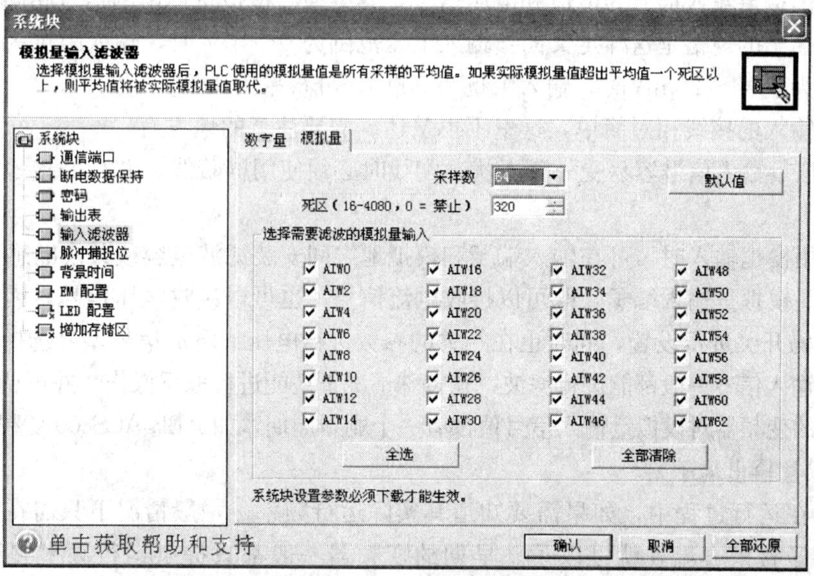

图 3-37 S7-200 模拟量输入滤波设置

4. 模拟量输出保持功能

S7－200 PLC 允许在运行模式进入停止模式后，将固定值传送至模拟量输出点，这就是模拟量输出保持功能。其具体设置如图 3－38 所示。

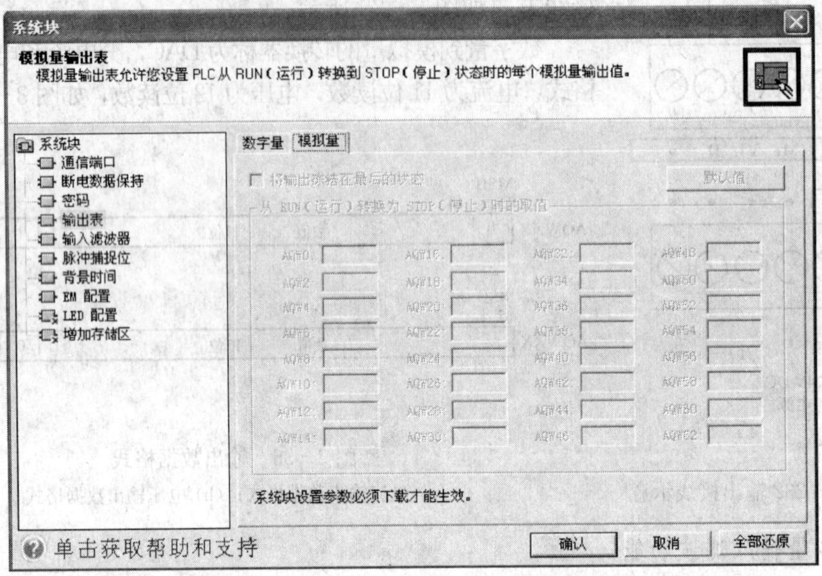

图 3－38 S7－200 模拟量输出保持设置

四、变频器模拟量输入输出端子

1. 模拟量输入端子

从变频器的频率给定方式可以知道模拟量给定是一种简单而实用的方式，如电位器给定或 PLC、DCS 模拟信号等；而在矢量控制和直接转矩控制中，它还可以用作限转矩和转矩控制的给定信号。

常见的模拟量输入信号为电流和电压信号，其类型与模拟量输出的信号相同。一般对于模拟量输入端子的规格是这样定义的：输入电压范围为 0～10V 时，输入阻抗为 100kΩ；输入电流范围为 0，4～20mA 时，输入阻抗为 500Ω；分辨率为 1/2000。

模拟量输入的接线相对简单，这里不再赘述。需要注意的地方有：

（1）模拟量输入信号容易受外部干扰，配线时必须使用屏蔽线，并良好接地，配线长度应尽可能短。

（2）使用模拟输入时，可在输入端子和模拟地之间安装滤波电容或共模电感。

（3）有些模拟量输入端子，既可以接收电流信号，也可以接收电压信号，因此必须对硬件跳线或拨码开关进行设置，同时也在相关的参数进行电压或电流信号型号选择。

模拟量输入信号一般都能进行滤波，在特殊情况下还能进行取反操作，并可调整最大、最小值。不同的变频器对模拟量输入信号值都有一个刷新周期，如 ABB ACS800 变频器为 6ms。

2. 模拟量输出端子

变频器在运行过程中，如果需要知道其实际运行频率，一般情况下只需在变频器的模拟量输出端子接上直流表就可以了。早期的变频器一般都只提供运行频率和运行电流两种信号，现在则通过对模拟量输出端子的内容进行定义，从而获得多达十几种的模拟量信号，这些信号包括频率、电流、电压等。

变频器模拟量输出信号类别主要包括电压信号和电流信号。电压信号包括0～1V、0～5V、0～10V、1～5V、2～10V、0～±10V等几种；电流信号包括0～1mA、0～20mA、4～20mA。模拟量的输出可以通过调整偏置和增益来实现校正，如图3-39所示。

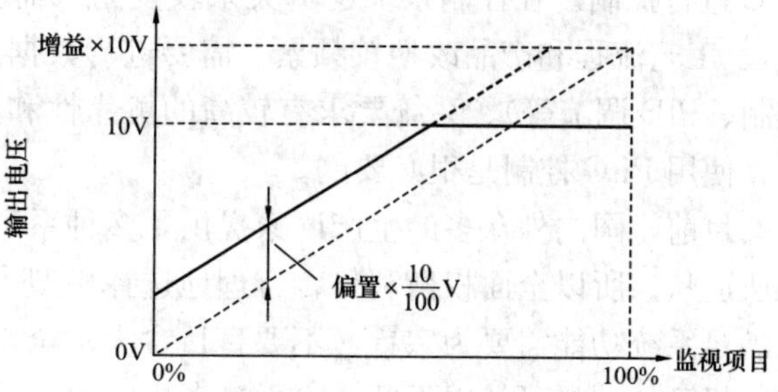

图3-39 模拟量输出调整

在对应0～±10V的模拟量输出项目中，如监视值为正值时输出0～+10V，负值时输出0～-10V。

模拟量输出信号的内容可以定义为：实际运行频率、设定频率、输出电流、输出转矩、输出电压、母线电压、输出功率、内部转矩指令、模拟量输入通道值、PID闭环的反馈值和设定值、速度调节器ASR的输入输出值等。对于转矩指令值、速度控制器ASR值、正反转频率值等均可以输出0～±10V模拟信号。

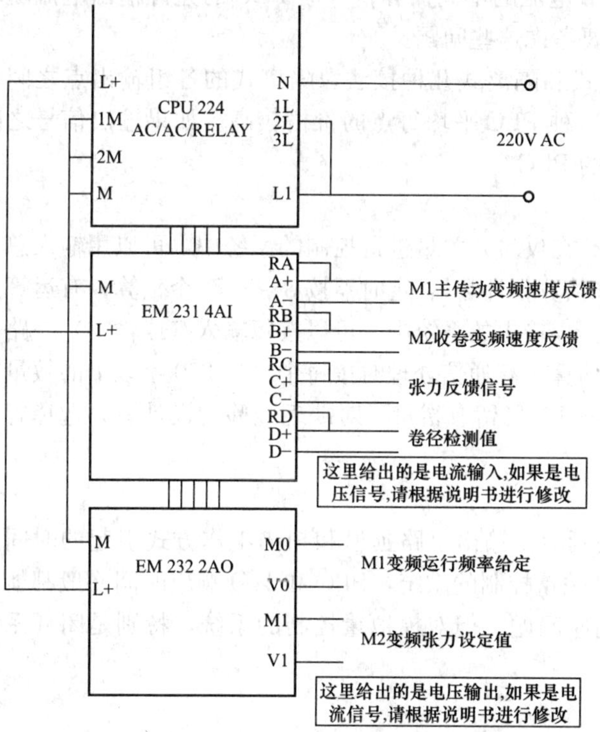

图3-40 模拟量输入输出信号电气接线

模拟量输出的刷新周期相对模拟量输入来讲要偏长一些，如ABB ACS800为24ms。

【任务训练3-3：模拟量输入输出信号的调整】

1. 电气接线

按照图3-40进行模拟量输入输出信号电气接线。

电气接线所包含的内容为4个模拟量输入信号（包括M1和M2变频器的速度反馈、张力反馈信号和卷径检测值）和2个模拟量输出（包括M1主传动变频的速度设定值和M2收卷变频的张力设定值）。

2. PLC运行并测试

分别测试模拟量的数据读取功能（MOV_W语句）、模拟量输入的软件滤波功能、模拟量输出的保持功能。

子课题4 综合解决方案

一、复卷机控制系统的PLC设计原则

在作出系统控制方案的决策之前，要详细了解被控对象的控制要求，从而决定是否选用

PLC进行控制。在控制系统逻辑关系较复杂（需要大量中间继电器、时间继电器、计数器等)、工艺流程和产品改型较频繁、需要进行数据处理和信息管理（有数据运算、模拟量的控制、PID调节等)、系统要求有较高的可靠性和稳定性、准备实现工厂自动化联网等情况下，使用PLC控制是很必要的。

目前，国内外众多的生产厂家提供了多种系列功能各异的PLC产品，使用户眼花缭乱、无所适从。所以全面权衡利弊、合理地选择机型才能达到经济实用的目的。一般选择机型要以满足系统功能需要为宗旨，不要盲目贪大求全，以免造成投资和设备资源的浪费。

机型的选择可从以下几个方面来考虑。

1. 对输入/输出点的选择

盲目选择点数多的机型会造成一定浪费。

要先弄清楚控制系统的I/O总点数，再按实际所需总点数的15%～20%留出备用量(为系统的改造等留有余地）后确定所需PLC的点数。

另外要注意，一些高密度输入点的模块对同时接通的输入点数有限制，一般同时接通的输入点不得超过总输入点的60%；PLC每个输出点的驱动能力（A/点）也是有限的，有的PLC其每点输出电流的大小还随所加负载电压的不同而异；一般PLC的允许输出电流随环境温度的升高而有所降低等。在选型时要考虑这些问题。

PLC的输出点可分为共点式、分组式和隔离式几种接法。隔离式的各组输出点之间可以采用不同的电压种类和电压等级，但这种PLC平均每点的价格较高。如果输出信号之间不需要隔离，则应选择前两种输出方式的PLC。

2. 对存储容量的选择

对用户存储容量只能作粗略的估算。在仅对开关量进行控制的系统中，可以用输入总点数乘10字/点+输出总点数乘5字/点来估算；计数器/定时器按3～5字/个估算；有运算处理时按5～10字/量估算；在有模拟量输入/输出的系统中，可以按每输入/(或输出）一路模拟量约需80～100字左右的存储容量来估算；有通信处理时按每个接口200字以上的数量粗略估算。最后，一般按估算容量的50%～100%留有裕量。对缺乏经验的设计者，选择容量时留有裕量要大些。

3. 对I/O响应时间的选择

PLC的I/O响应时间包括输入电路延迟、输出电路延迟和扫描工作方式引起的时间延迟（一般在2～3个扫描周期）等。对开关量控制的系统，PLC和I/O响应时间一般都能满足实际工程的要求，可不必考虑I/O响应问题。但对模拟量控制的系统，特别是闭环系统就要考虑这个问题。

4. 根据输出负载的特点选型

不同的负载对PLC的输出方式有相应的要求。例如，频繁通断的感性负载，应选择晶体管或晶闸管输出型的，而不应选用继电器输出型的。但继电器输出型的PLC有许多优点，如导通压降小，有隔离作用，价格相对较便宜，承受瞬时过电压和过电流的能力较强，其负载电压灵活（可交流、可直流）且电压等级范围大等。所以动作不频繁的交、直流负载可以选择继电器输出型的PLC。

5. 对在线和离线编程的选择

离线编程指示主机和编程器共用一个CPU，通过编程器的方式选择开关来选择PLC的编程、监控和运行工作状态。编程状态时，CPU只为编程器服务，而不对现场进行控制。专用编程器编程属于这种情况。在线编程是指主机和编程器各有一个CPU，主机的CPU完成对现场的控制，在每一个扫描周期末尾与编程器通信，编程器把修改的程序发给主机，在下一个扫描周期主机将按新的程序对现场进行控制。计算机辅助编程既能实现离线编程，也能实现在线编程。在线编程需购置计算机，并配置编程软件。采用哪种编程方法应根据需要决定。

6. 根据是否联网通信选型

若PLC控制的系统需要联入工厂自动化网络，则PLC需要有通信联网功能，即要求PLC应具有连接其他PLC、上位计算机及CRT等的接口。大、中型机都有通信功能，目前大部分小型机也具有通信功能。

7. 对PLC结构形式的选择

在相同功能和相同I/O点数据的情况下，整体式比模块式价格低。但模块式具有功能扩展灵活、维修方便（换模块）、容易判断故障等优点，要按实际需要选择PLC的结构形式。

二、复卷机控制系统的变频设计原则

变频调速系统一般都是针对电力拖动而言，主要是由变频器、电动机和工作机械等装置组成的机电系统。复卷机的主传动和收卷传动都采用变频控制，在设计时应该考虑以下几个方面。

1. 速度控制范围和精度

根据具体的工艺条件和机械设备，在以转速为控制对象的变频调速系统中，必须选择速度控制范围符合要求的变频器以及变频器的控制方式。

速度控制范围有以下几种表示方式，如转速范围表示或变速比率表示，前者如175～1750r/min或5～60Hz，后者如1∶10或者以百分比表示如5%。

2. 避开特定的不安全速度

电机转动时，转矩的脉动频率与负载和电机构成的系统固有振动频率一致时，会发生系统共振，共振状态的出现将破坏传动系统的正常运转，甚至将造成破坏性的系统损坏。电机拖动系统工作时，往往在转速进入某一个或几个小区段时，出现上述非正常的共振情况，为了避免保证变频调速的正常工作，必须设置相关的跳跃频率。

当旋转系统轴弯曲的固有频率与旋转频率一致时的转速叫危险速度。通常，中小功率段的电动机的危险速度发生在额定转速之上；而对于大容量的二极或四极电动机，危险速度有时会发生在额定转速以下。因此，在变频调速系统中，在控制上要采取措施，避免转速进入这样的危险速度。

3. 低速情况的考虑

对于电动机的自冷方式情况下（采用普通电动机），转速下降则电机冷却能力降低。对于恒转矩负载，如需要在全频段范围（零速到最高速）内运行的，就必须考虑低速冷却方式，必要时采用变频专用电机；如只需要在一个相对较窄的频率范围内运行，则可以设置最低运行频率，避免在零速和最低频率内长时间运行，否则低速区的电机冷却能力将大大低于运转生热能力（电机功耗引起），导致电机损坏或故障。当然，在低速区的短时运行都是允许的，如零速启动加速阶段和低速点动功能。

在电动机低速运行时，还必须考虑轴承的润滑效果。如滚动轴承和强制进油的滑动轴承在低速运行时，在自给油限度以下时，应采用其他强追油方式。

4. 开环转速控制

没有将实际转速的测量值转换成电信号回馈给变频器的控制输入部分，则转速的控制没有构成一个完整的环，是开环运行。即使在无速度传感器矢量控制方式下，虽然有速度调节器 ASR，但由于电机的实际转速是通过估算而得，转速环仍不是完整的，依然是开环控制。

对不太要求快速响应的传动系统，常用开环控制。如风机、泵类采用非常灵敏的快速调速，似乎意义不大，这类负载一般都采用最简单的开环 U/f 恒压频控制；如食品包装机械的输送传动，要求在输送不同材料时都能保持速度稳定，但又对响应不要求到极高的程度，这时就可以使用无速度传感器矢量控制，自动修正频率，以达到负载变动时电机转速稳定的效果。

在开环速度控制中，输入信号单纯由频率给定指令构成，然后按照不同的控制方式如 U/f 恒压频比、无速度传感器矢量控制或者直接转矩控制 DTC 去驱动电动机，在负载转矩与电机转矩平衡的情况下，形成稳定转速。

5. 高精度速度控制的实现方法

高精度的速度控制往往能够体现速度的精度和稳定性，其典型应用如造纸机的传动，精度控制在±(0.01%～0.05%) 之间，其他如胶卷和钢铁生产线也要求有±(0.02%～0.1%) 之间。

通常作为表示精度的数值，是以额定频率或额定转速为基准，将误差用百分比表示出来。对于一般的变频器，要求精度大多为±0.5%。这一数值，对于开环控制的机型为频率精度，对于闭环控制的机型为速度精度。对于同步电机，只要频率高就可以实现高精度的速度控制；而对于异步电动机，由于存在转差，要获得高精度的速度，必须采用闭环控制。图 3-41 所示为可以实现高精度控制的速度闭环控制系统原理图。

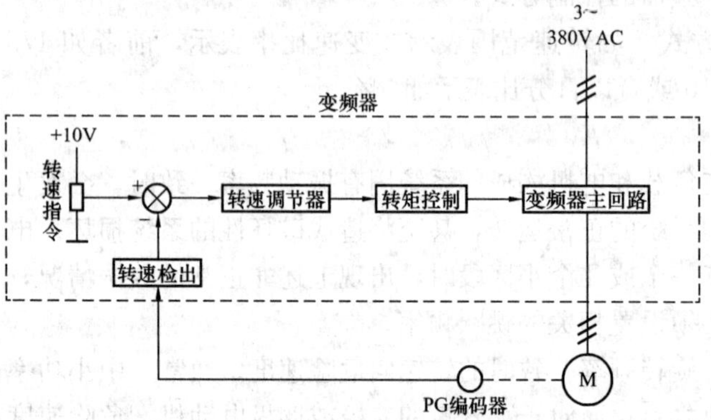

图 3-41 速度闭环控制系统原理图

为了保证系统的高速度精度，应充分考虑印制变频器的下述几种误差：速度给定误差、速度反馈误差、速度控制器误差以及定常偏差。其中前三种误差，对于使用模拟器件的控制电路来说，是由放大器等的偏置、漂移所引起的。模拟电路的误差受周围温度影响大，所以要保证精度常常要附加温度范围条件。而对于数字控制电路，这些误差取决于数字化信息的分辨能力。一般情况下，数字控制方式也要规定温度范围。第四种定常偏差，是因负载转矩等外界干扰的变化在速度上引起的误差，此种误差在速度调节器的低频增益低时产生。通常速度调节器含有积分电路，能确保高的低频增益，所以这种偏差较易克服。

6. 张力控制的实现方法

变频张力控制一般可以通过以下四种方式来实现。

(1) 张力闭环控制：对于张力控制精度要求较高的场合，如造纸复卷机，它需要通过张力检测辊的输出张力信号来构成张力闭环控制，对于变频器来说采用速度控制方案和PID闭环控制。

(2) 间接张力控制一：它通过卷径传感器测量的卷径模拟信号进入变频器的模拟输入口，而变频器则根据测量的卷径进行张力控制。这里，卷径是通过测量而不是通过计算而得，因此张力控制的精度相对较高。比如应用在塑料包装复卷分切机。

(3) 间接张力控制二：在线速度可以检测的场合，可以采用此法，通过检测到的线速度及电机角速度计算卷径，从而控制张力。通常应用在如干式复合机、布料复卷定型机等收卷系统中。

(4) 间接张力控制三：当对张力的控制精度要求不高，卷绕材料的厚度已知且变化不频繁的情况下，可以采用厚度累积法计算卷径，实现间接张力控制。通常应用在锌板等复卷机中。

三、复卷机控制系统的硬件部分

1. I/O分配（如表3-4所示）

表3-4　复卷机控制系统的输入/输出资源配置

序号	输入	说明	输出	说明
1	I0.0	启动按钮	Q0.0	一号变频
2	I0.1	停止按钮或放卷光电检测	Q0.1	长度到达信号
3	I0.6	编码器A相	Q0.2	M1主传动变频启动
4	I0.7	编码器B相	Q0.3	M2收卷传动变频启动
5	I1.0	高速计数器复位端		
6	I1.1	高速计数器启动端		
7	AIW0	M1主传动变频速度反馈	AQW0	M1变频器频率设定
8	AIW2	M2收卷传动变频速度反馈	AQW2	M2变频器张力设定
9	AIW4	张力反馈		
10	AIW6	卷径检测器		

2. 电气原理图（如图3-42所示的PLC控制原理）

根据控制要求，复卷机控制系统主要包括变频器M1和M2、PLC主机模块和扩展模块。

为了确保复卷机控制的正常运行，还需要在放卷部分增设一个光电检测（如图3-43所示），该信号与停止按钮并联。

四、复卷机控制系统的软件部分

复卷机控制系统的软件部分主要包括：①计长控制；②主传动的变频控制，包括启动信号和频率设定值；③收卷传动的变频控制，包括启动信号和张力设定值。其中①的内容已经在子课题2中得到阐述，②和③的PLC程序只需要添加到主程序中即可。

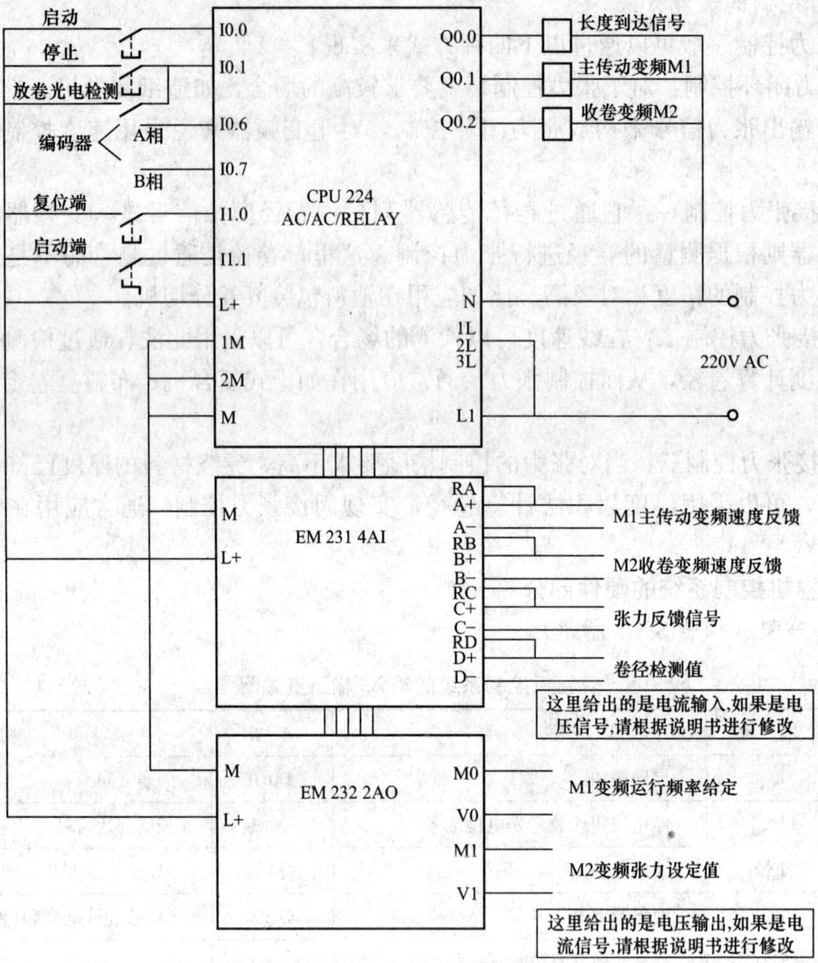

图 3-42 复卷机控制系统硬件接线

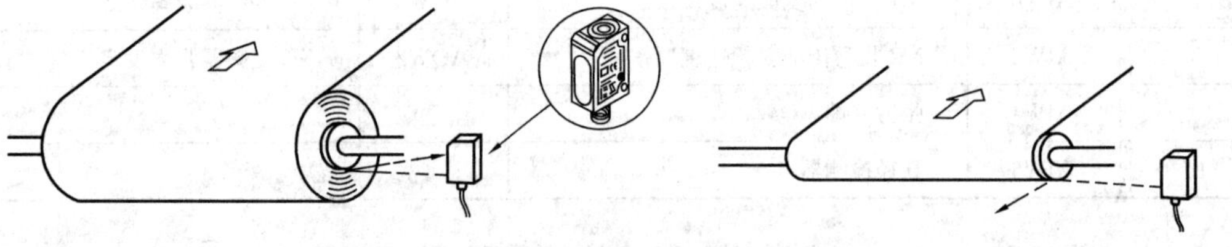

图 3-43 放卷光电检测示意

子课题5 技 术 答 疑

问题1 CPU 224 XP 的高速计数器模式12，是否可以计数30kHz 以上的脉冲？

CPU 224 XP 支持最多100kHz 的高速脉冲输出。S7-200 系列 CPU 只有高速计数器 HSC0、HSC3 能够被设置为模式12，使用的输入端子为 I0.0、I0.1，而不是特高速输入端子 I0.3、I0.4、I0.5。非特高速脉冲信号输入端由于硬件电路的限制（如光电耦合等）只能支持最高 30kHz 的高速脉冲输入。

用户使用高速计数器模式 12 时不需要任何外部连线，Q0.0（Q0.1）与 I0.0（I0.1）通过集成电路内部关联，越过了外部信号处理电路，因此 HSC0（HSC1）可以计 100kHz 或者更高频率的脉冲。用户在使用向导配置 S7－200 内部 PTO/PWM 操作时，勾选“使用高速计数器 HSCx（模式 12）自动计数线性 PTO 生成的脉冲”即可。

问题 2　高速计数器怎样占用输入点?

高速计数器根据被定义的工作模式，按需要占用 CPU 上的数字量输入点。每一个计数器都按其工作模式占用固定的输入点。在某个模式下没有用到的输入点，仍然可以用作普通输入点；被计数器占用的输入点（如外部复位），在用户程序中仍然可以访问到。

问题 3　为什么高速计数器不能正常工作?

在程序中要使用初次扫描存储器位 SM0.1 来调用 HDEF 指令，而且只能调用一次。如果用 SM0.0 调用或者第二次执行 HDEF 指令会引起运行错误，而且不能改变第一次执行 HDEF 指令时对计数器的设定。

问题 4　对高速计数器如何寻址? 为什么从 SMDx 中读不出当前的计数值?

可以直接用 HC0、HC1、HC2、HC3、HC4、HC5 对不同的高速计数器进行寻址读取当前值，也可以在状态表中输入上述地址直接监视高速计数器的当前值。SMDx 不存储当前值，参见表 3－5。

表 3－5　高速计数器的寻址

高速计数器号	HSC0	HSC1	HSC2	HSC3	HSC4	HSC5
新当前值（仅装入）	SMD38	SMD48	SMD58	SMD138	SMD148	SMD158
新预置值（仅装入）	SMD42	SMD52	SMD62	SMD142	SMD152	SMD162
当前计数值（仅读出）	HC0	HC1	HC2	HC3	HC4	HC5

高速计数器的计数值是一个 32 位的有符号整数。

问题 5　高速计数器如何复位到 0?

选用带外部复位模式的高速计数器，当外部复位输入点信号有效时，高速计数器复位为 0。也可使用内部程序复位，即将高速计数器设定为可更新初始值，并将初始值设为 0，执行 HSC 指令后，高数计数器即复位为 0。

问题 6　高速计数器的值在复位后是复位到初始值还是“0”值?

外部复位会将当前值复位到 0 值而不是初始值；内部复位则将当前值复位到初始值。如果你设定了可更新初始值，但在中断中未给初始值特殊寄存器赋新值，则在执行 HSC 指令后，它将按初始化时设定的初始值赋值。

问题 7　为何给高速计数器赋初始值和预置值时后不起作用，或效果出乎意料?

高速计数器可以在初始化或者运行中更改设置，如初始值、预置值。其操作步骤是：

（1）设置控制字节的更新选项。需要更新哪个设置数据，就把控制字节中相应的控制位置位（设置为“1”）；不需要改变的设置，相应的控制位就不能设置；

（2）将所需的值送入初始值和预置值控制寄存器；

（3）执行 HSC 指令。

问题 8　在收卷变频控制，张力与卷径之间是什么关系？

变频器涉及的直接对象是张力，因此必须在张力与转矩之间进行数据转换。由设定的张力和卷筒的卷径计算得出的变频器的转矩指令公式为

$$T=(F\times D)/(2\times I)$$

式中　T——变频器输出转矩指令；

F——张力设定值；

D——卷筒的卷径；

I——机械传动比。

问题 9　在复卷机主传动变频设置参数时，带速度传感器矢量控制与闭环 U/f 控制是否都可以用？两者有何区别？

在刚性带材时，建议采用带速度传感器矢量控制，因为前者输出转矩大。这是因为带速度传感器矢量控制与闭环 U/f 控制是有严格区别的。带速度传感器矢量控制与闭环 U/f 控制在安装编码器 PG 上有共同点，而且都有类似的 PID 环以及相应的参数设置，因此给人一种雷同的感觉。但两者存在着很大的区别，主要一点在于前者是矢量控制，而后者属于传统的 U/f 控制。

对比一下带速度传感器矢量控制与闭环 U/f 控制的原理框图，如图 3－44、图 3－45 所示。矢量控制时的速度控制 ASR 是把速度指令和速度反馈信号进行差值比较，然后进行 PI 控制后，经过一定的滤波时间，再经过转矩限定，输出转矩电流，进入转矩环控制；而闭环 U/f 控制是将速度指令和速度反馈信号的偏差调为零，PID 的结果只是去直接控制变频器的频率输出。

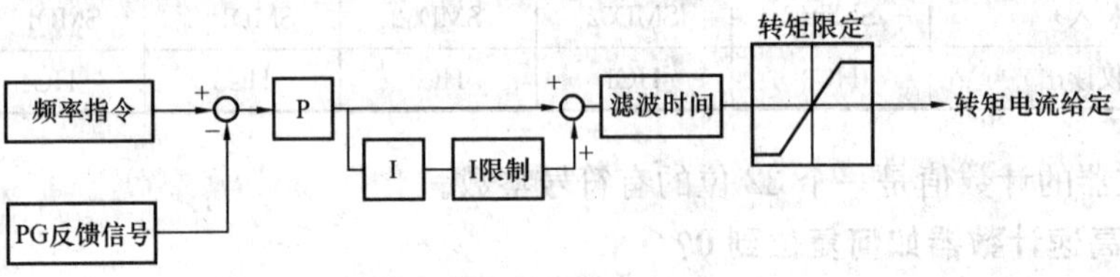

图 3－44　带速度传感器矢量控制原理框图

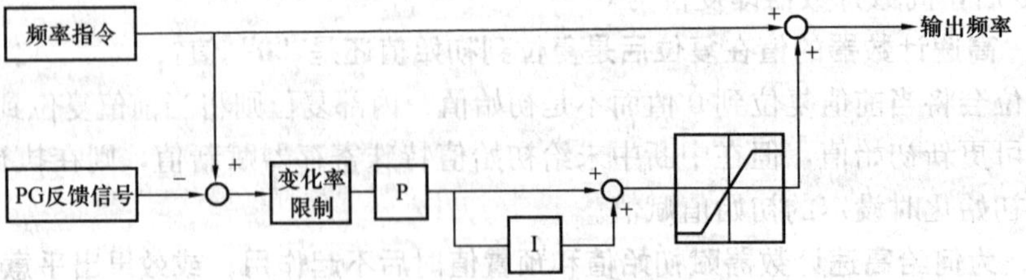

图 3－45　闭环 U/f 控制原理框图

如果在主传动控制中错误地选择了不同的控制方式，导致带速度传感器矢量控制与闭环 U/f 控制有两点明显的不同：①控制精度不同。带速度传感器矢量控制的速度控制精度能达到 0.05%，而闭环 U/f 控制则只有 0.5%（相当于无传感器矢量控制的水平）。②启动转矩不同。带速度传感器矢量控制的启动转矩可达到 200%/0Hz，而闭环 U/f 控制则只有

180%/0.5Hz。正是基于以上两点，对于轧机这种过载能力要求非常高的负载，必须选择合适的控制方式。

带速度传感器矢量控制与闭环 U/f 控制除了前面所述的两点之外，还有一些细微差别：

(1) 安装方式不一样。带速度传感器矢量控制的编码器安装要求非常严格，必须与电动机或者齿轮电动机的轴一致；而闭环 U/f 控制则可以安装再传动点的任意一个位置。

(2) 编码器选型不一样。带速度传感器矢量的编码器要求比较严格，通常都要求二相输入；而闭环 U/f 控制则可以只要求一相输入，甚至可以用高性能接近开关替代。

(3) 编码器断线停机方式不一样。带速度传感器矢量控制的编码器断线故障检出后，将不得不自由停车；而闭环 U/f 控制还可以在频率指令下继续开环 U/f 控制运行。

问题 10　收卷变频器经常出现过压，为什么？过压的原因主要有哪些？

变频器过压故障保护是变频器中间直流电压达到危险程度后采取的保护措施，这是电压型交—直—交变频器设计上的一大缺陷，在变频器实际运行中引起此故障的原因较多，可以采取的措施也较多，在处理此类故障时要分析清楚故障原因，有针对性地采取相应的措施去处理。

通用变频器大都为电压型交—直—交变频器，由变频器的基本结构可以知道三相交流电首先通过二极管不控整流桥得到脉动直流电，再经电解电容滤波稳压，最后经无源逆变输出电压、频率可调的交流电给电动机供电。一般而言，负载的能量可以分为动能和势能两种。动能（由负载的速度和质量确定其大小）随着物体的运动而累积，当动能减为零时，该物体就处在停止状态。图 3-46 所示为电机传动的四种运行方式，在收卷传动所涉及负载的共同特点，就是要求电机不仅运行于电动状态（一、三象限），而且要运行于发电制动状态（二、四象限）。

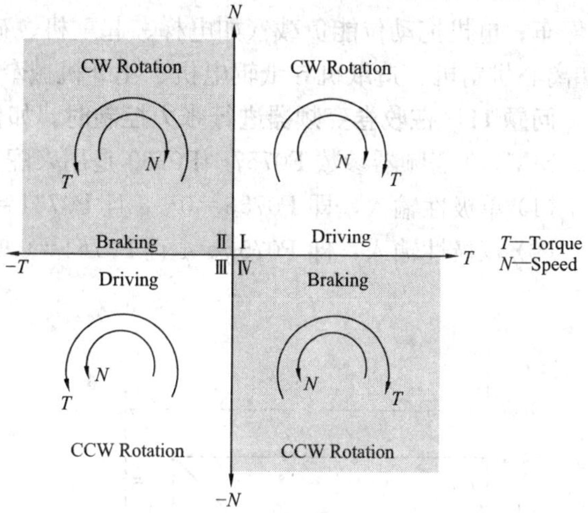

图 3-46　电机传动的四种运行方式
T—转矩；N—转速；Driving—电动；Braking—制动；
CW—顺时针；CCW—逆时针

对于变频器，如果输出频率降低，电机转速将跟随频率同样降低，这时会产生制动过程，由制动产生的功率将返回到变频器侧，由于二极管不控整流器能量传输不可逆，产生的再生电能传输到直流侧滤波电容上，产生泵升电压；而以 GTR、IGBT 为代表的全控型器件耐压较低，过高的泵升电压有可能损坏开关器件、电解电容，甚至会破坏电机的绝缘，从而威胁系统安全工作，这就限制了通用变频器的应用范围。因此，必须将这些功率消耗掉，如可以用电阻发热消耗。在用于提升类负载时，如负载下降，能量（势能）也要返回到变频器（或电源）侧，这种操作方法被称为“再生制动”。

在负载减速期间或者长期被倒拖时，由电机侧流到变频器直流母线侧产生的功率如果不通过热消耗的方法消耗掉，而是把能量返回送到变频器电源侧或者通过直流母线并联的方式由其他电动状态的电机消耗的方法叫做回馈制动。显然，如需要将能量直接返回到电源侧还需要一种特殊的装置，即能量回馈单元。

总而言之，为了改善制动能力，不能单纯期望靠增加变频器的容量来解决问题，而必须采用处理再生能量的方法：电阻能耗制动和回馈制动。

由以上所述可以知道，变频器过压主要是指其中间直流回路过压，而中间直流回路过压的主要危害有以下几点：

(1) 引起电动机磁路饱和。对于电动机来说，电压主过高必然使电机铁心磁通增加，可能导致磁路饱和，励磁电流过大，从面引起电机温升过高。

(2) 损害电动机绝缘。中间直流回路电压升高后，变频器输出电压的脉冲幅度过大，对电机绝缘寿命有很大的影响。

(3) 对中间直流回路滤波电容器寿命有直接影响，严重时会引起电容器爆裂。因而变频器厂家一般将中间直流回路过压值限定在 DC 800V 左右，一旦其电压超过限定值，变频器将按限定要求跳闸保护。

正是基于过压的严重危害性，在以下变频器应用场合，用户必须考虑配套使用制动方式：电机拖动大惯量负载（如离心机、龙门刨、巷道车、行车的大小车等）并要求急剧减速或停车；电机拖动位能负载（如电梯、起重机、矿井提升机等）；电机经常处于被拖动状态（如离心机副机、造纸机导纸辊电机、化纤机械牵伸机等）。

问题 11　在收卷变频器进行张力控制时，如何进行模拟量输入的线性标定？

MM440 变频器参数 P0757～P0760 是用来配置模拟输入的标定，共有两种方式。

(1) 单极性输入，即 P0756＝0～3 且 P0761＝0 时如图 3－47 进行标定。

(2) 双极性输入，即 P0756＝4 且 P0761＝0 时如图 3－48 进行标定。

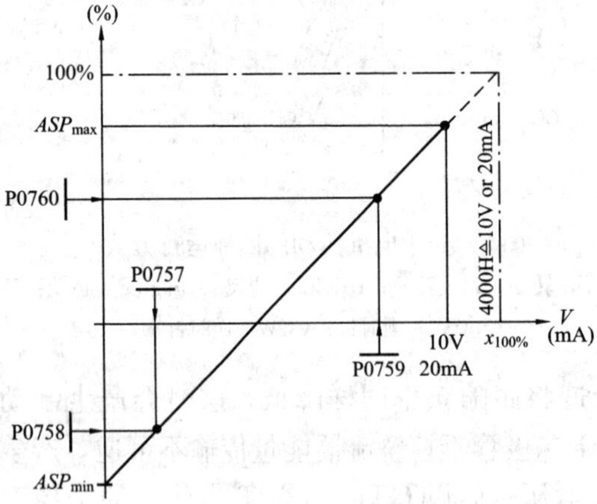

图 3－47　单极性标定方式

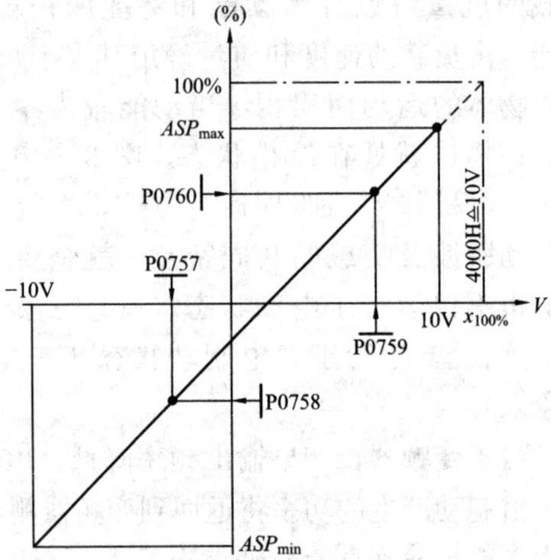

图 3－48　双极性标定方式

思考与练习

1. 如果计长控制从经济的角度来考虑，就不采用编码器，而只是采用接近开关，请设计 NPN 和 PNP 两种方式的计长方法，并进行编程。

2. 请用CAD设计合理的编码器安装方式，以确保机械可靠性。同时，阐述如何对编码器进行布线才是合理的。

3. 如果复卷机的卷径由外部智能表以模拟量0～10V的方式给出，请设计合理的电气接线方式。

4. 如果对复卷机的收卷采用力矩电机进行收卷，又该如何设计？请选择合适的力矩电机型号，并下载相应的力矩电机说明书。

课题 4

恒压供水控制装置

水是人类最宝贵的资源，是人类生存的基本条件，又是国民经济的生命线。水工业是以城市及工业为对象，以水质为中心，从事水资源的可持续开发利用，以满足社会经济可持续发展所需求的水量作为生产目标的特殊工业。它是随着水的商品化和产业化生产而逐步形成和完善的新兴工业，它是水的开采、加工、输送、回收及利用的综合产业。

供水作为水工业中关键的一环，其品质的好坏直接影响到水工业的综合利用水平。目前在一些新建建筑及改造项目中，变频恒压供水装置已经替代了原来的高位水箱，其节能性、方便性、卫生性是有目共睹的。变频恒压供水的优点是不仅可以保证足够的水压，同时又不会因为室外空气和温度的变化影响水的质量。

不仅如此，恒压供水系统对于某些工业生产或特殊用户还起着非常重要的作用。例如在某些生产过程中，若供水压力不足或短时断水，就有可能影响产品质量，严重时可使产品报废和设备损坏。又如发生火灾时，若供水压力不足或无水供应，不能迅速灭火，则可能引起重大经济损失和人员伤亡。所以，确保恒压供水系统的无故障和自动运行，具有重大的经济和社会意义。

【课题任务书】

1. 任务概述

图 4－1 所示为多泵单变频恒压供水控制图，是一种典型的恒压供水控制方案，该供水设备主要由压力传感器、PLC、变频调速器及水泵机组等组成。其中 3 台水泵为常规供水泵，1 台为辅助泵，要求根据供水流程来设计一个控制系统，能自动切换水泵台数，以保持恒定的压力。

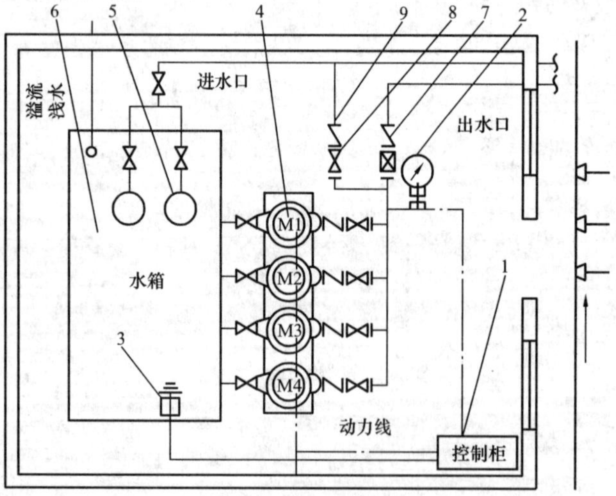

图 4－1　多泵单变频恒压供水控制图

1—变频供水柜；2—压力传感器；3—水位传感器；4—水泵机组；5—浮球阀；6—调节水箱；7—计量表；8—闸阀；9—逆止阀

2. 供水流程

根据图 4－1 所示，恒压供水的供水流程如下：

（1）当一台水泵工作频率达到最高频率时，若管网水压仍达不到预设水压，则将此台泵切换到工频运行，变频器将自动启动第二台水泵，控制其变频运行。此后，如压力仍然达不到要求，则将该泵又切换至工频，变频器软启动第三台泵，往复工作，直至满足设定压力要求为止。

(2) 反之，若管网水压大于预设水压，控制器控制变频器频率降低，使变频泵转速降低，当频率低于下限时自动切掉一台工频泵或此变频泵，始终使管网水压保持恒定。

(3) 辅助泵仅在自动状态启动前处于开启状态，在自动状态启动后关闭。

3. 控制要求

(1) 输入电源为三相380V电源。

(2) 常规泵M1、M2、M3的功率为7.5kW，辅助泵的功率为4kW。

(3) 压力设定分消防和生活两种。

(4) 为保证每台泵不锈蚀，需要按照一定规律进行轮换。

(5) 保证压力值控制精度在±2%。

子课题1　变频内置PID恒压供水

一、单泵变频恒压供水的原理

1. 恒压供水的原理

恒压供水调速系统实现水泵电机无级调速，依据用水量的变化自动调节系统的运行参数，在用水量发生变化时保持水压恒定以满足用水要求，是先进、合理的节能型供水系统。在实际应用中得到了很大的发展。现在的变频器功能也越来越强，如果能充分利用变频器内置的各种功能，对合理设计变频调速恒压供水设备、降低成本、保证产品质量等方面有着非常重要的意义。

新型供水方式与过去的水塔或高位水箱以及气压供水方式相比，不论是设备的投资、运行的经济性，还是系统的稳定性、可靠性、自动化程度等方面都具有无法比拟的优势，而且具有显著的节能效果。恒压供水调速系统的这些优越性，引起国内几乎所有供水设备厂家的高度重视，并不断投入开发和生产这一高新技术产品。

在短短的几年内，调速恒压供水系统经历了一个逐步完善的发展过程，早期的单泵调速恒压系统逐渐为多泵系统所代替。虽然单泵产品系统设计简易可靠，但由于单泵电机深度调速造成水泵、电机运行效率低，而多泵型产品投资更为节省，运行效率高，很快发展成为主导产品。目前该产品正向着高可靠性、全数字化微机控制、多品种系列化的方向发展。追求高度智能化、系列标准化是未来供水设备适应城镇建设成片开发、智能楼宇、网络供水调度和整体规划要求的必然趋势。

用户用水的多少是经常变动的，因此供水不足或供水过剩的情况时有发生。而用水和供水之间的不平衡集中反映在供水的压力上，即用水多而供水少，则压力低；用水少而供水多，则压力大。保持供水压力的恒定，可使供水和用水之间保持平衡，即用水多时供水也多，用水少时供水也少，从而提高了供水的质量。

要想保持水压的恒定，根据反馈定理（要想维持一个物理量不变或基本不变，就应该将这个物理量与恒定值比较，形成闭环系统）在管网系统的管道上安装了压力变送器作为反馈元件，引入水压反馈值与给定值比较，从而形成闭环系统。

单泵变频恒压供水是一种最基本的恒压供水方式（如图4-2所示），也就是出水管路上只配置有单台泵，且通过变频器来进行压力控制。

具体工作流程为：压力传感器将供水管网内的动态压力信号转变成电信号输入微机控制器，通过对输入量与设定量的实时比较分析，再输出经过PID处理的模拟信号至变频器，

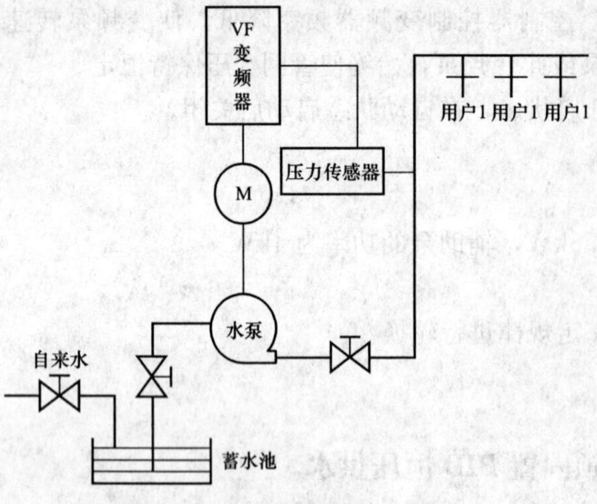

图 4-2 单泵变频恒压供水的原理

变频器控制水泵的转数来调节管网内的实际压力值趋向于设定压力值，从而实现闭环控制的恒压供水。

2. 变频器内置 PID 功能

PID 调节是过程控制中应用得十分普遍的一种控制方式，它是使控制系统的被控物理量能够迅速而准确地无限接近于控制目标的基本手段，在恒压供水中更是如此。正由于 PID 功能用途广泛、使用灵活，使得现在变频器的功能大都集成了 PID，简称“内置 PID”，使用中只需设定三个参数（K_p、T_i 和 T_d）即可。

变频器的内置 PID 控制原理如图 4-3 所示。

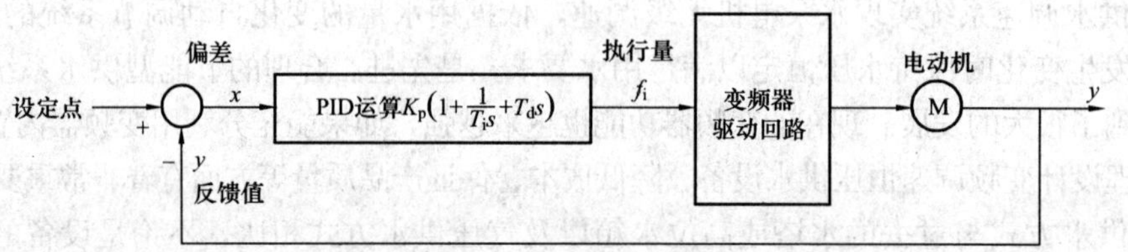

图 4-3 变频器内置 PID 控制原理

K_p—比例常数；T_i—积分时间；s—演算子；T_d—微分时间

在很多情况下，并不一定需要全部比例、积分和微分三个单元，可以取其中的一到两个单元，但比例控制单元是必不可少的。在恒压供水控制中，因为被控压力量不属于大惯量滞后缓解，因此只需 PI 功能，D 功能可以基本不用。

3. 通用变频器恒压供水控制原理

要使变频器内置 PID 闭环正常运行，必须首先选择 PID 闭环选择功能有效，同时至少有两种控制信号：①给定量，它是与被控物理量的控制目标对应的信号；②反馈量，它是通过现场传感器测量的与被控物理量的实际值对应的信号。图 4-4 所示为通用变频器恒压供水控制原理图。

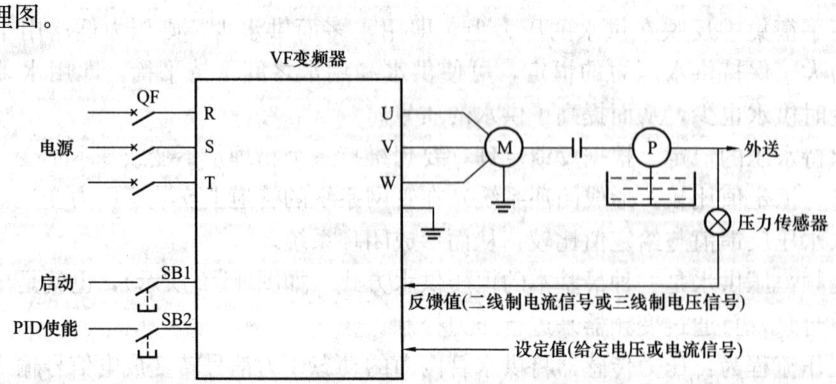

图 4-4 通用变频器恒压供水控制原理图

PID调节功能将随时对给定量和反馈量进行比较，以判断是否已经达到预定的控制目的。具体地说，它将根据两者的差值，利用比例P、积分I、微分D的手段对被控物理量进行调整，直至反馈量和给定量基本相等，达到预定的控制目标为止。

图4－5所示为通用变频器内置PID的控制校准过程。

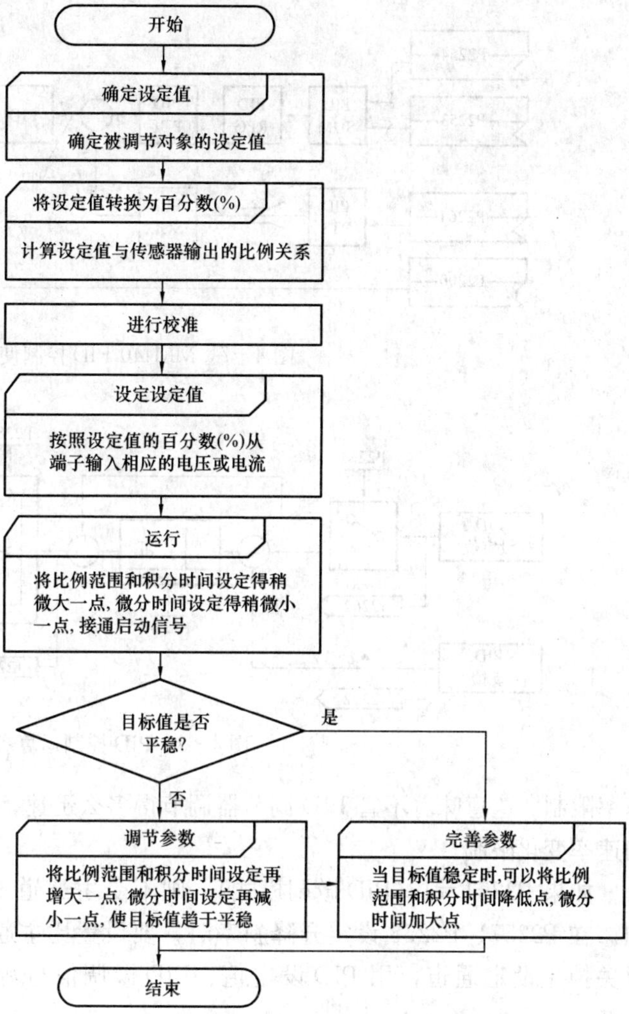

图4－5 通用变频器内置PID的控制校准过程

二、MM440变频恒压供水的PID控制

西门子MM440变频器能方便地实现内置PID功能，其对应于恒压供水PID的控制结构如图4－6所示。p_2 作为PID反馈值，即供水压力传感器；p_2^* 作为PID设定值，经过PID RFG斜坡函数发生器之后，与PID反馈量信号进行差值运算，就直接进入PID算法；PID输出值经过PID限制后，通过AFM电流/转矩调节器后进入RFG斜坡函数发生器就可以直接控制电动机的转速了。

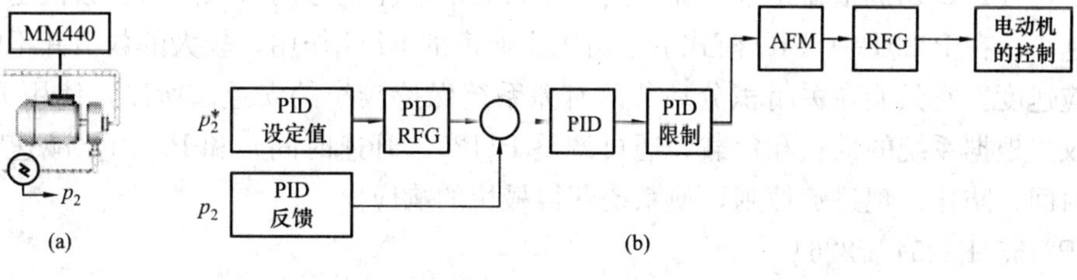

图4－6 MM440 PID控制结构

MM440 PID的参数主要分为两种，一种为PID控制使能参数（如图4－7所示），另外一种为PID控制运算参数（如图4－8所示）。

以下是MM440 PID主要参数的说明。

1. P2251

当参数P2251＝0（PID模式）时，PID仍然通过主通道的RFG斜坡函数发生器的升降

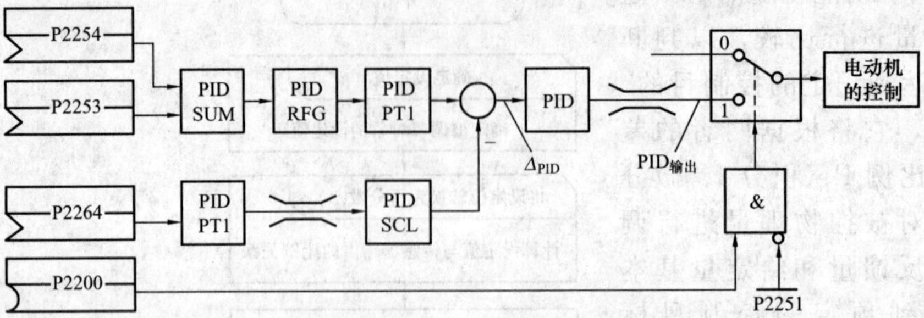

图 4－7　MM440 PID 控制使能参数

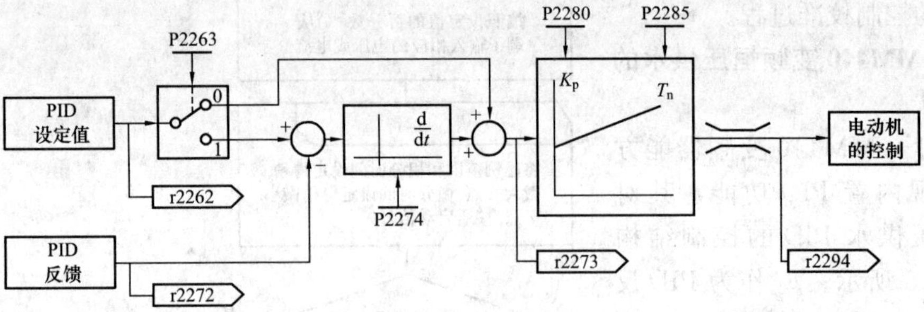

图 4－8　PID 控制运算参数

速率限制。这意味着不管 PID 调节器调节得多么迅速，频率也要受到 RFG 斜坡函数发生器的速率变化限制。

如果 P2251＝1（PID 微调模式），则不受主通道 RFG 斜坡函数发生器的升降速率限制。在 P2257、P2258 设定升降斜率时，要设置比主通道要快一些的秒数。这也意味着可以关掉主设定通道，用 PID 设定值、PID 微调信号源、PID 反馈信号来做更快速的 PID 调节。

2．P2280

P2280 为 PID 比例增益系数，此值是对比较后的误差信号的放大系数。数值越大，系统的误差越小。在 P2251＝0 PID 模式下，由于主通道的 RFG 作用，较大的数值并不能提升系统的响应速度。它只能在关闭积分环节的有差系统保持较小的误差。所以，使用 P2251＝0 时，建议先根据系统的惯量和负载，通过调整 P1120（升速时间）和 P1121（减速时间）找到最小时间，防止出现过流掉闸，使系统获得最快的响应。

3．P2253/P2254/P2264

P2253 为 PID 设定值的增益、P2254 为 PID 微调值的增益、P2264 为 PID 反馈值增益，这些都是为调整输入信号所用。例如设定值是 0～10V，反馈传感器只能为 0～5V，这就需要调整这些值使增益达到相同范围。

4．P2285

P2285 为 PID 积分时间，可以理解成对误差信号（r2273）的累加时间。设置得越小，累加得越快，积分的作用越大。系统的误差越小（无差系统），如果设为 P2285＝0，就关闭了积分功能，这个系统就是有差系统，误差大小就由 P2280 决定了。

5. P2274

P2274为PID微分时间。如果变频器容量足够大，系统机械强度可以承受，就可以加入微分环节，提高系统的响应。此环节可以通过改变参数P2263，把它放在反馈通道或误差通道中。如果反馈的传感器时间常数大，比较"迟钝"，就应该把微分环节加入到反馈通道中。微分时间的设定可以这样理解：设置得越小，对误差变化取值越小，对输出的影响也越小；较大的取值会放大输入端的每一点变化；过大会使系统变得极不稳定。

三、变频供水的高级功能设置

1. 休眠功能

休眠功能，就是变频器在低频率运行时，如果其产生的作用对于生产过程已经没有太多作用时，可以暂时停机，一旦生产过程需要变频器运转时，变频器又能马上投入运行，这样的过程类似于"休眠"与"唤醒"。

休眠功能是在变频器无级调速的低频段设置了阈值开关，低于阈值开关值的为休眠，高于阈值开关值的为唤醒，因此休眠不是真正意义上的停机。同时在休眠期间，变频器的输出是关断的，所以休眠功能也能在一定程度上节约电能。

要实现休眠功能，一般通过设置阈值开关即可。为了防止系统在开关附近来回反复切换和频繁启动，阈值开关往往是有一定宽度的，包括零频阈值频率和零频回差。

这里以模拟量电流输入为例说明休眠过程的实现，如图4-9所示。

启动过程：运行命令发出后，只有当模拟量电流输入到达或超过某值I_b，其所对应的设定频率达到f_b时，电动机才开始启动，并按加速时间加速到模拟量电流输入对应的频率。

停机过程：运行过程中当模拟量电流值减小到I_b时，变频器并不会立即停机，只有当AI1电流继续减小到I_a，对应的设定频率为f_a时，变频器才停止输出（但不停机），即零频运行。

显然，这里的f_a就是零频运行阈值，f_b-f_a就是零频回差。

以上的例子不仅在模拟量输入的普通运行有效，在内置PID闭环运行时也是有效的，只要变频器的输出频率到达零频阈值开关时，休眠功能就可以实现。

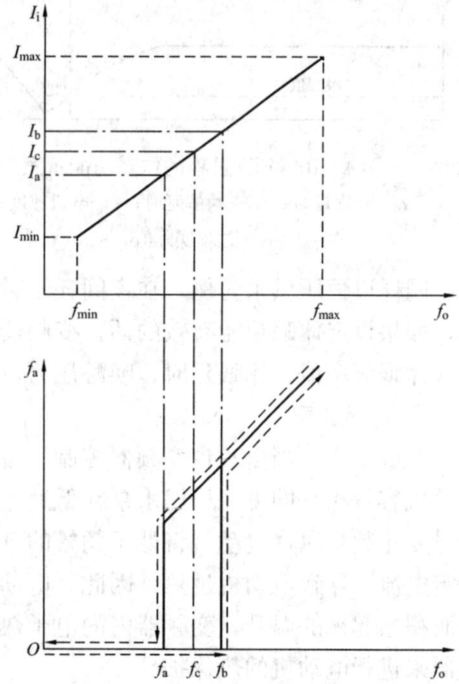

图4-9　休眠功能示意

f_a—实际设定频率；f_o—原始设定频率；I_i—电流输入

变频器的休眠功能经常用于水泵控制中，这是因为变频器的低频段对水泵的压力贡献很小，假如此时生产过程需求量不高，那么休眠就是顺理成章的事了。比如恒压供水系统运行时经常会遇到夜晚用户用水量较小或不用水情况，为了节能，供水系统可以设置使水泵暂停工作的"休眠"功能，当变频器频率输出低于其下限时，变频器停止工作，水泵停止（处于休眠状态）。当水压下降到一定值时经变频器PID运算需要输出较高频率时，将先启动变频器运转水泵，继续原先的恒压供水程序。该系统中，需要设定两个参数值，即“休眠值”和“唤醒值”。“休眠值”即为变频器输出的下限频率设置，也就是零频运行阈值f_a；“唤醒值”即为f_b，就是零频回差与零频运行阈值的和，如果变频器输出的供水压力不足，变频器经过PID计算得出的输出频率需要超过f_b时，就唤醒变频器工作。经测试“休眠值”为18Hz，“唤醒值”为20Hz。

在PID闭环控制中，有些变频器还提供了另外一种方式的休眠功能，即休眠功能的唤醒不是通过变频器PID的计算输出频率值来确定的，而是通过PID工艺中的反馈量来决定的。在这种休眠功能中，需定义以下参数：①休眠频率值或速度值；②休眠功能起动的延时时间；③唤醒时的反馈量工艺数值；④唤醒延时时间。

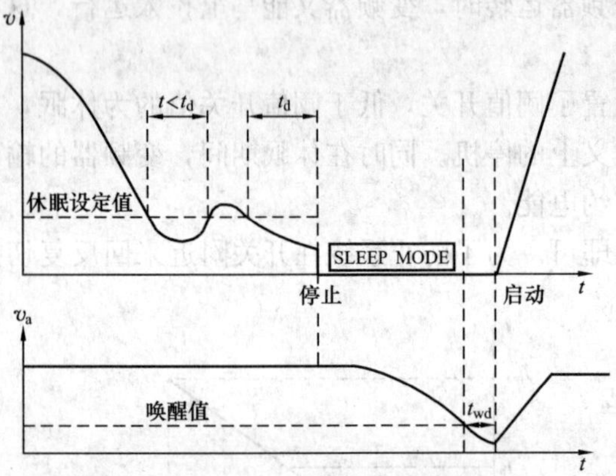

图4-10 PID过程的休眠功能示意
t_d—休眠延时；t_{wd}—唤醒延时；v—电机速度；v_a—过程实际值

图4-10所示为变频器在PID闭环运行时的休眠功能，图中的SLEEP MODE即为休眠状态。

如果电动机速度低于休眠速度值，且时间长于休眠延时时间，则变频器切换为休眠状态，变频器停止输出；当过程实际值低于唤醒时的反馈量工艺数值时，且时间长于唤醒延时时间，则变频器马上启动进行PID闭环工作。在这里，唤醒时的反馈量工艺数值，一般以过程给定值的百分比形式表示。

同样以恒压供水为例，在夜间耗水量较低的情况下，PID过程控制就会降低电动机的转速，如果设定休眠功能有效的话，变频器就会进入休眠状态。为此，需设定相应的四个参数值（休眠频率值、休眠延时、唤醒压力百分比和唤醒延时）。

2. 功率匹配

一般来说，当由一台变频器控制一台电动机时，只需使变频器的配用电动机容量与实际电动机容量相符即可。虽然水泵在低速运行时，电动机的工作电流较小。但是，当用户的用水量变化频繁时，电动机将处于频繁的升、降速状态，而升、降速的电流可略超过电动机的额定电流，导致电动机过热。因此，电动机的热保护是必需的。对于这种由于频繁地升、降速而积累起来的温升，变频器内的电子热保护功能是难以起到保护作用的，所以应采用热继电器来进行电动机的热保护。

3. 频率限值

在主要功能预置方面，应该注意以下几个频率限值。

(1) 最高频率：水泵属于平方律负载，当转速超过其额定转速时，转矩将按平方律增加。因此变频器的工作频率不允许超过额定频率，最高只能和额定频率相等。

(2) 上限频率：一般来说，以等于额定频率为宜，但变频器内部往往具有转差补偿功能，因此也可设置略低些。

(3) 下限频率：在供水系统中，转速过低，会出现水泵的全扬程小于实际扬程，形成

“水泵”空转的现象。所以，下限频率不宜太低。

四、供水压力传感器的原理与选型

压力传感器是将压力转换为电信号输出的传感器，通常又把压力测量仪表中的电测式仪表称为压力传感器。它一般由弹性敏感元件和位移敏感元件（或应变计）组成。弹性敏感元件的作用是使被测压力作用于某个面积上并转换为位移或应变，然后由位移敏感元件或应变计转换为与压力成一定关系的电信号。

在恒压供水中应用的压力传感器主要有陶瓷压力传感器、扩散硅压力传感器等，但其工作原理基本一致。

1. 压力传感器原理

压力传感器是由电阻应变片按照惠斯通电桥原理组成的。电阻应变片是一种将被测件上的应变变化转换成为一种电信号的敏感器件，它是压力传感器的主要组成部分之一。电阻应变片应用最多的是金属电阻应变片和半导体应变片两种。金属电阻应变片又有丝状应变片和金属箔状应变片两种。通常是将应变片通过特殊的粘合剂紧密地粘合在产生力学应变基体上，当基体受力发生应力变化时，电阻应变片也一起产生形变，使应变片的阻值发生改变，从而使加在电阻上的电压发生变化。这种应变片在受力时产生的阻值变化通常较小，一般这种应变片都组成应变电桥，并通过后续的仪表放大器进行放大，再传输给处理电路（通常是A/D转换和CPU）显示或执行机构。

图4-11所示为压阻式传感器电阻应变片的结构示意图，它由基体材料、金属应变丝或应变箔、绝缘保护片和引出线等部分组成。根据不同的用途，电阻应变片的阻值可以由设计者设计，但电阻的取值范围应注意：阻值太小，所需的驱动电流太大，同时应变片的发热致使本身的温度过高，在不同的环境中使用，使应变片的阻值变化太大，输出零点漂移明显，调零电路过于复杂。而电阻太大，阻抗太高，抗外界的电磁干扰能力较差。一般均为几十欧至几十千欧。

在压阻式传感器中，惠斯通电桥是最重要的一步，它是采用比较法对未知电阻进行测量的（如图4-12所示）。测量时选择一定的比例臂数值（R_1/R_2）并将电桥调整平衡，就可以通过将待测电阻（R_x）与标准电阻（R_0）进行比较，确定待测电阻的阻值。

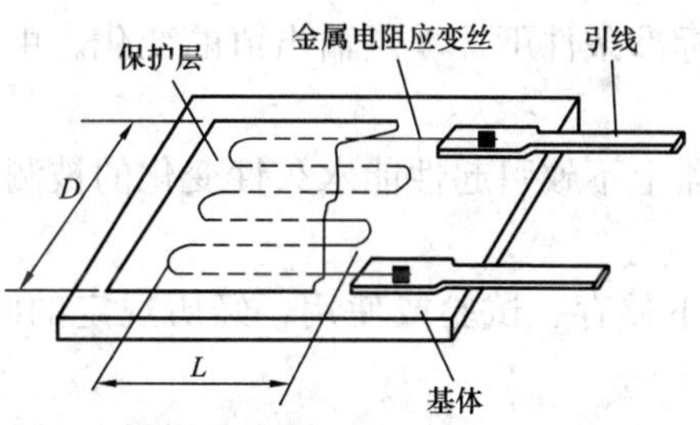

图4-11 压阻式传感器电阻应变片的结构示意图

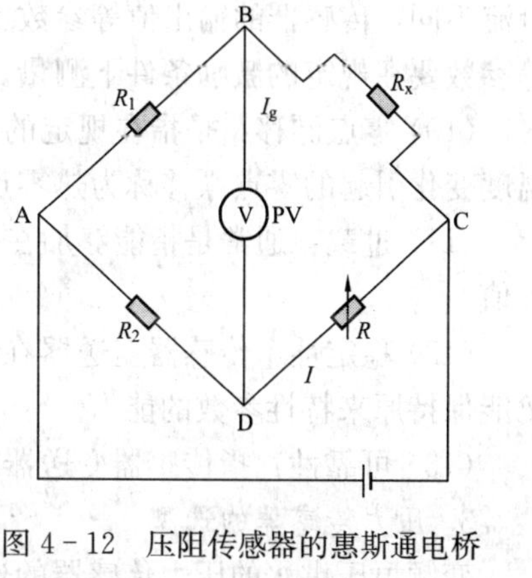

图4-12 压阻传感器的惠斯通电桥

如果是陶瓷压力传感器，则压力直接作用在陶瓷膜片的前表面，使膜片产生微小的形变，厚膜电阻印刷在陶瓷膜片的背面，连接成一个惠斯通电桥（闭桥），由于压敏电阻的压阻效应，使电桥产生一个与压力成正比的高度线性、与激励电压也成正比的电压信号，标准的信号根据压力量程的不同标定为 2.0/3.0/3.3mV/V 等，可以和应变式传感器相兼容。

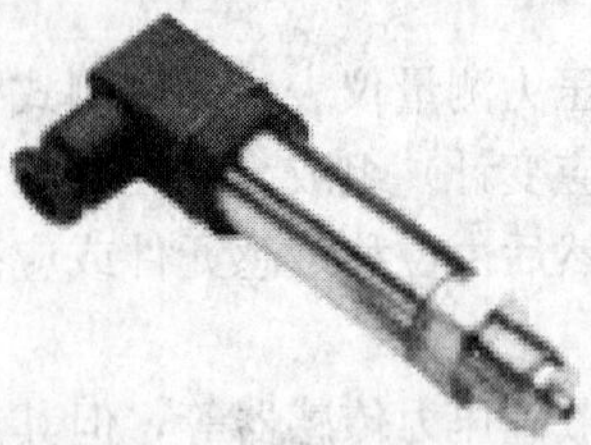

图 4-13 压力传感器的外观

如果是扩散硅压力传感器，被测介质的压力直接作用于传感器的不锈钢膜片上，使膜片产生与介质压力成正比的微位移，使传感器敏感元件的电阻值发生变化，同时用惠斯通电桥等回路转换输出一个对应于这一压力的标准测量信号。

图 4-13 所示为压力传感器的外观。

2. 压力传感器的特性参数

在恒压供水系统中，压力传感器一般测量的类型包括绝对压、表压和差压。

参照压力为真空时所测量的压力值为绝对压，通常简称绝压。参照压力为当地的大气压力时，所测量的压力值为表压。表压力为正时简称压力，表压力为负时称为负压力或真空度。负压力的绝对值越大，即绝对压力越小，则真空度越大。传感器变送器两端都感受到被测压力时，两端压力之差称为差压。通常人们所测的为表压。

压力传感器的特性参数非常多，包括测量范围、上限值、下限值、激励、过载等，具体如下：

(1) 测量范围：在允许误差限内被测量值的范围称为测量范围。

(2) 上限值：测量范围的最高值称为测量范围的上限值。

(3) 下限值：测量范围的最低值称为测量范围的下限值。

(4) 量程：测量范围的上限值和下限值的代数差就是量程。

(5) 准确度：被测量的测量结果与真值间的一致程度。

(6) 重复性：相同测量条件下，对同一被测量进行连续多次测量所得结果之间的一致性。

(7) 蠕变：当被测量及其所有环境条件保持恒定时，在规定时间内输出量的变化。

(8) 迟滞：在规定的范围内，当被测量值增加或减少时，输出中出现的最大差值。

(9) 激励：为使传感器正常工作而施加的外部能量。一般是电压或电流。施加的电压或电流不同，传感器的输出值等参数也不同，所以有的参数，如零点输出，上限值输出、漂移等参数要在规定的激励条件下测量。

(10) 零点漂移：是指在规定的时间间隔及标准条件下，零点输出值的变化。由于周围温度变化引起的零点漂移称为热零点漂移。

(11) 过载：通常是指能够加在传感器变送器上不致引起性能永久性变化的被测量的最大值。

(12) 稳定性：传感器变送器在规定的条件下储存、试验或使用，经历规定的时间后，仍能保持原来特性参数的能力。

(13) 可靠性：指传感器变送器在规定的条件下和规定的时间内完成所需功能的能力。

3. 压力传感器的选型

变频恒压供水的压力传感器的选型有以下两个步骤。

(1) 按测量介质及使用环境要求选用。传感器介质接触材料包括陶瓷、316 不锈钢、哈氏合金、蒙耐尔合金、钽等防腐材料，但对于恒压供水中净水系统而言，316 不锈钢材料就能满足要求。

(2) 按性能指标要求选用。变频恒压供水应用非常广泛，比如居民小区多层、小高层，还有高压工业用水，选择压力传感器必须考虑到量程、准确度和温度补偿。

量程的选用：压力传感器量程的选用一般以被测量压力经常处在整个量程的80%～90%为最好，但最大工作状态点不能超过满量程。

满量程输出：在相同的供电状态及其他参数不受影响的情况下，传感器的输出应尽可能地大，如输出接近10V或20mA，这样便于提高抗干扰能力。

准确度：准确度主要是指非线性、重复性、迟滞等三项综合参数。选用高准确度压力传感器时，首先应该考虑迟滞和重复性这两个参数。实际应用中，根据测量误差的控制要求并本着适用经济的原则进行选择；目前常见的压力传感器产品提供1.0、0.25、0.5、0.1级四种准确度等级。

温度补偿：对于工作环境温度变化不大、要求不高的压力传感器一般不进行补偿也可以应用。对于特殊用途、温度范围宽的压力传感器必须进行温度补偿。

过载：系统的最大过载应小于压力传感器的过载保护极限，否则会影响产品的使用寿命甚至损坏产品。一般来说，2倍测量范围的过载保护是国内产品的标准配置。

【任务训练4-1：安装JBY-K型供水压力传感器】

(1) 安装前请仔细阅读产品使用说明书，并核对产品的相关信息（见表4-1）。

表4-1　　JYB-K型压力传感器技术参数

量程	0～1～5MPa（5MPa<量程≤10MPa可订制）	响应时间	≤200ms
		最大工作压力	3×FS
输出	4～20mA DC	爆破压力	5×FS
供电	+(10～32)V DC　通常+24V DC	过程连接	M20×1.5或1/4NPT或非标
准确度	≤±0.5%FS(23±2℃)	电气连接	赫斯曼接头/M12×1航空插头
	≤±1%FS（0～60℃）	外部零件的材料	普通不锈钢
工作温度	-20～+85℃	介质	与316不锈钢兼容介质
温度补偿范围	0～60℃	本质安全防爆	E×ib Ⅱ BT4
负载能力	≤(Vdd-10V)×40Ω	防护等级	IP67（M12×1航空插头）
长期稳定性	≤±0.5%FS/年		IP65（赫斯曼接头）

(2) 变送器应安装于通风、干燥、无蚀、阴凉处，如露天安装应加防护罩，避免阳光照射和雨淋，避免变送器性能降低或出现故障。需了解现场工作环境是否存在振动以及电磁干扰等，并在选型时提供相关信息，以便采取相应处理；在选型时，其他如电气连接方式等也应根据情况予以考虑。

(3) 确认压力接口形式，该产品以螺纹连接（M20×1.5）为标准接口形式（如图4-14所示）。

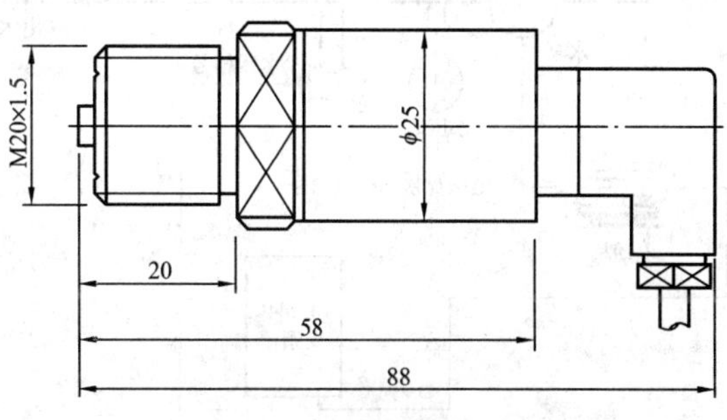

图4-14　压力传感器的压力接口形式

(4) 变送器属精密仪器，安装时忌强力冲击、摔打。

(5) 按接线图 4-15 和图 4-16 正确连接。

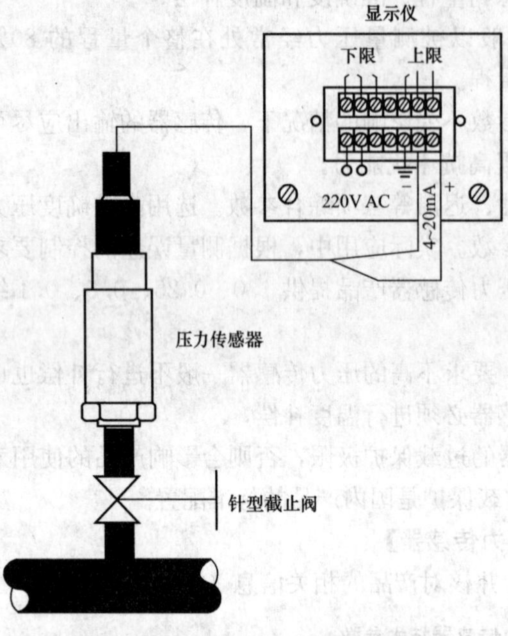

图 4-15　压力传感器的安装接线图

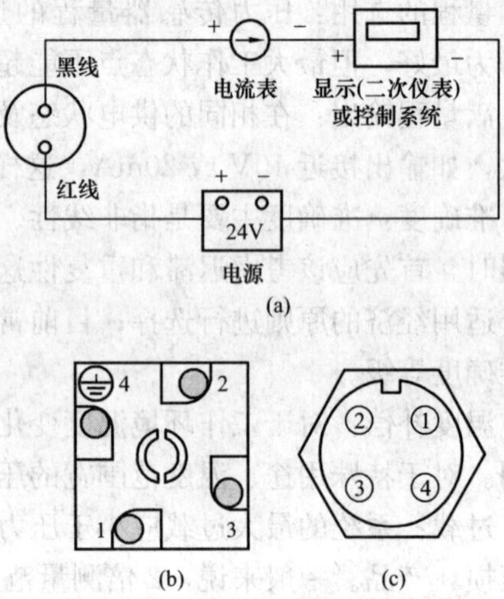

图 4-16　二线制电流输出接线图

(a) 电路；(b) 赫斯曼接头；(c) 航空插头

1—正；2—空；3—屏蔽地；4—负

(6) 注意保护变送器引出电缆。在工业现场使用时，建议使用金属管保护或者架空。切勿松动电缆引出端的密封螺帽，避免潮气进入。

(7) 清洁变送器压力接口和引压孔时，应使用三氯乙烯或酒精注入引压孔中，并轻轻晃动，再将液体倒出，如此反复多次。禁止使用任何器具伸入引压孔中，以避免损伤敏感芯体。

(8) 通电运行，可以通过显示仪的参数来进行，具体可以参考所接显示仪的说明书。

图 4-17　小区恒压供水示意

【任务训练 4-2：MM440 变频器 PID 运行控制】

1. 了解工艺要求

图 4-17 所示为小区恒压供水示意，其中变频器选用 MM440 变频器，并采用内置 PID 运行控制。

2. 熟悉 MM440 内置 PID 控制路径

图 4-18 所示为小区恒压供水的 MM440 控制原理，利用 MM440 变频器内部的 PID 调节功能，目标信号 *SV* 是一个与压力的控制目标相对应的值，通常用百分数表示。反馈信号

PV 是压力变送器 PS 反馈回来的信号，该信号是一个反映实际压力的信号。*SV* 和 *PV* 两者是相减的，其合成信号（*SP*－*PV*）经过 PID 调节处理后得到频率给定信号 *MV*，决定变频器的输出频率 *f*。当用水流量减小时，供水能力 Q_G＞用水流量 Q_U，则供水压力上升，*PV*↑，合成信号（*SP*－*PV*）↓，变频器输出频率 *f*↓，电动机转速 *n*↓，供水能力 Q_G↓直至压力大小回复到目标值，供水能力与用水流量重新平衡（$Q_G=Q_U$）时为止；反之，当用水流量增加，使 $Q_G<Q_U$ 时，则 *PV*↓→*MV*＝(*SP*－*PV*)↑→*f*↑→*n*↑→Q_G↑→$Q_G=Q_U$，又达到新的平衡。

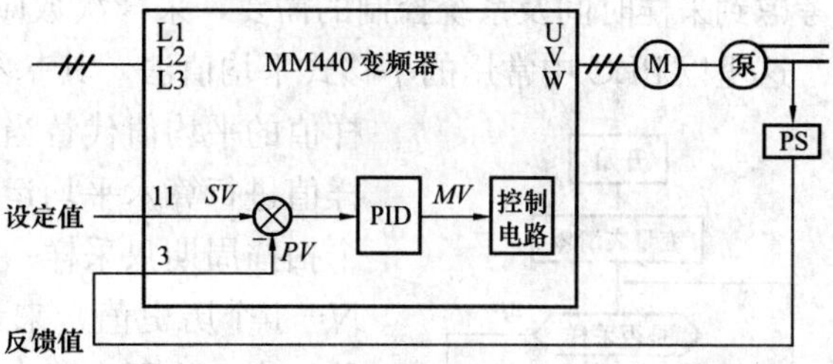

图 4－18 小区恒压供水的 MM440 控制原理

3. 设计电气原理图并接线（如图 4－19 所示）

从图 4－19 可以看出，用一台 MM440 变频器带水泵运行，用电位器（接变频器模拟输入 1 端子）设定出水压力。在出水总管上安装一压力传感器，反馈 4～20mA 电流信号接入变频器模拟输入 2 端子。

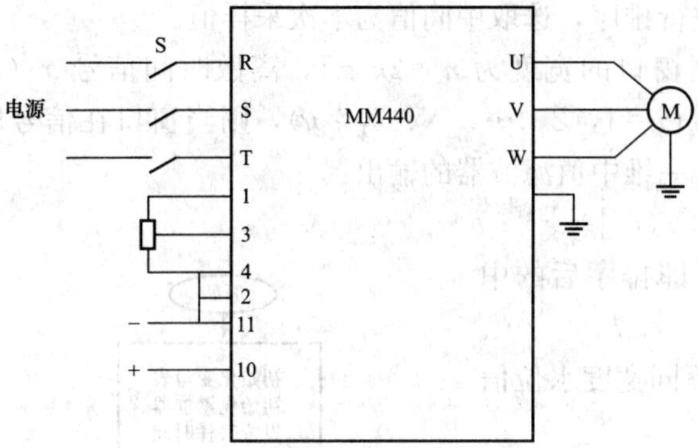

图 4－19 小区恒压供水的硬件接线图

操作时要注意：电位器（4.7kΩ）接到端子 1、3、4，反馈信号接到端子 10、11，一定要把端子 2、4、11 连起来。

4. 参数设置

PID 使能，P2200＝1；

PID 的设定值信号源，P2253＝755.0；

PID 的反馈值信号源，P2264＝755.1；

P 值，P2280＝0.5～1.5（根据实际供水系统情况而定）；

I 值，P2285＝0.8 左右；

将 I/O 板上的 DIP 开关 AIN2 拨到 0～20mA 为止，P756 [1]＝2。如果使用远传压力表，这一步就不用做了，直接将反馈信号接到端子 1、10、11，但不要忘了将端子 2、4、11 连起来。

子课题 2 压力与水位信号的采集

一、供水压力信号的采集

由于压力管道的原因，在实际压力信号采集过程中，经常会出现一些无效的数据，导致压力 PID 控制失效，这在远传压力表信号中尤为明显。因此，必须对供水压力信号进行滤波处理。

在压力模拟信号中，一般采取平均值滤波法。平均值滤波法包括算术平均值滤波法和加权平均滤波法两种，适用于供水系统随机干扰信号的滤波。采样次数越多滤波效果越明显，但考虑到采样时间及系统控制的需要，采样次数应根据系统而定。

这里以PLC中常用的平移式平均值法，其基本原理为：若要采样N次，则用这N次采样值的平均值代替当前值。每一次的采样值与前$N-1$次的采样值进行算术平均运算，结果作为本次采样的滤波值。这样每个扫描周期只采样一次而都要取$N-1$个采样值（1个当前值，$N-1$个历史值）来计算滤波值。每采样一次，采样值向前平移一次，为下次滤波做准备。平移式平均值滤波法程序框图如图4-20所示。

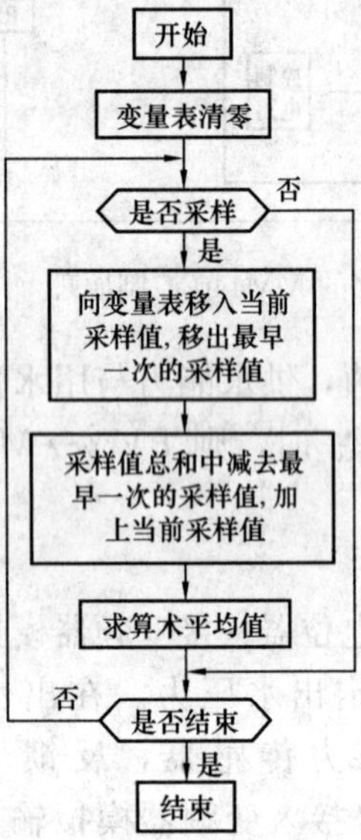

图4-20　平移式平均值滤波法程序框图

二、水位信号的采集

对于变化缓慢的水位（或温度等）信号可以采用中间值滤波法。中间值滤波法是一种典型的非线性滤波器，它运算简单，在滤除脉冲噪声的同时可以很好地保护信号的细节信息。它对某一被测参数连续采样n次（一般n应为奇数），然后将这些采样值进行排序，选取中间值为本次采样值。

设滤波器窗口的宽度为$n=2k+1$，离散时间信号$x(i)$的长度为N，（$i=1, 2, \cdots, N$；$N \gg n$），则当窗口在信号序列上滑动时，一维中值滤波器的输出：

$$\text{med}[x(i)]=x^{(k)}$$

表示窗口$2k+1$内排序的第k个值，即排序后的中间值。

图4-21所示为采取中间值滤波法对不同宽度水位信号的脉冲滤波效果。

在PLC运算中，中间值滤波法需要对采样值进行排序，找出最大值和最小值，然后求算术平均值。假定每4次采样计算一次平均值，其中间值滤波法程序框图如图4-22所示。

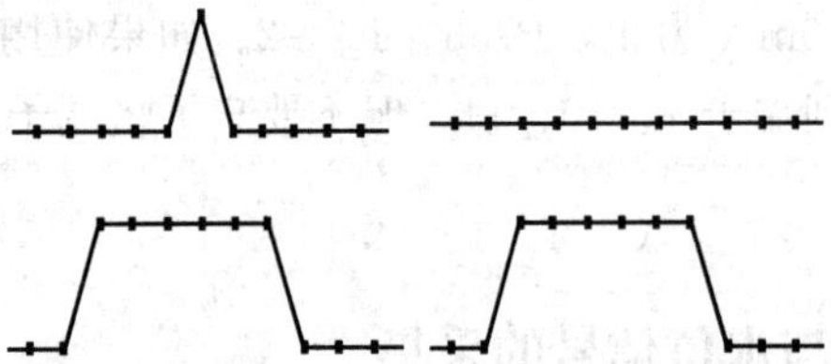

图4-21　采取中间值滤波法对不同宽度水位信号的脉冲滤波效果

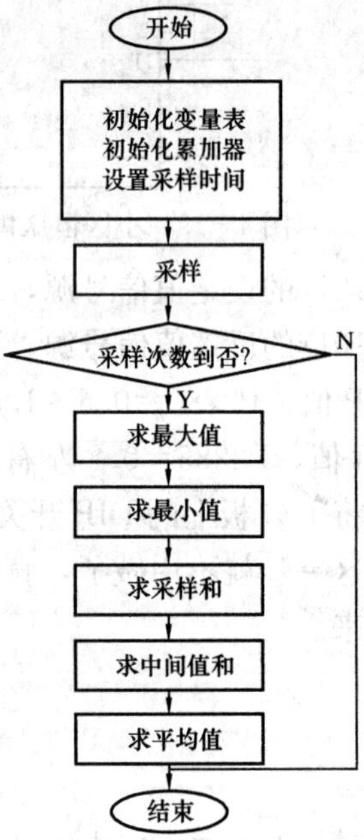

图4-22　中间值滤波法程序框图

【任务训练4-3：供水压力信号数据的处理】

1. 按照图4-23进行简单接线

2. 进行程序编制

采用平移式平均值滤波法，对五次采样进行处理，其中变量表如表4-2所示。

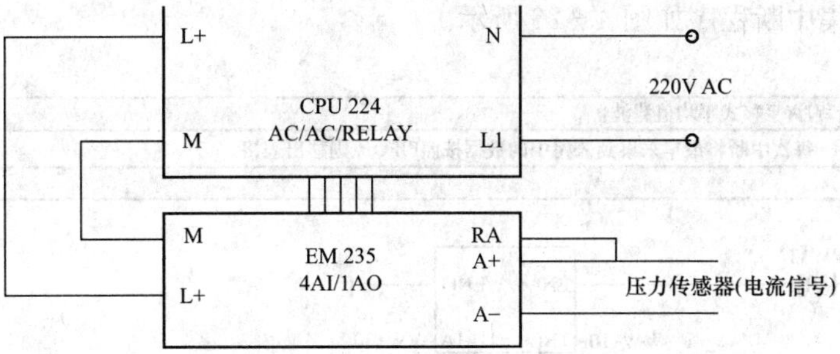

图 4－23　压力信号采集电气接线

表 4－2　　平移式平均值滤波法处理压力信号

存储器地址	所存内容	存储器地址	所存内容	存储器地址	所存内容	存储器地址	所存内容
VW110	所容个数数据	VW114	第一次采样值	VW118	第三次采样值	VW122	第五次采样值
VW112	实际数据个数	VW116	第二次采样值	VW120	第四次采样值	VW162	平均值

压力信号采集主程序如图 4－24 所示。

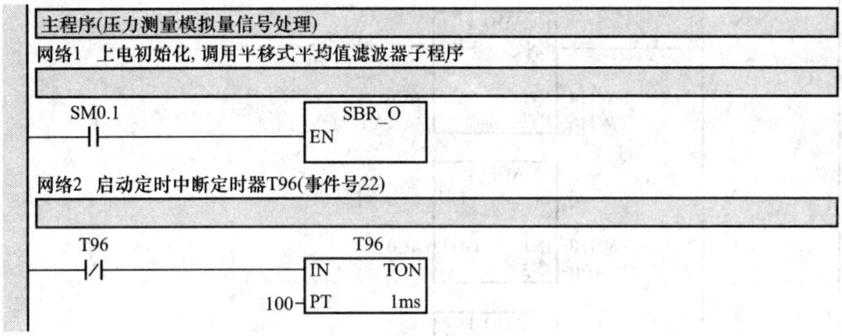

图 4－24　压力信号采集主程序

压力信号采集子程序如图 4－25 所示。

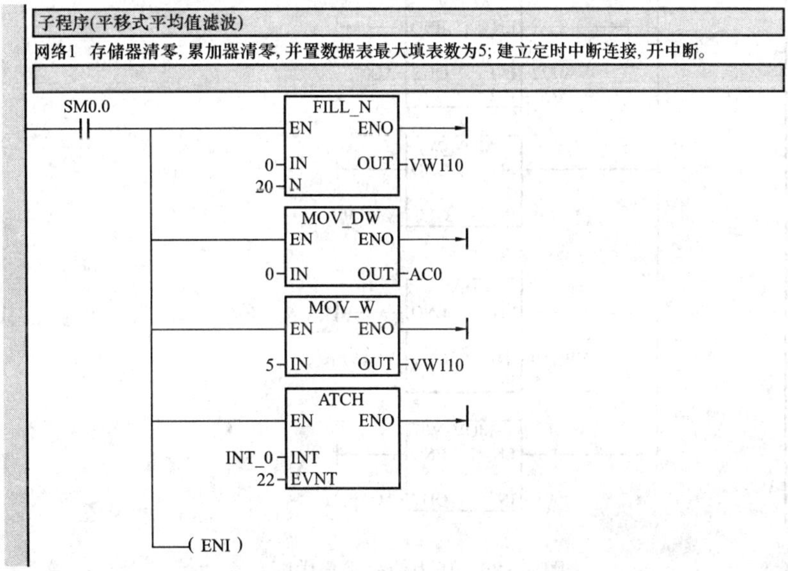

图 4－25　压力信号采集子程序

压力信号采集中断程序如图 4－26 所示。

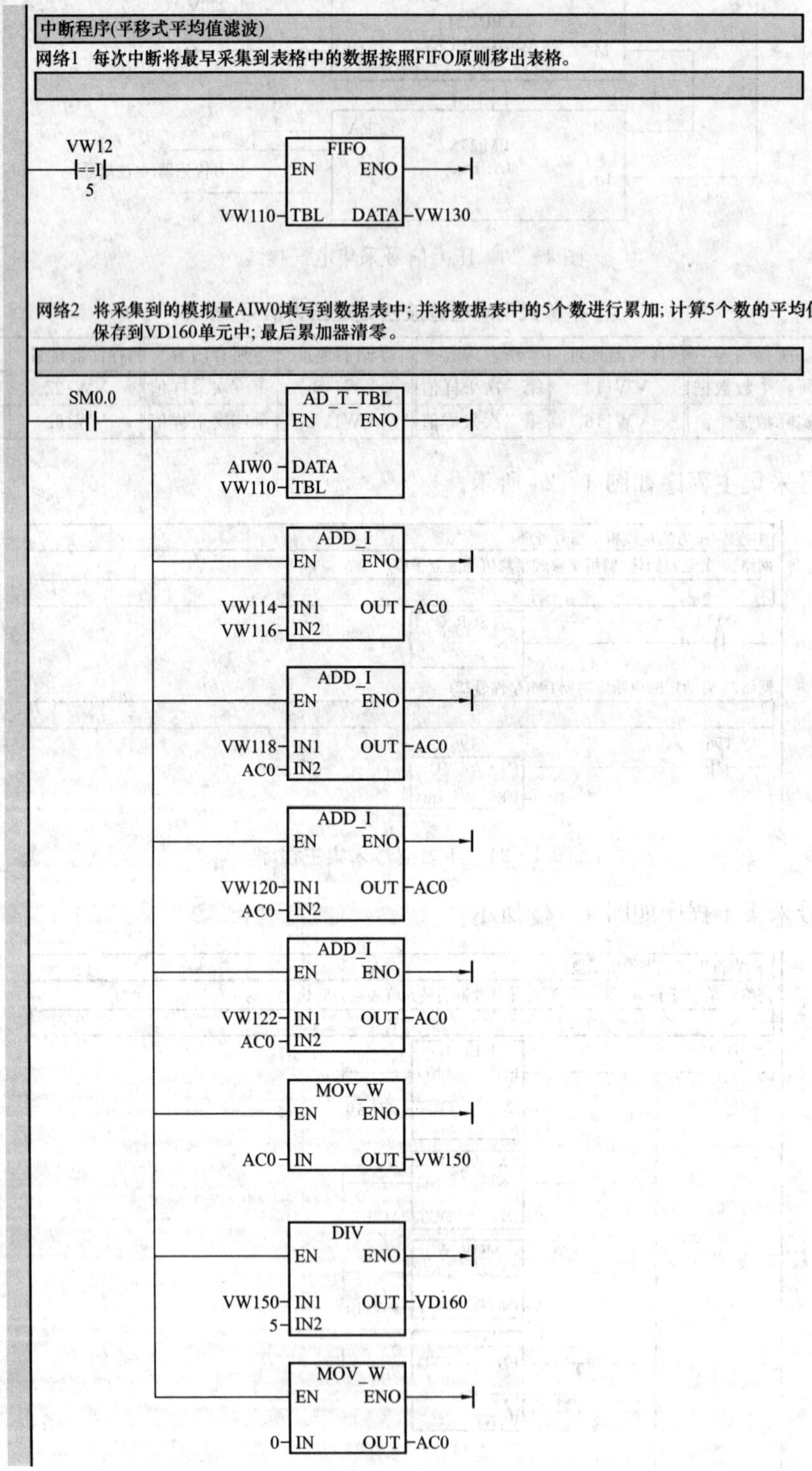

图 4－26 压力信号采集中断程序

【任务训练4-4：水位数据的处理】

1. 按照图4-27进行简单接线

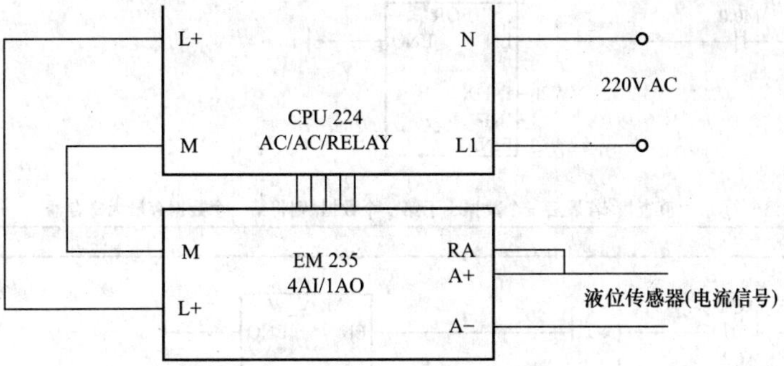

图4-27　水位信号采集电气接线

2. 程序编制

采用中间值滤波法，对四次采样进行处理，其中变量表如表4-3所示。

表4-3　中间值滤波法处理水位信号

存储器地址	所存内容	存储器地址	所存内容	存储器地址	所存内容	存储器地址	所存内容
VW0	所容个数数据	VW4/6/8/10	第一/二/三/四次采样值	VW14	采样最小值	VW24	求和计数器
VW2	实际数据个数	VW12	采样最大值	VW20/22	求最大/小值计数器	VW26	平均值

水位信号采集主程序如图4-28所示。

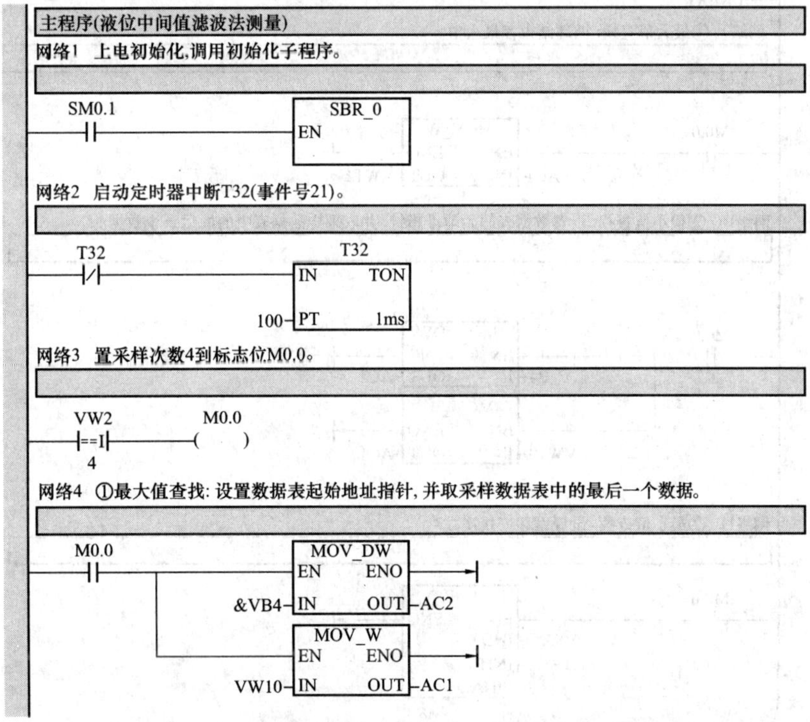

图4-28　水位信号采集主程序（一）

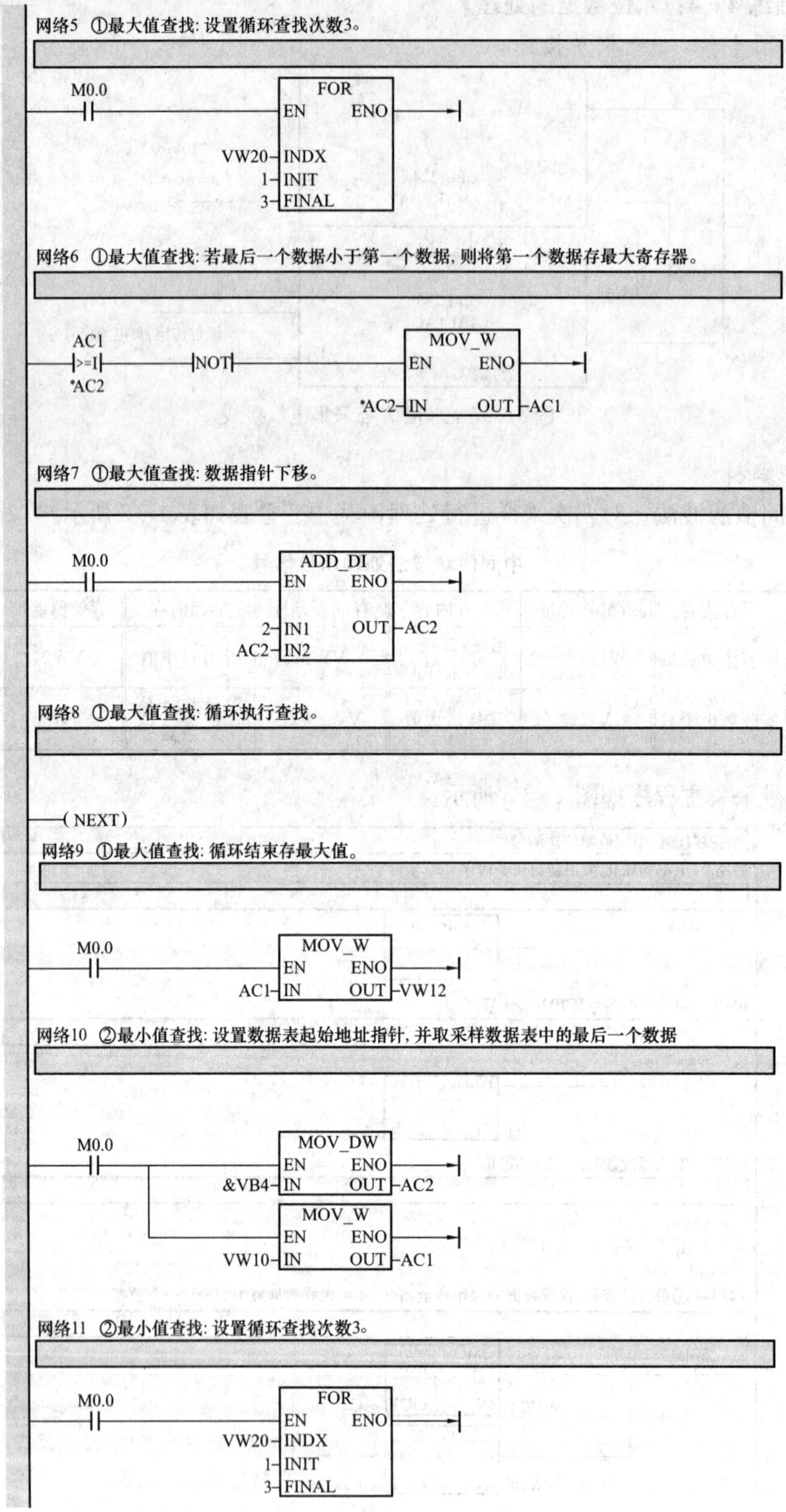

图 4-28 水位信号采集主程序（二）

网络12 ②最小值查找：若最后一个数据大于第一个数据，则将第一个数据存最小寄存器。

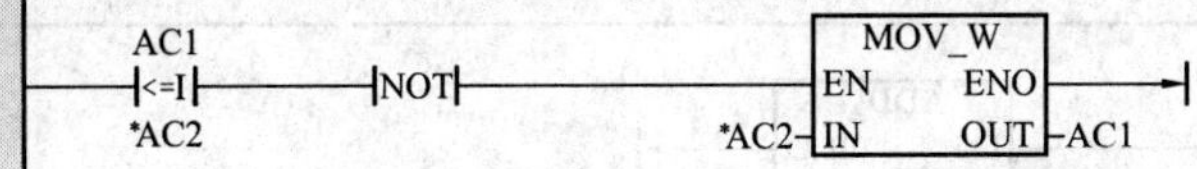

网络13 ②最小值查找：数据指针下移。

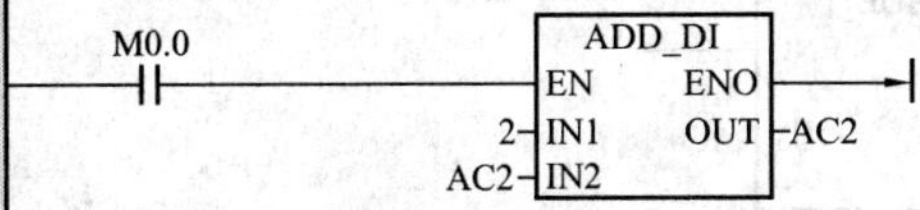

网络14 ②最小值查找：循环执行查找。

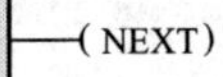

网络15 ②最小值查找：循环结束存最小值。

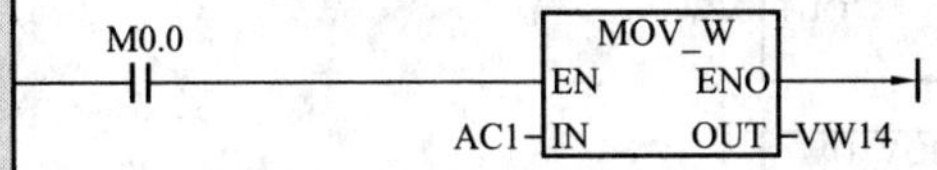

网络16 ③数据求和：设置初始计算地址。

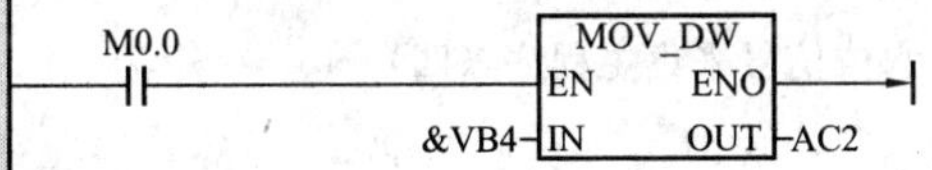

网络17 ③数据求和：循环控制，其4次累加采样数据，修改数据指针。

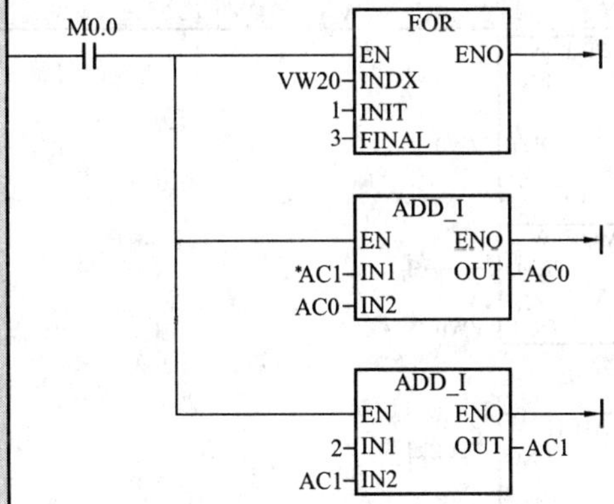

网络18 ③数据求和：循环返回控制。

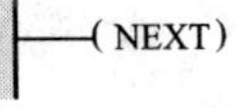

图 4-28 水位信号采集主程序（三）

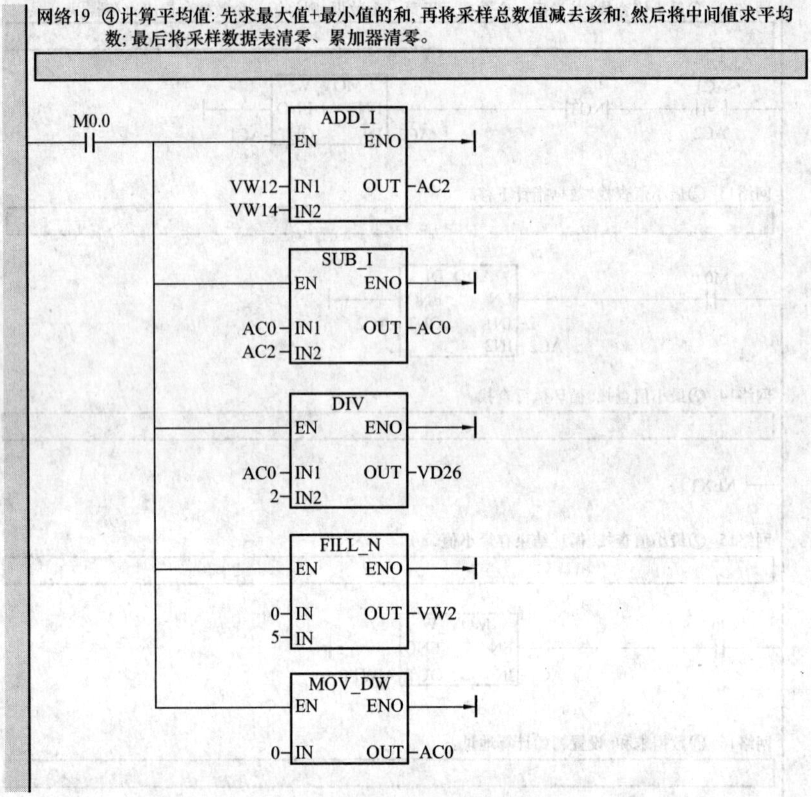

图 4-28 水位信号采集主程序（四）

水位信号采集子程序如图 4-29 所示。

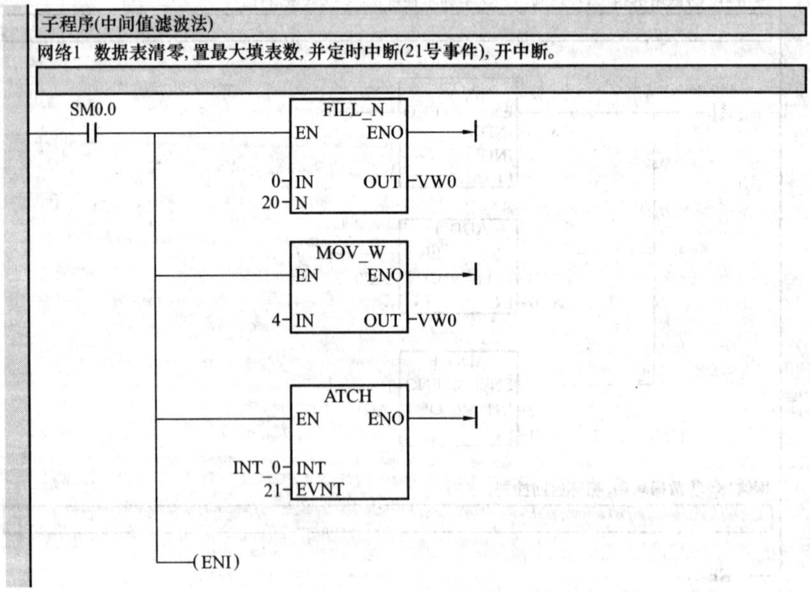

图 4-29 水位信号采集子程序

水位信号采集中断程序如图 4－30 所示。

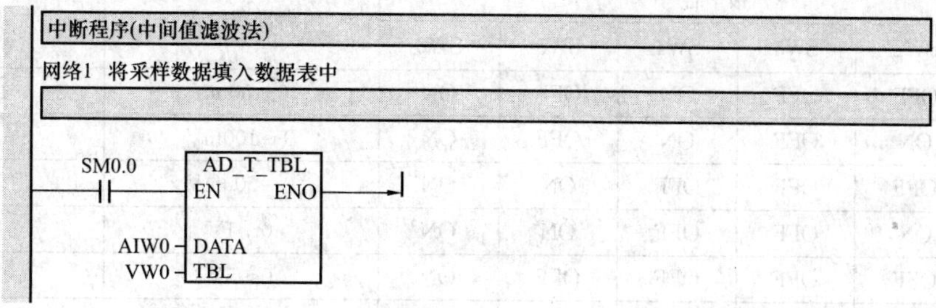

图 4－30　水位信号采集中断程序

子课题 3　PLC 控制的 PID 单泵变频供水

一、PLC 控制的变频恒压供水

除了利用变频器内置 PID 之外，更多情况下可以利用 PLC 的 PID 功能进行恒压供水控制。图 4－31 所示为典型的 PLC 恒压供水控制原理。

在图 4－31 中，PLC 采集压力传感器信号后，进行压力设定值与检测元件反馈值的比较、PI 运算等调节器功能，通过参数自整定后输出标准控制信号，该信号再进入到变频控制器模拟信号输入端，从而控制变频器输出频率，最终达到控制水泵电机的转速，实现闭环控制。

通过 PLC PID 控制，当用户使用流量增大时，根据水泵特性，水泵出口压力降低，压力传感器将压力作为反馈信号送到 PLC，通过调节后刷新输出，送给变频器，使变频器增大输出频率，水泵电机转速也随之增大，管网压力提高。

二、S7－200 EM 235 模块

跟本书前述的 EM 231 和 EM 232 类似，EM 235 具有 4AI/1AO 功能，其硬件接线如图 4－32 所示。

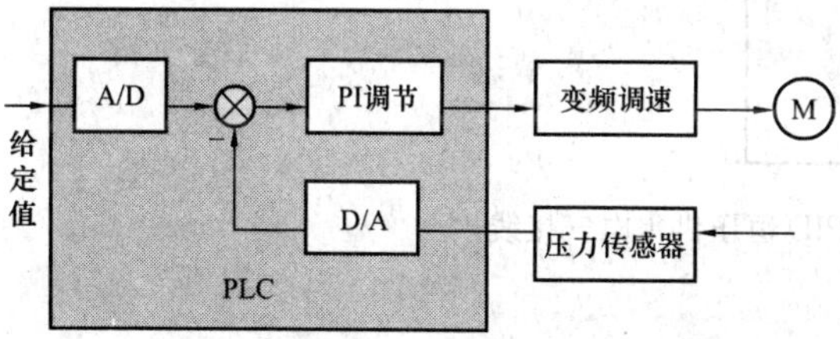

图 4－31　PLC 恒压供水控制原理

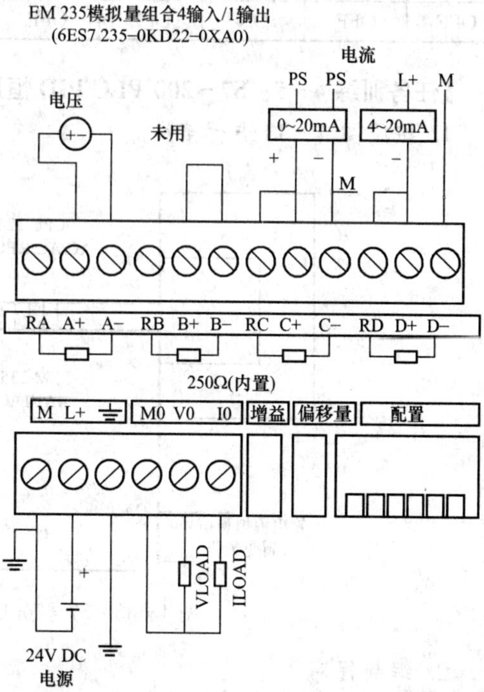

图 4－32　EM 235 模拟量输入接线示意

EM 235 模块的参数组态如表 4－4 所示。

表 4-4 EM 235 模块组态配置

单极性						满量程输入	分辨率
SW1	SW2	SW3	SW4	SW5	SW6		
ON	OFF	OFF	ON	OFF	ON	0~50mV	12.5μV
OFF	ON	OFF	ON	OFF	ON	0~100mV	25μV
ON	OFF	OFF	OFF	ON	ON	0~500mV	125μV
OFF	ON	OFF	OFF	ON	ON	0~1V	250μV
ON	OFF	OFF	OFF	OFF	ON	0~5V	1.25mV
ON	OFF	OFF	OFF	OFF	OFF	0~20mA	5μA
OFF	ON	OFF	OFF	OFF	ON	0~10V	2.5mV
双极性						满量程输入	分辨率
SW1	SW2	SW3	SW4	SW5	SW6		
ON	OFF	OFF	ON	OFF	OFF	±25mV	12.5μV
OFF	ON	OFF	ON	OFF	OFF	±50mV	25μV
OFF	OFF	ON	ON	OFF	OFF	±100mV	50μV
ON	OFF	OFF	OFF	ON	OFF	±250mV	125μV
OFF	ON	OFF	OFF	ON	OFF	±500mV	250μV
OFF	OFF	ON	OFF	ON	OFF	±1V	500μV
ON	OFF	OFF	OFF	OFF	OFF	±2.5V	1.25mV
OFF	ON	OFF	OFF	OFF	OFF	±5V	2.5mV
OFF	OFF	ON	OFF	OFF	OFF	±10V	5mV

【任务训练 4-5：S7-200 PLC PID 恒压供水】

1. 按照图 4-33 进行接线

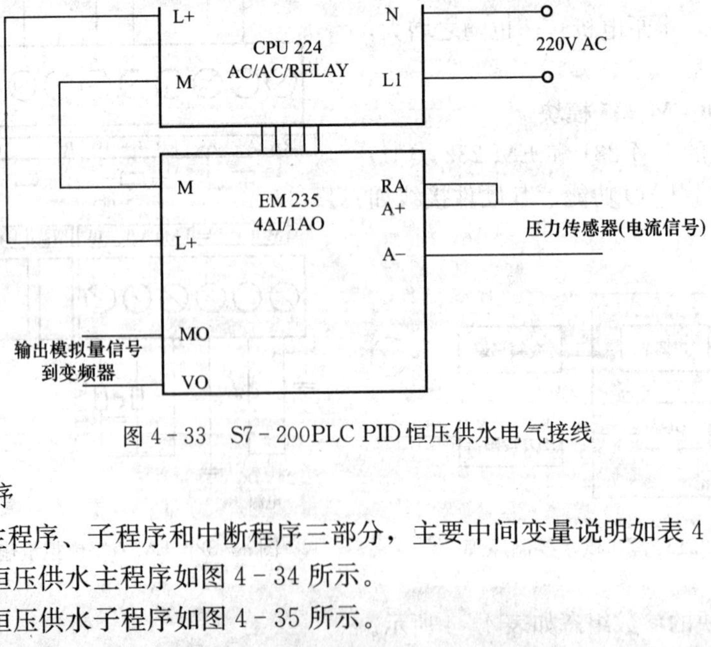

图 4-33 S7-200PLC PID 恒压供水电气接线

2. 编制程序

程序分为主程序、子程序和中断程序三部分，主要中间变量说明如表 4-5 所示。

PLC PID 恒压供水主程序如图 4-34 所示。

PLC PID 恒压供水子程序如图 4-35 所示。

表4-5　主要中间变量说明

序号	变量名称	含　义	序号	变量名称	含　义
1	VB500	PID表（共80个字节）	6	VD516	采样周期
2	VD500	采样输入值（供水实际压力）	7	VD520	积分时间
3	VD504	供水设定值	8	VD524	微分时间
4	VD508	PID输出值	9	SMB34	定时中断
5	VD512	增益			

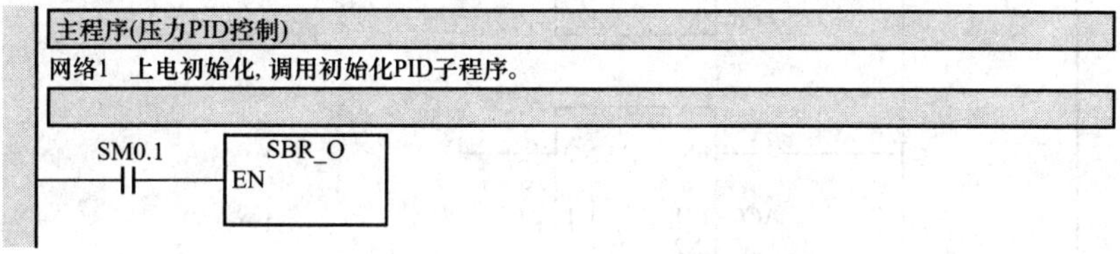

图4-34　PLC PID恒压供水主程序

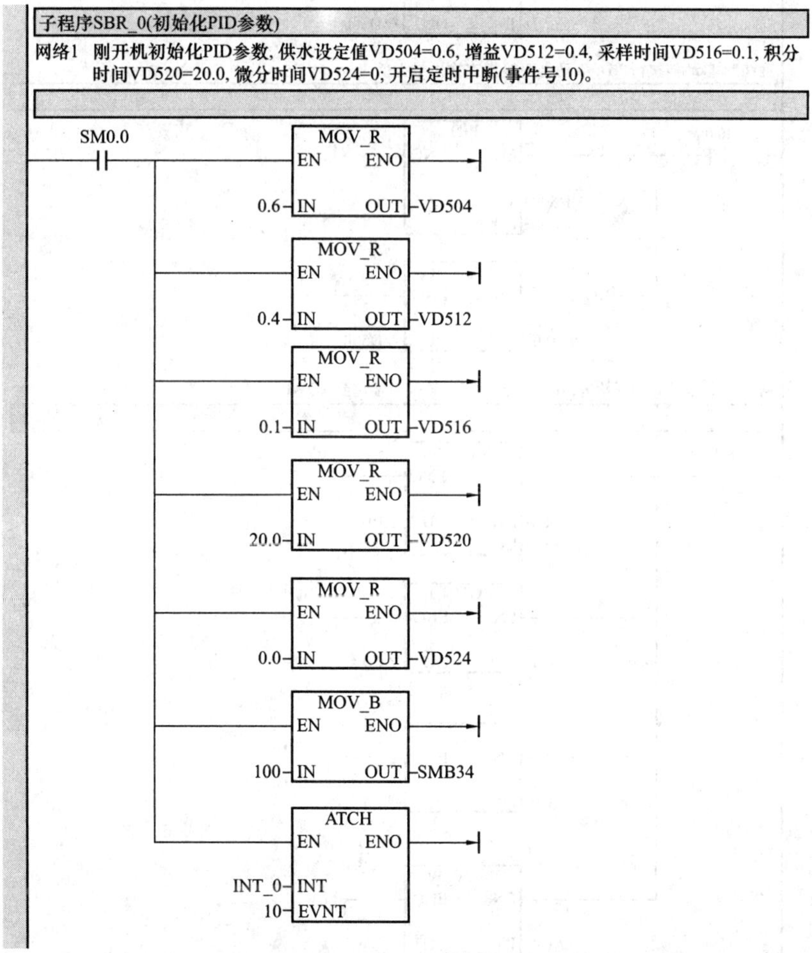

图4-35　PLC PID恒压供水子程序

PLC PID 恒压供水中断程序如图 4-36 所示。

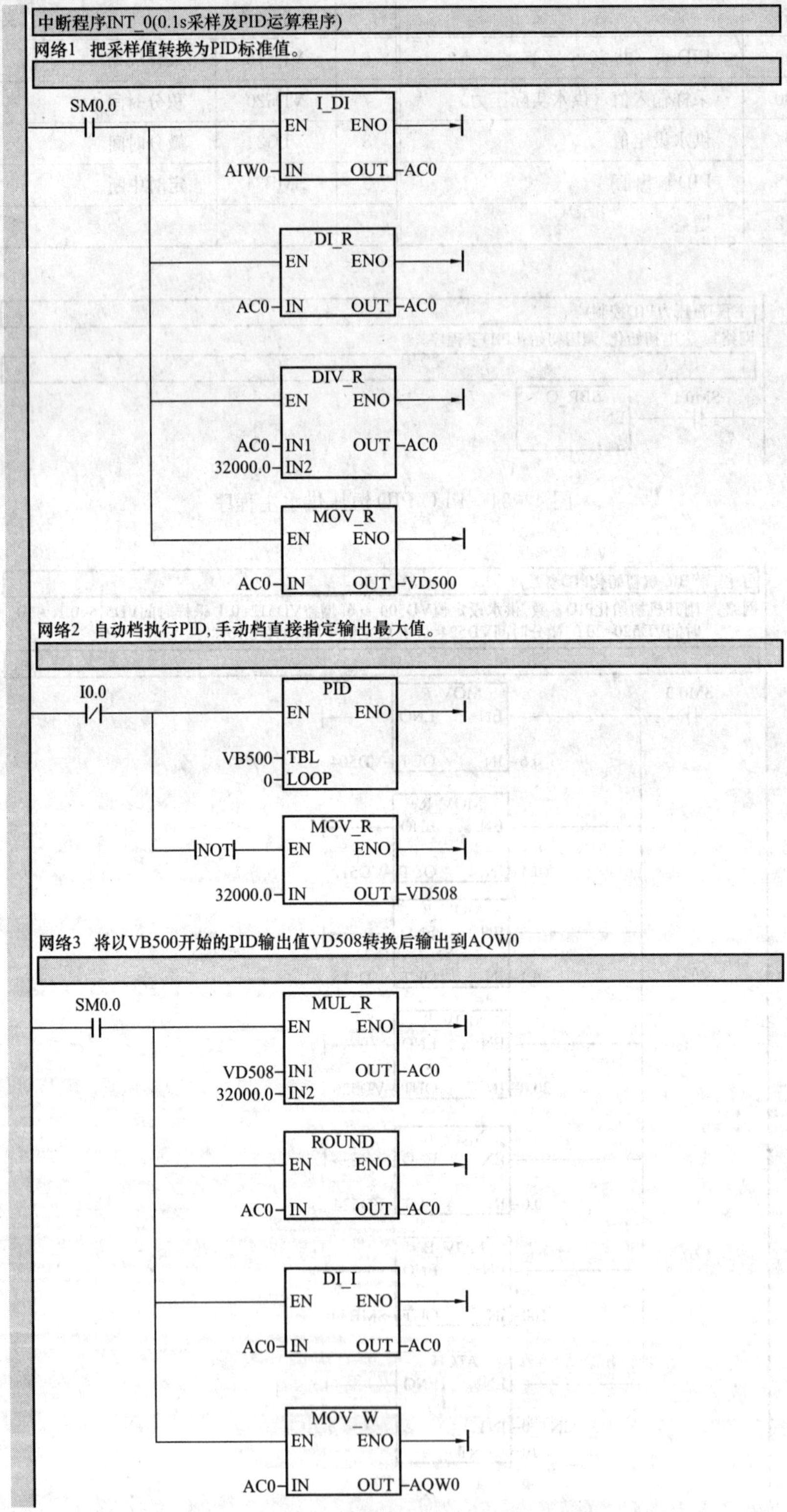

图 4-36 PLC PID 恒压供水中断程序

3. 设定MM440变频器参数（按照模拟量输入开环运行设置）

子课题4 综合解决方案

一、恒压供水控制装置的设计原则

在设计恒压供水控制装置时，可以按照图4-37所示流程图进行。

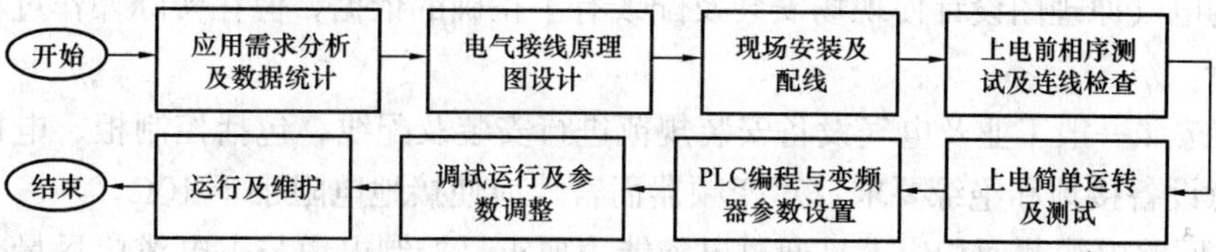

图4-37 恒压供水设计流程图

1. 应用需求分析及数据统计

在进行供水系统电气原理图设计之前，要对实际应用需求进行全面系统的分析，典型的供水系统配置如图4-38所示。

对于新的供水系统进行变频控制时，应考虑以下几点。

(1) 基本功能配置。根据供水系统的功能设计需求，选择常规供水泵、消防泵、排污泵以及休眠辅助泵的组合配置。

(2) 根据常规用水的最高负荷和泵的备份方式等因素确定常规泵的数量和容量；根据消防管网的特性和压力要求确定消防方式和消防泵容量；根据污水控制的需求，确定污水泵的大小和容量。

(3) 根据各个功能泵的容量确定匹配电机的功率大小，由变频器驱动的最大电机作为变频器选取的标准。

(4) 对于旧的供水系统改造，首先应分析原有系统的功能配置情况，是否有消防、排污的功能要求，是否有休眠辅助泵等，再根据功能泵的容量和电机功率选择变频器的容量和型号。

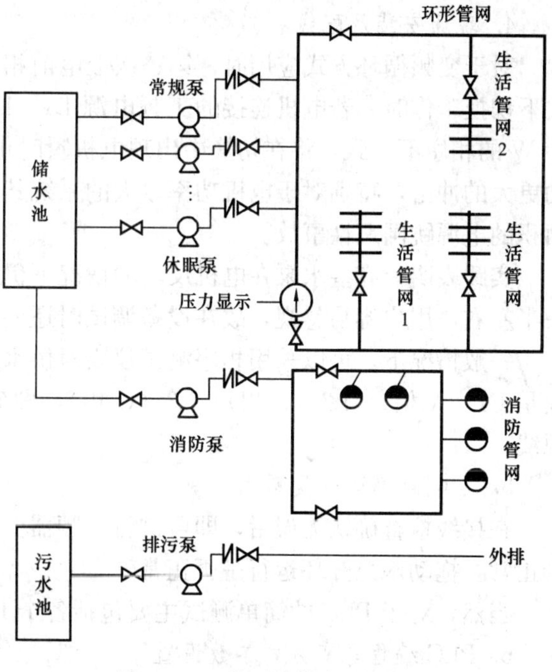

图4-38 典型的供水系统配置

(5) 供水模式、压力设定模式、轮换泵模式等都需要根据要求进行PLC设置。

(6) 需要了解有哪些检测故障和保护功能，如进水池缺水、管网超压或欠压、传感器断线、故障自动恢复等。

2. 电气接线原理图设计

根据详细的应用需求分析，就可以进行电气接线原理设计。

(1) 当采用变频循环方式或有工频旁路时，电机可能工作在变频或工频两种状态，其变频或工频两个对应的接触器必须进行电气逻辑互锁设计，应选用带机械互锁装置的交流接触器，以保证安全和可靠运行。

(2) 当采用变频固定方式时，若其工频固定泵电机容量较大，一般大于 30kW，则不宜采用直接工频启动，而应采取工频降压启动，如Y-△启动、自耦降压启动或软启动器启动等方式。

3. 现场安装及配线

良好的电气原理图设计使现场安装及配线有了正确的依据，但在实际操作过程中也要做到以下几点。

(1) 应按照一般工业及电气设备安装规范进行安装及配线，包括控制柜、电机及水泵的安装，注意设备接地和绝缘要求，对变频器而言，应使接地电阻小于 10Ω。

(2) 主回路电缆截面积应满足通过电流能力要求，控制电缆与主电缆应尽量分开走线或垂直交叉布线，以减小对控制信号的干扰。

(3) 传感器电缆应采用屏蔽线，且与主电缆分开走线。

(4) 变频器输出端子 U、V、W 之间或输出端子与地之间不能接有电容和压敏电阻类浪涌吸收器，以免损坏设备。

4. 现场安装及配线

对于变频循环方式应用时，第一次上电前相序测试尤为重要：电机在变频和工频两种方式下切换工作时，若电机连接的工频电源 L1、L2 和 L3 的相序与连接变频器输出端 U、V 和 W 的相序不一致，将在切换中出现电机瞬时正/反转的过渡过程，造成比电机直接工频启动更大的冲击，特别对于电机功率较大的系统其后果更严重，容易损坏设备，且能引起较大面积的电源跳闸恶性事故。

实践表明，有些水泵在电机反转的情况下仍能供水，但输出水压只有正常泵输出压力的一半左右，用户容易忽视，故在设备调试时还要注意检查水泵转向。

一般情况下，可以采用相序测试仪表对供水电气系统输入电源线进行测试，判断出哪条线是 L1（A 相）、L2（B 相）、L3（C 相），即确认出 L1→L2→L3→L1 的正相序输入电源线。

5. 上电简单运行及测试

在接线检查确认无误后，即可进行变频器上电的一些简单调试，主要验证变频器上电是否正常，拖动水泵开环运行是否正常。

当然，对于 PLC 的简单测试主要包括各个 I/O 点的正确性以及压力传感器的线性测试。

6. PLC 编程与变频器参数设置

PLC 编程应结合工艺要求来进行，而变频器的参数设置主要根据水泵电机的各种运行参数进行。

7. 调试运行与参数调整

PLC 编程与变频器参数设置完毕后，应根据功能需求进行核对，特别是与变频器外围电气接线密切相关的一些参数，如控制方式、PID 闭环设定（内置或 PLC 控制）等，应重点检查，无误后方可进行系统调试运行。主要包括以下几方面：

(1) 测试各泵电机转向是否正确。

(2) 针对闭环控制参数进行运行调节。开始运行前，压力设定应设置得比实际需求小一些，以免管网出现异常超压。试运行中，根据管网闭环控制的不稳定性情况及时调节相应参数，如比例、积分、微分等参数，直到系统调节到稳定合理的范围，并保证一定的响应速度。

(3) 对于多泵切换过程参数的调节，如接触器开关切换延迟时间、泵切换判断时间等，使泵的切换过程平滑、冲击小、不易振荡等。

8. 运行及维护

各项调试正常后，对有关的调试过程功能变量进行修改，使之适应实际的参量，然后便可启动系统运行。实际运行中，有些参数经常需要调整，如需水量的变化、压力的重新标定等。

为了系统良好运行，应定期维护和保养，包括水泵、阀门、电机及电气设备（包括变频器和 PLC 等）。

二、恒压供水控制装置的硬件部分

1. I/O 分配（如表 4－6 所示）

表 4－6　　恒压供水控制装置的输入/输出资源配置

序号	输入	说明	输出	说明
1	I0.0	手动 1/自动 0	Q0.0	一号变频
2	I0.1	备用	Q0.1	二号变频
3	I0.2	手动辅助泵	Q0.2	三号变频
4	I0.3	启动按钮	Q0.3	一号工频
5	I0.4	停止按钮	Q0.4	二号工频
6	I0.5	消防 1/生活 0	Q0.5	三号工频
7	AIW0	压力传感器（模拟量）	Q0.6	辅助泵
8	AIW2	水位传感器（模拟量）	Q0.7	变频器启动命令
			AQW0	变频器频率设定（模拟量）

2. 电气原理图（如图 4－39 所示的主回路和如图 4－40 所示的 PLC 控制原理）

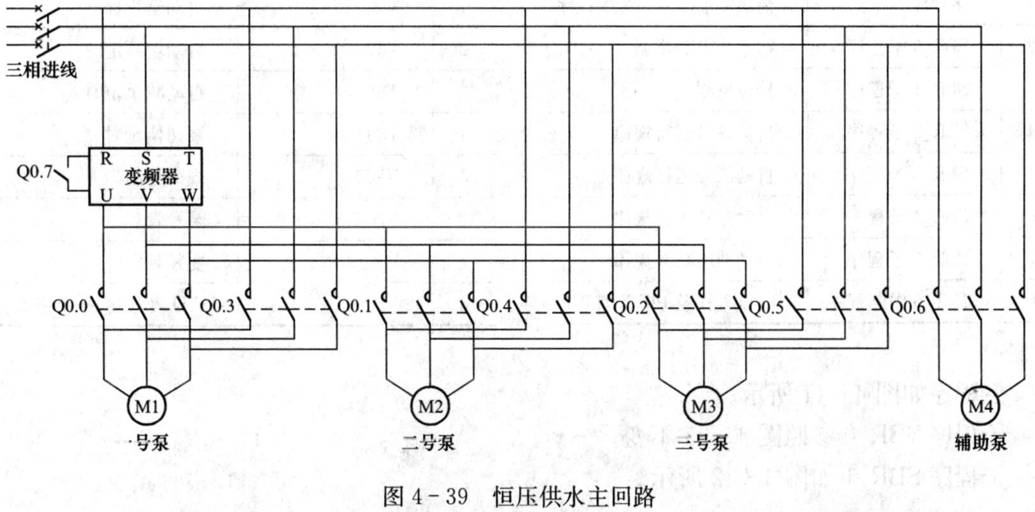

图 4－39　恒压供水主回路

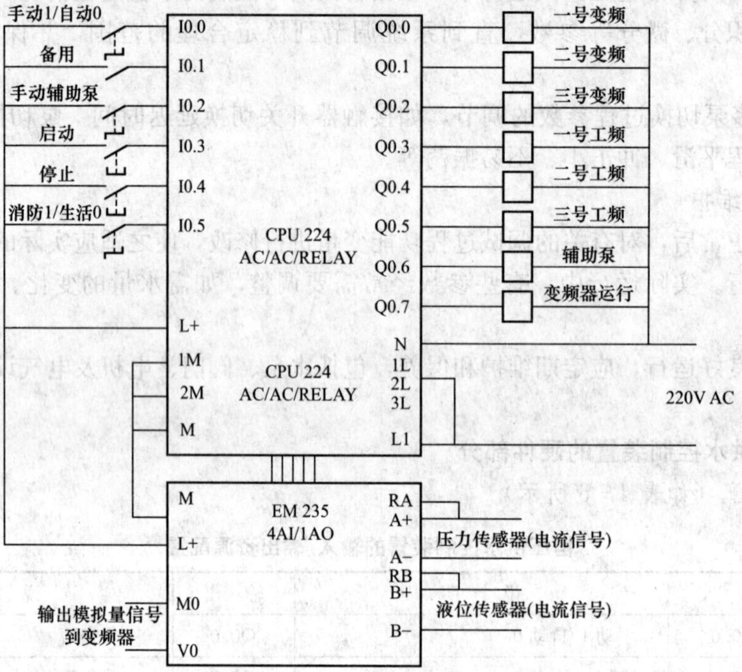

图 4-40 PLC 控制回路

三、恒压供水控制装置的软件部分

恒压供水控制装置的软件部分主要包括 PID 压力控制、泵自动切换控制、泵手动切换控制和保护部分。

这里的参考程序主要以 PID 压力控制和泵自动切换为主，包括主程序、6 个子程序和 1 个中断程序，具体分配如表 4-7 所示，中间变量如表 4-8 所示。

表 4-7 PLC 程序分配表

序号	程序名	注解
1	主程序	恒压供水控制系统主程序
2	SBR_0 子程序	初始化 PID 参数
3	SBR_1 子程序	档位控制
4	SBR_2 子程序	自动一号运行规律
5	SBR_3 子程序	自动二号运行规律
6	SBR_4 子程序	自动三号运行规律
7	SBR_5 子程序	自动档增减泵规律
8	INT_0 中断程序	0.1s 采样及 PID 运算程序

表 4-8 主要中间变量说明

序号	变量名称	含义
1	M20.0	自动运行标志
2	T37	自动增泵定时
3	T38	自动减泵定时
4	T39	泵切换延时
5	VB11	规律控制
6	VB12	泵号管理
7	VW498	变频频率
8	VB500	PID 表（共 80 个字节）

主程序如图 4-41 所示。

子程序 SBR_0 参照图 4-35 不变。

子程序 SBR_1 如图 4-42 所示。

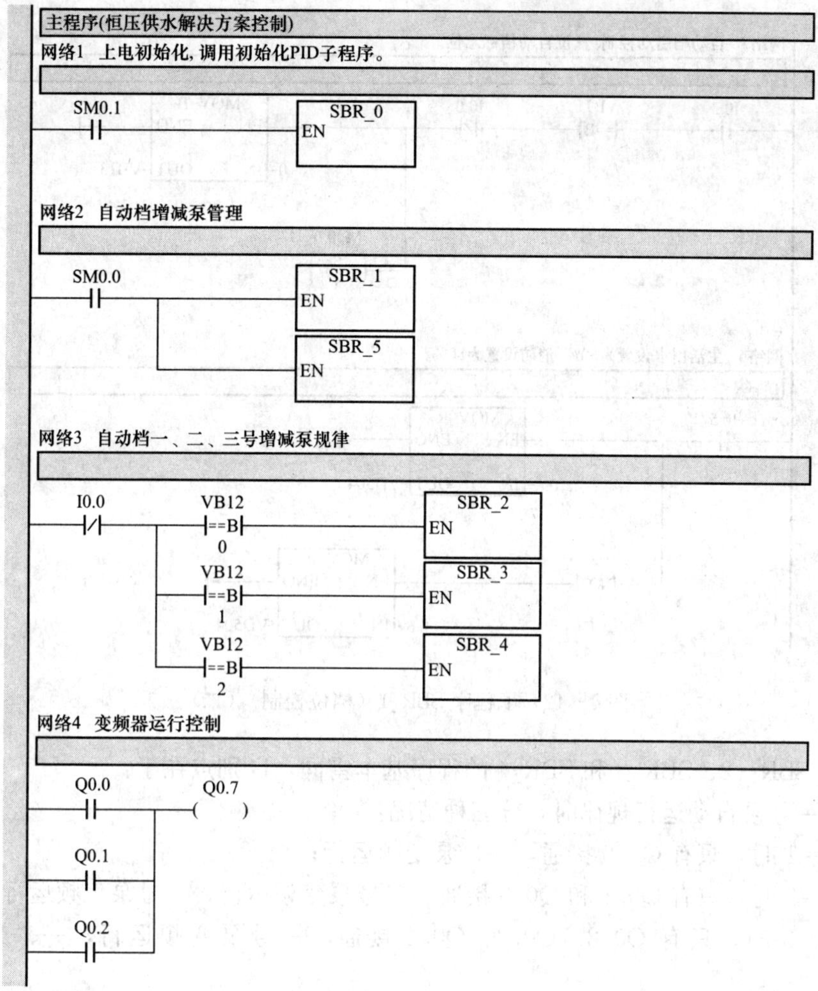

图4-41　主程序

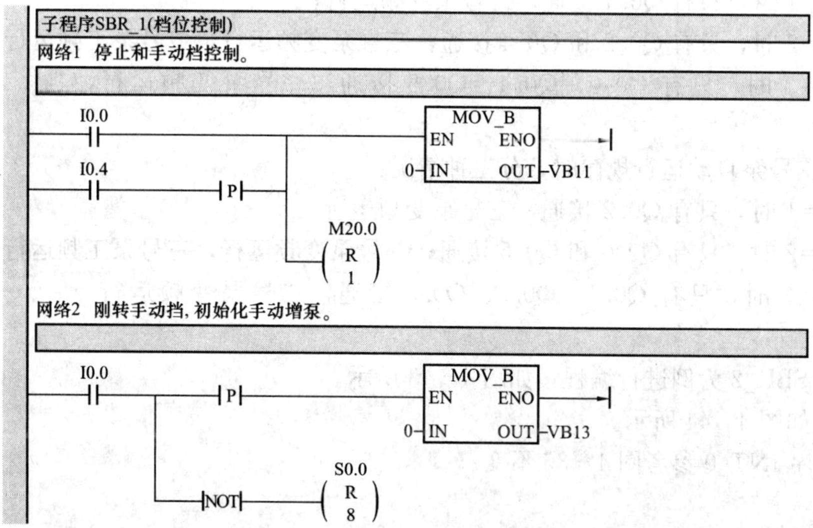

图4-42　子程序SBR_1（档位控制）（一）

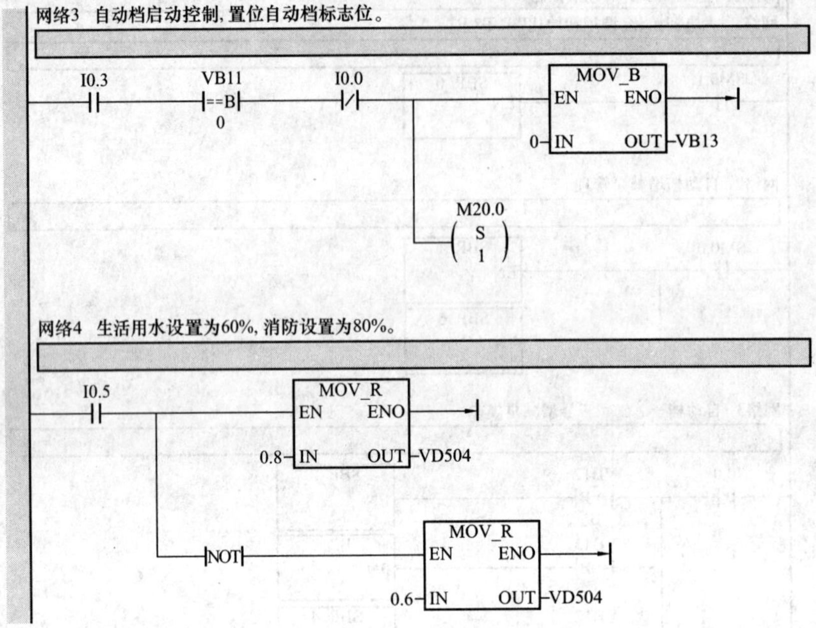

图 4-42 子程序 SBR_1（档位控制）（二）

子程序 SBR-2、SBR_3 和 SBR_4 的程序基本雷同，区别点在于：

(1) 当一号泵自动运行规律时，分三种情况：

1) VB=1 时，只有 Q0.0 接通，一号泵变频运行；

2) VB=2 时，只有 Q0.1 和 Q0.3 接通，二号泵变频运行，一号泵工频运行；

3) VB=3 时，只有 Q0.2、Q0.3、Q0.4 接通，三号泵变频运行，一、二号泵工频运行。

(2) 当三号泵自动运行规律时，分三种情况：

1) VB=1 时，只有 Q0.1 接通，二号泵变频运行；

2) VB=2 时，只有 Q0.2 和 Q0.4 接通，三号泵变频运行，二号泵工频运行；

3) VB=3 时，只有 Q0.0、Q0.4、Q0.5 接通，一号泵变频运行，二、三号泵工频运行。

(3) 当三号泵自动运行规律时，分三种情况：

1) VB=1 时，只有 Q0.2 接通，三号泵变频运行；

2) VB=2 时，只有 Q0.0 和 Q0.5 接通，一号泵变频运行，三号泵工频运行；

3) VB=3 时，只有 Q0.1、Q0.3、Q0.5 接通，二号泵变频运行，一、三号泵工频运行。

现在以 SBR_2 为例进行编程，如图 4-43 所示。

SBR_5 如图 4-44 所示。

中断程序 INT_0 参考图 4-36 不变。

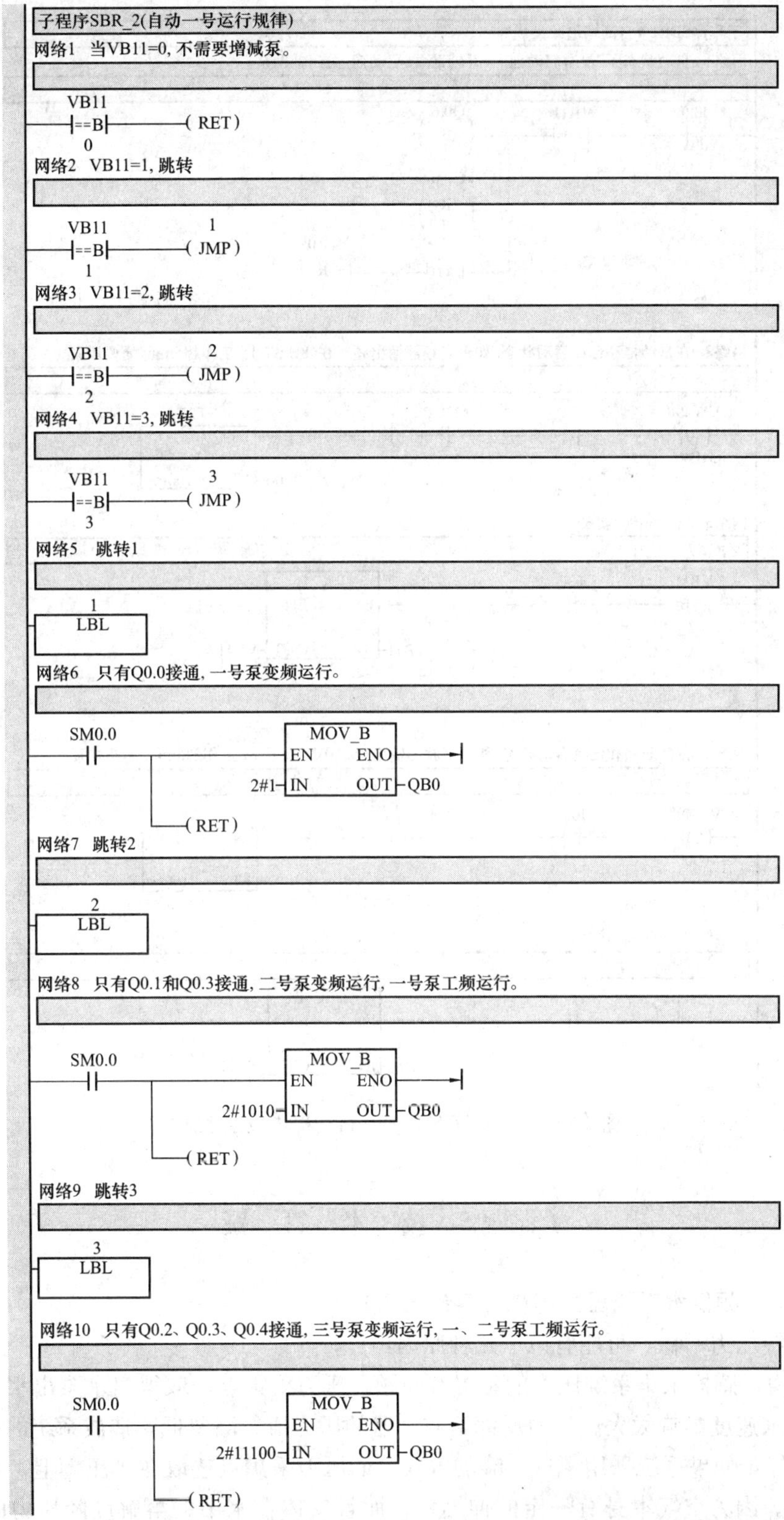

图 4-43　子程序 SBR_2（自动一号运行规律）

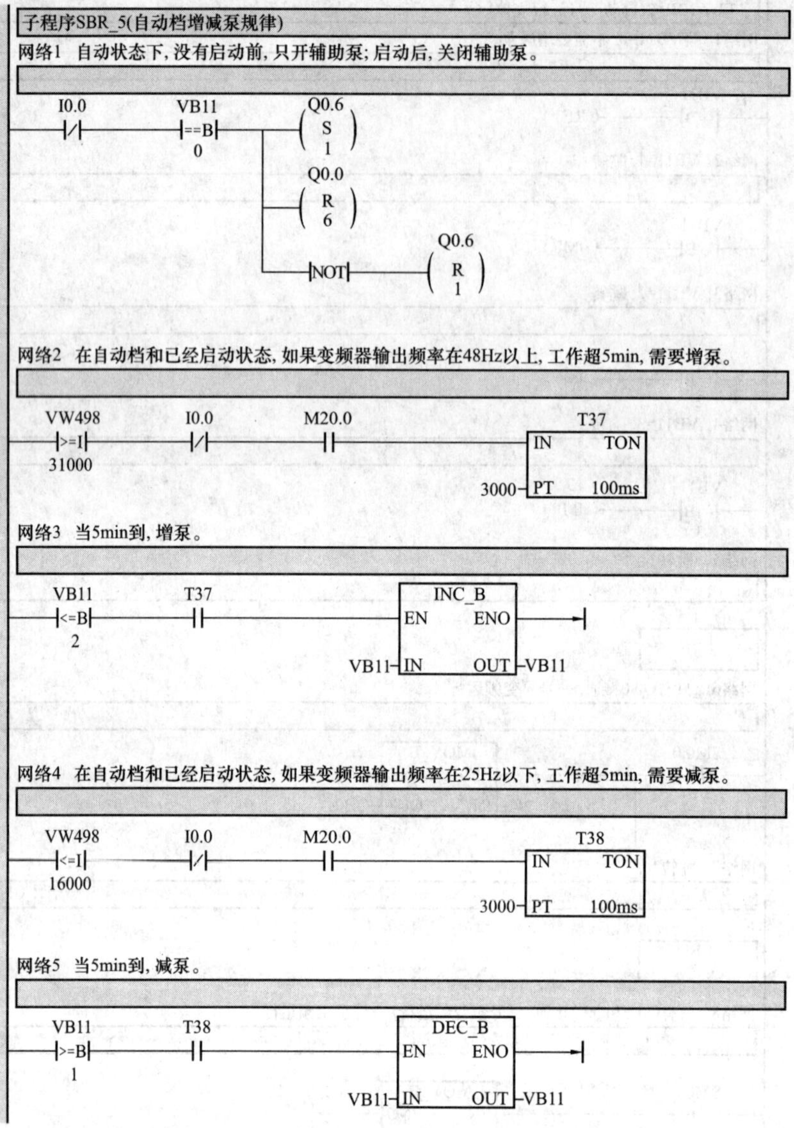

图 4-44 子程序 SBR_5（自动档增减泵规律）

子课题 5 技 术 答 疑

问题 1 变频供水系统压力不稳，容易振荡？

供水系统压力不稳，可能有以下几种原因：

(1) 压力传感器采集系统压力的位置有问题，压力采集点选取得离水泵出水口太近，管路压力受出水速度影响太大。从而反馈给控制器的压力值忽高忽低，造成系统的振荡。

(2) 另外，如果系统采用了气压罐的方式，而压力采集点选取在气压罐上，也可能造成系统的振荡。因为空气本身有一定的伸缩性，而且气体在水中的溶解度随压力的变化而变化，水泵出水和通过气体传递压力之间有一定的时间差，从而造成系统振荡。

(3) 控制器和变频器的加减速时间与水泵电机功率不相符。一般情况下，功率越大，其加减速时间也就越长。此项参数用户可多选几个数据进行试验。比如，15kW 一般为 10～20s 之间。

问题 2　模拟输出不正常，变频器运行频率与 PLC 模拟量输出不符？

首先，应确定是什么硬件出了问题，使 PLC 进入手动调试状态，分别用万用表量出 EM 235 模块输出 0Hz 及 50Hz 时所对应的模拟量输出值，以确认该扩展模式是否正常。

其次，如果 PLC 的输出值正常，当 PLC 输出达到最大值时，变频器不能达到 50Hz，说明是变频器的设定值存在问题，可调节变频器的频率增益解决。

问题 3　水泵切换时，变频器输出不为零，为什么？

在水泵进行切换动作时，PLC 应该给变频器一个滑行停车信号。如果在编程中无此功能，则容易损坏变频器。

问题 4　控制器与变频器的抗干扰接线接法如何？

为防止控制器和变频器的控制信号线受空间电磁场的干扰，可在这些控制信号线的外层接屏蔽线，以提高系统的抗干扰能力。此种接线一定要注意，对屏蔽的接地点只能选取一点，不管是在控制器一边，还是在变频器的一边。这样，可保证提高系统的抗干扰能力。如果屏蔽线在两端都接地，会使屏蔽线上产生电势差，不但不能提高系统的抗干扰能力，反而会加重外界对控制器的干扰。

问题 5　变频器 MM440 的 AOP 面板仅能存储一组参数，该如何解决？

变频器选型手册中介绍 AOP 面板中能存储 10 组参数，但在用 AOP 面板作第二台变频器参数的备份时，显示“存储容量不足”。解决办法如下：

(1) 在菜单中选择“语言”项（如图 4-45 所示）；

(2) 在“语言”项中选择一种不使用的语言；

(3) 按 Fn+▲键选择删除，经提示后按 P 键确认；

图 4-45　AOP 语言选择

这样，AOP 面板就可存储 10 组参数。

造成这种现象的原因可能是设计时 AOP 面板中的内存不够。

问题 6　MM440 变频器调试过程中发现只有参数 P003 和 P004 能被修改，其余参数都是只读不可修改，原因是什么？

这是由于用户在调试过程中修改了参数 P927（P927 用于定义修改参数的接口）。

其定义如下：

Bit 00　PROFIBUS/CB

Bit 01　BOP

Bit 02　BOP 链路的 USS

Bit 03　COM 链路的 USS

为“1”表示该位有效。

例：Bit 01 为“1”表示用户可通过 BOP 修改参数。

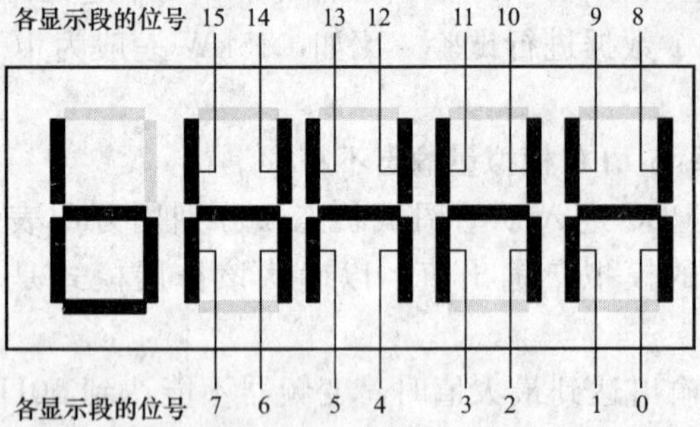

图 4-46 变频器显示面板七段显示的结构

变频器显示面板七段显示的结构如图 4-46 所示。

通常情况下，可见该参数设定为全部有效，即 P927 显示为：——nn。

问题 7 MM440 变频器在加泵或减泵过程中，经常出现 F001 过流故障。

通常是由于将参数“变频器的停车方式”设置为 OFF1（即变频器按照选定的斜坡下降速率减速并停止），这也就意味着变频器在从运行频率减速到 0Hz 过程中，始终是有电压输出的。

在恒压供水系统中，MM440 变频器控制 3 台泵，而加泵或减泵的变频和工频切换等逻辑均由 PLC 来完成。比如，两台泵的切换时间为 6s 左右，由 PLC 设定；泵的加速或减速时间由变频器内部的加减速时间确定，为 20s。当第一台泵运行在 50Hz 一段时间后，PLC 给变频器发停止命令，而后断开一号泵变频接触器，合上工频接触器，一号泵切换成功；而后将二号泵变频接触器吸合并给变频器发开车信号，此时就会出现 F001 故障。

若停车方式为 OFF1，6s 后变频器的输出为 35Hz，电压为 250V 左右，此时连通电机，相当于变频器直接以 35Hz 的启动频率启动，由于变频器此时还处于减速状态，所以报 F001 就理所当然了。

为解决停车问题，需要对相应参数进行修改，如图 4-47 所示。

P0701 [3]	数字输入 1 的功能			最小值：0
	CStat：CT	数据类型：U16	单位：—	默认值：1
	参数组：命令	使能有效：确认	快速调试：否—	最大值：99

图 4-47 P0701 参数

将数字输入 1 的功能从 ON/OFF1（如图 4-48 所示）改为 OFF2，这一命令将使电动机依照惯性滑行，最后停车（脉冲被封锁），也就是自由停车。

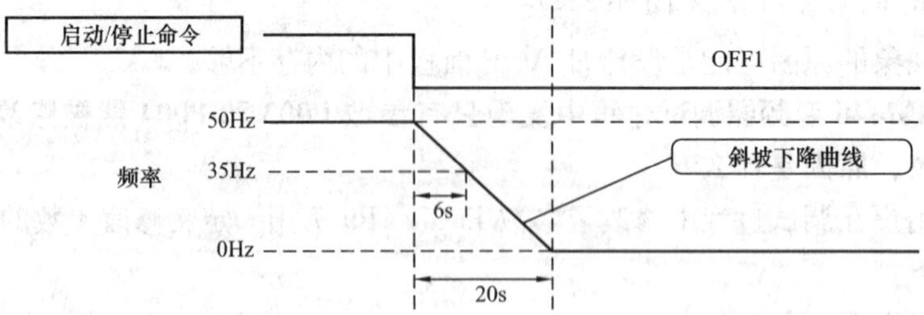

图 4-48 OFF1 停车方式

将停车方式改为自由停车 OFF2（如图 4-49 所示）后，变频器接到 PLC 指令后，就立刻停止输出，自然第二台泵变频启动时，将按照软启动的方式平滑启动，故障解除。

西门子 MM4 系列变频器停车主要有以下几种方式：OFF1、OFF2 和 OFF3；OFF1 为默认的正常停车方式，用端子控制时它与 ON 命令是同一个端子输入，为低电平有效。变频

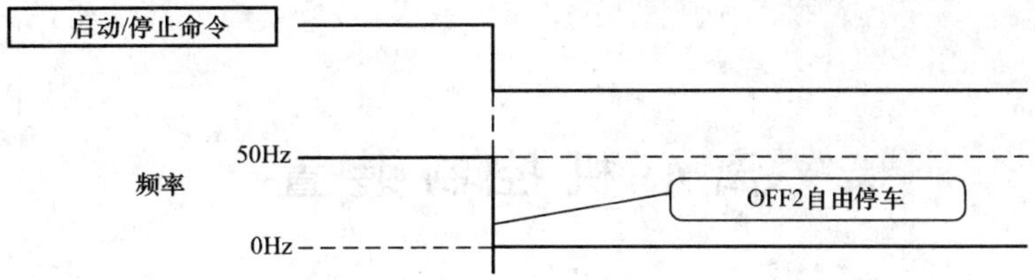

图 4－49　OFF2 停车方式

器按 P1121 中设定的时间停车，也即从 P1082 中设定的最大频率下降到 0Hz 所用的时间；而 OFF2 为自由停车方式，当有 OFF2 命令输入后，变频器输出立即停止，电动机按惯性自由停车；OFF3 为快速停车方式，其停车时间可在参数 P1135 中设定；当然也是从最高频率到 0Hz 的时间。另外，OFF2、OFF3 命令也是低电平有效，所以接线时应注意接点形式。OFF2、OFF3 常被用在特殊需要的场合；OFF2 可用于紧急停车等控制，还可应用在变频器输出端有接触器的场合。

需要注意的是，变频器运行过程中禁止对其输出端接触器进行操作。如确需切换时，可利用 OFF2 停车功能。就是说接触器闭合后方可启动变频器；打开接触器之前必须先用 OFF2 命令停止变频器输出，且经过 100ms 时间方可打开接触器；OFF3 可在需要不同的停车时间等场合应用，即用 OFF1 作常规停车，用 OFF3 作快速停车。

思考与练习

1. 本课题中是将 JBY－K 型传感器直接接入到 PLC 模块中，如果将该型传感器接入到现场 PID 仪表中，该如何选择 PID 仪表型号？并进行相应的电气接线和 PID 参数设置（推荐品牌：厦门宇电）。

2. 如果采用 PLC 模块接入恒压供水的各个模拟量信号，其中除了压力和液位外，还需要接入水泵出口流量信号，请进行流量传感器选型、电气接线和 PLC 软件编程。

3. 某小区单泵供水时，压力设定随时间段发生变化，一天中共需要 4 段压力，分别是：6：01～9：00 为 0.34MPa；9：01～16：00 为 0.30MPa；16：01～22：00 为 0.36MPa；22：01～次日 6：00 为 0.28MPa。请参照单泵恒压供水方式设计你认为合理的电气接线方式，并进行元器件选型和软件编程。

4. 某小高层住宅现采用双泵恒压供水，电机采用功率 5.5kW/三相 380V/4 极，请采用变频固定泵方式和循环泵方式分别进行两种 PLC 设计（包括硬件、软件），其中压力设定为 0.3MPa，电位器设定。

课题 5

离心机控制装置

离心机是将液体与固体颗粒混合物进行分离的设备，它一般是工艺流程中的后处理设备，所以直接关系到最终产品的质量。从整体上看，我国离心机及自动控制技术水平与国外先进水平相比存在较大差距。主要表现在：离心机品种、规格少，不能完全满足国内生产需要，特别是分离物料黏度大、精度细的机械，效率高、生产能力大、自动化程度高的离心机绝大多数依赖进口；分离机理和应用技术研究落后，新产品开发速度慢；制造工艺落后，生产效率低，产品可靠性、稳定性较差，技术水平和自动化水平较低；配套设备和材料不能满足离心机产品生产的需要，尤其是产品的质量、可靠性很不稳定。

从离心机的发展来看，交流变频器将替代原来的电磁调速、直流调速、液力耦合调速、多速电动机，而逐步成为分离机械的主要驱动装置；而 PLC 控制也将逐渐替代原来的手动操作和继电器控制。

【课题任务书】

1. 任务概述

现有两台离心机（如图 5-1 所示），一台为双电动机离心机，用以分离洗涤混合物进料，分离出来后的成品（纯净洗涤剂）可以加入到第二台离心机（为水洗离心机）。请根据工艺流程来设计离心机控制装置的解决方案。

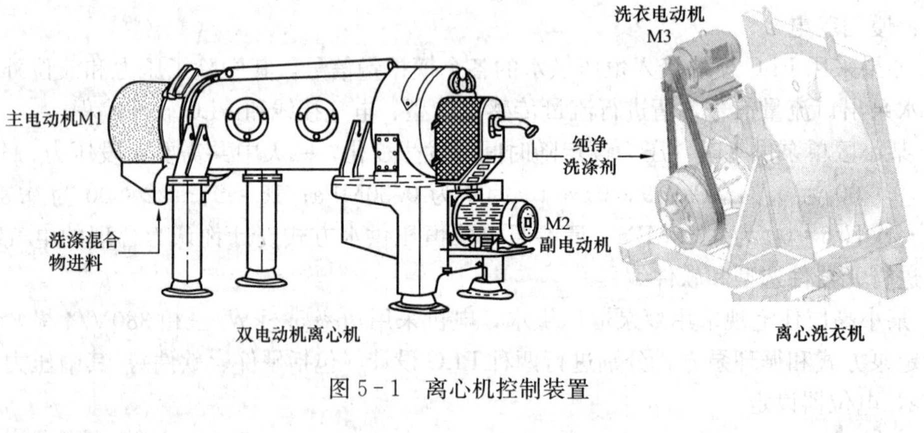

图 5-1　离心机控制装置

2. 工艺流程

根据图 5-1 所示，离心机控制装置的工艺流程如下：

(1) 先启动双电动机离心机，大约 20min，操作人员根据现场情况判断是否可以进料；待出料达到一定数量后，开始进入停车程序段，10min 后停车完成。

(2) 自动水洗机的工作流程由进水、进洗涤液、水洗、排水和脱水五个过程组成，其控制是通过水位开关、进水电磁阀、进洗涤液电磁阀、排水电磁阀等配合完成的。整个水洗流程为全自动操作。

（3）离心机运行至少四个速度、正反两个方向。

3. 控制要求

（1）输入电源为三相380V电源。

（2）电动机功率：M1为3～22kW，4极；M2为3～5.5kW，4极；M3为3～5.5kW，6极电动机。

（3）双电动机离心机的转速控制为电位器手动控制。

（4）水洗机为全自动操作，水位开关用来控制进水到水洗机内高、中、低水位。进水电磁阀起着通/断水源的作用。进水时，进水电磁阀打开，将水注入；排水时，排水电磁阀打开，将水排出。

（5）水洗机变频可以采用多段速进行，在脱水阶段，根据时间进行4段速控制；在水洗阶段，采用一个速度进行正反转控制。

（6）水洗结束，应该设置一个报警指示。

子课题1　离心机双变频控制

一、离心机双变频的组成

1. 离心机双变频结构

卧螺离心机用双电动机驱动（如图5-2所示），早在20世纪60年代已应用于实验室，判断主、副电动机工作状态的方法是：与主动件相连的电动机处于电动机工作状态，与从动件相连的电动机处于发动机状态。

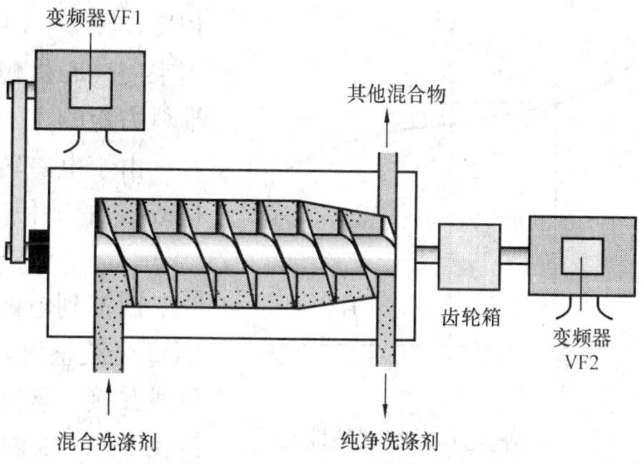

图5-2　双电动机离心机示意图

因此，双电动机离心机中主电动机处于电动机状态，副电动机处于发动机状态。但这种传动方式几十年来没有在工业上获得广泛应用，究其原因，关键在于副电动机再生的电能在当初的技术条件下，不能合理利用。

一种方法是用普通变频器驱动副电动机，再生能量以热能的形式消耗在制动电阻上；另一种方法是使用带有能量回馈单元的专用变频器驱动，可将再生的电能回送到交流电网，如富士公司的RHR系列能量回馈装置，ABB公司的ACS611/811系列变频器，但价格贵，只在少数场合获得应用（如轧钢、矿山）。

随着电力电子技术的快速发展，近年来变频器的性能价格比大大提高，共母线双电动机双变频器驱动在卧螺离心机上广泛应用，即主、副电动机各用一台普通变频器驱动，其直流母线用适当的方式并接，较好地解决了这个问题，在能源日益紧缺的今天，有特别重要的意义。双电动机离心机变频控制如图5-3所示。

2. 双电动机离心机的工作过程

由电动机学可以知道，电动机处于再生制动状态的基本特征是：电动机的转子转速超过

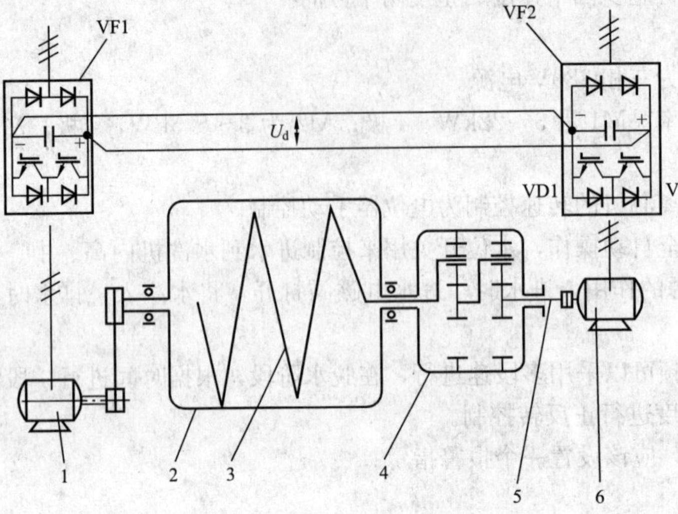

图 5-3 双电动机离心机变频控制

VF1—主变频器；VF2—副变频器

1—主电动机；2—转鼓；3—螺旋；4—差速器；5—差速器小轴；6—副电动机

同步转速（即 $n>n_0$）并且二者方向相同，工作点沿着机械特性曲线从第一象限向第二象限移动，这时，电动机产生的电磁力矩的方向和转子转向相反，图 5-4 中，A 点对应的电磁力矩 T_L 是制动力矩，用来使离心机螺旋产生足够的推料力矩，其大小是螺旋推料力矩的 $1/i$（i 是差速器速比）。

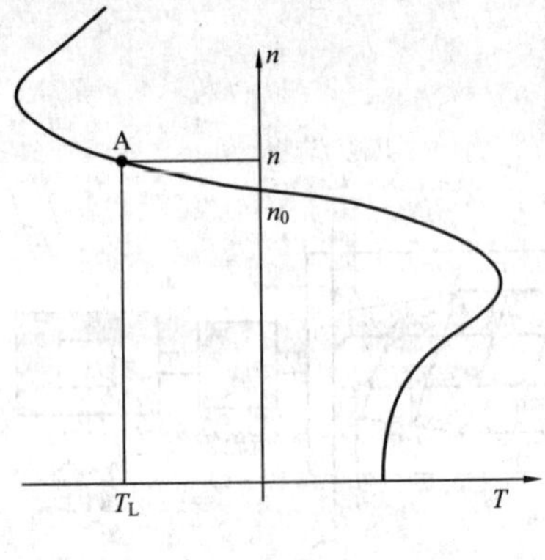

图 5-4 离心机的机械特性曲线

由于电磁转矩只和主磁通 Φ_M 与转子电流有功分量 $I_2\cos\varphi_2$ 的乘积成正比，即

$$T_M = K_T\Phi_M BI_2\cos\varphi_2$$

回馈到电网的定子电流有功分量经图 5-3 中 VD1～VD2 全波整流，加到直流母线上，由于主、副变频器的母线并接，该能量就被主电动机利用，使母线电压 U_d 维持在 610V 以内，共母线双电动机双变频节能建立在此基础上。

3. 差转速的调节

由于螺旋担负着将沉积在转鼓内壁的干泥推出转鼓的使命，因此，差转速的快慢直接影响到离心机的产量和分离效果。差转速的计算式为

$$\Delta n = (n_d - n_t)/i \qquad (5-1)$$

式中 Δn——差转速，r/min；

n_d——转鼓转速，r/min；

n_t——差速器小轴转速，r/min；

i——差速器速比。

由式（5-1）可以看出，由于转鼓转速和差速器速比一般固定不变，因此，调节转臂转速即可调节差转速。

差转速的调节是通过改变副变频器输出频率实现的，调节过程如下：

设要减小差速，则增加输出频率，在频率刚刚增加的瞬间，由于机械惯性的原因，转速不可能突变，但机械特性已由曲线1变为曲线2［如图5-5（a）所示］，工作点由A点跳到B点，由于B点制动转矩小于A点，电动机加速，工作点沿着曲线2向左移动，在C点，力矩重新达到平衡，电动机稳定运行在升高的转速上。图5-5中有阴影区域是过渡过程。增加差速的过程见图5-5（b）。

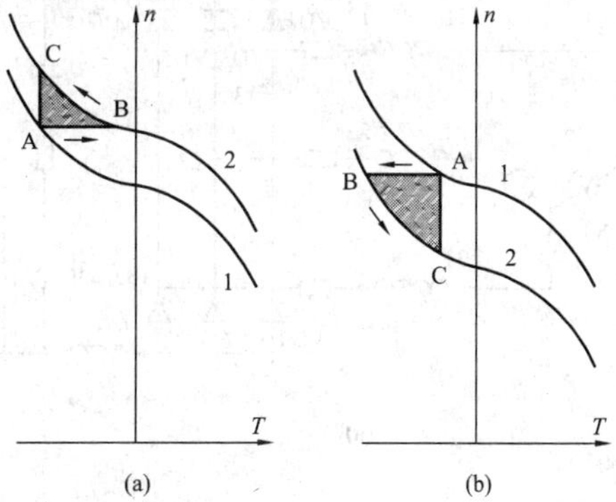

图5-5 差转速的调节

（a）减少差速；（b）增加差速

不难看出，当调速范围较大时，副电动机短期将运行于电动机状态。

二、离心机双变频系统的模型分析

1. 离心机双变频模型

图5-6为离心机双变频共直流母线方式的配置方案。在共直流母线中，整流器前端回路可以有不同的组成方式，预充电回路的控制方案也有差异，这两者通过直流熔丝与直流电解电容两端连接，因此是共直流母线方式中最不可忽略的关键因素。

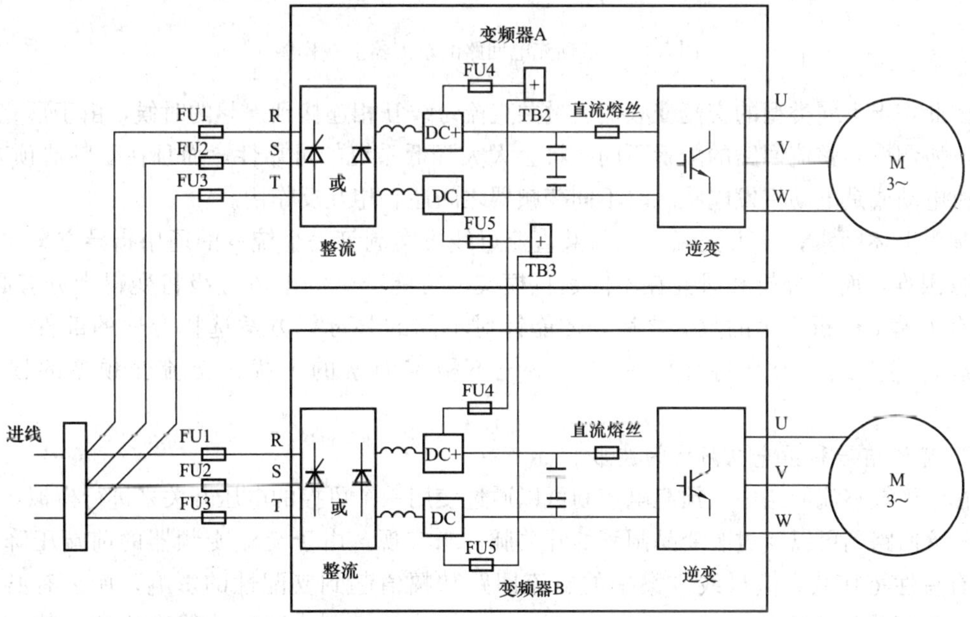

图5-6 离心机双变频共直流母线方式的配置方案

交流变频器的整流回路可以是二极管，也可以是晶闸管，如图5-7所示。在二极管整流器前端回路中，根据预充电方式还有两种，既可以串接在电容组上，如图5-7（a）所示；也可以串接在母线上，如图5-7（b）所示。而在晶闸管整流前端回路中，其预充电是在一定的时间中通过逐步改变晶闸管的触发角（从180°～0°）来实现的，如图5-7（c）所示。

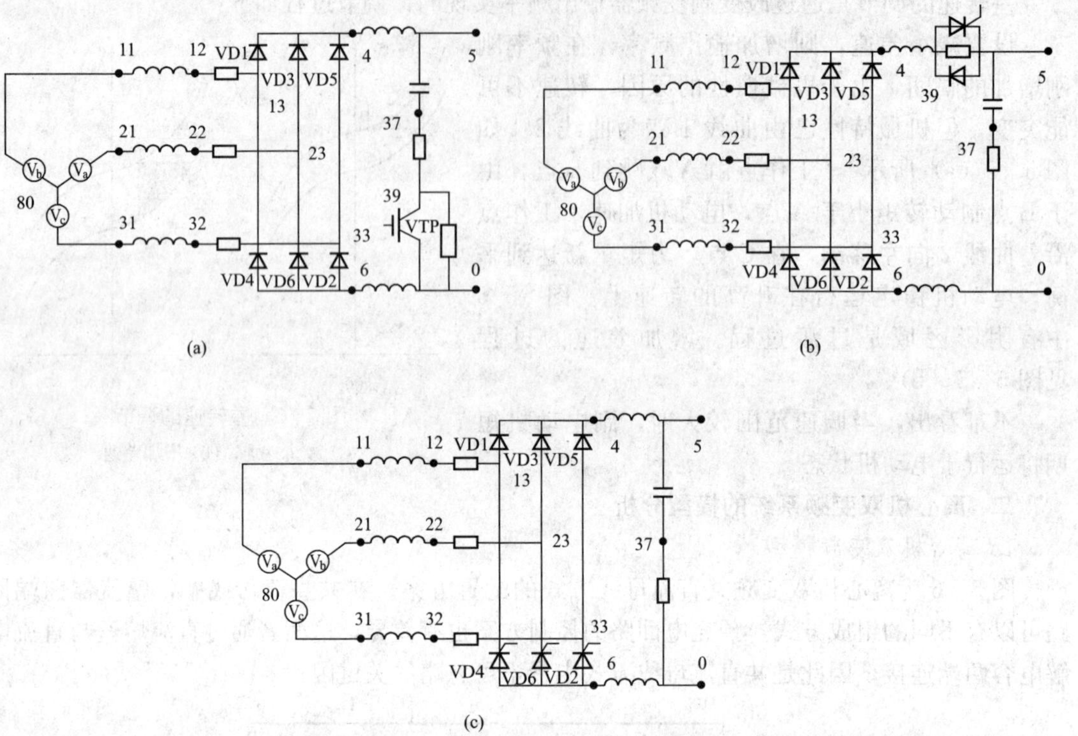

图 5-7 带预充电回路的整流器前端模型

因此，当不同类型的交流变频器通过共直流母线互相连接到一起的时候，由于预充电控制的不协调性和整流回路的配置不同，将会大大降低系统的可靠性，而且在变频器预充电、电动机电动或是电动机发电状态时不同变频器之间还有相互反作用。

基于上述因素，要为交流变频器共直流母线方案制订一个统一的通用指导方案将会变得十分困难，而去分析和研究在不同运行模式下可能产生的电流等级将变得十分有必要。因为有了模型分析产生的数据之后，才能针对不同的共母线方案选择合适的部件、合适的母线连接方式，否则将会面临整个系统不稳定因素的干扰、交流变频器的损坏等问题。

2. 整流前端和预充电回路的波形

在二极管整流回路中，预充电控制可以通过使用一个可控的电压开关来进行模拟，而晶闸管整流回路则可以通过改变晶闸管的开关脉冲来实现。由于交流变频器的前端压降和其他固有特性将在共直流母线方案中的电流回路和幅值起到支配性的影响，所以有必要对于交流变频器的主回路前端整流回路建立一个精确的模型，这样才能准确地反映实际工作情况。

在一个共直流母线系统中，除了图 5-7（a）和图 5-7（c）外，其他不同功率段和不同品牌的交流变频器都可以任意互相连接，尽管它们之间的预充电策略和预充电时间间隔会有所不同。而在带晶闸管整流回路中，其预充电波形难免会产生电流浪涌。

图 5-8 和图 5-9 所示分别为二极管整流回路和晶闸管整流回路的典型预充电波形。在图 5-8 中，发生在接近末端的电流脉冲是由于预充电回路的电阻切断的瞬间所致。

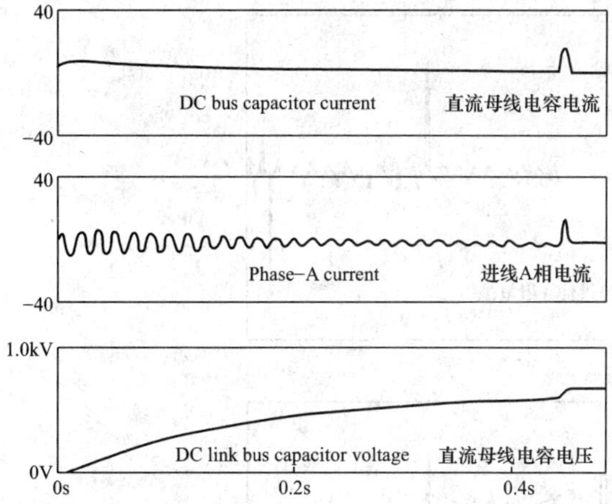

图 5-8 二极管整流回路的典型预充电波形

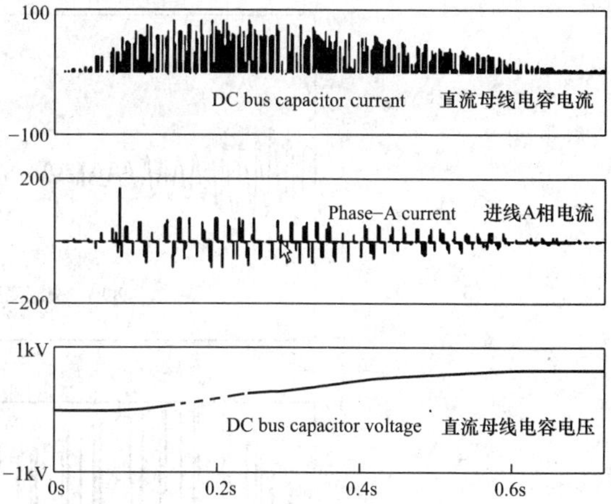

图 5-9 晶闸管整流回路的典型预充电波形

3. 带二极管整流回路的 5.5kW 和 90kW 交流变频器并列运行分析

(1) 分析预充电过程。交流变频器处于共直流母线的并列运行中时，每台变频器由于自身的充电时间不同，将导致不同的充电状态，因此必须对此进行分析以确保并列运行中小容量变频器的整流二极管和充电电容的电流有效值不能超过额定值，同时需测定最大的母线熔丝电流值以及有可能存在的变频器环路电流值。

图 5-10 所示为两变频器并联后的直流母线电压、母线熔丝电流和直流电容电流。图 5-11 所示为两并列变频器的进线 A 相线电流，从图中可以看出小容量变频器 5.5kW 的线电流在共母线后的电流有显著的增加。从图 5-12 中可以看出不同的预充电时间将对两直流母线回路的直流电压差、直流熔丝电流产生很大的影响，尤其是在直流熔丝中将产生两个电流浪涌，同时小容量变频器 5.5kW 的直流电容将产生纹波电流。电流浪涌的产生是由于预充电时的两次瞬变切换所造成的，其浪涌幅值将比各自变频器在独自预充电时大得多。如果多台并联变频器具有同一种预充电时间，则电流浪涌将会更大，这是因为这些变频器在同一时间进行瞬变切换。如果多台并联变频器具有不同的预充电时间，则电流浪涌会发生在每一台变频器的预充电时间切换点，直至所有的变频器都预充电结束。

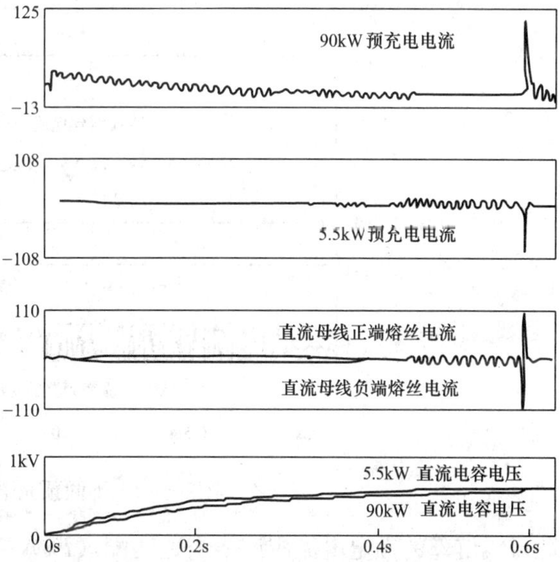

图 5-10 两变频器并联后的直流母线电压、母线熔丝电流和直流电容电流

在不同变频器并联方案中，如果频繁上电，其预充电回路的累积效果就会造成小容量变频器直流电解电容的额外发热、整流二极管过电流等不利情况。在模拟试验中，电流浪涌有一个幅值达 106A 的尖峰和大约 3ms 的持续时间，

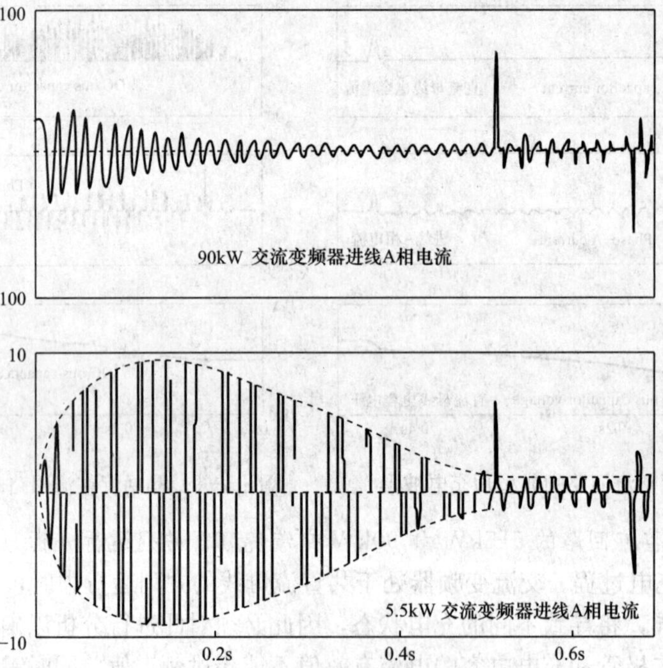

图 5－11　两并列变频器的进线 A 相线电流

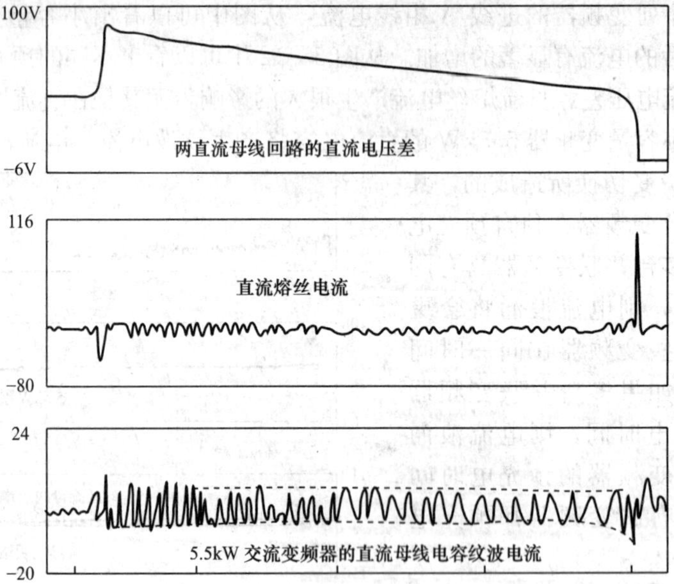

图 5－12　不同预充电时间的影响

因此母线熔丝的额定电流应该要与之匹配（I^2t），否则就会造成预充电失败。

在表 5－1 中，将预充电回路进行定量比较，即比较两台交流变频器 5.5kW 和 90kW 在单独上电和共直流母线方案（即并列运行）下的不同电流有效值。对于 5.5kW 小容量的交流变频器而言，在并列运行方式下比单独上电整流二极管上流过的电流增加100%，在直流电容上的电流则增加了26%左右。相反，对于90kW大容量的交流变频器来说，二极管整流电流和电容直流电流却分别下降了24%和19%。

表5-1 **预充电回路电流比较**

配置情况		二极管整流电流 I_d（RMS）	电容直流电流 I_c（RMS）
单独	5.5kW	2.66	4.20
	90kW	13.63	17.56
并列	5.5kW	5.20	5.30
	90kW	10.34	14.22

在本次分析中，尽管对于小容量变频器来说，其电流的增加值还在其额定范围内，但随着并列方式的复杂性（如共直流母线的交流变频器数量增多或者并列的交流变频器容量更大），这些数据都将会被重新改写，甚至超出额定值。

(2) 分析电动和发电状态。图5-13和图5-14所示分别为PWM变频器主回路和异步电动机的模型结构，这两个模型结构对于分析电动机处于电动和发电状态是非常有效的。

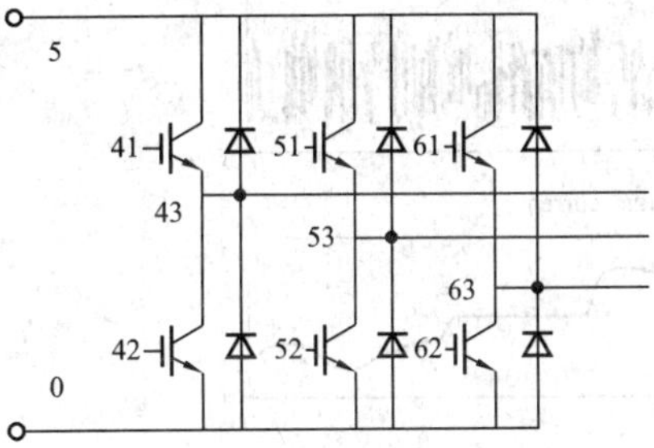

图5-13 PWM变频器主回路模型

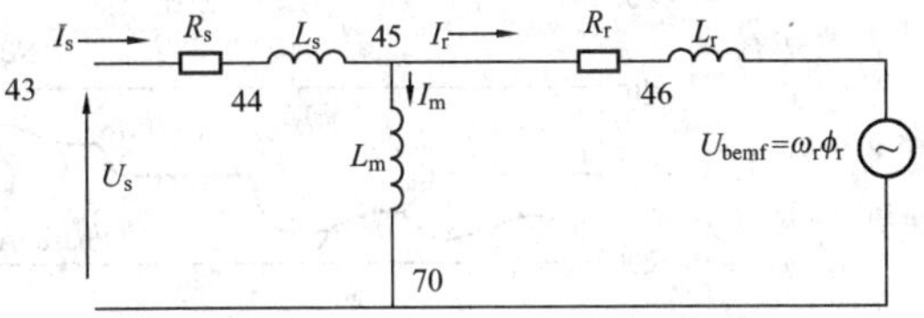

图5-14 异步电动机模型

采用与交流变频器同等功率的交流异步电动机进行拖动，这里将分析以下两种情况：①两者都处于电动状态；②90kW电动机处于发电状态，而5.5kW电动机处于电动状态。

图5-15所示为5.5kW变频器电流和正端熔丝电流，图5-16所示为90kW变频器电流和负端熔丝电流。

表5-2中列出的数据是在不同运行模式下变频器的电动机电流、电容直流电流、二极管整流电流和直流熔丝电流，其中包括单独电动、并列电动、并列小容量电动和大容量发电等。很明显，小容量5.5kW变频器的直流母线电容电流 I_c 在并列模式下两种情况都增长过快（分别为43.75A和44.44A），甚至超过额定范围，这将导致直流熔丝电流 I_{fuse} 会居高不下。解决该问题的办法首推背对背的二极管母线连接方式，如图5-17所示，即在直流母线的正端和负端都跨接一对背对背二极管组（图5-17中的VD1和VD2、VD3和VD4）。这种背对背并列方式将大幅度降低电容直流电流的电流等级，无论是在哪种方式下（电动或发电），如本例中，下降的幅度如表5-2所示，电容直流电流从43A左右降至16.88A，而直流熔丝电流则降至11.11A。

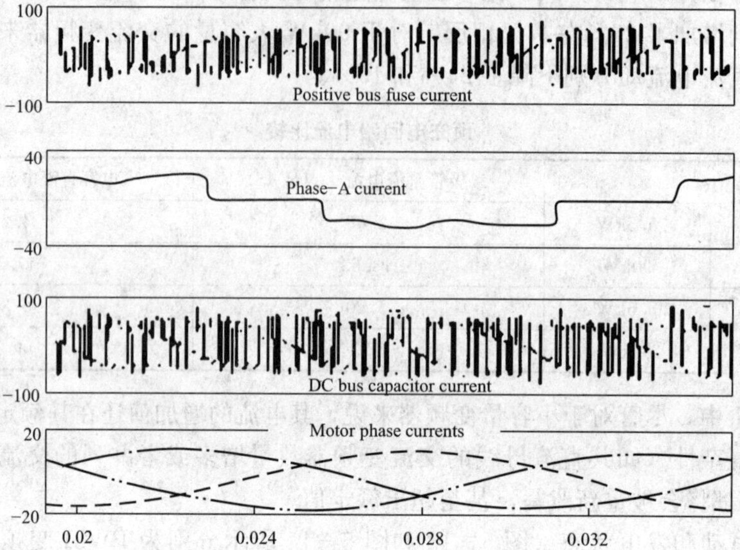

图 5-15　5.5kW 变频器电流和正端熔丝电流

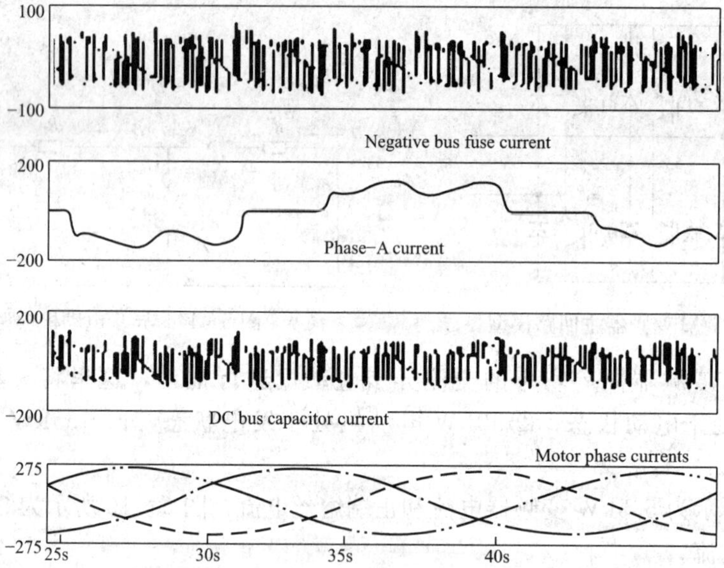

图 5-16　90kW 变频器电流和负端熔丝电流

表 5-2　**不同运行模式下的电流值**　单位：A

配置情况		电动机电流 I_m（RMS）	电容直流电流 I_c（RMS）	二极管整流电流 I_d（RMS）	直流熔丝电流 I_{fuse}（RMS）
单独	5.5kW 电动	12.42	—	7.5	—
	90kW 电动	165.4	90.65	100	—
并列	5.5kW 电动	12.42	43.75	13.75	36
	90kW 电动	165.4	78.13	106.25	36

续表

配置情况		电动机电流 I_m（RMS）	电容直流电流 I_c（RMS）	二极管整流电流 I_d（RMS）	直流熔丝电流 I_{fuse}（RMS）
并列	5.5kW 电动	12.42	44.44	0	44
	90kW 发电	165.4	84.44	0	44
背对背并列	5.5kW 电动	12.57	16.88	11.55	11.11
	90kW 电动	167	97	100	11.11

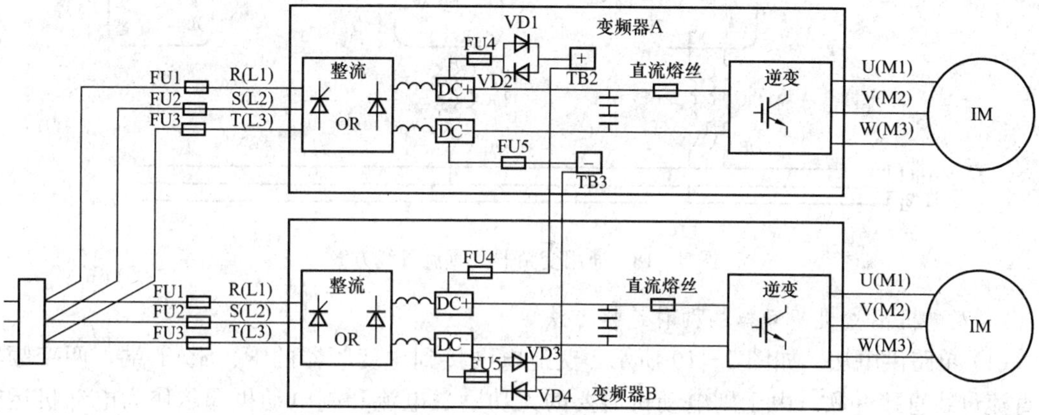

图5-17 共直流母线模式下的背对背二极管连接方式

三、离心机双变频系统的实践

1. 通用变频器共直流母线方案

上面的研究结论将不仅仅限于对两台变频器共直流母线并联的分析，对于三台或三台以上的并联方式也可由之引申。共直流母线方式是交流变频器在现代工业非常受欢迎的一种应用方案，它具有节约成本、节省安装空间和运行可靠性更高的优点。但是由于交流变频器整流部分的多样性导致并联的先天性不足，无论在预充电还是电动机处于电动和发电状态时，变频器的整流部分都有可能不能很好地分配电流。这将导致在并列方式下，不同变频器之间会增加额外的环路电流。因此，在不同的交流变频器被连接到一起之前，必须对系统做一个精确的分析以确保系统在不同方式下的安全和可靠。

对于通用变频器而言，采用共用直流母线很重要的一点就是在上电时必须充分考虑到变频器的控制、传动故障、负载特性和输入主回路保护等。图5-18所示为其中一种应用比较广泛的方案。该方案包括三相进线（保持同一相位）、直流母线、通用变频器组、公共制动单元或能量回馈装置和一些附属元件。

该方案有以下几个特点：

(1) 使用一个完整的变频器，而不是单纯使用传统意义上的整流桥加多个逆变器方案；

(2) 不需要有分离的整流桥、充电单元、电容组和逆变器；

(3) 每一个变频器都可以单独从直流母线中分离出来而不影响其他系统；

(4) 通过连锁接触器来控制变频器的DC到共用母线的联络；

(5) 利用快熔来保护挂在直流母线上的变频器的电容单元；

(6) 所有挂在母线上的变频器必须使用同一个三相电源。

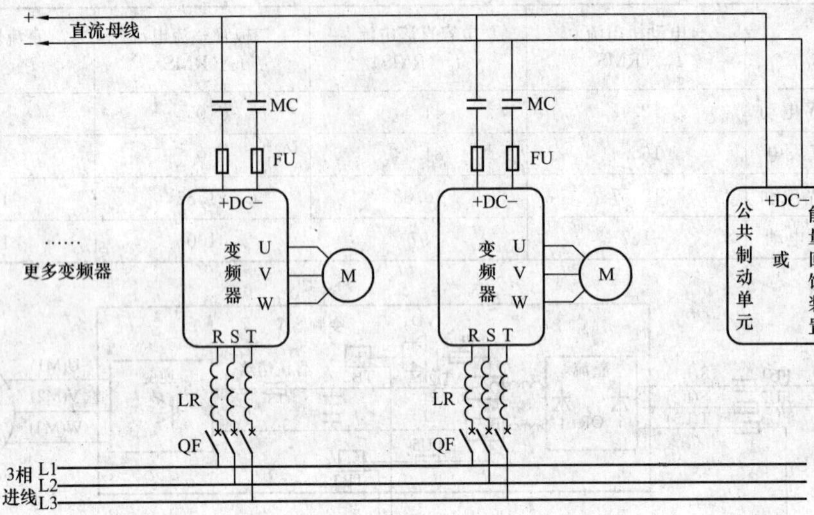

图 5-18 通用变频器共直流母线方案

2. 双电机离心机变频器的两种连接方法

(1) 单路供电法。如图 5-19 所示，交流电网接到主变频器的 R、S、T 端，两变频器的直流母线直接并联。由于副电动机需要的无功励磁电流和副电动机偶尔作为电动机运行（例如启动阶段和加减速过渡过程）时的有功电流都要由主变频器提供，因此，选取主变频器的功率时应予以考虑。

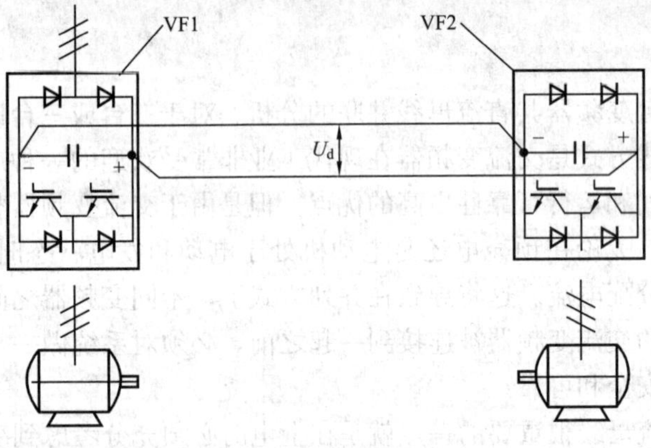

图 5-19 单路供电法

该设计方案的特点是电路简单，不需要调试，动作可靠性极高；缺点是成本稍高。另外，由于副变频器 R、S、T 端悬空，副变频器应有“输入缺相保护禁止”功能。

(2) 双路供电法。两变频器的 R、S、T 端都接到交流电网（见图 5-20），变频器用快熔保护，快熔型号可选 RS0/RS3 型，额定电流按整流管额定电流的 1.4 倍，分断能

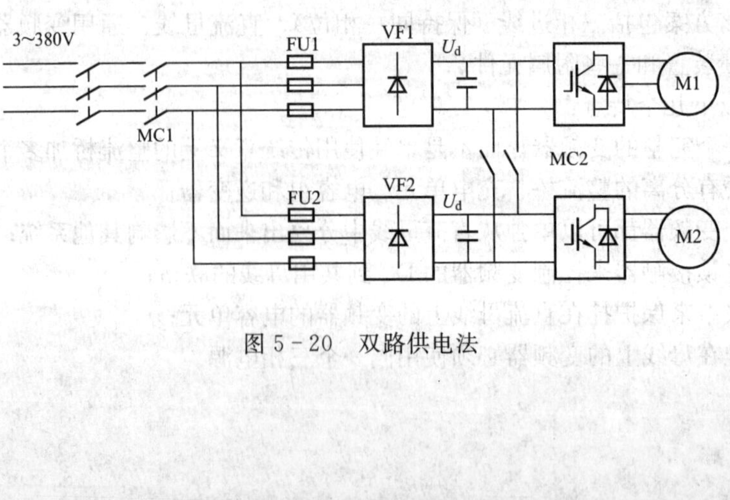

图 5-20 双路供电法

力可选50kA或100kA。变频器母线应设置直流接触器并参与故障连锁，以保证在两台变频器完成充电后可以进行母线连接，或在任何一台变频器故障后将MC2断开，控制逻辑见图5-21，MC2的电压选660V DC，额定电流应该为VF2额定电流的1.5倍。

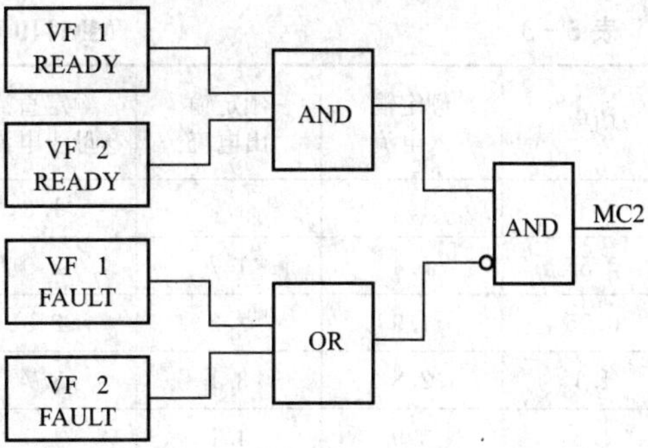

图5-21　双路供电法的逻辑

双路供电法设计方案的优点是变频器功率自由选配，和方案（1）比较成本较低；缺点是增加了接触器和快熔，降低了系统可靠性。

3. 节能效果

副电动机处于发电状态的必要条件是在气隙中建立主磁场，只有这样才能在绕组中感应工作电动势，才能在$n>n_0$的条件下，向网路输送有功电流。但是，副电动机本身并不产生建立磁场所需要的励磁无功电流，它将继续从变频器吸取作为电动状态时同样的空载励磁电流。

异步电动机由电动机转变为发电动机时，只是电流的有功分量发生了方向改变，而无功分量电流却是不变的。回馈到电网的是产生制动力矩的有功电流，功率为

$$P = Tn/9550$$

式中　P——回馈电网的有功功率，kW；

T——制动力矩，N·m；

n——副电动机转速，r/min。

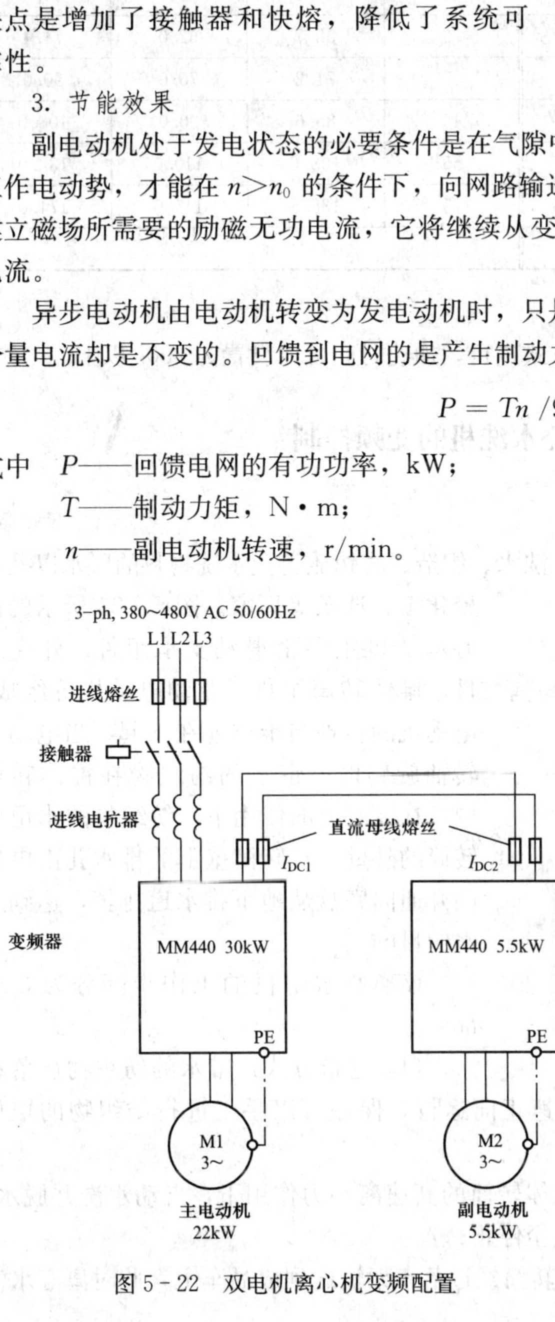

图5-22　双电机离心机变频配置

【任务训练5-1：MM440变频器在双电动机离心机中的应用】

1. 硬件接线（如图5-22所示）

MM440变频器在双电动机离心机中，采用单回路供电法，其中由于主变频器需要承担M1和M2电动时的全部电流，因此，M1电动机的变频器功率选型必须大于22kW+5.5kW，根据功率高选原则，确定为30kW。

为了确保任何一台变频器出了故障之后，能够快速将故障点缩小至最小范围，需要安装接触器，其与任何一台变频器的故障继电器输出相连；同时，两变频器之间的直流母线最好外接熔丝。

直流熔丝电流的大小可以按表5-3所示MM440变频器技术参数的选型进

行。因此，I_{DC1}选 80A，I_{DC2}选 40A。

表 5 - 3　　MM440 变频器技术参数　　单位：A

功率	额定输入电流	额定输出电流	额定直流母线电流	功率	额定输入电流	额定输出电流	额定直流母线电流
0.37	1.1	1.3	1.6	11	22.5	26.0	31.2
0.55	1.4	1.7	2.0	15	30.0	32.0	38.4
0.75	1.9	2.2	2.6	18.5	36.6	38.0	45.6
1.1	2.8	3.1	3.7	22	43.1	45.0	54.0
1.5	3.9	4.1	4.9	30	58.7	62.0	74.4
2.2	5.0	5.9	7.1	37	71.2	75.0	90.0
3	6.7	7.7	9.2	45	85.6	90.0	108.0
4	8.5	10.2	12.2	55	103.6	110.0	132.0
5.5	11.6	13.2	15.8	75	138.5	145.0	174.0
7.5	15.4	19.0	22.8				

2. 参数设置

按照外部端子启动、键盘频率给定的方式进行，加速时间可以设置为 200s 以上。

子课题 2　离心水洗机的变频控制

一、离心水洗机的控制原理

离心水洗机能广泛用于纺织业的染整、洗水、织造、宾馆旅游业水洗物料的脱水以及陶瓷化工、选矿等厂家。图 5 - 23 所示的离心水洗机主要由滑动支承组件、外壳组件、锥体转筒组件、驱动电动机等组成。电动机的转轴与锥体连在一起，当电动机转轴旋转时，带水的纺织物在锥体转筒内，在离心力的作用下，纺织物的水甩向转筒的外壁，从转筒壁上的排水孔由电磁阀开通向底盘从地下排水道排掉，达到脱水的目的。

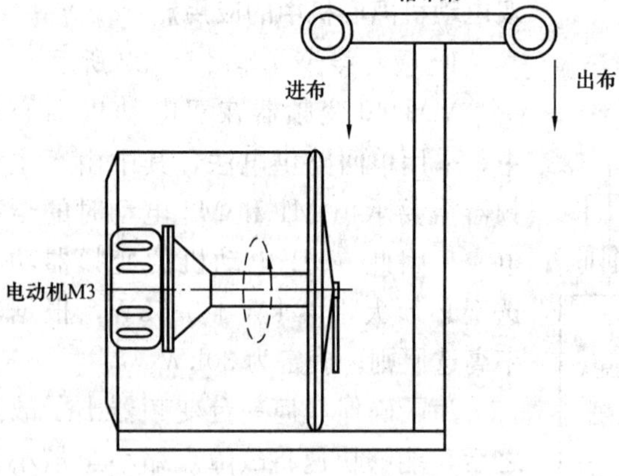

图 5 - 23　离心水洗机工作原理

该离心水洗机的工作步骤分为 3 个部分。

(1) 进布方式：带水的纺织物从落布架上进入到锥体转筒中，此时脱水机以低速正向运行，保证可以手工进行纺织物的堆放调整；

(2) 自动水洗方式：带水的纺织物在锥体转筒的高速离心力作用下，自动水洗并脱水，然后在设定的时间结束后，逐渐减速运行直至停止；

(3) 出布方式：脱水后的纺织物从锥体转筒经过落布架输送到成品车上，此时离心水洗机以低速反向运行。

二、离心水洗机变频的启动和制动方式

1. 变频器的启动运行方式

变频器从停机状态开始启动运行时通常有以下几种方式：

(1) 从启动频率启动。变频器接到运行指令后，按照预先设定的启动频率和启动频率保持时间启动。该方式适用于一般的负载。

启动频率是指变频器启动时的初始频率，如图 5-24 所示的 f_s，它不受变频器下限频率的限制；启动频率保持时间是指变频器在启动过程中，在启动频率下保持运行的时间，如图 5-24 中的 t_1。

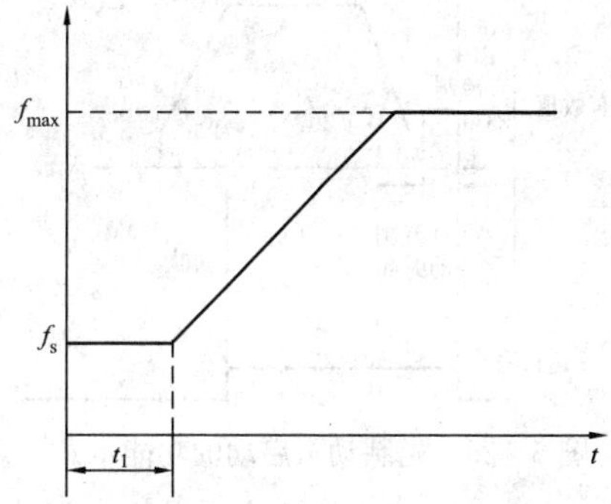

图 5-24　启动频率与启动频率保持时间示意

电动机开始启动时，并不从 0Hz 开始加速，而是直接从某一频率下开始加速。在开始加速瞬间变频器的输出频率便是上述所说的启动频率。设置启动频率是部分生产设备的实际需要，比如：有些负载在静止状态下的静摩擦力较大，难以从 0Hz 开始启动，设置了启动频率后，可以在启动瞬间有一点冲力，使拖动系统较易启动起来；在若干台水泵同时供水的系统里，由于管路里已经存在一定的水压，后启动的水泵在频率很低的情况下将难以旋转起来，故也需要电动机在一定频率下直接启动；锥形电动机如果从 0Hz 开始逐渐升速，将导致定子和转子之间的摩擦，所以设置了启动频率，可以在启动时很快建立起足够的磁通，使转子和定子间保持一定的气隙，等等。

启动频率保持时间的设置对于下面几种情况比较适合：①对于惯性较大的负载，启动后先在较低频率下持续一个短时间 t_1，然后再加速运行到稳定频率；②齿轮箱的齿轮之间总是有间隙的，启动时容易在齿轮间发生撞击，如在较低频率下持续一个短时间 t_1，可以减缓齿轮间的碰撞；③起重机械在起吊重物前，吊钩的钢丝绳通常是处于松弛的状态，启动频率保持时间 t_1 可首先使钢丝绳拉紧后再上升；④有些机械在环境温度较低的情况下，润滑油容易凝固，故要求先在低速下运行一个短时间 t_1，使润滑油稀释后再加速；⑤对于附有机械制动装置的电磁制动电动机，再磁抱闸松开过程中，为了减小闸皮和闸辊之间的摩擦，要求先在低速下运行，待磁抱闸完全松开后再升速。

从启动频率启动对于驱动同步电动机，尤其适合。

(2) 先制动再启动。本启动方式是指先对电动机实施直流制动，然后再按照方式 (1) 进行启动。该方式适用于变频器停机状态时电动机有正转或反转现象的小惯性负载，对于高速运转大惯性负载则不适合。

图 5-25 所示为先制动再启动的功能示意，启动前先在电动机的定子绕组内通入直流电流，以保证电动机在零速的状态下开始启动。如果电动机在启动前，拖动系统的转速不为零，而变频器的输出是从 0Hz 开始上升，则在启动瞬间，将引起电动机的过电流故障。

它包含两个参数：制动量和直流制动时间，前者表示应向定子绕组施加多大的直流电压，后者表示进行直流制动的时间。

(3) 转速跟踪再启动。在这种方式下，变频器能自动跟踪电动机的转速和方向，对旋转

中的电动机实施平滑无冲击启动，因此变频器的启动有一个相对缓慢的时间用于检测电动机的转速和方向，如图 5-26 所示。该方式适用于变频器停机状态时电动机有正转或反转现象的大惯性负载瞬时停电再启动。

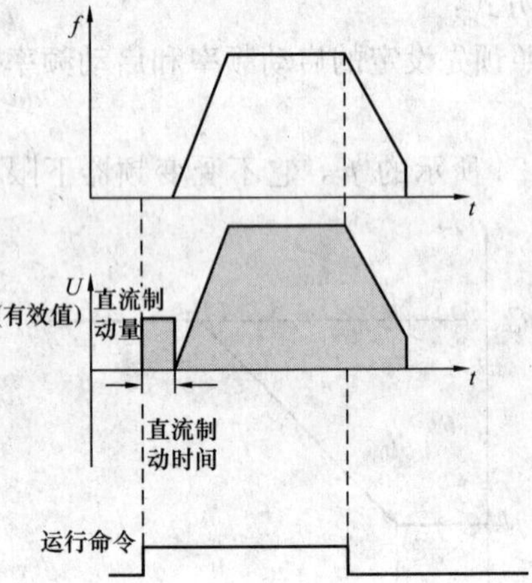

图 5-25 先制动再启动的功能示意

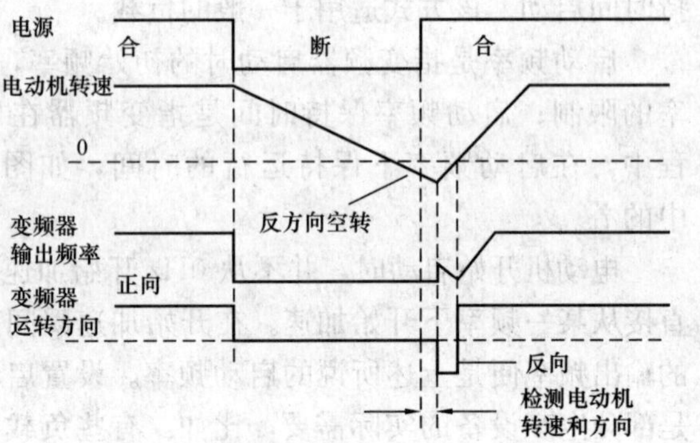

图 5-26 转速跟踪再启动功能示意

2. 变频器的加减速方式

变频器从一个速度过渡到另外一个速度的过程称为加减速，速度上升为加速，速度下降为减速。加减速方式主要有以下几种。

(1) 直线加减速。变频器的输出频率按照恒定斜率递增或递减。变频器的输出频率随时间成正比地上升，大多数负载都可以选用直线加减速方式。如图 5-27 (a) 所示，加速时间为 t_1、减速时间为 t_2。

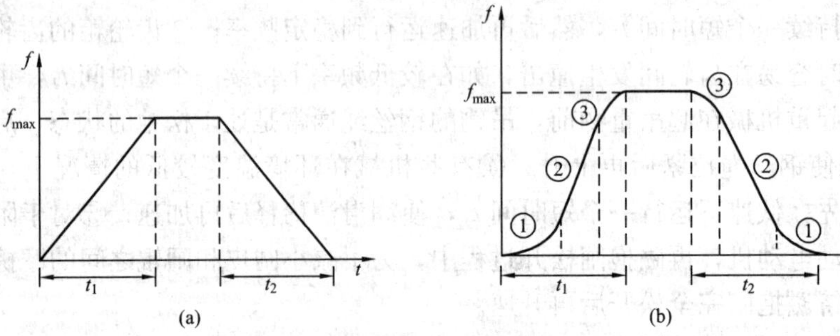

图 5-27 加减速方式

(a) 直线加减速；(b) S形曲线加减速

一般定义加速时间为变频器从零速加速到最大输出频率所需的时间；减速时间则相反，即变频器从最大输出频率减至零频所需的时间。

必须注意的是：①在有些变频器定义中，加减速时间不是以最大输出频率 f_{max} 为基准，而是固定的频率（如 50Hz）；②加减速时间的单位，可以根据不同的变频器型号选择为秒或分；③一般大功率的变频器其加减速时间相对较长；④加减速时间必须根据负载要求适时调整，否则容易引起加速过流和过压、减速过流和过压故障。

(2) S形曲线加减速。变频器的输出频率按照 S 形曲线递增或递减。如图 5-27 (b) 所示。

这里将S形曲线划分为3个阶段的时间，S形曲线起始段时间如图5-27（b）中①所示，这里输出频率变化的斜率从零逐渐递增；S形曲线上升段时间如图5-27（b）中②所示，这里输出频率变化的斜率恒定；S形曲线结束段时间如图5-27（b）中③所示，这里输出频率变化的斜率逐渐递减到零。将每个阶段时间按百分比分配，就可以得到一条完整的S形曲线。因此，只需要知道三个时间段中的任意两个，就可以得到完整的S形曲线，所以在某些变频器只定义了起始段①和上升段②，而有些变频器则定义了起始段①和结束段③。

S形曲线加减速，非常适合于输送易碎物品的传送机、电梯、搬运传递负载的传送带以及其他需要平稳改变速度的场合。例如，电梯在开始启动以及转入等速运行时，从考虑乘客的舒适度出发，应减缓速度的变化，以采用S形加速方式为宜。

（3）半S形加减速方式。它是S形曲线加减速的衍生方式，即S形曲线加减速在加速的起始段或结束段，按线性方式加速；而在结束段③或起始段①，按S形方式加速。因此，半S形加减速方式要么只有①，要么只有③，其余均为线性，如后者主要用于如风机一类具有较大惯性的二次方律负载中，由于低速时负荷较轻，故可按线性方式加速，以缩短加速过程；高速时负荷较重，加速过程应减缓，以减小加速电流；前者主要用于惯性较大的负载。

（4）其他还有如倒L形加减速方式、U形加减速方式等。

3. 变频器加减速时间的切换

通过多功能输入端子的组合来实现不同加减速时间的选择，如图5-28所示，将多功能输入端子X1、X2定义为加减速时间端子1、加减速时间端子2，就能按照表5-4中的逻辑组合实现4种不同加减速时间的切换。

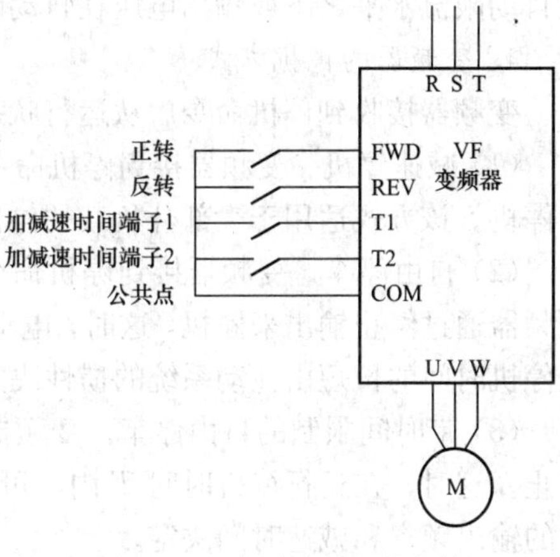

图5-28　加减速时间的切换

表5-4　加减速时间的切换

多功能输入端子X2	多功能输入端子X1	运转指令方式
OFF	OFF	加速时间1/减速时间1
OFF	ON	加速时间2/减速时间2
ON	OFF	加速时间3/减速时间3
ON	ON	加速时间4/减速时间4

生产实践中，有时还会遇到这样的情况：在拖动系统正在加速的过程中，又得到减速或停机的指令。这时，就出现了加速过程和减速过程的衔接问题。变频器对于在加速过程尚未结束的情况下，得到停机指令时减速方式的处理如图5-29所示。

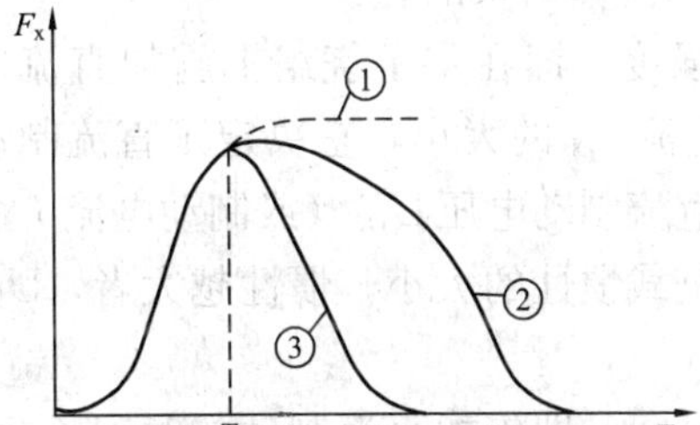

图5-29　加减速的衔接功能

图5-29所示为加、减速曲线。曲线①是在运行指令时间较长情况下的S形加速曲线；曲线②和曲线③是在加速过程尚未完成，而运行指令已经结束时的减速曲线。用户可根据生产机械的具体情况进行选择。

另外，某些生产机械，出于特殊的需要，要求加、减速时间越短越好。对此，有的变频器设置了加、减速时间的最小极限功能。其基本含义如下：

(1) 最快加速方式。在加速过程中，使加速电流保持在变频器允许的极限状态（$I_A \leqslant 150\% I_N$，I_A 是加速电流，I_N 是变频器的额定电流）下，从而使加速过程最小化。

(2) 最快减速方式。在减速过程中，使直流回路的电压保持在变频器允许的极限状态（$U_D \leqslant 95\% U_{DH}$，$U_D$ 是减速过程中的直流电压，U_{DH} 是直流电压的上限值）下，从而使减速过程最小化。

(3) 最优加速方式。在加速过程中，使加速电流保持在变频器额定电流的 120%（$I_A \leqslant 120\% I_N$），使加速过程最优化。

(4) 最优减速方式。在减速过程中，使直流回路的电压保持在上限值的 93%（$U_D \leqslant 93\% U_{DH}$），使减速过程最优化。

其中 (3) 和 (4) 统称为自动加减速方式，它能根据负载状况，保持变频器的输出电流在自动限流水平之下或输出电压在自动限压水平之下，平稳地完成加减速过程。

4. 变频器的停机方式

变频器接收到停机命令后从运行状态转入到停机状态，通常有以下几种方式。

(1) 减速停机。变频器接到停机命令后，按照减速时间逐步减小输出频率，频率降为零后停机。该方式适用于大部分负载的停机。

(2) 自由停车。变频器接到停机命令后，立即中止输出，负载按照机械惯性自由停止。变频器通过停止输出来停机，这时，电动机的电源被切断，拖动系统处于自由制动状态。由于停机时间的长短由拖动系统的惯性决定，故也称为惯性停机。

(3) 带时间限制的自由停车。变频器接到停机命令后，切断变频器输出，负载自由滑行停止。这时，在运行待机时间 T 内，可忽略运行指令。运行待机时间 T，由停机指令输入时的输出频率和减速时间决定。

(4) 减速停机加上直流制动。变频器接到停机命令后，按照减速时间逐步降低输出频率，当频率降至停机制动起始频率时，开始直流制动至完全停机，如图 5-30 所示。

直流制动是在电动机定子中通入直流电流，以产生制动转矩。因为电动机停车后会产生一定的堵转转矩，所以直流制动可在一定程度上替代机械制动；但由于设备及电动机自身的机械能只能消耗在电动机内，同时直流电流也通入电动机定子中，所以使用直流制动时，电动机温度会迅速升高，因而要避免长期、频繁使用直流制动；直流制动是不控制电动机速度的，所以停车时间不受控。停车时间根据负载、转动惯量等的不同而不同；直流制动的制动转矩是很难实际计算出来的。

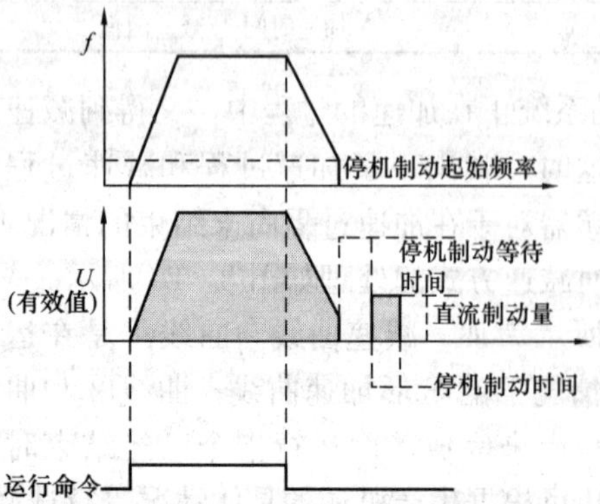

图 5-30 减速停车加直流制动

直流制动强度，即在定子绕组上施加直流电压 U_{DB} 或直流电流 I_{DB} 的大小，它决定了直流制动的强度。预置直流制动电压 U_{DB}（或制动电流 I_{DB}）的主要依据是负载惯性的大小，惯性越大者，U_{DB} 也应越大。

直流制动时间，即施加直流制动的时间长短。预置直流制动时间 t_{DB} 的主要依据是负载是否有

“爬行”现象，以及对克服“爬行”的要求，要求越高者，t_{DB}应适当长一些。

5. 变频器的能耗制动

不少的生产机械在运行过程中需要快速地减速或停车，而有些设备在生产中要求保持若干台设备前后一定的转速差或者拉伸率，这时就会产生发电制动的问题，使电动机运行在第二或第四象限。然而在实际应用中，由于大多通用变频器都采用电压源的控制方式，其中间直流环节有大电容钳制着电压，使之不能迅速反向，另外交直回路又通常采用不可控整流桥，不能使电流反向，因此要实现回馈制动和四象限运行就比较困难。

图5－31（a）和图5－31（b）所示为变频器调速系统的两种运行状态，即电动和发电。在变频调速系统中，电动机的降速和停机是通过逐渐减小频率来实现的，在频率减小的瞬间，电动机的同步转速随之下降，而由于机械惯性的原因，电动机的转子转速未变。当同步转速 w_1 小于转子转速 w 时，转子电流的相位几乎改变了180°，电动机从电动状态变为发电状态；与此同时，电动机轴上的转矩变成了制动转矩 T_e，使电动机的转速迅速下降，电动机处于再生制动状态。电动机再生的电能 P 经续流二极管全波整流后反馈到直流电路。由于直流电路的电能无法通过整流桥回馈到电网，仅靠变频器本身的电容吸收，虽然其他部分能消耗电能，但电容仍有短时间的电荷堆积，形成“泵升电压”，使直流电压 U_d 升高。过高的直流电压将使各部分器件受到损害。

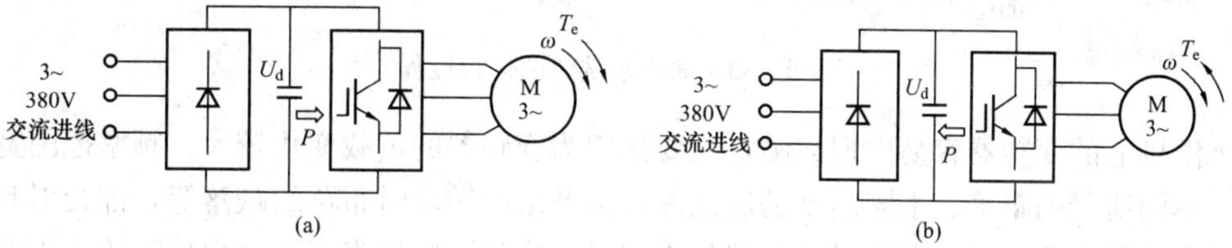

图5－31 变频器调速系统的两种运行状态

（a）$w_1 > w$ 电动；（b）$w_1 < w$ 发电

因此，对于负载处于发电制动状态中，必须采取必要的措施处理这部分再生能量。常用的方法是采用电阻能耗制动。电阻能耗制动是在变频器直流侧加放电电阻单元组件，将再生电能消耗在功率电阻上来实现制动。这是一种处理再生能量的最直接的办法，它是将再生能量通过专门的能耗制动电路消耗在电阻上，转化为热能。电阻能耗制动包括制动单元和制动电阻两部分，如图5－32所示。

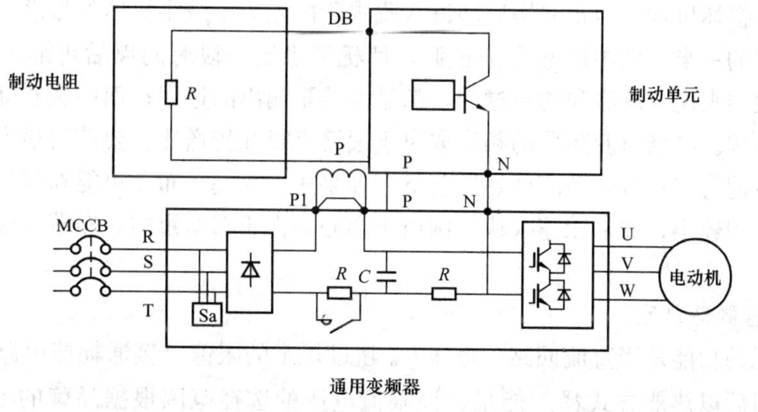

图5－32 能耗制动和制动单元、制动电阻的连接方式

三、离心水洗机的变频设计

1. 离心水洗机的运行特点

离心水洗机的运行过程如图 5-33 所示。时间 t_1 表示洗涤时的加速时间，因与减速时间通常一致，因此没有单独标出，而 t_2 表示脱水加速时间，t_3 表示脱水完毕的减速时间。为获得较强揉搓作用，洗涤时间 t_1 通常设置得较短，这样滚筒转速就可以在短时间内达到设定值。而脱水的加/减速时间则设置得比较长，避免出现过压等故障。

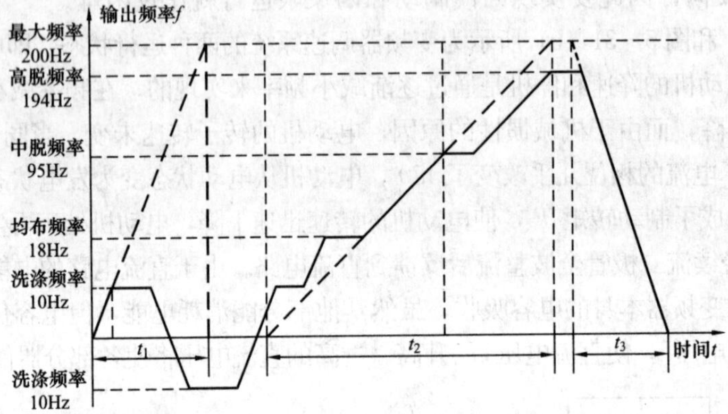

图 5-33 离心水洗机的运行过程

水洗机上的变频器容易出现故障，主要是因为变频器的负载变化较大、频率范围宽、振动大。不同质量的布草、不同高度的洗涤液位以及滚筒转动时布草的跌落等，都会引起负载力矩的大范围变化。因此导致了变频器易出现过压故障。统计表明，这类故障约占工业水洗机变频器总故障率的 50%。

水洗机的负载是一个不断变化的负载，以布草洗涤为例，布草和洗涤液开始时在滚筒中处于静止状态，洗涤时，电动机要拖动它在短时间内达到设定的洗涤速度，滚筒内的提升筋将布草提升到洗涤液面的某一高度，当布草的离心力垂直向上的分量小于布草的重力时，布草便跌落到洗涤液中，起到揉搓作用。为了加强揉搓的作用，滚筒总是正转一段时间后，停下来再反转，这样布草的洗净度更高。洗涤完毕后，通过一个比洗涤速度略高的均布动作将布草均匀分布在滚筒中，避免因布草分布不均匀致使布草严重偏心，在高速脱水时引起机器的剧烈振动，损坏机器。均布完毕后即进入脱水阶段，为了减小机器的振动，一般都会设置高速脱水频率的一半，即中脱频率来过渡，使机器稳定一段时间以后再继续加速到高脱频率。对于变频器来说，洗涤和均布过程，都是恒转矩输出的过程；而中脱和高脱过程，则是恒功率输出过程。洗涤时变频器的频率取决于滚筒直径和传送比。要获得最大揉搓作用，就要用适当的转速将布草带到最高处然后落下，如果速度太慢，布草可能在较低的位置就已经落下，揉搓作用较小；如果转速太快，则由于离心力大于布草重力，布草无法落下，起不到揉搓作用。

2. 变频器制动单元

制动单元的功能是当直流回路的电压 U_d 超过规定的限值时接通耗能电路，使直流回路通过制动电阻后以热能方式释放能量。该限值电压的选择范围根据品牌的不同而从 630～800V 不等，制动限值电压选择基于以下两个标准。

（1）制动限值电压必须足够高，不能因为电网电压升高而使制动单元误动作。中国电网波动范围较大，在很多地方，夜间电压会超过交流450V，对应变频器直流电压为640V DC，安全的电压设定点必须在这个数值以上。如果按进口变频器标准把制动限值电压设定在630V DC，十有八九会烧坏制动电阻。原因还在于电网电压，发达国家电网波动指标是+10%、-15%，我国电网波动实际范围是+20%～-20%。

（2）制动限值电压应该足够低，尽量使变频器工作在额定电压附近，对设备安全运行有最大保证。选择高的制动限值电压，虽然可以保证制动单元不会误动作，但是过高的电压对设备长期安全运行是有很大影响的。特别对于元器件电压等级选择较低的变频器，这种影响是明显的。同时，电压设定过高会使电动机过电压磁饱和，控制精度下降和电动机损耗加大。

表5-5所示不同电网电压下、不同地区的推荐制动限值电压。由表5-5可知，对于我国大部分情况下应该选用690～700V DC的制动限值电压。

表5-5　　不同电网电压下、不同地区的推荐制动限值电压

标准电网电压	推荐制动限值电压	适用地区	实际电压波动
交流220V	370V DC	中国	+20%，-20%
交流380V	690～700V DC	中国	+20%，-20%
交流440V	730～760V DC	其他国家	+10%，-15%**
交流460V	760～790V DC	其他国家	+10%，-15%**

**变频器生产商设计电压指标为一般为+10%，-15%。

制动单元根据安装形式可分内置式和外置式两种，前者是适用于中小功率的通用变频器，后者则是适用于中大功率变频器或是对制动有特殊要求的工况中。从原理上讲，二者并无区别，都是作为接通制动电阻的"开关"，它包括功率管、电压采样比较电路和驱动电路（如图5-34所示）。

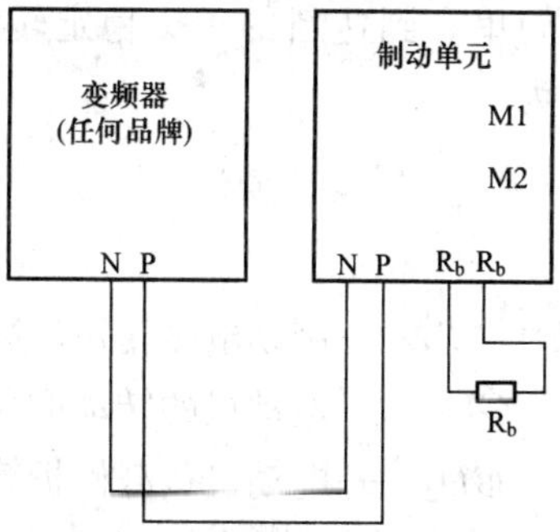

图5-34　制动单元的连接方式

能耗制动的过程如下：①当电动机在外力作用下减速、反转时（包括被拖动），电动机即以发电状态运行，能量反馈回直流回路，使母线电压升高；②当直流电压到达制动单元开的状态时，制动单元的功率管导通，电流流过制动电阻；③制动电阻消耗电能为热能，电动机的转速降低，母线电压也降低；④母线电压降至制动单元要关断的值，制动单元的功率管截止，制动电阻无电流流过；⑤采样母线电压值，制动单元重复ON/OFF过程，平衡母线电压，使系统正常运行。

制动单元的选用标准一般有以下几点。

（1）有过热、过电流保护，并有良好的故障报警系统，能提醒用户。

（2）有完全短路保护，不会因为电阻短路损坏变频器。

（3）在全频范围内噪声过滤，不会干扰其他设备。

3. 变频器制动电阻

制动电阻是用于将电动机的再生能量以热能方式消耗的载体，它包括电阻阻值和功率容量两个重要的参数。选择正确的制动电阻是保证制动效果并避免设备损坏的必要条件。首先要计算制动功率并绘制正确的制动曲线；再根据制动曲线确定制动周期及制动功率；根据所确定的制动功率及制动周期，同时参考电压、阻值等条件选择合适的制动电阻。需要注意的是，用户所选制动电阻阻值一般不能小于选型手册中规定的数值，否则将直接造成变频器损坏！有时候制动功率不好确定，或为了确保安全，可选择制动功率较大的电阻。

制动电阻的选择一般有以下几个标准：

(1) 制动电阻最好采用无感电阻，以降低电感量。通常在工程上选用较多的是波纹电阻和铝合金电阻两种，前者采用表面立式波纹有利于散热降低寄生电感量，并选用高阻燃无机涂层，有效保护电阻丝不被老化，延长使用寿命；后者耐气候性、耐震动性都优于传统瓷骨架电阻器，广泛应用于高要求恶劣工控环境使用。只有特殊设计的制动单元，才能与普通电阻相连接。

(2) 制动电阻必须有过热自动隔离的保护装置。

(3) 制动电阻严禁接地故障发生，否则将引起本装置和变频器的重大故障。

(4) 制动电阻的容量选用为参考值，并依负载惯性和制动频率等特性作修正。

能耗制动的优点是构造简单，缺点是运行效率降低，特别是在频繁制动时将要消耗大量的能量，且制动电阻的容量将增大。

【任务训练 5-2：离心水洗机变频器 MM440 制动单元的设计与选型】

1. 制动单元和制动电阻的选配和计算

步骤依次如下：

(1) 制动转矩 T_B 的计算。假设电动机从现在的运行速度开始制动，在一定的减速时间里，到达新的一个稳定转速，这样的一个制动过程所需的电磁转矩 T_B 可以的计算式为

$$T_B = \frac{(GD_M^2 + GD_L^2)(N_1 - N_2)}{375 t_s} - T_L$$

式中 T_B——制动电磁转矩，Nm；

GD_M^2——电动机的转动惯量，Nm^2；

GD_L^2——电动机负载侧折算到电动机侧的转动惯量，Nm^2；

T_L——负载阻转矩，Nm；

N_1——制动前电动机速度，r/min；

N_2——制动后电动机转速，r/min；

t_s——减速时间，s。

根据离心机的电磁制动负载为 100% 计算，由公式和经验数据估算制动转矩为 45Nm。

(2) 制动电阻的阻值计算。在制动单元工作过程中，直流母线的电压升降取决于常数 RC，R 为制动电阻的阻值，C 为变频器的电解电容的容量。由充放电曲线可以知道，RC 越小，母线电压的放电速度越快，在 C 保持一定（变频器型号确定）的情况下，R 越小，母线电压的放电速度越快。制动电阻的阻值计算式为

$$R_B = \frac{U_C^2}{0.1047(T_B - 0.2T_M)N_1} \quad (\Omega)$$

式中　U_C——制动单元动作电压值，通常可以取710V；

T_M——电动机额定转矩，Nm。

这里，设定 N_2 为0，计算出阻值为30Ω，基本能满足离心机电动机减速状况的要求。

（3）制动电阻的标称功率。由于制动电阻为短时工作制，即每次通电时间很短，在通电期间，电阻温升远远达不到稳定温升，但瞬时功率很高；每次通电后的间歇时间较长，在该段时间内其温度在不断下降，如此循环往复，最终电阻达到一定的稳定温升，一般有80～100℃。因此根据电阻的特性和技术指标，可以知道电阻的标称功率（即额定功率）将小于通电时的消耗功率，其计算式为

$$P_R = a \times P_S \times ED\% \quad (W)$$

式中　P_R——制动电阻的标称功率或额定功率，W；

P_S——制动期间的平均消耗功率，W；

$ED\%$——制动使用率，这里选择10%；

a——制动电阻降额系数，一般选1.5～2，该值可以由电阻的降额曲线查得。

P_S 的计算式为

$$P_S = 0.1047(T_a - 0.2T_M)\frac{N_1 + N_2}{2} \quad (W)$$

由此可以计算出制动电阻的容量为2kW左右。

总之，制动电阻采用2kW/30Ω的标称规格，可以适应离心水洗机的正常制动。

2. 制动单元与制动电阻的电气接线

由于MM440变频器在75kW以下均已经内置了制动单元，因此可以按图5-35进行接线，只需要将制动电阻跨接在B+和B−端子上即可。

3. 变频器参数设置

设置变频器停止方式为减速停车。

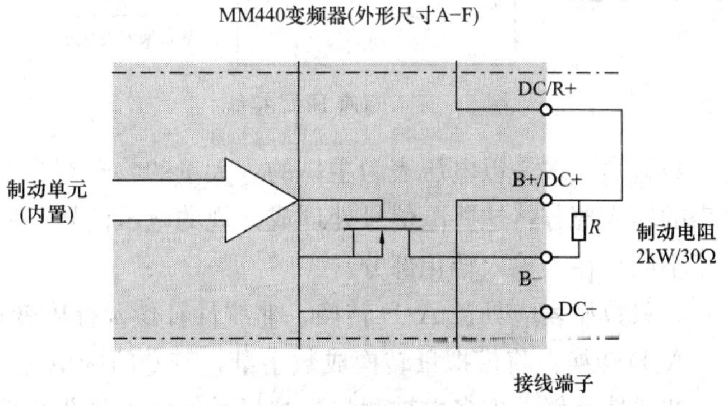

图5-35　水洗机离心机变频器的能耗制动接法

子课题3　离心洗衣机落布速度的测定

一、落布速度的测量

为了直观地了解离心水洗机进料或出料的速度，需要在落布架的转动轴处安装一个带齿轮的码盘，并配接一个电感式传感器，来获取齿轮变化的规律（如图5-36所示）。

当PLC的高速输入端子接收到电感式传感器的脉冲后，进行计算，可以直接转化为转动轴的运行速度（如图5-37所示）。

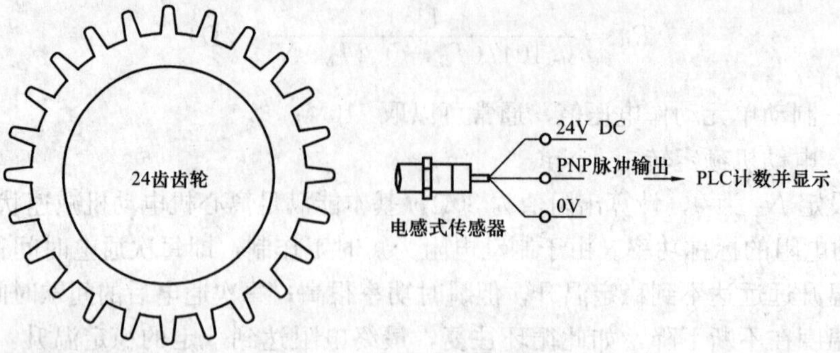

图 5-36 落布速度的测量

二、落布速度的显示

数显表首先要把连续变化的模拟量转换成断续变化的数字量（A/D 转换），再上计数器（如果输入信号是数字量，则直接上计数器）、寄存器、译码器，最后在 LED 数码管上显示出来。数显表外观如图 5-38 所示。

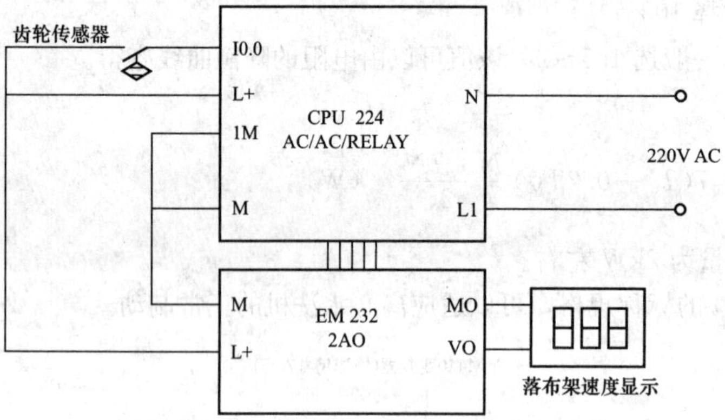

图 5-37 测速 PLC 接线

图 5-38 数显表外观

数显表大多是以电压表为主体的，大量的物理量经传感变送后转换成相对应的电信号，仪表的输入部分将这些电信号处理成常规的电压信号，所以大多数数显表的主体只是个电压表，不同点在于输入转化部分。

一只数显表应具备 A/D 转换、非线性补偿及标度变换三部分。

A/D 转换：将模拟量转换成数字量，有专门的单芯片。

非线性补偿：大多数被测参数与显示值之间呈非线性关系，为了消除非线性误差，必须在仪表中加入非线性补偿电路。常用的方法有：模拟式非线性补偿法、非线性数模转换补偿法、数字式非线性补偿法等。

标度变换：测量值与工程值之间往往存在一定的比例关系，数显表显示的不应该是输入值，而是实际的工程值，所以要进行标度变换。一般数显表的显示量程是全范围可设定的。

【任务训练 5-3：离心水洗机落布架速度的测量】

1. 电气接线（如图 5-37 所示）

2. 程序编制

落布架速度的测量分主程序、子程序和中断程序三部分。

落布架测速主程序如图 5-39 所示。

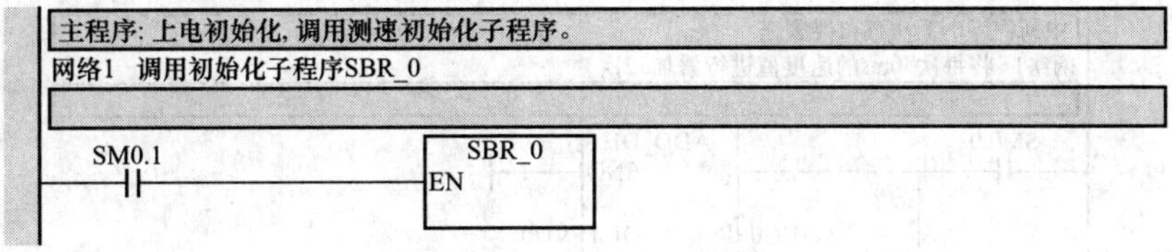

图 5-39 落布架测速主程序

落布架测速子程序如图 5-40 所示。

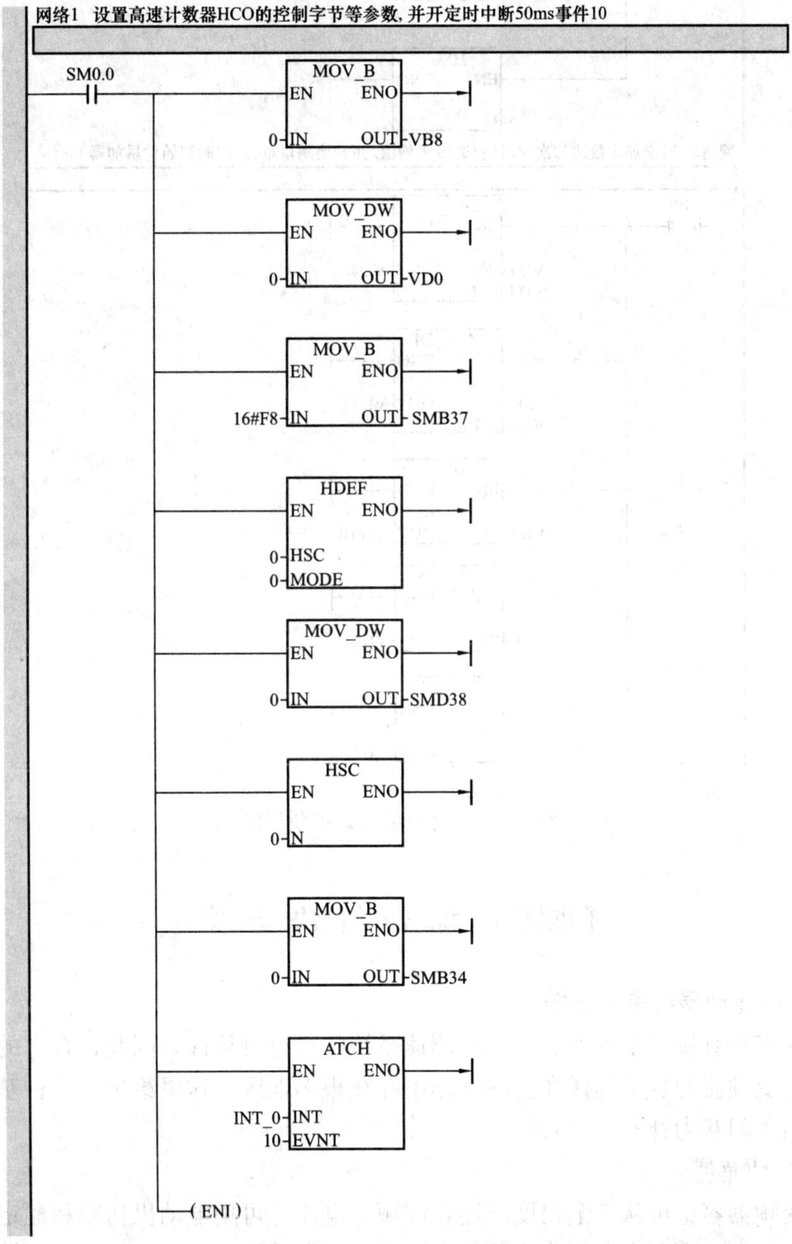

图 5-40 落布架测速子程序

落布架测速中断程序如图 5-41 所示，其中速度单位的转换根据实际情况确定。

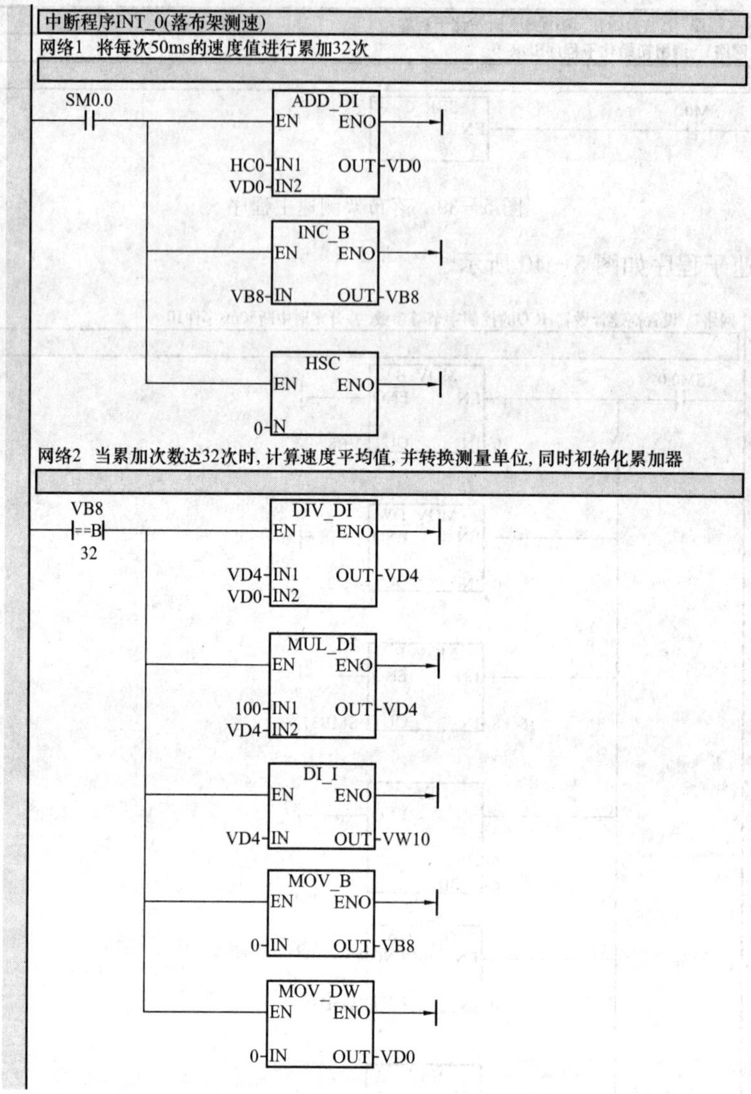

图 5-41 落布架测速中断程序

子课题4 综合解决方案

一、离心机变频器容量的选择

变频器的容量直接关系到离心机变频调速系统的运行可靠性，因此，合理的容量将保证最优的控制。变频器的容量选择在实际操作中存在很多误区，这里给出了三种基本的容量选择方法，它们之间互为补充。

1. 从电流的角度

大多数变频器容量可从三个角度表述，即额定电流、可用电动机功率和额定容量。其中后两项，变频器生产厂家由本国或本公司生产的标准电动机给出，或随变频器输出电压而降低，都很难确切表达变频器的能力。

选择变频器时，只有变频器的额定电流是一个反映半导体变频装置负载能力的关键量。负载电流不超过变频器额定电流是选择变频器容量的基本原则。需要着重指出的是，确定变频器容量前应仔细了解设备的工艺情况及电动机参数，例如潜水电泵、绕线转子电动机的额定电流要大于普通笼型异步电动机额定电流；冶金工业常用的辊道用电动机不仅额定电流大很多，同时它允许短时处于堵转工作状态，且辊道传动大多是多电动机传动，应保证在无故障状态下负载总电流均不允许超过变频器的额定电流。

2. 从效率的角度

系统效率等于变频器效率与电动机效率的乘积，只有两者都处在较高的效率下工作时，系统效率才较高。从效率角度出发，在选用变频器功率时，要注意以下几点：

（1）变频器功率值与电动机功率值相当时最合适，以利变频器在高的效率值下运转。

（2）在变频器的功率分级与电动机功率分级不相同时，变频器的功率要尽可能接近电动机的功率，但应略大于电动机的功率。

（3）当电动机属频繁启动、制动工作或处于重载启动且较频繁工作时，可选取大一级的变频器，以利用变频器长期、安全地运行。

（4）经测试，电动机实际功率确实有富余，可以考虑选用功率小于电动机功率的变频器，但要注意瞬时峰值电流是否会造成过电流保护动作。

（5）当变频器与电动机功率不相同时，则必须相应调整节能程序的设置，以利达到较高的节能效果。

变频器负载率 b 与效率 h 的关系曲线见图 5-42。

由图 5-42 可见：当 $b=50\%$时，$h=94\%$；当 $b=100\%$时，$h=96\%$。虽然 b 增一倍，h 变化仅 2%，但对中大功率如几百千瓦至几千千瓦电动而言也是可观的。

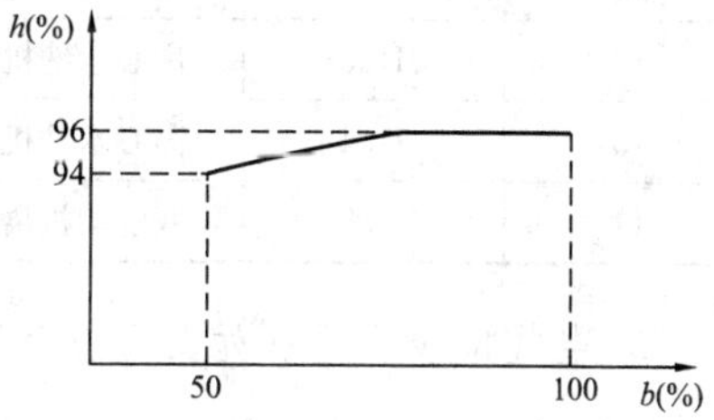

图 5-42 负载率与效率的关系曲线

3. 从计算功率的角度

对于连续运转的变频器必须同时满足以下 3 个计算公式。

（1）满足负载输出

$$P_{CN} \geqslant P_M/\eta$$

（2）满足电动机容量

$$P_{CN} \geqslant 1.732 \times kU_N I_N \times 10^{-3}$$

（3）满足电动机电流

$$I_{CN} \geqslant kI_N$$

式中 P_{CN}——变频器容量，kVA；

P_M——负载要求的电动机轴输出功率，kW；

U_N——电动机额定电压，V；

I_N——电动机额定电流，A；

η——电动机效率，通常约为 0.85；

k——电流波形补偿系数，由于变频器的输出波形并不是完全的正弦波，而含有高次谐波的成分，其电流应有所增加，通常 k 约为 1.05～1.1。

二、离心机控制装置的硬件部分

1. 离心机 I/O 配置（如表 5－6 所示）

表 5－6 离心机的输入/输出资源配置

序号	输入	说明	输出	说明
1	I0.0	落布架速度测量	Q0.0	进水电磁阀
2	I0.1	任何一台变频器故障	Q0.1	排水电磁阀
3	I0.2	高水位选择开关	Q0.2	离心水洗机正转
4	I0.3	中水位选择开关	Q0.3	离心水洗机反转
5	I0.4	低水位选择开关	Q0.4	速度选择开关 1
6	I0.5	手动排水开关	Q0.5	速度选择开关 2
7	I0.6	手动脱水开关	Q0.6	速度选择开关 3
8	I0.7	高水位液位开关	Q0.7	洗涤液电磁阀
9	I1.0	中水位液位开关	Q1.0	双电动机离心机启动信号
10	I1.1	低水位液位开关	Q1.1	运行结束/故障灯
11	I1.2	无水位开关	AQW0	落布速度显示
12	I1.3	离心水洗机启动按钮		
13	I1.4	离心水洗机停止按钮		
14	I1.5	双电动机离心机起/停按钮		

2. 电气接线示意（如图 5－43 所示）

三、离心机控制系统的软件部分

离心机控制系统的软件部分包括双电机离心机启动、离心水洗机全自动控制、落布架速度测量与显示。这里主要介绍一下离心水洗机全自动控制的程序。

离心水洗机的正常运行包括如下几个步骤。

(1) 将水位开关选择开关设在合适的位置（高、中、低），按下启动按钮，开始进洗涤液、进水，达到设定的水位后，停止进水；

(2) 进水停止 2s 后开始洗衣；

(3) 洗衣时，正转 20s，停 2s，然后反转 20s，停 2s；

(4) 如此循环 5 次，然后开始排水；

(5) 排空后脱水 30s，然后再进水，重复 (1)～(4) 步，如此循环共 3 次；

(6) 洗衣过程完成，3s 后自动停机。

“强制停止”方式具体控制要求如下：

(1) 若按下“停止”按钮，洗衣过程停止，即洗涤电动机停止转动，停止进水和排水；

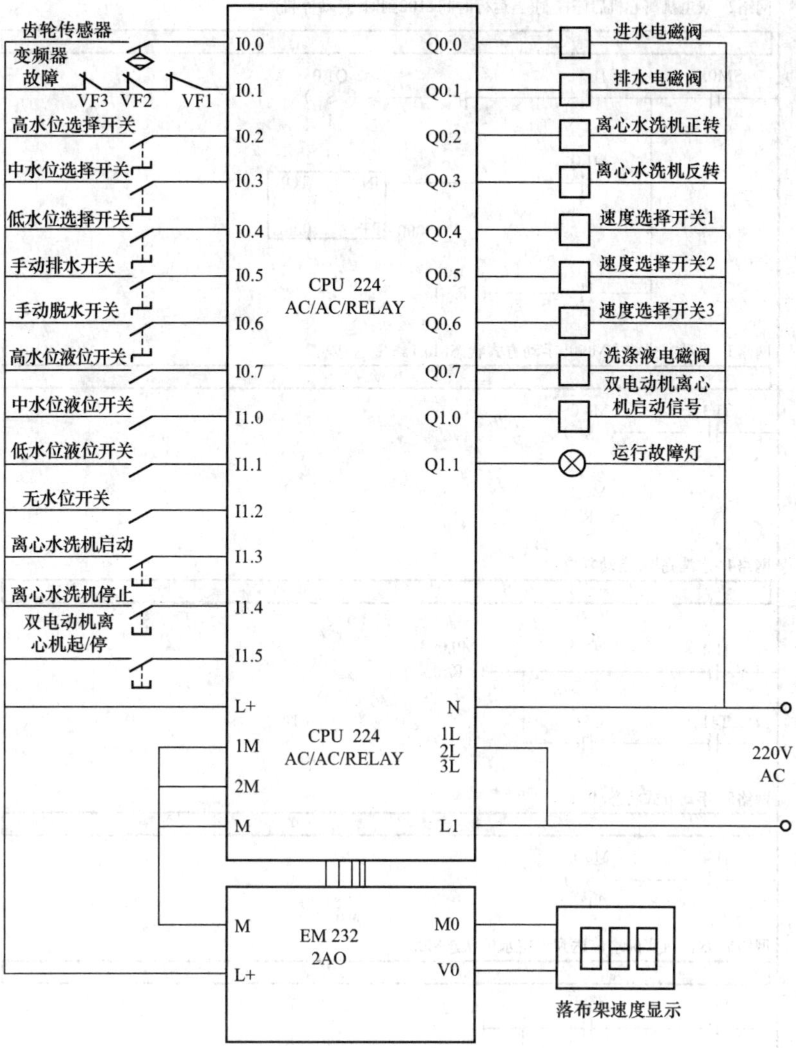

图 5 - 43　离心机综合解决方案的原理

(2) 可用手动排水开关及手动脱水开关进行手动排水和脱水。

离心水洗机主程序如图 5 - 44 所示，其采用的中间变量说明如表 5 - 7 所示。

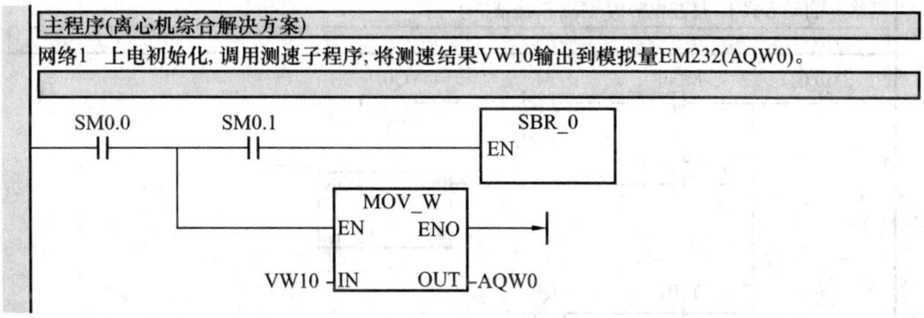

图 5 - 44　离心水洗机主程序（一）

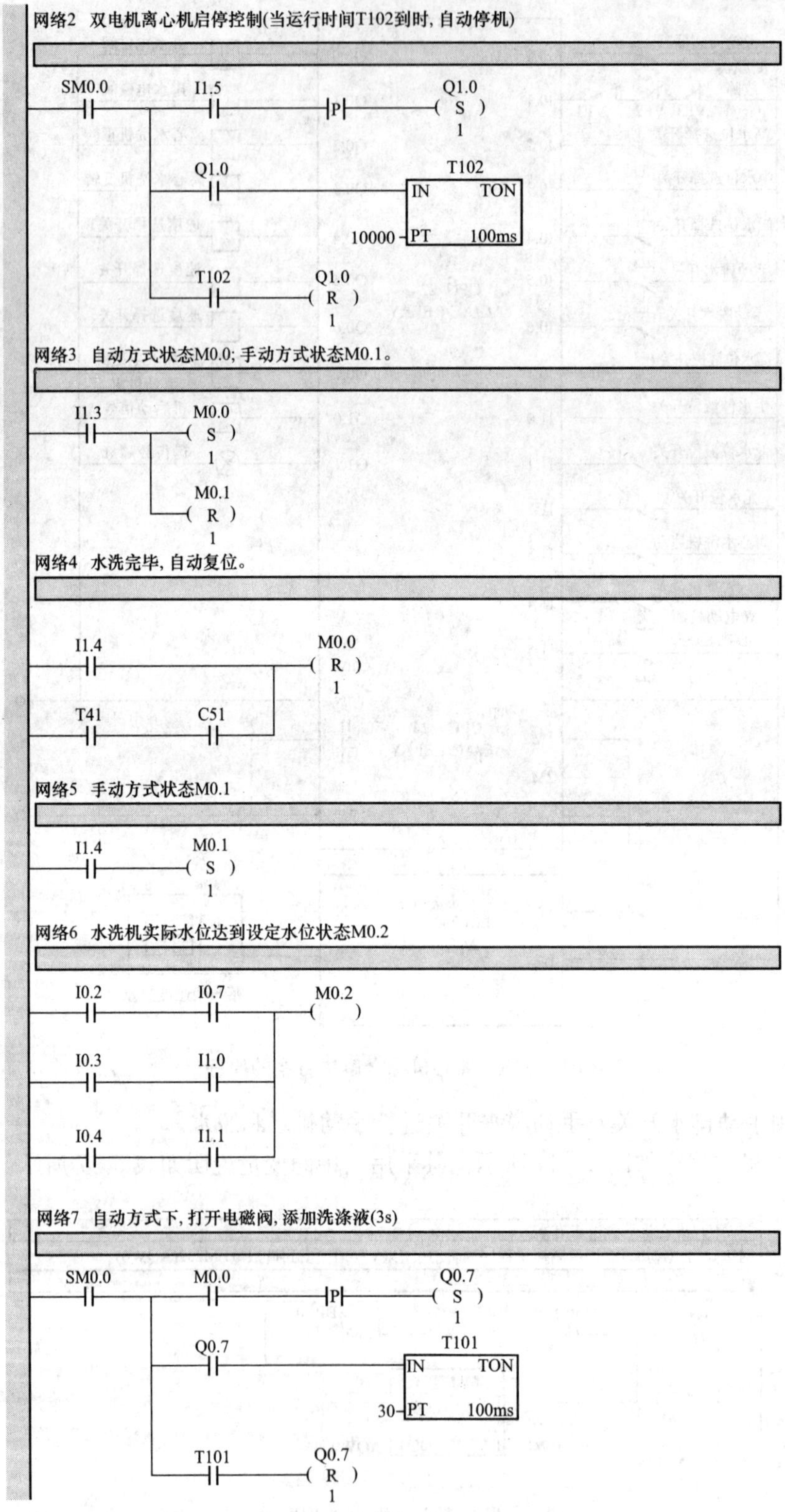

图 5-44 离心水洗机主程序（二）

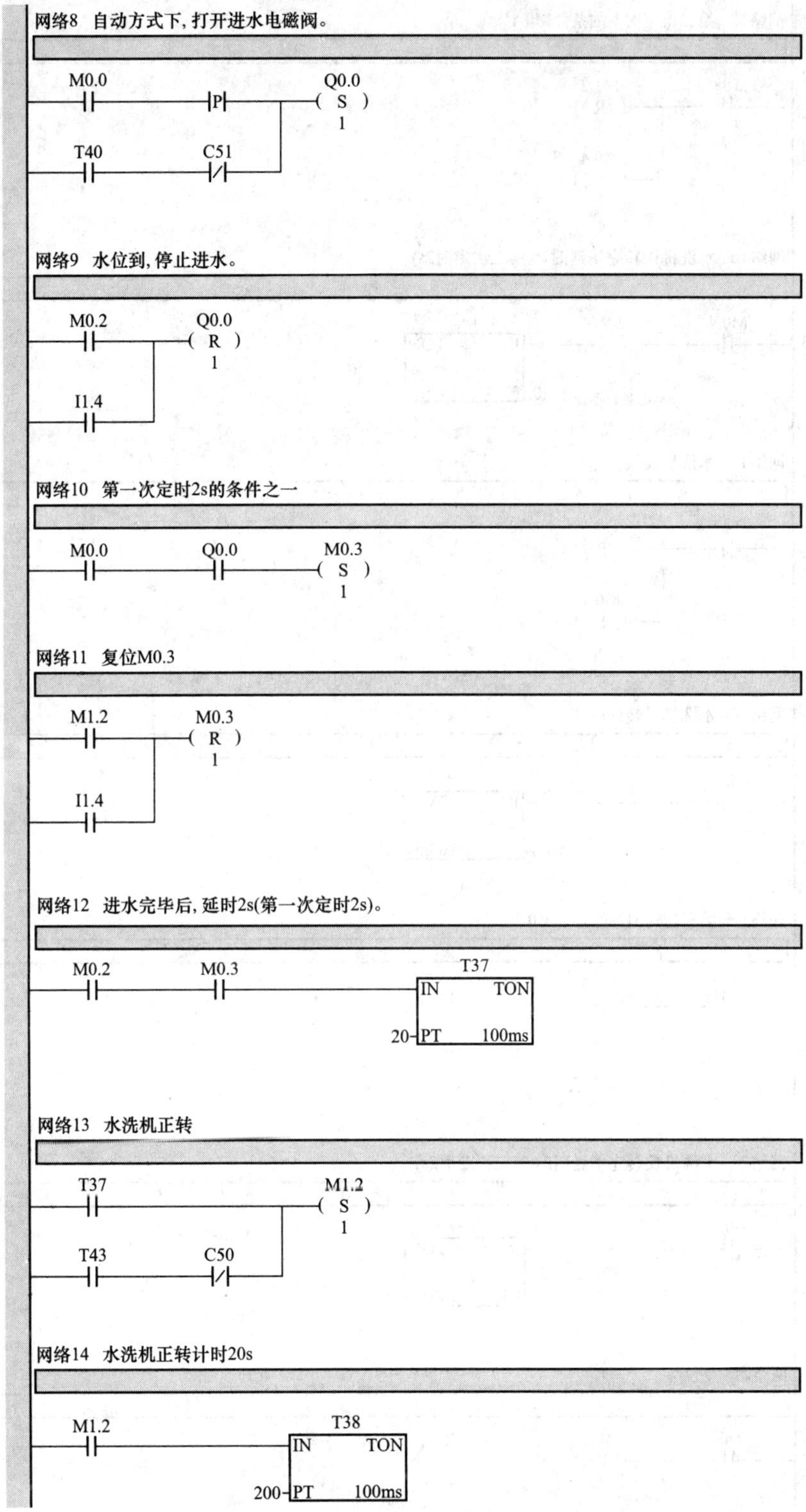

图5-44　离心水洗机主程序（三）

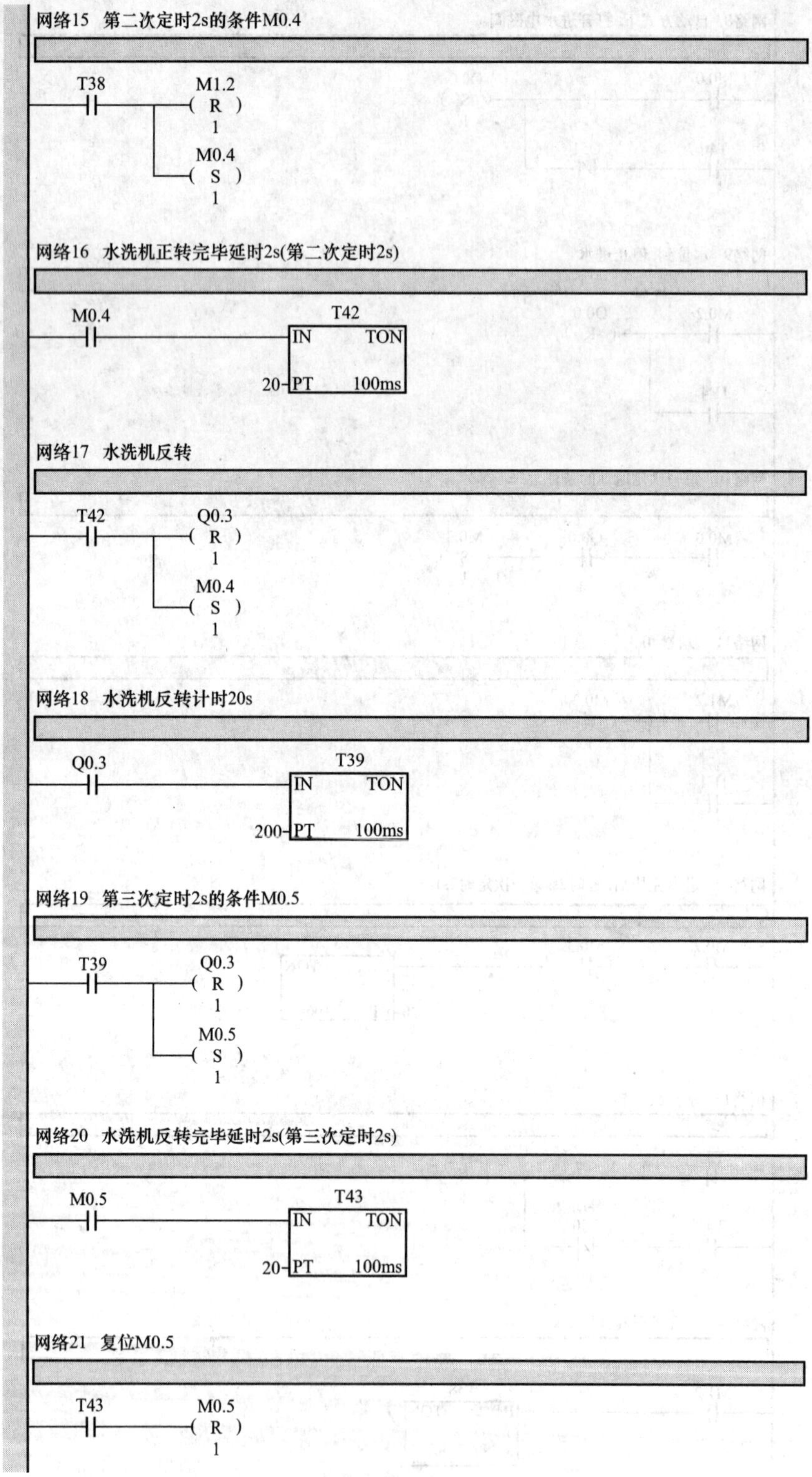

图 5-44 离心水洗机主程序（四）

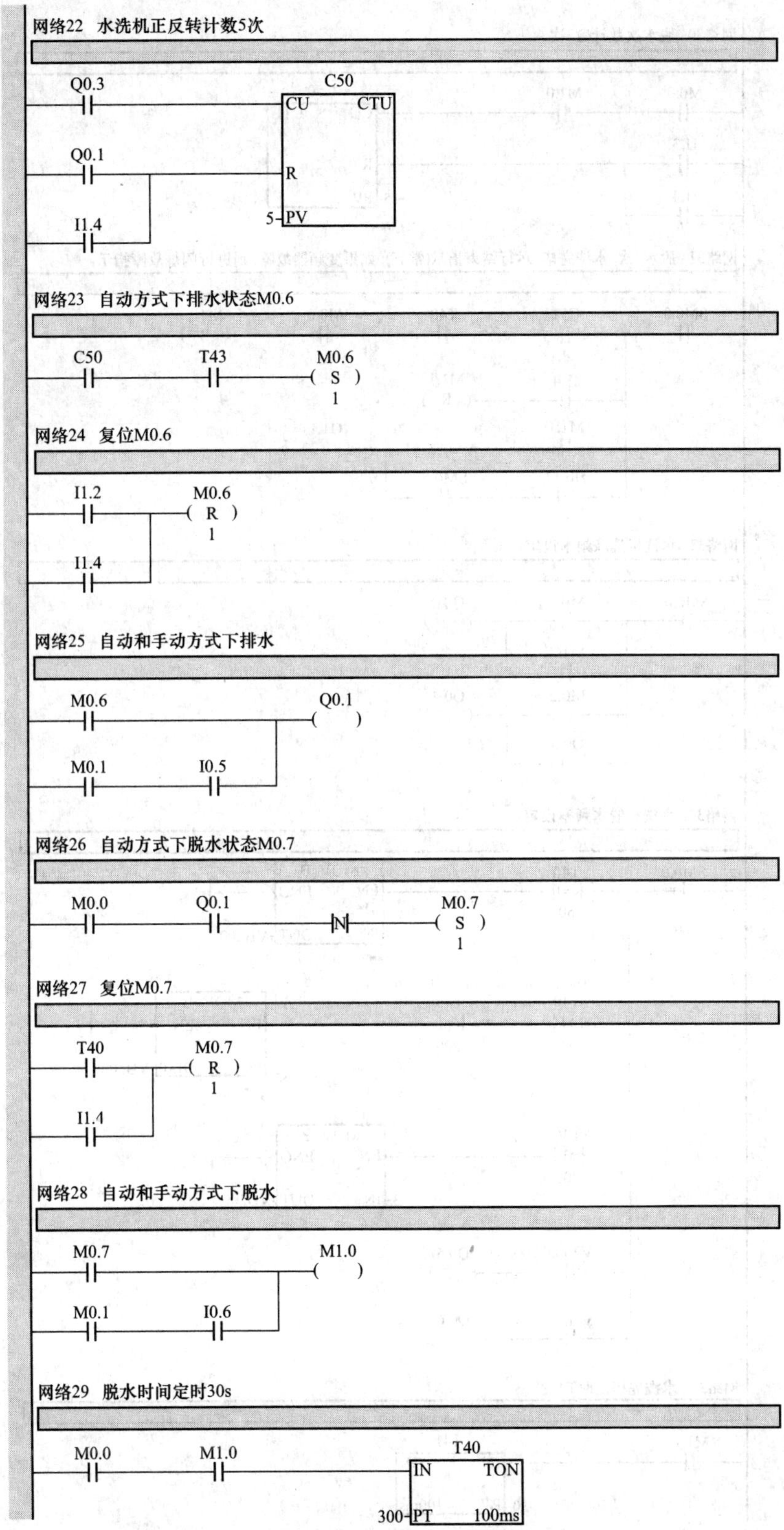

图5－44　离心水洗机主程序（五）

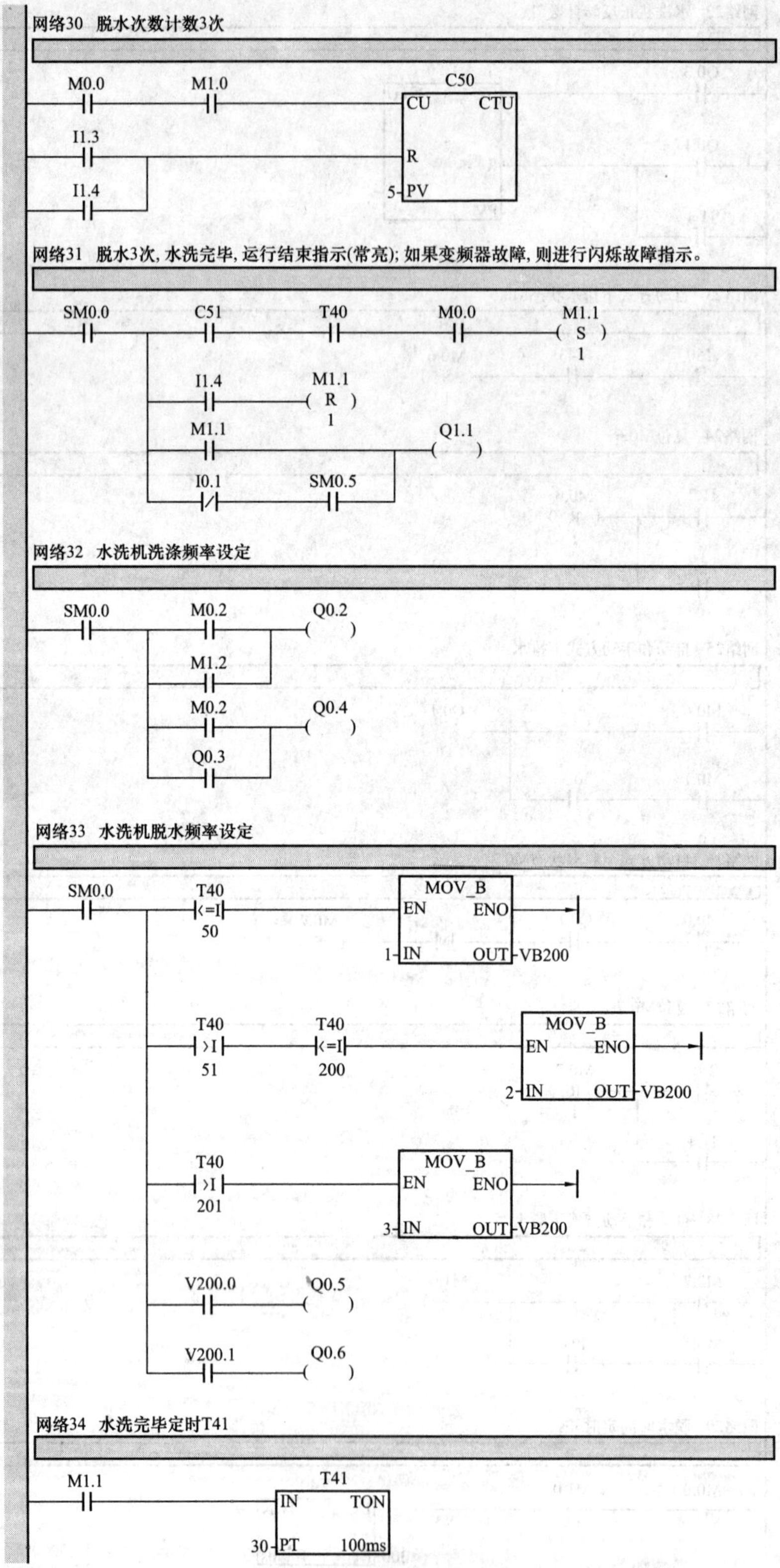

图 5-44 离心水洗机主程序（六）

表5-7 主要中间变量说明

序号	变量名称	含义
1	M0.0	自动方式状态
2	M0.1	手动方式状态
3	M0.2	水洗机水位达到设定水位状态
4	M0.3	第一次延时2s的条件之一
5	M0.4	第二次延时2s的条件
6	M0.5	第三次延时2s的条件
7	M0.6	自动方式下排水状态
8	M0.7	自动方式下脱水状态
9	T37	进水到位后延时2s
10	T38	正转洗涤20s
11	T39	反转洗涤20s
12	T40	脱水时间30s
13	T41	水洗完毕延时3s
14	T42	洗涤正转完毕延时2s
15	T43	洗涤反转完毕延时2s
16	T101	洗涤液阀门打开2s

子课题5 技术答疑

问题1 离心机能耗制动的故障主要有哪些？该如何解决？

离心机能耗制动的故障主要有以下几种。

(1) 制动单元有制动动作（可通过响声和指示灯判断），但是变频器仍然有过电压发生。

解决办法：延长变频器的减速时间；制动电阻值过大，减小电阻值10%～15%再试，但不能低于选型手册中的最小值。

(2) 制动单元无制动动作。

可能原因：电阻断路，制动无效；电阻短路，制动器自动停止输出；电缆线未接好；制动单元故障；用户的系统本来就不需要制动单元和制动电阻。

(3) 制动电阻太热。

解决办法：需要加大制动电阻的功率。

(4) 变频器不工作时，电阻仍然发热。

可能原因：制动单元电压的等级错误，比如220V的制动单元用在380V电网中。

(5) 制动时变频器发生过电流保护。

解决办法：制动电阻值大小，制动力矩过大，需要加大电阻阻值，也可能需要延长变频器减速时间。

(6) 变频器无法投电。

可能原因：制动单元输入正负方向错误。

(7) 制动单元过热。

可能原因：通风不好，重新安装；系统的制动频度太高，超出了一般的工作系数（如

15%），选择大一个档的制动单元。

问题2 什么是制动单元的参数设置？应该如何设置？

制动单元按照变频器的配置方式分为两种，即内置式制动单元和外置式制动单元。但无论哪一种，在使用电阻能耗制动功能时，必须对制动单元的硬件跳线和变频器参数进行设置。

(1) 内置式制动单元。不同的变频器其内置式制动单元的功率配置是不同的，如西门子MM440变频器的内置式制动单元可到75kW，而很多变频器只到7.5kW为止。对于内置式制动单元，其硬件往往是和驱动板做在一起，而且硬件跳线不需要设置，只需设置相关的变频器参数即可。

这些相关的变频器参数包括：①电阻能耗制动选择，请务必根据实际使用情况，正确设置是否选择，否则将影响控制特性；②制动使用率，即制动周期在整个运行周期中的比值，一般用百分比来表示，在有些变频器中被称为制动周期（比）。本参数的设置必须考虑到制动电阻的阻值和功率。制动使用率的数值可在0～100%之间选择。比如，西门子标准传动产品提供的MM4系列制动电阻均为5%制动周期的电阻，所以在选型时应加以注意，其制动周期在参数P1237中选择，同时应将P1240设置为0，用以禁止直流电压控制器。

(2) 外置式制动单元。外置式制动单元一般来说可以适用于大部分品牌的变频器，因此，其选用上比较自由。但是，标准的制动单元都具有硬件参数设置功能，这些参数通常是采用拨码开关或者硬件跳线来实现的，其功能主要有：

1) 制动限值电压设定。根据上面的描述选择相应的限值电压，如630V、660V、690V、710V等，对于特殊需要的情况下（如制动单元并联），还提供了电位器微调。

2) 制动使用率，即设定制动单元的工作使用率。往往厂家都有一个默认的设置值，没有特殊情况是不允许改动的。特殊情况下，改动可通过几个跳线或拨码组合来实现0～100%的设置。

上述两个参数仅在系统上电或制动单元复位时自动装载一次，其他情况下设置参数不会立即有效。

对变频器来说，识别制动和使用制动只有在设置“外置制动单元有效”和“变频器过压失速功能禁止”时才起作用。因为一旦变频器使用过压失速功能，变频器将会一直比较母线电压和过压失速点，然后采取失速的办法防止过压跳闸，因此变频器的制动限值电压将始终达不到。

问题3 能否用接触器替代离心机变频器的制动单元？

接触器替代制动单元的方法是采用普通的380V AC交流接触器（线圈电压220V AC）替代原本用功率器件做成的制动单元。从原理上来说，通过母线电压与制动限值电压进行比较得出的信号电平来驱动接触器的开与断，接触器吸合的同时就能通过电阻进行电能到热能的转换，最终实现制动目的。这种方式对于制动偶尔发生的场合有效。

接触器的连接方式，是通过三个触点的串联后接入制动电阻。采用三个触点的原因有以下两点：①因为交流接触器的触点耐压为交流500V左右，而变频器的直流母线电压可达700VDC，三个触点串联后，可具有足够的耐压能力。②交流接触器的灭弧能力较差，三个触点串联后，可在三个地方同时接通和断开，有利于灭弧。同时因为负载属于纯电阻性质，故灭弧能力已经足够。

用接触器替代制动单元的方式有两个优点：①用户能够观察接触器触点的损坏情况，并能自行维修；②因为接触器是外配的，制动单元并不与接触器容量挂钩，故选用方便。

接触器的选择依据是触点电流 I，其计算公式为

$$I = 2 \times 700V \div R_b$$

式中 R_b——制动电阻。

必须注意的是，由于接触器的寿命是以动作次数来计算的，所以在一些制动非常频繁的场合不适用，必须使用制动单元。

问题4 离心机的变频器经常干扰PLC高速脉冲信号和其他输入信号，应该如何预防？

PLC由于具有功能强、程序设计简单、维护方便等优点，特别是具有高可靠性、较强的适应恶劣工业环境的能力，已被广泛应用于很多行业。但由于离心机现场环境条件恶劣、湿度高，以及各种工业电磁、辐射干扰等，会影响系统的正常工作，因此必须重视工程的抗干扰设计。

PLC所受的干扰源主要有电源系统引入的干扰、接地系统引入的干扰和输入输出电路引入的干扰三类。如果PLC的干扰问题解决得不好，系统将无法可靠运行，将会影响到正常工作。

为防止干扰，可采用硬件和软件的抗干扰措施，其中，硬件抗干扰是最基本和最重要的抗干扰措施，一般从抗干扰和防干扰两方面入手来抑制和消除干扰源，切断干扰对系统的耦合通道，降低系统对干扰信号的敏感性。

(1) 电源系统引入的干扰。电网的干扰，频率的波动，将直接影响到PLC系统的可靠性与稳定性，从这个意义上来说抑制电源系统的干扰是提高PLC的抗干扰性能的主要环节。

对于电源系统引入的干扰主要有两种抗干扰方法。

1) 加装滤波、隔离、屏蔽、开关稳压电源系统。设置滤波器的作用是为了抑制干扰信号从电源线传导到系统中。使用隔离变压器必须注意的是：屏蔽层要良好接地，二次侧连接线要使用双绕线（减少电线间的干扰），隔离变压器的一次绕组和二次绕组应分别加屏蔽层。为了抑制电网大容量电机设备启停引起电网电压的波动，保持供电电压的稳压，可采用开关稳压电源。

2) 分离供电系统。PLC的控制器与I/O系统分别由各自的隔离变压器供电，并与主电源分开，这样当输入输出供电断电时，不会影响到控制器的供电，如图5-45所示。

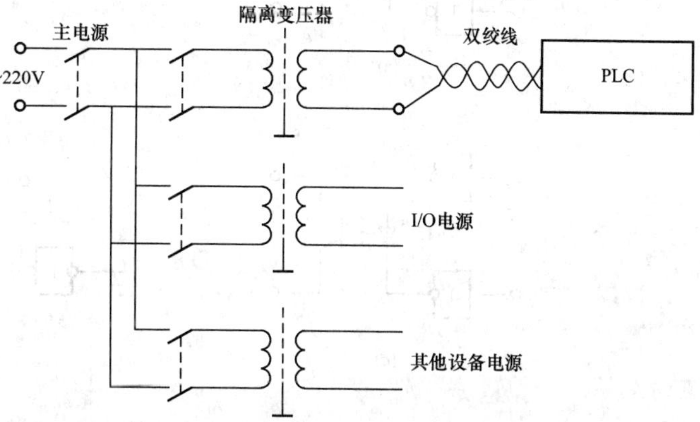

图5-45 分离供电系统图

(2) 接地系统引入的干扰。PLC系统分为逻辑电路接地和功率电路接地，有共地、浮地及机壳共地和电路浮地等

几种方式，一般采用PLC与其他设备分别接地方式最好。

接地时应注意：接地线尽量粗，一般大于$2mm^2$的线接地；接地点应尽量靠近控制器，接地点与控制器之间的距离不大于50m；接地线应尽量避开强电回路和主回路的电线，不能避开时，应垂直相交，尽量缩短平行走线的长度。

工程实践证明，接地往往是抑制噪声和防止干扰的重要手段，良好的接地方式可在很大程度上抑制内部噪声的耦合，防止外部干扰的侵入，提高系统的抗干扰能力。

(3) 输入输出电路引入的干扰。为了实现输入输出电路上的完全隔离，近年来在控制系统中光电耦合得到广泛应用，已成为防止干扰的最有效措施之一。

光电耦合器具有以下特点：首先，由于是密封在一个管壳内，不会受到外界光的干扰；其次，由于靠光传送信号，切断了各部件电路之间地线的联系；第三，发光二极管动态电阻非常小，而干扰源的内阻一般很大，能够传送到光电耦合器输入输出的干扰信号就变得很小；第四，光电耦合器的传输比和晶体管的放大倍数相比，一般很小，远不如晶体管对干扰信号那么灵敏，而光电耦合器的发光二极管只有在通过一定的电流时才能发光。因此，即使是在干扰电压幅值较高的情况下，由于没有足够的能量，仍不能使发光二极管发光，从而可以有效地抑制掉干扰信号。

由于光电耦合器的线性区一般只能在某一特定的范围内，因此，应保证被传信号的变化范围始终在线性区内。为了保证线性耦合，既要严格挑选光电耦合器，又要采取相应的非线性校正措施，否则将产生较大的误差。

光电耦合输入电路如图5-46所示。其中图5-46 (a) 为高电平输入接法；图5-46 (b) 为低电平输入接法；图5-46 (c) 为差动型接法，它具有两个约束条件，对于防止干扰有明显的优越性，适用于外部干扰严重的环境，当外部设备电流较大时，其传输距离可达100～200m；图5-46 (d) 考虑到COMS电路的输出驱动电流较小，不能直接带动发光二极管，所以加接一级晶体管作为功率放大，需要注意的是图中发光二极管和光敏三极管应分别由两个电源供电，电阻值视电压高低选取。

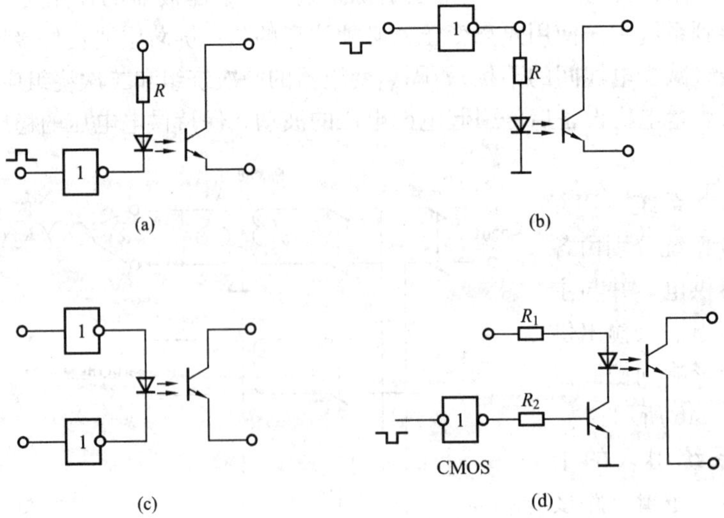

图5-46 光电耦合输入电路

光电耦合输出电路如图5-47所示。为了得到和输入同相的信号，可以采用图5-47（a）所示形式。若要求输出和输入反相，可以接成图5-47（b）所示形式。当输出电路所驱动的元件较多时，可以加接一级晶体管作为驱动功率放大，其接法如图5-47（c）所示。有时为了获得更好的输出波形，输出信号可经施密特电路整形。

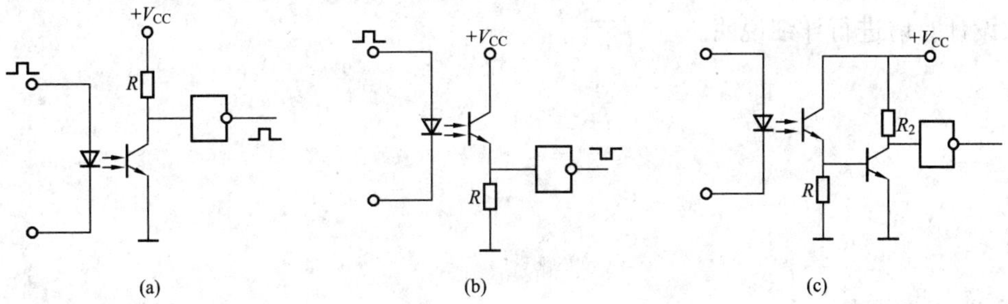

图5-47　光电耦合输出电路

以上两点是对开关量输入输出信号的处理方法，而对模拟量输入输出信号，为了消除工业现场瞬时干扰对它的影响，除加A/D、D/A转换电路和光电耦合外，可根据需要采取软件的数字滤波技术如中值法、一阶递推数字滤波法等算法。

问题5　离心机变频器MM440能否外接制动单元？应该如何接线？

可以外接制动单元，具体接线参照图5-48进行。MM440变频器如果尺寸在FX或GX的则为C/L＋、D/L－端子引线，A－F尺寸的则为DC＋、DC－引线。该接线中制动电阻设定了热保护到MM440的输入端子DIN6。

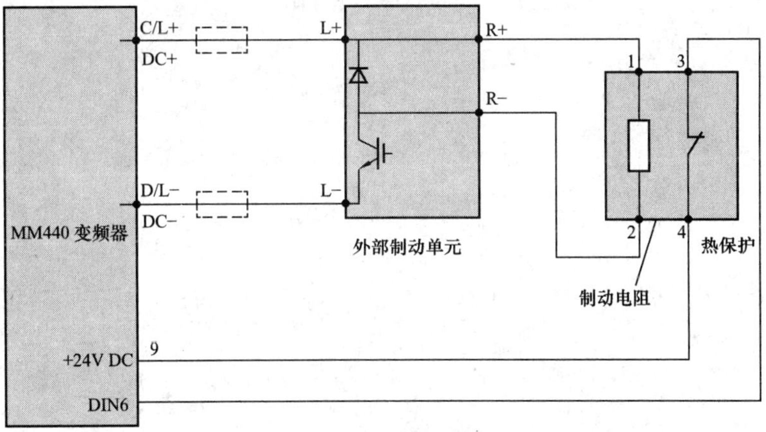

图5-48　MM440外接制动单元

思考与练习

1. 水洗离心机的多段速可以采取两种方式，即变频器设定方式和PLC设定方式，但是现在需要设定一个选择开关来进行两者方式的切换，该如何实现？请进行电气设计、PLC编程和变频器参数设置。

2. 水洗离心机的制动方式如果采取非能耗制动的话，应该采取哪种制动方式？还应该选取什么配件？请做出合理选型并画出接线图和相关的参数设置。

3. 双电动机离心机的转矩如何检测？请进行电气设计。

4. 对于离心机变频和PLC控制来说，稳定性、可靠性是非常重要的，尤其是当进线开关在离心机还没有完全停机后突然跳闸，这时该如何办？如果出现这种状况，离心机系统应该怎么设计？请进行详细说明。

课题 6

电梯控制柜的设计

电梯是一种垂直运输工具，有了它，摩天大楼才得以崛起，现代城市才得以长高。据估计，全球在用电梯约800万台。电梯已成为人类现代生活中广泛使用的人员运输工具。人们对电梯安全性、高效性、舒适性的不断追求推动了电梯技术的进步。

电梯在驱动控制技术方面的发展经历了直流电机驱动控制、交流单速电机驱动控制、交流双速电机驱动控制、直流有无齿轮和无齿轮调速驱动控制、交流调压调速驱动控制、交流变压变频调速驱动控制、交流永磁同步电机变频调速驱动控制等阶段。1967年，晶闸管用于电梯驱动，交流调压调速驱动控制的电梯出现在1983年。变压变频控制的电梯出现，由于其良好的调速性能、舒适感和节能等特点迅速成为电梯的主流产品。1996年，交流永磁同步无齿轮曳引机驱动的无机房电梯出现。

在控制方面，PLC控制系统因其功能强、结构简单、可靠性高、抗干扰能力强、维修方便等优点，已经取代继电器控制方式。

【课题任务书】

1. 任务概述

图6-1所示为一多层电梯，它包括控制柜、曳引机、轿厢、平衡块、门机等部分。请根据电梯工作流程和控制要求设计一个控制柜（以五层为例）。

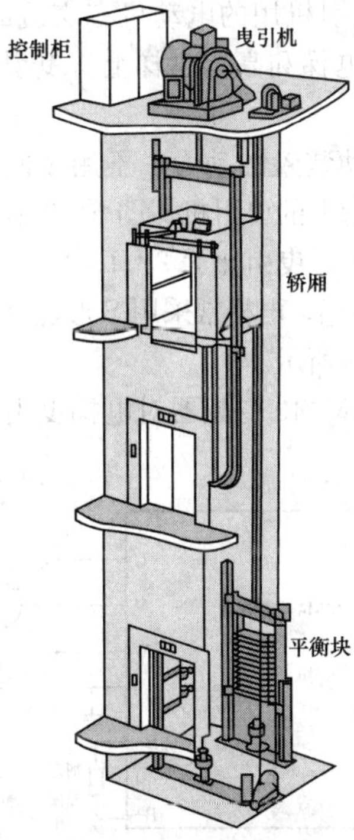

图6-1 多层电梯示意

2. 工作流程

电梯工作流程如下：

(1) 电梯控制系统由PLC控制的逻辑部分和变频器控制的调速部分组成，如图6-2所示。

(2) PLC接收来自每层呼梯的呼叫信号、轿厢和门机系统的功能信号以及井道和变频器的状态信号，经程序判断与运算实现电梯的自动控制。

(3) PLC在输出显示和监控信号的同时，根据逻辑控制的要求，向变频器发出运行方向、启动、加速、减

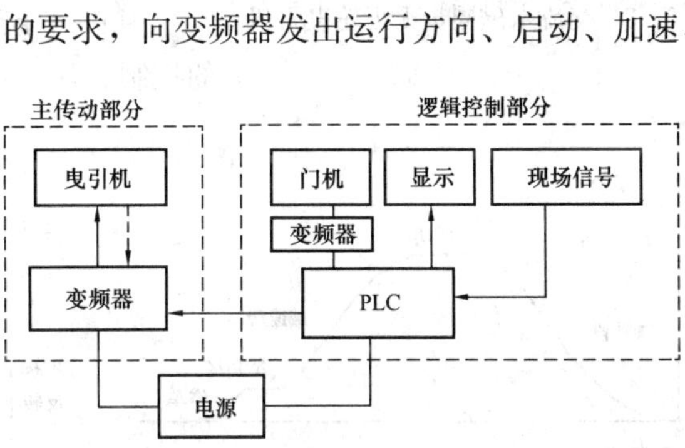

图6-2 电梯工作流程

速和制动停梯等信号。由变频器根据一定的控制规律和控制算法来控制电机。

(4) 门机的开关也采取变频控制。

3. 控制要求

(1) 输入电源为三相380V电源。

(2) 曳引电动机功率：M1为3～11kW，4极；门机电动机M2功率为0.2～3kW，4极。

(3) 控制柜要求防护等级为IP54，要求变频器与PLC之间无明显干扰现象。

分任务1 曳引电动机的变频设计

一、电梯曳引电机的变频控制要求

1. S形速度曲线

电梯停层时梯速为零，正常运行时以额定速度做匀速直线运动。在零速与额定速度之间则做加速或减速过渡，对这一段时间里电机转速的控制叫做调速。在轿厢做加速或减速运动时，乘客会出现超重与失重。普通人对超重和失重的承受能力是很有限的，我国国家标准GB 10058规定了a值不得大于$1.5m/s^2$。

由于电梯在匀速运行过程中人们没有不舒适感，而出现不舒适感的时间就是在电梯升速与减速运行的过程中，但只要能在电梯变速运行过程中，维持电梯运行加速度不发生变化，人们就不会有不舒适的感觉。

从结构上来看，电梯一次完整的运行过程，就是曳引电动机从启动、匀速运行到减速停车的过程。通常情况下曳引机包括以下两类。

(1) 有齿轮曳引机：拖动装置的动力，通过中间减速器传递到曳引轮上的曳引机，其中的减速箱通常采用蜗轮蜗杆传动（也有用斜齿轮传动），这种曳引机用的电动机有交流的，也有直流的，一般用于低速电梯和高速电梯上。曳引比通常为35∶2。

图6-3 交流永磁同步无齿轮曳引机

(2) 无齿轮曳引机：拖动装置的动力，不用中间的减速器而是直接传递到曳引轮上的曳引机。图6-3所示为交流永磁同步无齿轮曳引机，曳引比为2∶1。

为使乘客拥有良好的舒适感，电梯常采用S形速度曲线，转换成频率曲线如图6-4所示。

图6-5所示为西门子MM440变频器对电梯曳引机的控制。

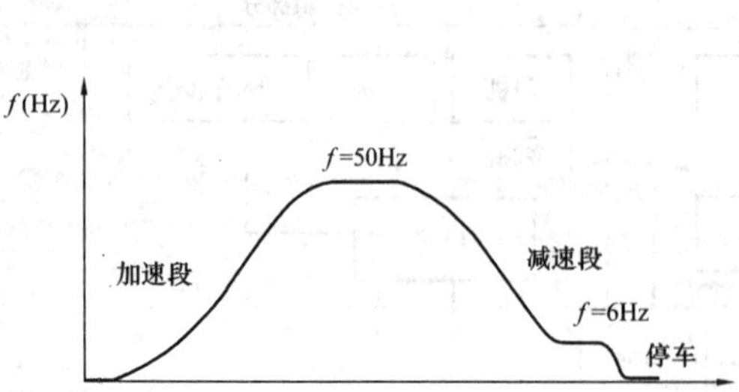

图6-4 曳引机运行频率曲线

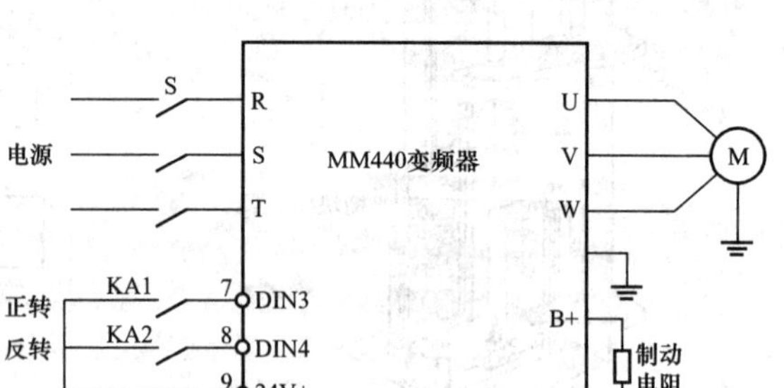

图6-5 西门子MM440变频器对电梯曳引机的控制

通过设置变频器的参数，如表 6-1 所示，就可以实现电梯速度的平滑性，达到顺利启动和准确停车的要求。

表 6-1　MM440 变频器参数表

参数号	设置值	说　明
P0703	1	ON 正转，OFF 接通停止
P0704	2	ON 反转，OFF 接通停止
P1001	50	设置固定频率 f=50Hz
P1002	6	设置固定频率 f=6Hz
P1080	0	电动机运行的最低频率（Hz）
P1082	50	电动机运行的最高频率（Hz）
P1120	3	斜坡上升时间（s）
P1121	3	斜坡下降时间（s）
P1130	0.5	斜坡上升起始段圆弧时间（s）
P1131	0.5	斜坡上升结束段圆弧时间（s）
P1132	0.5	斜坡下降起始段圆弧时间（s）
P1133	0.5	斜坡下降结束段圆弧时间（s）
P1300	20	变频器为无速度反馈的矢量控制

2. 最佳时序控制

电梯的最佳时序控制如图 6-6 所示，变频器在收到运行命令后，先进入零速运行过程，延时 T_1，保证电机励磁达到稳态后打开抱闸；同时变频器开始运行启动的启动速度保持时间 T_2 后是高速、低速到零速；零速运行 T_3 后，在保证惯性影响为零的情况下，关闭抱闸，由于抱闸抱紧需要一定时间，因此必须延时 T_4 后撤销运行命令。

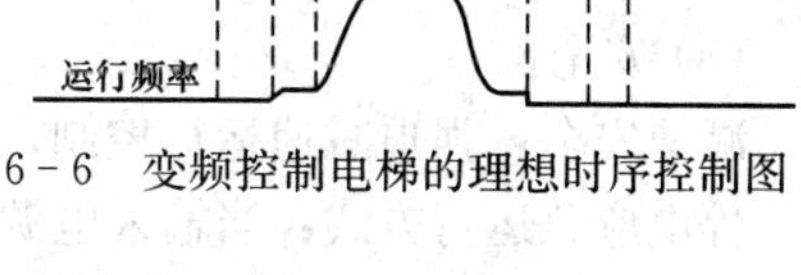

图 6-6　变频控制电梯的理想时序控制图

3. 变频器的启动补偿

对于 1.75m/s 以下的中低速电梯，由于运行速度较低，基本不需要启动补偿就可以达到比较满意的程度。对于 1.75m/s 以上的中高速电梯，如果启动舒适感要求比较高的场合，就必须添加称重装置，进行启动转矩的补偿。

一般有两种称重装置，即开关量检测和模拟量检测方式。对于开关量检测虽具有成本低的特点，但只能做到有级，一般安装有 4 个开关，可以在空载和满载之间实现任意四点的准确补偿，但是由于是有级补偿，还不能做到理想的程度。

模拟量传感器可以实现无级补偿，但是存在的问题是模拟量传感器往往会随着电梯的使用，其输出发生偏移，造成补偿错误，效果就会变差，因此需要定期对补偿增益进行调整。

4. 编码器的合理使用

编码器是电梯变频闭环控制的必要器件，其合理选用对电梯的安全、可靠性都会产生重大影响。从安装方式上讲，轴套式更加可靠，但价格相对于连轴式稍贵。目前许多采用连轴式编码器的厂家由于标准联轴器在同轴度不好的情况下，很容易折断，可靠性非常差。

从提高接线方式看，编码器有推挽式和集电极开路式。一般而言，在编码器接线超过5m以上时建议采用集电极开路式编码器，以提高抗干扰能力。

编码器的每转脉冲数一般在300线以上就可以保证变频器的正常运行，建议在成本许可的情况下，最好使每转脉冲数达到1000～2000线，这样可以大大提高电梯的启动舒适感。因为每转脉冲数越大，启动溜车就越容易实现快速检测，从而减少溜车现象的发生。

二、电梯曳引机专用变频器

图6-7 UNIDRIVE ES外观

1. UNIDRIVE ES变频器

英国CT公司最新推出的电梯专用变频器UNIDRIVE ES堪称理想的电梯控制方式。它是一种高效、平稳、安全的一体化解决方案平台，是适用于任何电梯应用场合的交流变频器。UNIDRIVE ES具有极高灵活性，可根据用户的要求量身定制，在提高电梯控制运行性能的同时降低总成本。

UNIDRIVE ES适用于同步电机及异步电机，有齿轮曳引机及无齿轮曳引机；并可以根据多种控制模式提供三种控制方式，即开环控制、闭环矢量控制、伺服控制。图6-7所示为UNIDRIVE ES外观。

UNIDRIVE ES变频器的主要功能及特点如下：

(1) 高性能。

精确的距离控制模式：实现直接停靠、选择最高速效率高、平层准。

智能井道自学习功能：自动记忆各楼层的脉冲数，自动计算分频系数。

专用监控调试软件：Windows界面，具有模拟示波器及逻辑分析仪功能。

(2) 舒适。

更灵活的S形曲线计算功能：具有加加速度、减减速度设置及最大加减速度设置。

转矩偏置功能：根据称重输入信号，自动控制启动转矩，保证电梯平稳启动。

(3) 安全。

减速安全：强迫减速运行控制，防止轿厢冲顶与蹲底。

停电应急运行方式：当输入电源停电时，依靠蓄电池控制电梯就近停靠楼层。

完善的电梯专用保护及连锁功能：超速保护、平层信号故障、抱闸接触器故障、强迫减速开关动作故障、运行逻辑故障等，并有抱闸接触器连锁控制功能。

(4) 增强及检修功能。

运行次数记忆功能、检修运行次数到和故障时自动拨号、模拟和数字I/O检查功能、当前楼层及位置显示功能，便于电梯维护，并有检修运行方式。

(5) 低成本。

内置PG卡，可提供24V/15V/12V/8V/5V多电压电源；22kW以下内置制动单元；系统本身就集成了丰富的可编程输入输出端子，可以实现与任意用户控制系统接口，减少额外配置。

2. Varispeed L7 变频器

日本安川 Varispeed L7 不但可以控制传统电梯中使用的异步电机（IM），还可以控制电梯新趋势中的主流电机——同步电机（PM），其卓越的功能性能，实现了电梯的舒适乘坐，同时，其优异的使用便利性，使得调试和维护工作简单易行，具备变频器必备的所有条件。图 6-8 所示为 Varispeed L7 变频器外观。

图 6-8　Varispeed L7 变频器外观

Varispeed L7 变频器的主要特点如下：

（1）平稳安全的运行：实现零伺服运动和启动力矩补偿控制（需要称重传感器），实现了平稳启动；其中启动力矩补偿功能延长电梯的启动和停止时间，使电梯以高力矩平滑的状态运行。

1）通过 S 形特性运行，实现了平滑的加减速。

2）通过高级控制，可抑制震动。

3）即使在参数设定、接线错误及电机不良时，可根据报警检测，切实防止异常动作。

4）停电时可通过蓄电池供电（选配件，可进行 48V/96V DC 的输入）。

5）丰富的自学习功能（旋转型自学习，停止型自学习，仅检测线间阻抗型停止型自学习）。

（2）静音运行。根据客用和货用等不同用途，可变更载波频率（f_c）。客用电梯需要静音运行时，可将载波频率设定为 15Hz。

（3）高速高效运行。采用“自动定位停止控制（学习控制）”，能自动测量各层的距离，进行最有效的运行。消除了爬行时间，使电梯在提高舒适感的同时，降低了运行成本和设备成本。

（4）高性价比。适用于所有的控制：带 PG 矢量控制（可分频输出）、无 PG 矢量控制、U/F 控制。

（5）组合多样化。它可以和异步电机进行组合，这样电机、减速箱、变频器安装在大的控制机房内；也可以和同步电机进行组合，无需减速箱，将电机和变频器安装在机房内。

3. EV/TD3100 变频器

艾默生公司的 EV/TD3100 变频器是自主开发生产的高品质、多功能、低噪音电梯专用矢量控制型变频器，完全可满足用户对各种不同电梯控制系统的需求。它的外观如图 6-9 所示。

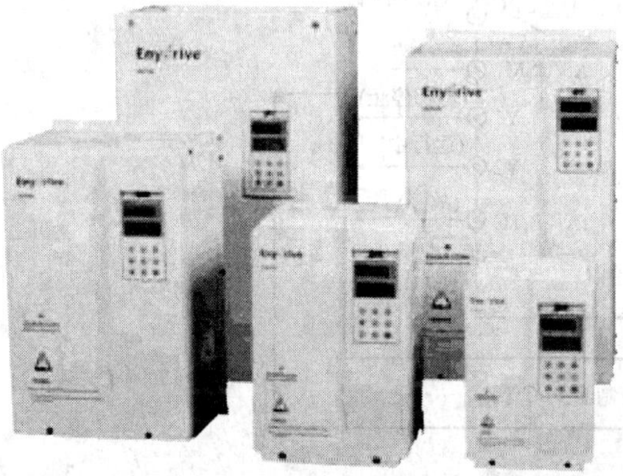
图 6-9　EV/TD3100 变频器外观

它具有如下功能：

（1）紧凑的结构设计，实现了方便安装；

（2）先进的矢量控制技术，电机参数自动识别、距离控制算法、转矩偏置、井道位置自学习、抱闸接触器的控制、预开门监测等多种专用功能保证用户对系统高精度的控制要求；

(3) 检修运行、蓄电池运行、自学习运行、多段速运行、强迫减速运行等多种特殊运行控制方式以及普通的可编程开关量输入、逻辑可编程开关量输出等有利于电梯控制的全面解决方案；

(4) 传感器断线检测、抱闸接触器检测、强迫减速开关检测、电梯超速检测、输入输出逻辑检测、平层信号与电梯位置检测、检修次数设定、故障自动拨号等功能保证了系统运行的安全性；

(5) TD3100 变频器升级版 EV3100 可以驱动异步感应电机和永磁同步电机，完全满足用户对各种电梯控制系统小型化和节能的前瞻需求。

三、电梯曳引机的变频应用设计

这里以艾默生 EV/TD3100 电梯专用变频器为例来阐述电梯曳引机的变频应用设计。

1. 多段速控制

电梯曳引机传动多段速控制的方案要点为：运行速度由 MS1～MS3 的速度组合决定，抱闸和接触器由变频器直接进行控制，并使用接触器反馈对自身状态进行检测。检修运行由变频器的 INS 端控制，使用了模拟称重装置，提高电梯系统的启动性能。

图 6-10 所示为多段速控制原理设计示意图，表 6-2 所示为多段速控制变频器端子说明，图 6-11 所示为电梯专用变频器系统控制时序图。

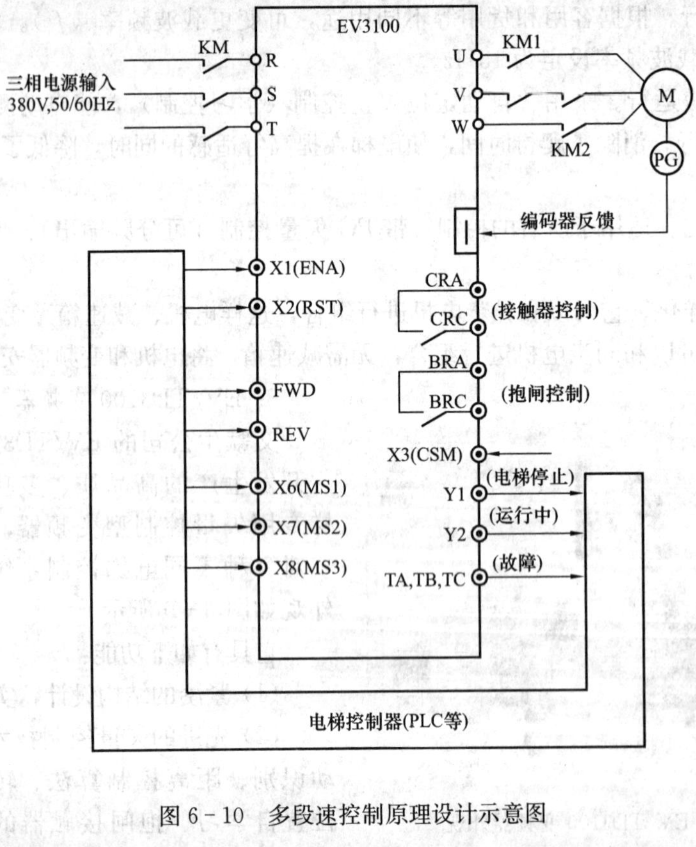

图 6-10　多段速控制原理设计示意图

表 6-2 **多段速控制变频器端子**

端子符号	含 义
ENA	输入端子（X1）信号：使能（可接安全回路）
RST	输入端子（X2）信号：故障复位命令
FWD	输入端子信号：上行命令
REV	输入端子信号：下行命令
MS1	输入端子（X6）信号：多段速度指令 1
MS2	输入端子（X7）信号：多段速度指令 2
MS3	输入端子（X8）信号：多段速度指令 3
CRA-CRC	继电器输出信号，可与安全回路等串联控制接触器
BRA-BRC	继电器输出信号，可与安全回路等串联控制抱闸
CSM	输入端子（X3）信号：可从接触器常开/常闭触点引入
Y1	集电极开路输出信号 1：电梯停止（2s 的脉冲信号）
Y2	集电极开路输出信号 2：运行中
TA-TC TA-TB	继电器输出信号：报警输出 （TA-TC 为常开输出，TA-TB 为常闭输出）

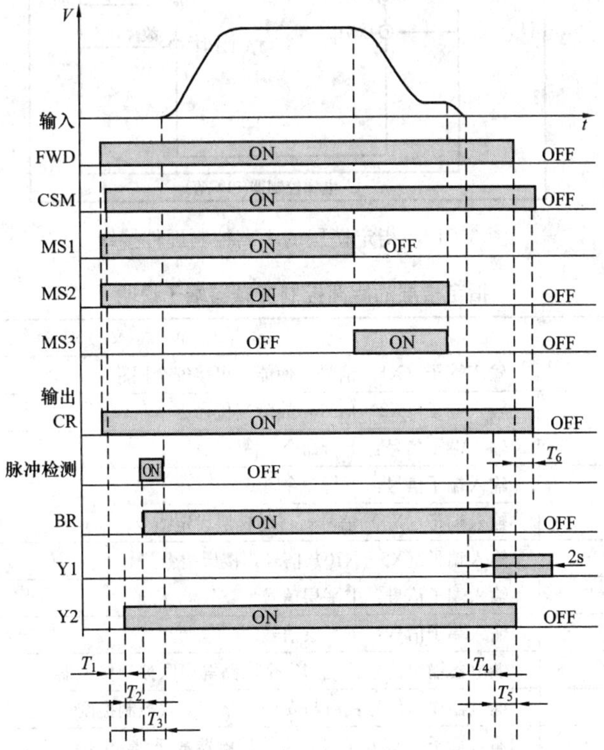

图 6-11 电梯专用变频器多段速控制时序图

2. 距离控制

电梯曳引机传动距离控制分为以下两种。

(1) 指定楼层的距离控制。

方案要点：抱闸和接触器由变频器直接进行控制，并使用接触器反馈对接触器的吸合与断开进行检测；检修运行，由INS端控制，再平层运行由MS1控制，自学习运行由SL端控制；提供上下强迫减速信号，使用了数字开关量称重装置，提高电梯系统的启动性能。

图6-12所示为指定楼层的距离控制硬件接线，表6-3所示为指定楼层的距离控制变频器端子说明，图6-13所示为指定楼层的距离控制时序图。

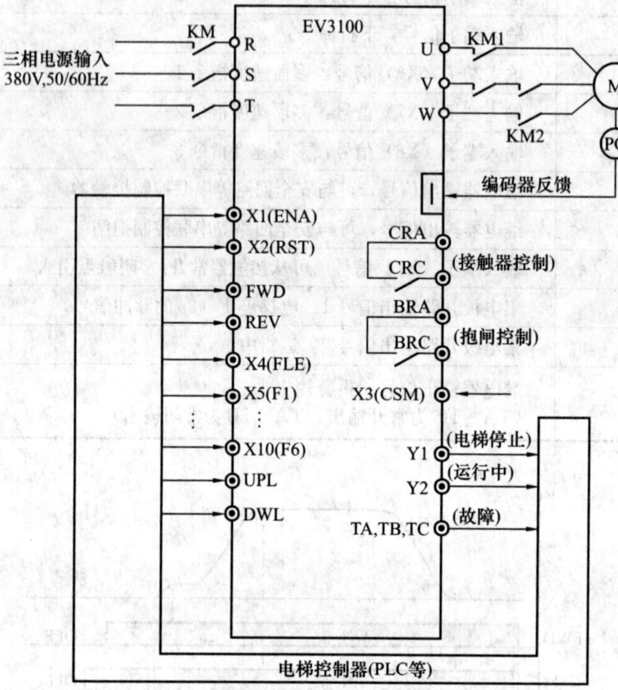

图6-12 指定楼层的距离控制硬件接线

表6-3 指定楼层的距离控制变频器端子说明

端子符号	含 义
ENA	输入端子（X1）信号：使能（可接安全回路）
RST	输入端子（X2）信号：故障复位命令
FWD	输入端子信号：上行命令
REV	输入端子信号：下行命令
FLE	输入端子（X4）信号：目的楼层设定指令
F1～F6	输入端子（X5～X10）信号：楼层指令
UPL	输入端子信号：上平层信号
DWL	输入端子信号：下平层信号
CRA-CRC	继电器输出信号：可与安全回路等串联控制接触器
BRA-BRC	继电器输出信号：可与安全回路等串联控制抱闸
CSM	输入端子（X3）信号：可从接触器常开/常闭触点引入
Y1	集电极开路输出信号1：电梯停止（2s的脉冲信号）
Y2	集电极开路输出信号2：运行中
TA-TC TA-TB	继电器输出信号：报警输出 （TA-TC为常开输出，TA-TB为常闭输出）

（2）给定停车请求的距离控制。

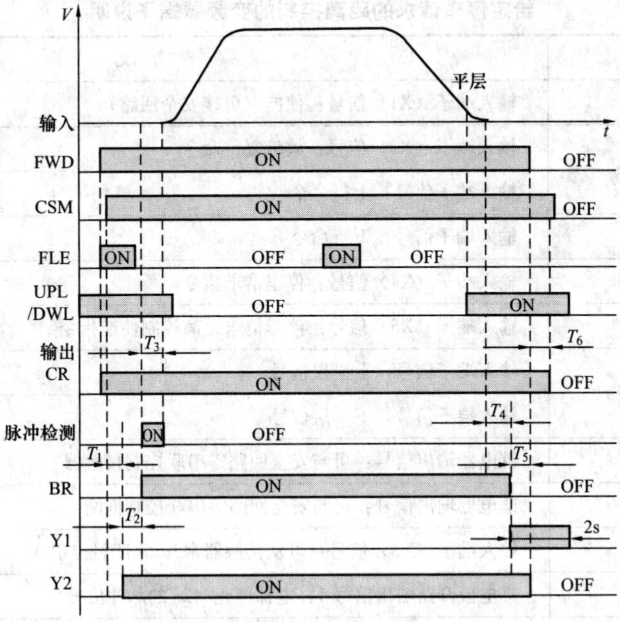

图 6-13 指定楼层的距离控制原理说明

方案要点：抱闸和接触器由变频器直接进行控制，并使用接触器反馈对接触器的吸合与断开状态进行检测；检修运行由 INS 端控制，再平层运行由 MS1 控制，自学习运行由 SL 端控制；提供强迫减速信号；使用了数字开关量称重装置，提高电梯系统的启动性能。

图 6-14 所示为给定停车请求的距离控制的硬件接线，表 6-4 所示为变频器端子说明，图 6-15 所示为时序图。

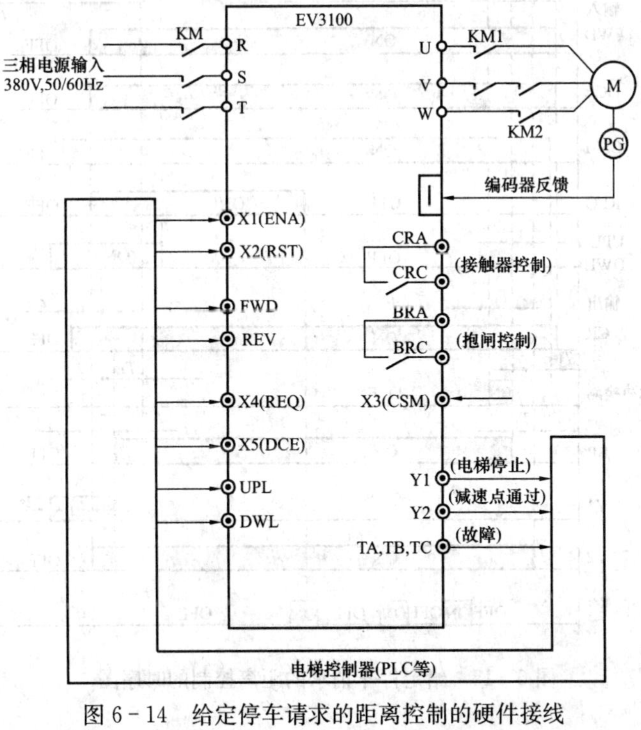

图 6-14 给定停车请求的距离控制的硬件接线

表 6-4　　给定停车请求的距离控制的变频器端子说明

端子符号	含　义
ENA	输入端子（X1）信号：使能（可接安全回路）
RST	输入端子（X2）信号：故障复位命令
FWD	输入端子信号：上行命令
REV	输入端子信号：下行命令
REQ	输入端子（X4）信号：停车请求指令
DCE	输入端子（X5）信号：停车请求距离控制使能指令
UPL	输入端子信号：上平层信号
DWL	输入端子信号：下平层信号
CRA-CRC	继电器输出信号：可与安全回路等串联控制接触器
BRA-BRC	继电器输出信号：可与安全回路等串联控制抱闸
CSM	输入端子（X3）信号：可从接触器常开/常闭触点引入
Y1	集电极开路输出信号 1：电梯停止（2s 的脉冲信号）
Y2	集电极开路输出信号 2：减速点通过信号
TA-TC TA-TB	继电器输出信号：报警输出 （TA-TC 为常开输出，TA-TB 为常闭输出）

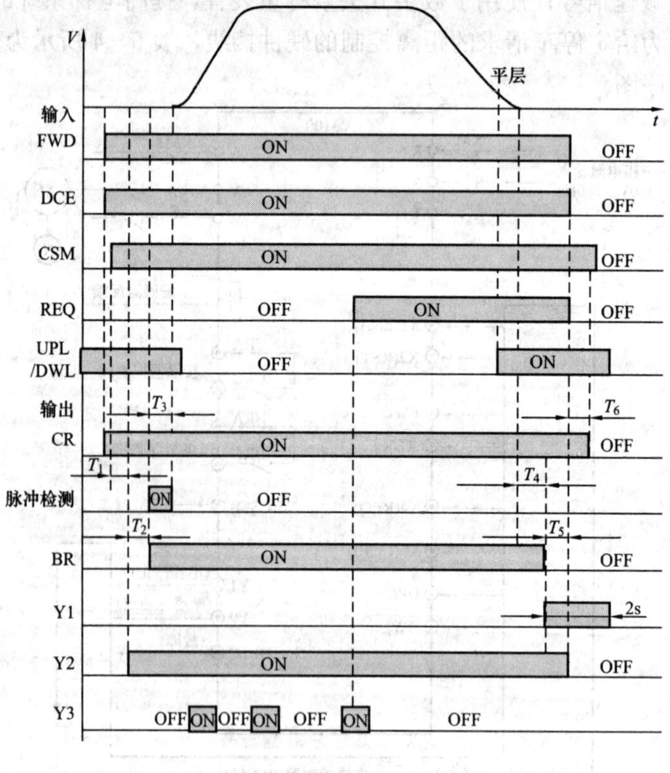

图 6-15　给定停车请求的距离控制的时序图

分任务2　电梯门机的变频设计

一、电梯门机概述

1. 电梯门机

电梯门是电梯中的一部分，它的稳定性、合理性、安全性是决定电梯等级的重要因素（如图6－16所示）。传统的门机控制方式是控制器＋变频器，但现在已经出现了门机专用机，它是一款集成控制器的变频器，它的出现为用户节省了大量成本和空间。

从图6－17可以看出，电梯变频门机的传动机构很简单，没有任何减速机构，由电机直接驱动；电机通过同步皮带将旋转运动转化为往复直线运动，同步皮带直接驱动门刀，实现开关门动作。

图6－16　电梯门外观

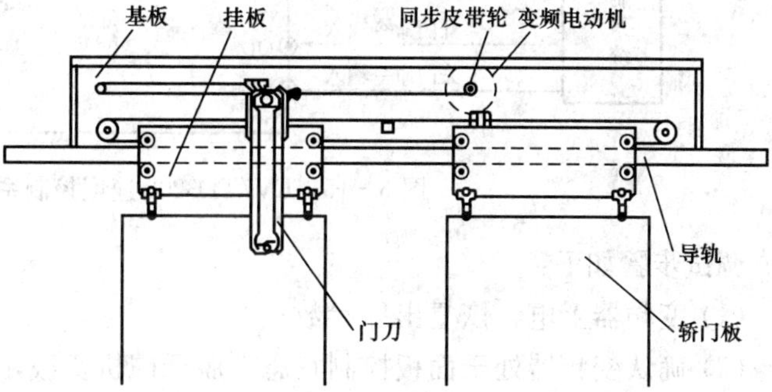

图6－17　电梯变频门机

2. 电梯门机的工作流程

电梯门机主要是实现厅、轿门同步开门，同步开门方式能将轿门和厅门同时打开和关闭，能保证在开关门期间轿门和厅门平齐，美观大方，具体工作流程如下：

（1）开门信号→门刀合拢（张开）→厅门锁钩→轿门和厅门同时打开→开门到位；

（2）关门信号→轿门和厅门同时关门→轿门和厅门完全关闭→门刀张开（合拢）→厅门锁钩钩上。

二、搬运机构的组成部分

EV/TD3200系列变频器是艾默生公司自主开发生产的高性能矢量控制型门机专用变频器，适用于电梯门、各种自动门和其他需要往复运行控制的场合。

EV/TD3200门机专用变频器具有以下功能和特点：

（1）多种控制方式，使用灵活；

（2）距离控制方式：通过自学习获得门宽（脉冲数），实现距离控制，不需要外接限位开关和换速接点，自动选择运行速度并进行到位判断；

（3）速度控制方式：根据输入的换速接点信号进行开、关门高低速的切换，根据输入的限位开关信号进行开、关门到位判断；

(4) 集成度高、成本低、高效平稳、超静音、小型化。

1. 门机应用方案一

EV/TD3200变频器其中一个方式为速度控制，它是利用换速接点来换速，利用限位信号实现到位的判断处理。图6-18所示为EV/TD3200速度控制系统接线图。

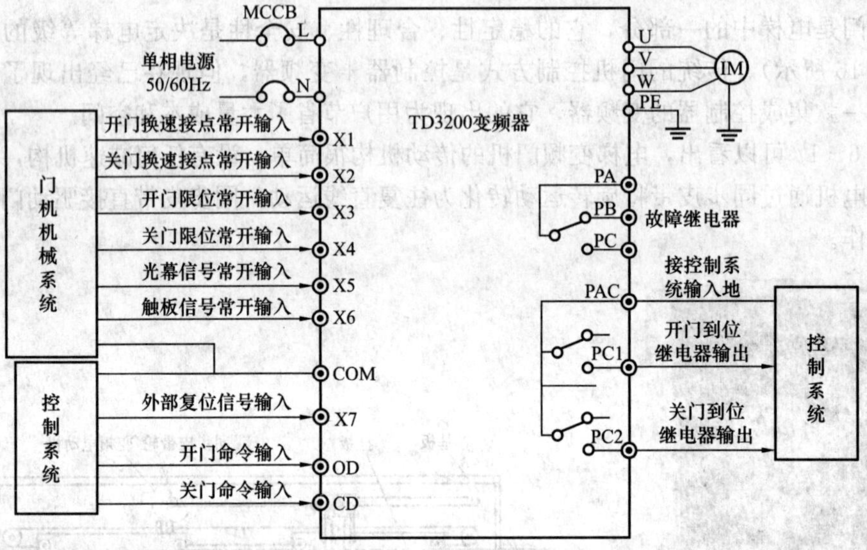

图6-18 EV/TD3200速度控制系统接线图

调试步骤如下：

(1) 变频器上电，恢复出厂参数；

(2) 确认变频器处于面板控制状态，脱开门机负载，正确输入电机铭牌参数，然后进行电机参数自动调谐；

(3) 设置门机变频器参数为手动调试模式，并输入相应参数值，按面板键运行和停止；

(4) 如果运行中出现撞击或运行曲线不平滑，则对门开关曲线参数进行调整；

(5) 调试完成后，设置功能码参数为缎子控制模式，交由电梯整机控制系统运行。

相关的功能参数表如表6-5所示。

表6-5 速度控制功能参数设置表

功能序号	名　称	设置值	备　注
F001	控制方式	0	速度控制1
F097	开关量输入端子X1功能	12	开门换速常开输入
F098	开关量输入端子X2功能	14	关门换速常开输入
F099	开关量输入端子X3功能	6	开门限位常开输入
F100	开关量输入端子X4功能	8	关门限位常开输入
F101	开关量输入端子X5功能	2	光幕信号常开输入
F102	开关量输入端子X6功能	4	触板信号常开输入
F103	开关量输入端子X7功能	1	外部复位信号输入

续表

功能序号	名　称	设置值	备　注
F105	可编程继电器PAC/PC1	2	开门到位信号输出1
F106	可编程继电器PAC/PC2	3	关门到位信号输出1
F010	开门启动力矩	50.0%	
F011	开门启动加速时间	1.0s	
F012	开门启动低速设定	10Hz	
F013	开门启动低速保持时间	1.0s	
F014	开门频率设定	35Hz	
F015	开门加速时间	2.0s	
F016	开门加速S形曲线起始段时间	20.0%	
F017	开门加速S形曲线上升段时间	60.0%	表中参数为出厂参数，根据开门运行的实际情况合理调整开门运行曲线参数
F018	开门减速时间	2.0s	
F019	开门减速S形曲线起始段时间	20.0%	
F020	开门减速S形曲线下降段时间	60.0%	
F021	开门结束低速设定	3Hz	
F022	开门到位保持力矩	50.0%	
F023	开门堵转到力矩保持切换点设置	50.0%	
F024	异常减速时间	0.5s	
F027	关门启动力矩	50.0%	
F028	关门启动加速时间	1.0s	表中参数为出厂参数，根据关门运行的实际情况合理调整关门运行曲线参数
F029	关门启动低速设定	8Hz	
F030	关门启动低速保持时间	1.0s	
F031	关门频率设定	30Hz	
F032	关门加速时间	2.0s	
F033	关门加速S形曲线起始段时间	20.0%	
F034	关门加速S形曲线上升段时间	60.0%	
F035	关门减速时间	2.0s	
F036	关门减速S形曲线起始段时间	20.0%	表中参数为出厂参数，根据关门运行的实际情况合理调整关门运行曲线参数
F037	关门减速S形曲线下降段时间	60.0%	
F038	关门结束低速设定	2Hz	
F039	关门到位保持力矩	50.0%	
F040	关门受阻力矩设定	100.0%	
F041	关门堵转到力矩保持切换点设置	50.0%	
F082	载波频率调节	8k	根据系统要求合理设置
F084	制动使用率	7	根据制动情况合理设置

2. 门机应用方案二

EV/TD3200变频器另外一个控制方式为距离控制，它是根据实际行走的编码器脉冲计数来进行速度的切换和开关门到位的判断。图6-19所示为距离控制系统接线图。

在距离控制的调试过程中，编码器的参数必须正确输入，同时在门机手动调试模式中进行门宽自学习，自学习完成后，变频器会自动存储门宽信息。

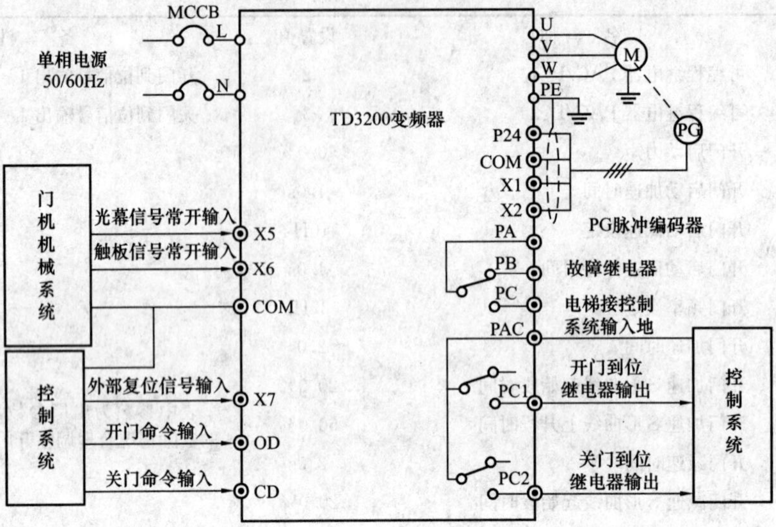

图 6-19 距离控制系统接线图

其功能码参数如表 6-6 所示进行设置。

表 6-6 **距离控制功能码参数**

功能序号	名称	设置值	备注
F001	控制方式	2	距离控制 1
F097	开关量输入端子 X1 功能	10	编码器 A 相信号输入
F098	开关量输入端子 X2 功能	11	编码器 B 相信号输入
F101	开关量输入端子 X5 功能	2	光幕信号常开输入
F102	开关量输入端子 X6 功能	4	触板信号常开输入
F103	开关量输入端子 X7 功能	1	外部复位信号输入
F105	可编程继电器 PAC/PC1	2	开门到位信号输出 1
F106	可编程继电器 PAC/PC2	3	关门到位信号输出 1
F010	开门启动力矩	50.0%	表中参数为出厂参数，根据开门运行的实际情况合理调整开门运行曲线参数
F011	开门启动加速时间	1.0s	
F012	开门启动低速设定	10Hz	
F013	开门启动低速保持时间	1.0s	
F014	开门频率设定	35Hz	
F015	开门加速时间	2.0s	
F016	开门加速 S 形曲线起始段时间	20.0%	
F017	开门加速 S 形曲线上升段时间	60.0%	
F018	开门减速时间	2.0s	
F019	开门减速 S 形曲线起始段时间	20.0%	
F020	开门减速 S 形曲线下降段时间	60.0%	
F021	开门结束低速设定	3Hz	

续表

功能序号	名　称	设置值	备　注
F022	开门到位保持力矩	50.0%	
F023	开门堵转到力矩保持切换点设置	50.0%	
F024	异常减速时间	0.5s	
F027	关门启动力矩	50.0%	
F028	关门启动加速时间	1.0s	
F029	关门启动低速设定	8Hz	
F030	关门启动低速保持时间	1.0s	
F032	关门加速时间	2.0s	
F033	关门加速S形曲线起始段时间	20.0%	
F034	关门加速S形曲线上升段时间	60.0%	表中参数为出厂参数，根据关门运行的实际情况合理调整关门运行曲线参数
F035	关门减速时间	2.0s	
F036	关门减速S形曲线起始段时间	20.0%	
F037	关门减速S形曲线下降段时间	60.0%	
F038	关门结束低速设定	2Hz	
F039	关门到位保持力矩	50.0%	
F040	关门受阻力矩设定	100.0%	
F041	关门堵转到力矩保持切换点设置	50.0%	
F049	距离控制开门换速位置设定	70.0%	
F050	距离控制关门换速位置设定	70.0%	根据实际的运行效果合理设置
F051	距离控制开门换速脉冲设定	90.0%	
F052	距离控制关门换速脉冲设定	90.0%	
F082	载波频率调节	8K	根据系统要求合理设置
F084	制动使用率	7	根据制动情况合理设置

分任务3　电梯PLC系统及控制柜设计

一、电梯PLC控制的特点

1. 大中型PLC概述

对于电梯控制系统来说，输入输出的点数非常多，以高速高层电梯控制为例，限位开关以及按钮指令多达数十个，如果是群控电梯，其点数还要更多。同时，电梯的逻辑运算相对复杂，因此在电梯控制中，大中型PLC应用非常广泛。

与小型PLC不同，大中型PLC最大的特点就是采用模块化控制系统，来满足中等或高性能要求的应用。在大中型PLC系统中，各种单独的模块之间可进行广泛组合以用于扩展，由于点数基本上不受太多的限制，其灵活性就非常高。

基本的模块化硬件结构包括机架、电源、处理器CPU、输入输出I/O模块、编程或通信用接口，图6-20表示了一个模块化控制器是如何由模块化硬件部件一一组成的。

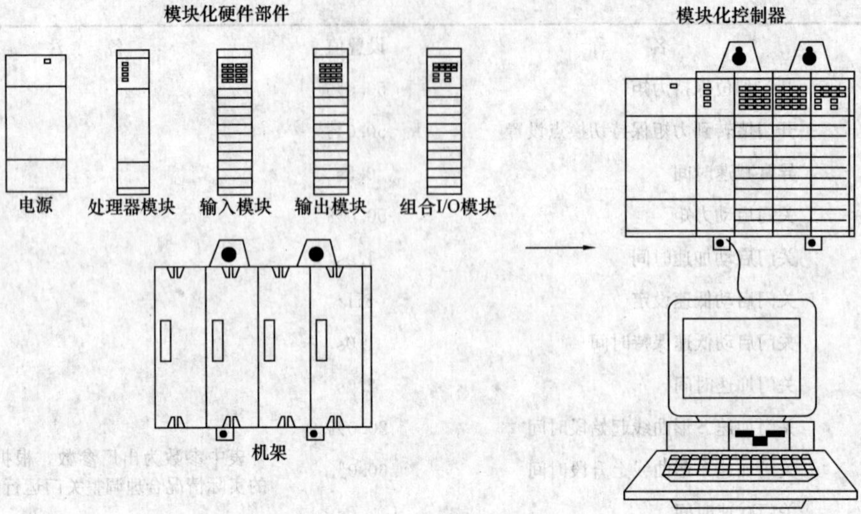

图 6-20 模块化控制器的组成部分

(1) 机架。机架是用来安装处理器和 I/O 模块、特殊模块的，所有模块都可以很容易地沿着导轨插入到机架（如图 6-21 所示）。不同类型的 PLC 系统其机架槽数不太一样，可以互连的机架数也不尽相同。

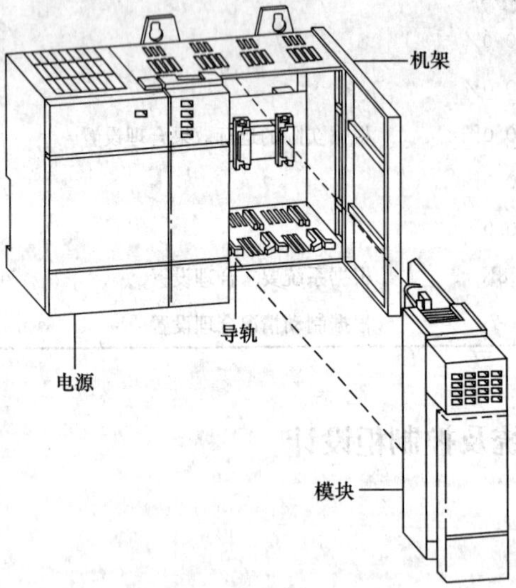

图 6-21 机架与模块的安装

大中型 PLC 系统在配置时，其机架数可以有很多，机架之间的关系可以用图 6-22 来表示。

(2) 电源。电源一般安装在机架的左面（如图 6-21 所示）。

(3) 处理器 CPU。处理器一般安装在电源右边，当然在最新型的大中型 PLC 系统中，处理器的位置并不一定固定在机架最左边，而是可以任意安装。

2. 大中型 PLC 的机架配置过程

大中型 PLC 系统的配置一般都采用机架配置表来完成，它可以帮助用户配置一个机架或系统。每一个工作单可以帮助用户配置一个机架；若需要多个机架，则需要用另外的工作单配置另外的机架。

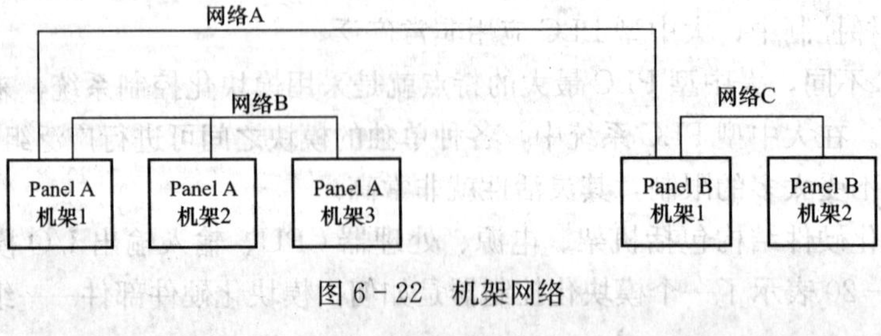

图 6-22 机架网络

下面具体说明机架配置表的过程。

(1) 估计系统所需的内存总量：

1) 累计数字量 I/O 点的数量；

2) 累计模拟量 I/O 的数量；

3) 累计特殊功能模块的数量；

4) 根据上述 3 个数量，乘上一定的系数，进行内存的估算。

(2) 选择 CPU：根据内存量来选择。

(3) 选择 I/O 模块：

1) 写上机架号和相应的槽号；

2) 选择数字量 I/O 模块；

3) 选择特殊功能模块和模拟量 I/O 模块；

4) 在工作单上，把每一个模块放入所要放置的槽内；

5) 在指定的栏目内填入每个模块的功率消耗值，并完成整个机架的总功率。

(4) 选择正确的电源模块：把功率消耗总量与每个电源模块进行比较，选择可以提供足够功率的最小电源模块，并考虑系统扩容所需的电源消耗功率。

(5) 选择机架：累计所用槽数，选择所能容纳所有 I/O 模块的最小机架，并考虑到将来的扩展需求。

(6) 选择其他设备：要构成一个完整的系统，还需要其他设备，如电缆、通信接口、操作器接口、存储器模块等。

表 6-7 所示为具体的机架配置表。

表 6-7 机架配置表

机架号	模块型号	功率消耗 5V	功率消耗 24V	价格
槽____	____	____	____	____
槽____	____	____	____	____
槽____	____	____	____	____
槽____	____	____	____	____
槽____	____	____	____	____
槽____	____	____	____	____
槽____	____	____	____	____
槽____	____	____	____	____
槽____	____	____	____	____
槽____	____	____	____	____
槽____	____	____	____	____
电源	____	____		____
其他设备	____	____		____

一个实际的 PLC 系统，确定所有的模块后，要选择合适的电源模块，所选定的电源模块的输出功率必须大于 CPU 模块、所有 I/O 模块、各种功能模块等总消耗功率之和，并且要留有 30%左右的裕量。当同一电源模块既要为主机单元又要为扩展单元供电时，从主机单元到最远一个扩展单元的线路压降必须小于 0.25V。

3. 大中型 PLC 的数字量输入输出模块

与小型 PLC 不同，大中型 PLC 最大的特点就是采用模块化控制系统，来满足中等或高性能要求的应用。在大中型 PLC 系统中，各种单独的模块之间可进行广泛组合以用于扩展，由于点数基本上不受太多的限制，其灵活性就非常高。在电梯控制系统中，应用最多的就是数字量输入/输出模块。

(1) 数字量输入电路工作原理。

数字量输入电路按以下方式响应输入信号（如图 6-23 所示）。

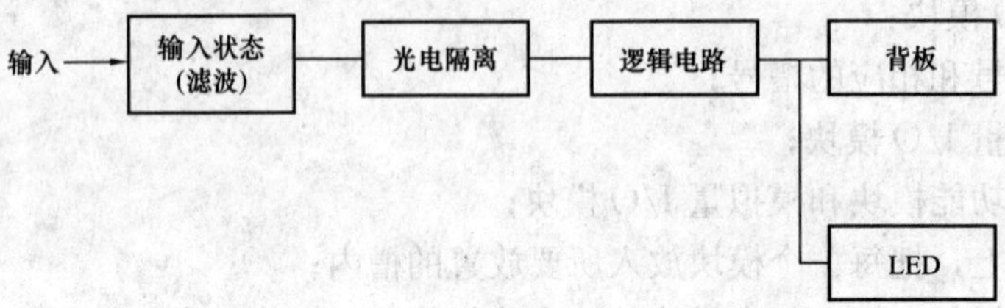

图 6-23 数字量输入电路工作原理

1）输入滤波滤除因触点抖动或电气干扰而产生的错误信号；

2）光电隔离将逻辑电路与输入信号隔离，以保护输入电路和背板电路；

3）逻辑电路处理信号；

4）用输入指示灯 LED 的亮或不亮，指示输入设备的状态。

(2) 数字量输出电路工作原理。

数字量输出电路按以下方式控制输出信号（如图 6-24 所示）。

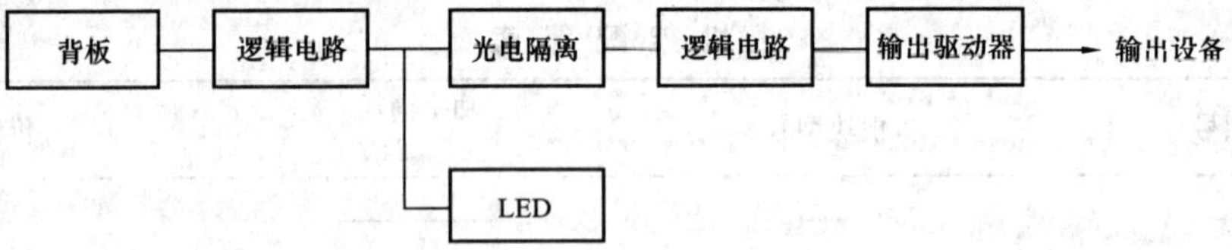

图 6-24 数字量输出电路工作原理

1）逻辑电路决定输出状态；

2）输出指示灯 LED 指示输出信号状态；

3）光电隔离将现场信号与输出逻辑电路、背板电路隔离；

4）输出驱动器使相应的输出设备接通或断开。

二、GE Fanuc RX3i PLC 介绍

1. 硬件

RX3i 是美国 GE Fanuc 推出的最新型大中型 PLC，其外观如图 6-25 所示。它具有大中型 PLC 的特点，所有的模块都可以直接插入到背板中去（如图 6-26 所示）。

(1) CPU 模块。GE Fanuc RX3i 采取 CPU310 模块，如图 6-27 所示。

(2) 电源模块。GE Fanuc RX3i 具有四种电源模块，如图 6-28 所示，分别是 IC695PSA040、IC695PSA140、IC695PSD040、IC695PSD140。

(3) 以太网模块。GE Fanuc RX3i 编程和通信是基于以太网技术，因此以太网模块 IC695ETM001 是必备的，如图 6-29 所示。

图 6 - 25　GE Fanuc RX3i PLC 外观

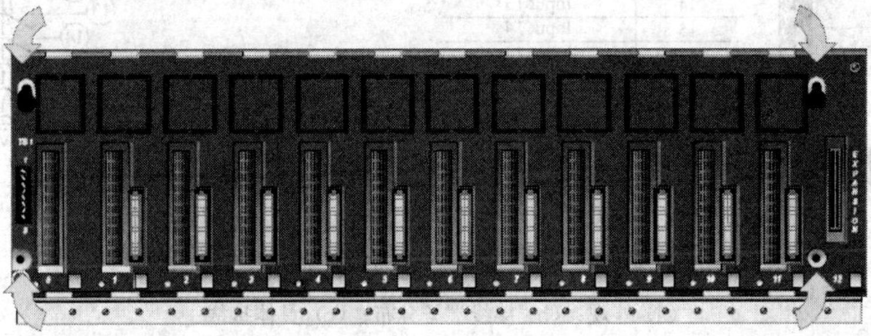

图 6 - 26　GE Fanuc RX3i PLC 背板

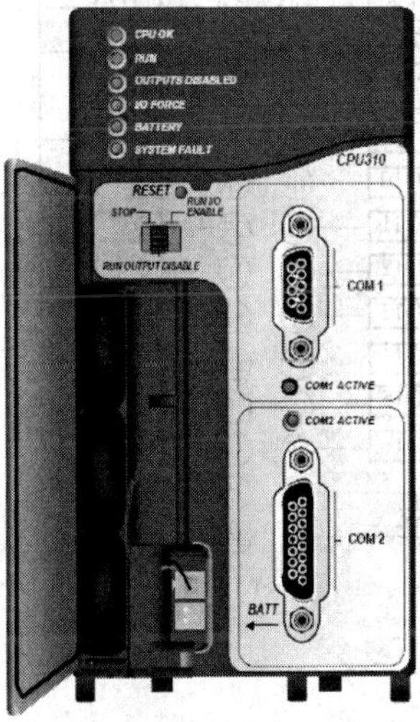

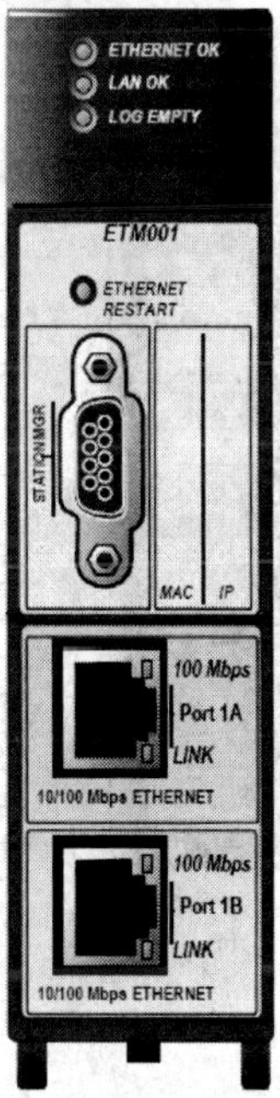

图 6 - 27　CPU310　　图 6 - 28　电源模块　　图 6 - 29　IC695ETM001

(4) 数字量输入模块。IC695MDL645 是 16 点输入的数字量输入模块，其外观和接线如图 6 - 30 所示。

(5) 数字量输出模块。IC695MDL754 是 32 点的数字量输出模块，其外观与接线如图 6 - 31 所示。

(a)

端子	接线
1	Common
2	Input 1
3	Input 2
4	Input 3
5	Input 4
6	Input 5
7	Input 6
8	Input 7
9	Input 8
10	Input 9
11	Input 10
12	Input 11
13	Input 12
14	Input 13
15	Input 14
16	Input 15
17	Input 16
18	24V DC
19	0V
20	NC

(b)

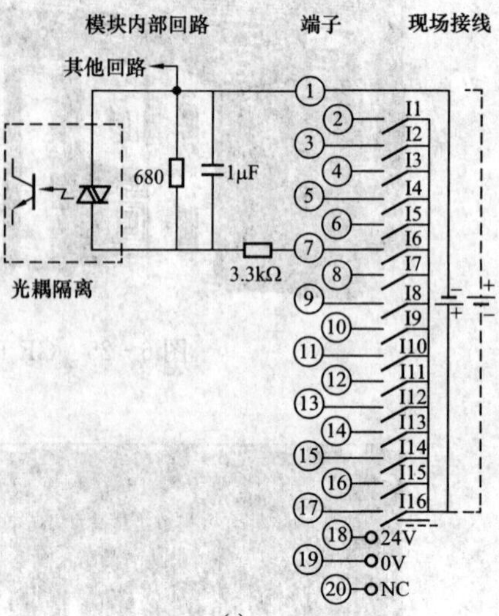

(c)

图 6-30 IC695MDL645 模块

(a) 外观；(b) 接线端子分布；(c) 具体接线

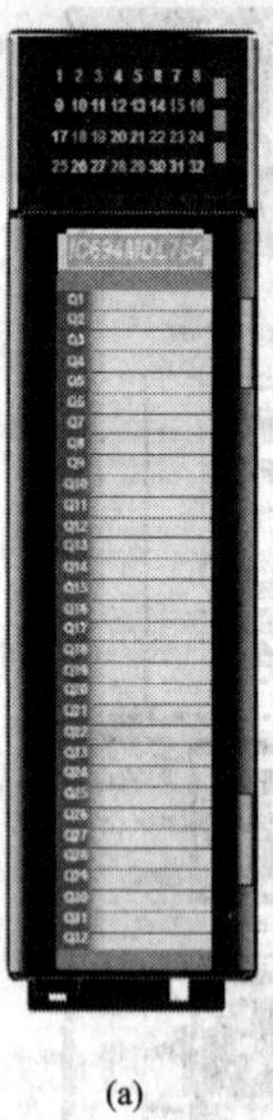

(a)

输出	端子	输出	端子
Output 1	1	Output 17	19
Output 2	2	Output 18	20
Output 3	3	Output 19	21
Output 4	4	Output 20	22
Output 5	5	Output 21	23
Output 6	6	Output 22	24
Output 7	7	Output 23	25
Output 8	8	Output 24	26
Output 9	9	Output 25	27
Output 10	10	Output 26	28
Output 11	11	Output 27	29
Output 12	12	Output 28	30
Output 13	13	Output 29	31
Output 14	14	Output 30	32
Output 15	15	Output 31	33
Output 16	16	Output 32	34
DC+for 1-16	17	DC+for 17-32	35
DC-for 1-16	18	DC-for 17-32	36

(b)

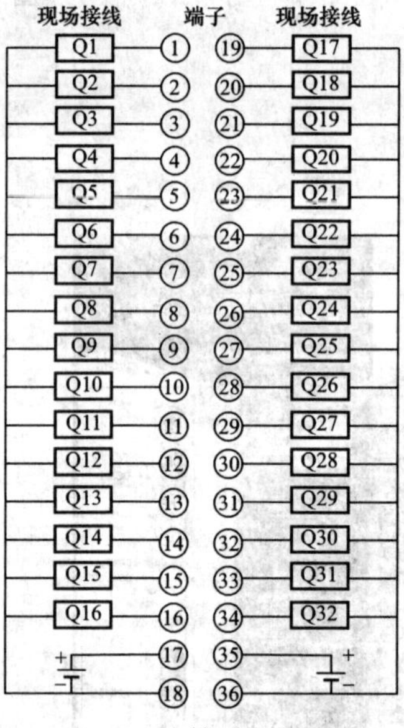

(c)

图 6-31 IC695MDL754 模块

(a) 外观；(b) 接线端子分布；(c) 具体接线

除了以上模块之外，更多的模块请参考 GE Fanuc 说明书。

2. 编程软件

GE Fanuc RX3i PLC 的编程环境是采用 Proficy Machine Edition 软件（简称 PME），它是一个公共的平台，包括 PLC、软 PLC（即 PC）、触摸屏、伺服控制等在内均可以在上面编程，且资源共享，变量名互相调用，非常清晰，而且程序占用空间小。其界面如图 6-32 所示。

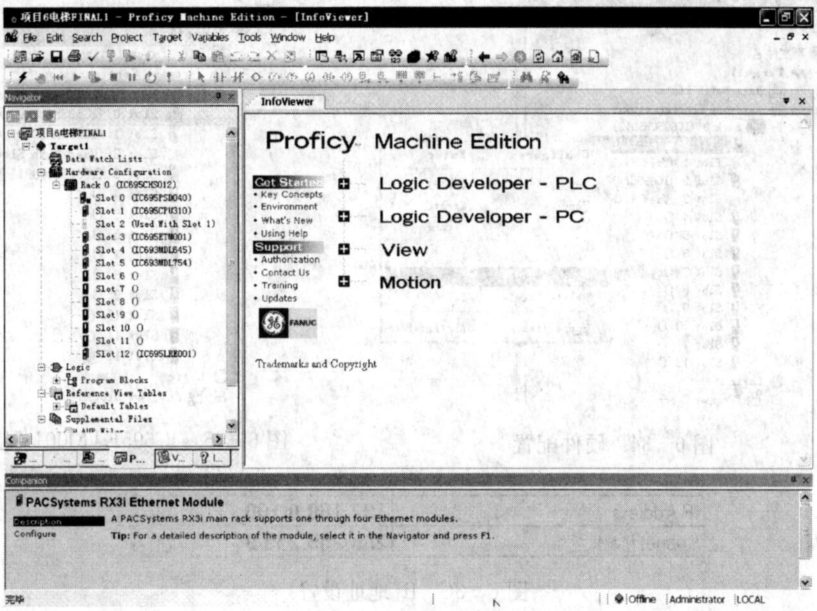

图 6－32　PME 软件界面

建立一个完整的程序应该包括以下几个步骤。

(1) 新建一个文件名称，选择 PLC 类型为 PACSystems，如图 6－33 所示。

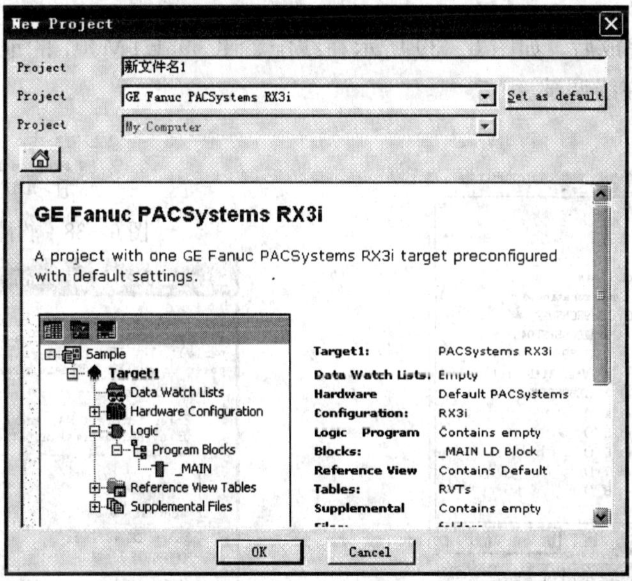

图 6－33　新建文件名

(2) 配置硬件模块，包括更换或新增或删除，如图 6－34 所示。

当配置 IC695ETM001 时，会出现红色符号（如图 6－35 所示），这时需要合理设置 IP 地址。

图 6－36 所示的 IP 地址只是一个假设地址，用户需要保证该 IP 地址与主机的 IP 地址在一个频段，但不要重复就可以了。另外，IP 掩码均为 255.255.255.0。

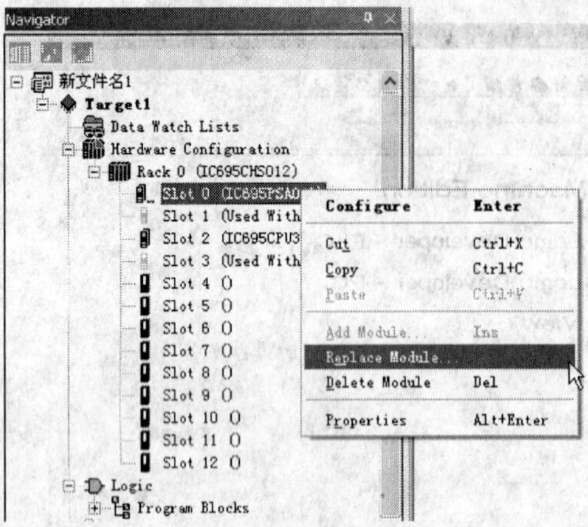

图 6-34 硬件配置

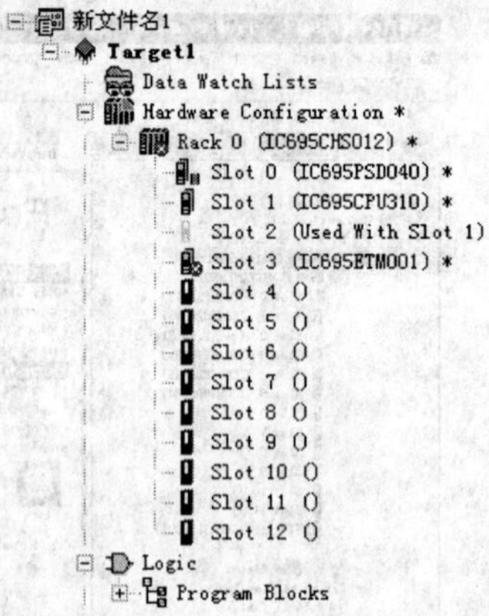

图 6-35 IC695ETM001 配置

IP Address	192.168.0.100
Subnet Mask	255.255.255.0

图 6-36 IP 地址设置

(3) 设置主程序 Target1 的属性之一“通信方式”改为以太网连接，并设置与 IC695ETM001 相同的 IP 地址，如图 6-37 所示。

(4) 这时硬件配置结束，就可以进行软件编程了，如图 6-38 所示。具体的指令可以参考 GE Fanuc 说明书。

(5) 程序编写完成后，如图 6-39 所示在线配置 IC695ETM001 的地址，然后即可进行联机下载，并进行在线调试。

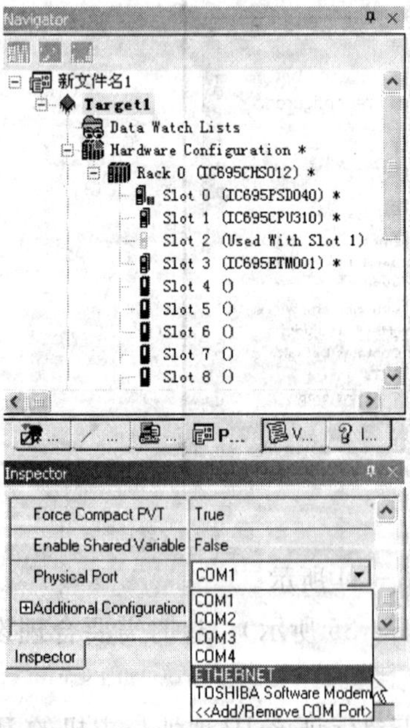

图 6-37 Target1 的属性修改

图 6-38 软件编程

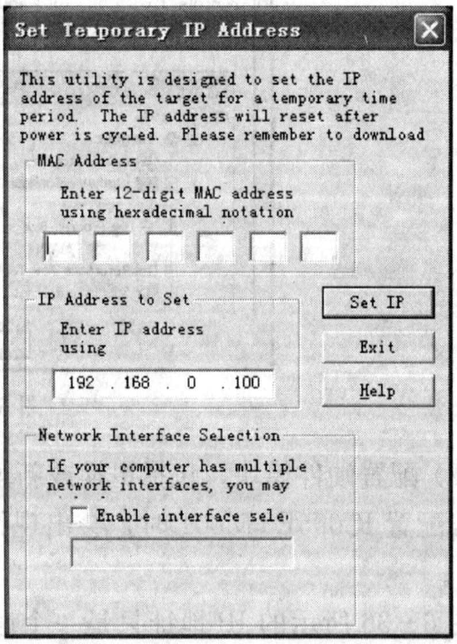

图 6-39 IP 地址在线配置

三、电梯控制系统的硬件部分

1. I/O 配置（如表 6－8 所示）

表 6－8　五层电梯控制装置的输入/输出资源配置

序号	输入	说明	输出	说明
1	I1	SA1 检修 1/自动 0	Q1	电梯曳引机上行
2	I2	S2 电梯门机开到限位	Q2	电梯曳引机下行
3	I3～I15	每一层的限位开关	Q3	电梯曳引机换速
4	I16	S16 电梯门机关门限位	Q4	电梯门机开门
5	I17	1 层上行召唤按钮	Q5	电梯门机关门
6	I18、19	2 层上、下行召唤按钮	Q6～Q13	H1～8 对应 1～5 层召唤等待灯
7	I20、21	3 层上、下行召唤按钮	Q14～Q18	H9～13 梯内 1～5 层指示灯
8	I22、23	4 层上、下行召唤按钮	Q19、20	H14、15 电梯上行、下行指示
9	I24	5 层下行召唤按钮		
10	I25～29	1～5 层梯内指令按钮		
11	I30、31	梯内开、关门信号		
12	I32	梯内紧急按钮		

表 6－8 中，每一层的限位开关可以参照图 6－40 中的平层与换速限位图，每一层均设有 3 个限位，包括换速位置（上）、楼层平层位置、换速位置（下），由于顶层和底层已经装有强迫换速开关，这里就少用一个，为 2 个。为了满足程序编制的需要，对这些限位都进行了相应编号。

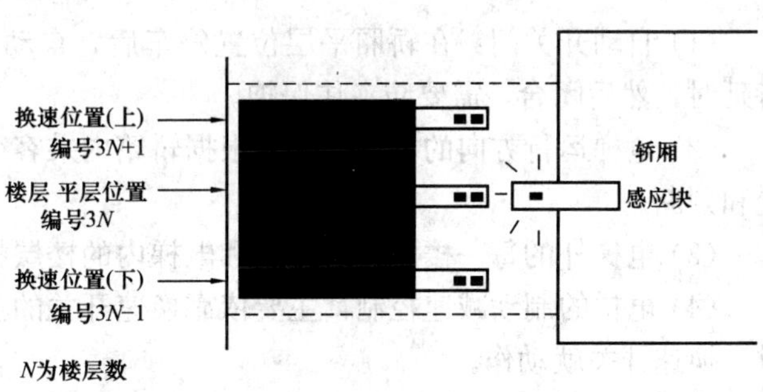

图 6－40　平层与换速限位

2. 硬件接线（如图 6－41 所示）

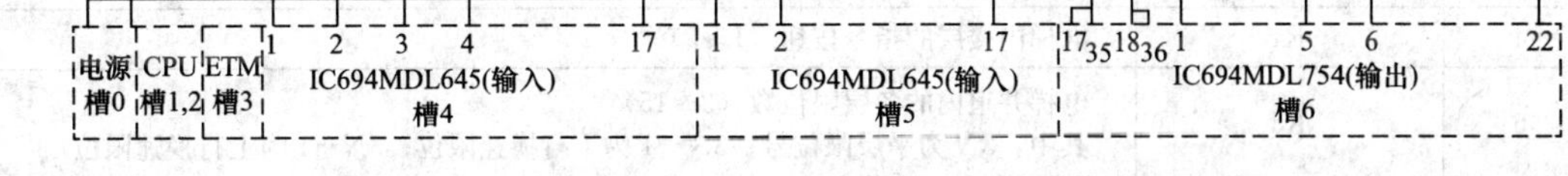

图 6－41　硬件图

GE Fanuc RX3i PLC 的硬件配置如图 6－42 所示。

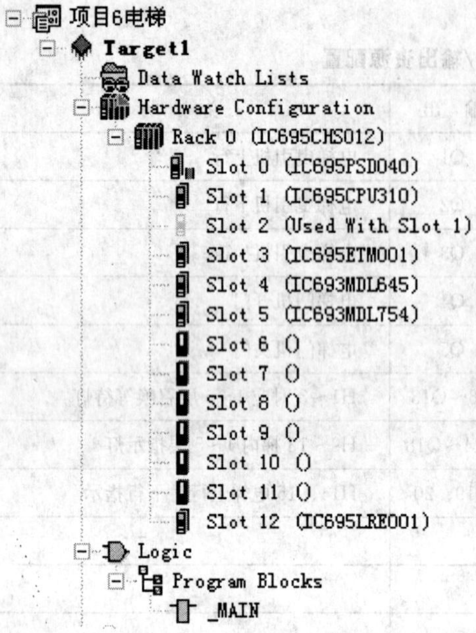

图 6－42　GE Fanuc RX3i PLC 的硬件配置

3. PLC 控制逻辑

电梯完成一个呼叫响应的步骤如下：

(1) 电梯在检测到门厅或轿厢的召唤信号后将此楼层信号与轿厢所在楼层信号比较，通过选向逻辑进行运行选向。

(2) 电梯开始启动，通过变频器驱动电机拖动轿厢运动。轿厢运动速度由低速转变为中速再转变为高速，并以高速运行至目标层。

(3) 当电梯检测到目标层减速点（即换速位置上或换速位置下）后，电梯进入减速状态，由高速变为低速，并以低速运行至平层点（即平层位置）停止。

(4) 平层后，经过一定延时开门，直至碰到开门到位；再经过一定延时后关门，直到安全触板（门关限位）开关动作。

(5) 等待下一次呼叫。

4. PLC 的软件设计

电梯 PLC 软件主要包括以下几个部分。

(1) 自动开关门：在轿厢平层位置停车后，自动打开电梯门（包括轿门及厅门）；并保持延时，然后闭合，需要防夹住保护。

(2) 电梯运行方向的控制：它是根据轿箱内乘客欲往楼层的信号与电梯所出楼层进行比较和判断。

(3) 电梯外的每一楼层召唤命令和电梯内的楼层指令。

(4) 电梯的制动减速控制：主要依靠换速开关的上下位置来进行，当到达目的地的楼层时，换速开关就动作。

(5) 电梯的安全保护。

(6) 电梯的信号指示。

本参考程序主要考虑的第（1）、（2）、（3）、（4）步来做。其中程序的主要中间变量如表 6－9 所示。其中 R 变量为 WORD 类型。

表 6－9　主要中间变量说明

序号	变量名称	含　义
1	R1	电梯现在所处的层数（1～5）
2	R2	电梯外召唤按钮的层数（1～5）
3	R3	电梯外召唤按钮的上下行方式（1：上行；2：下行）
4	R4	电梯内楼层的指令按钮（1～5）
5	R5	电梯井道内的各层限位数（3～15） 其中：$3N$ 为平层限位号；$3N+1$ 为下行换速限位；$3N-1$ 为上行换速限位
6	R6	电梯曳引机输出指令（0：停止；1：上行；2：下行）

续表

序号	变量名称	含　义
7	R7	电梯门机开门定时（占据3个字，即R7/8/9）
8	R10	电梯门机关门定时（占据3个字，即R10/11/12）
9	R100	电梯运行步序字（0～6）

主程序如图6-43所示。

(1) 上电初始化，将电梯运行步序字R100置0。

(2) 将限位开关转换为电梯现在所处的层数（1～5）和电梯井道内的各层限位数（3～15），其中限位数未全部给出。

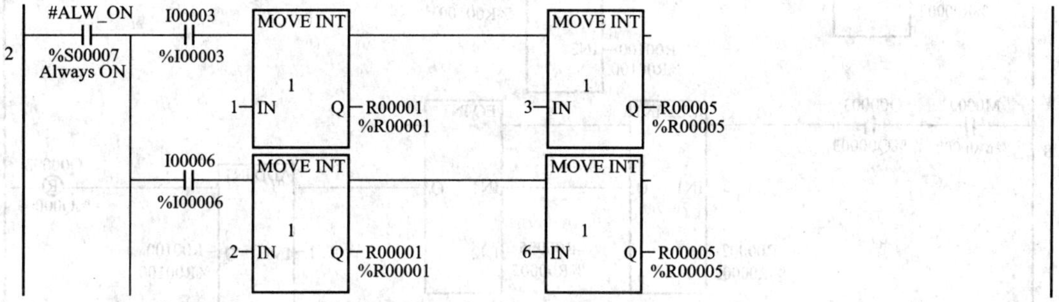

(3) 将电梯外各个按钮动作转换为R2和R3变量。

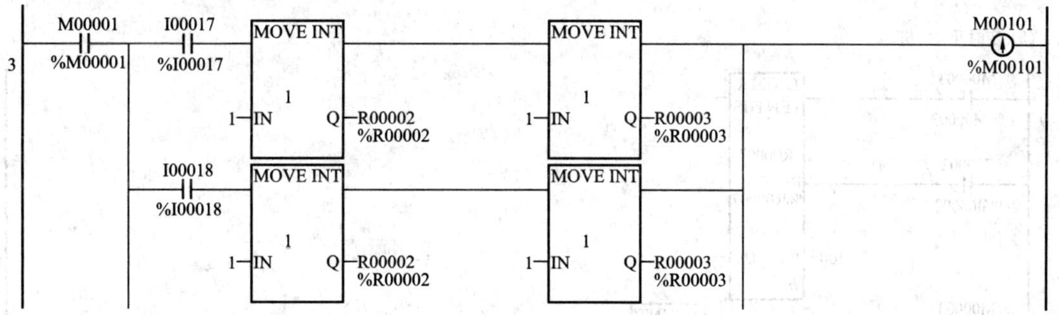

(4) 收到召唤命令后，进行曳引机变频器动作，使之到达指定楼层处，在到达换速开关位置进行减速运行直至平层。

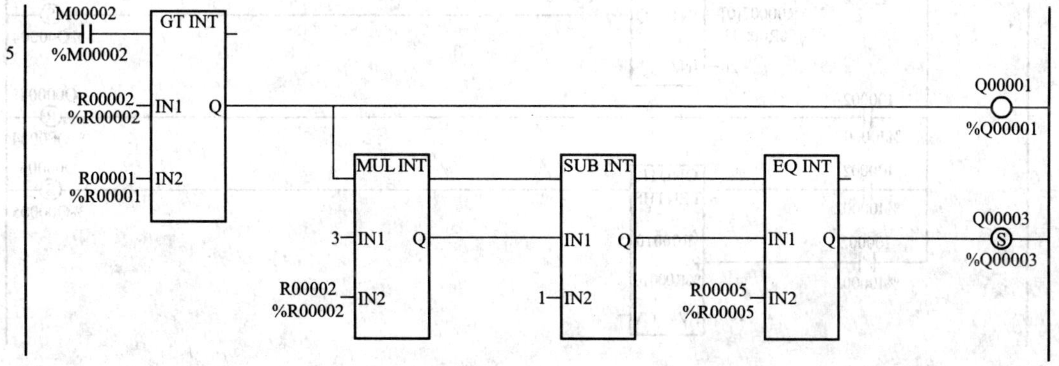

图6-43　主程序（一）

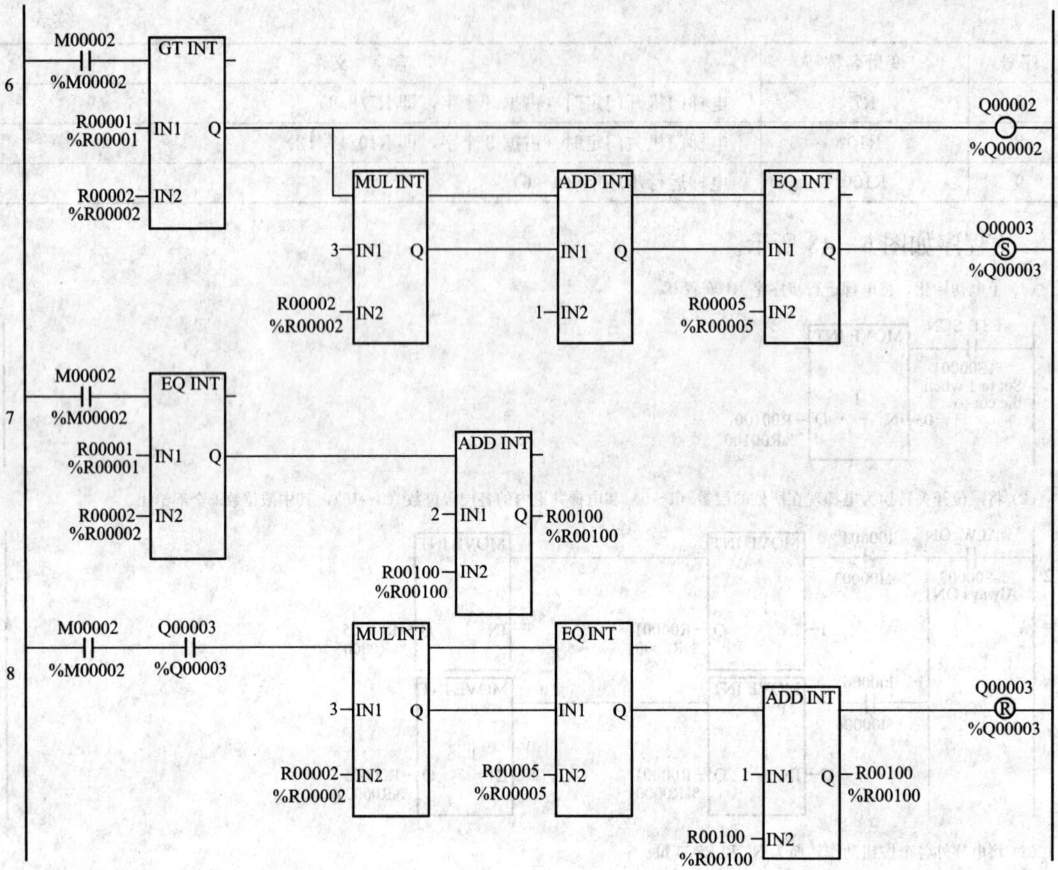

(5) 定时开关门机。

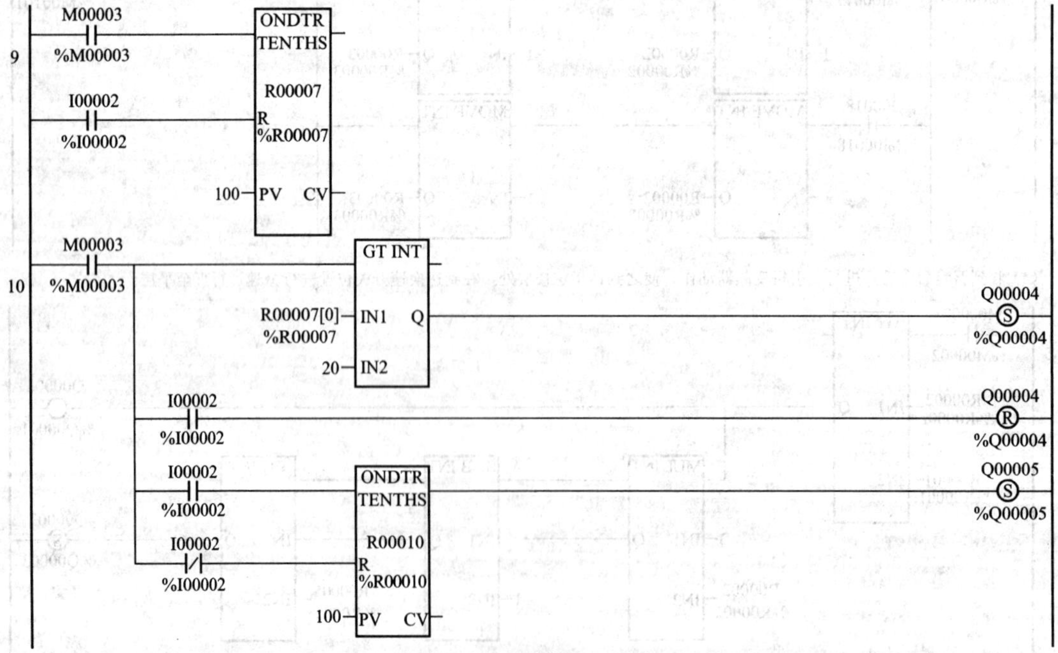

图 6-43 主程序（二）

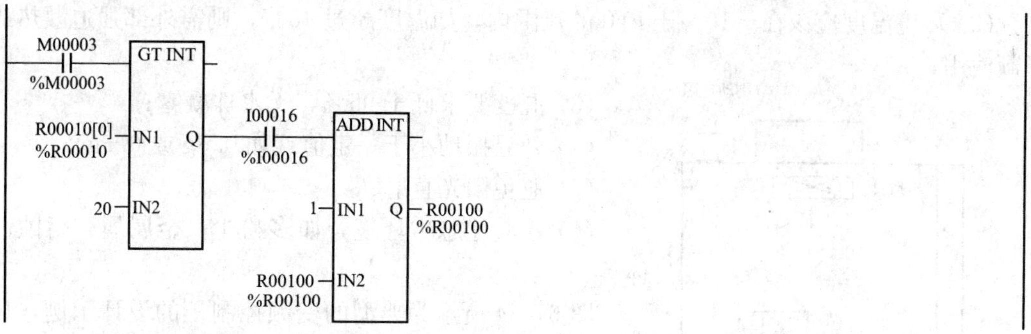

(6) 根据电梯内的指令按钮进行动作，其动作可以参考召唤命令，具体程序未给出。

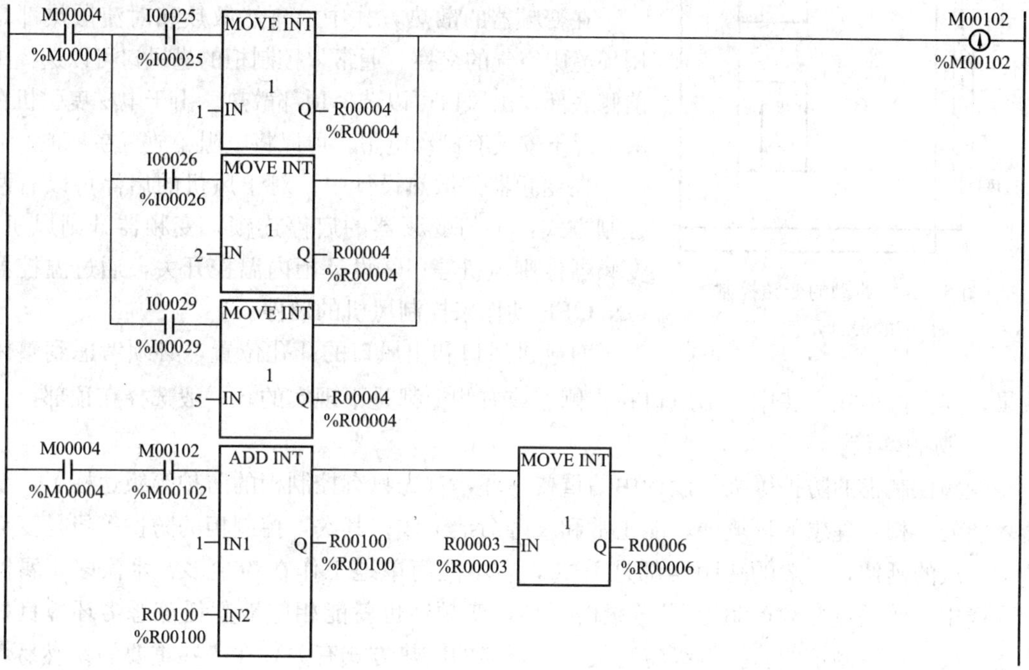

(7) 将 R100 的各个值转换成 M 变量，这里仅列出其中一个值。

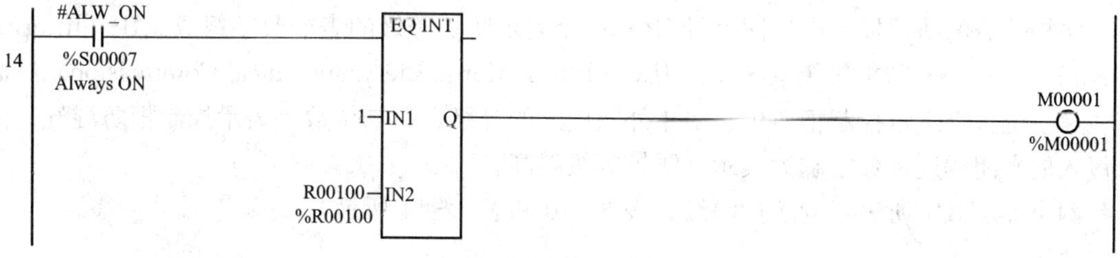

图 6-43 主程序（三）

四、电梯控制柜的设计

1. 基本要求

在电梯控制系统中，除了门机控制是在轿厢里之外，其余的控制系统基本都安装在电梯控制柜中，主要包括电梯曳引机变频器、PLC 以及外围线路。

电梯控制柜至少满足以下几个条件。

(1) 变频器应垂直安装；

(2) 环境温度应该在－10～＋40℃的范围内，如温度超过40℃，则需外部强迫散热或者降额使用；

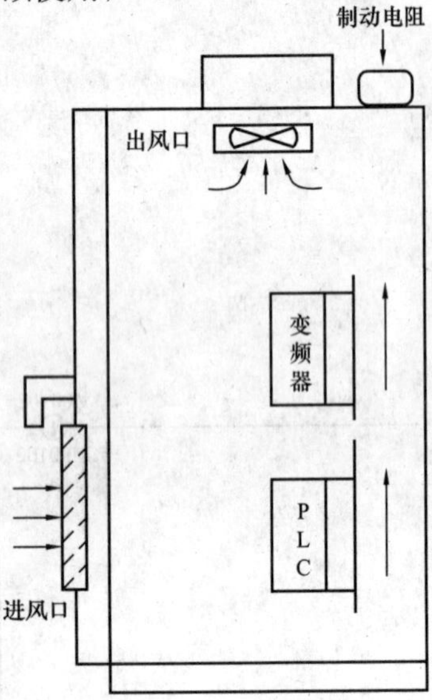

图6-44 典型的变频控制柜的设计示例

(3) 湿度要求低于95%，无水珠凝露；

(4) 外界振动小于一定值（如0.6g或0.5g）；

(5) 避免阳光直射；

(6) 无其他恶劣环境，如多粉尘、金属屑、腐蚀性流体等。

图6-44所示为典型的变频控制柜的设计示例，显然这里考虑比较多的是散热和防护等级。

在变频器的散热方式中，自然散热和对流散热都是利用环境中空气的交换。通常，控制柜的进风口可以选择柜门前侧底部，出风口可以选择顶部散热。由于电梯曳引机在一般情况下安装有制动电阻，可以将电阻箱放置在柜顶。

在变频器的散热设计中，对于风机的启停可以有两种控制方式：①与变频器的启停连锁，变频器开则风机开，变频器停则风机停；②设计柜内温控开关，通过温控器的ON/OFF动作来控制风机的启停。

对于进风口和出风口的开孔位置，必须考虑到整体性效果，如在拼柜式安装中，出风口在左侧上或右侧上都是不现实的，一般选择在顶部。

2. 防护等级

变频控制柜的防护等级是设计中的重要一环，首先只有控制柜的防护等级达标了，变频器才能处于相对理想的环境中，能正常和长寿命地工作；其次，控制柜的防护等级是变频器防护等级的延伸，一般的变频器都是IP20，它不能简单地工作在粉尘多、水汽多、腐蚀多的环境中，而通过变频控制柜IP等级的延伸，变频器也就能相应地胜任该恶劣环境良好地工作；最后，控制柜的防护等级将直接与变频器的散热方式有关，在一些重要的易燃易爆的场合，变频器的散热方式将只能采用液冷方式。

防护等级的防护标志由特征字母IP和两个表示防护等级的表征数字组成。IP（International Protection）防护等级系统是由IEC（International Electrotechnical Commission）所起草。第一位数字表示控制柜离尘、防止外物侵入的等级，第二位数字表示控制柜防湿气、防水侵入的密闭程度，数字越大表示其防护等级越高。

两个标示数字所表示的防护等级如表6-10和表6-11所示。

表6-10　　IP第一位表征数字定义

第一位表征数字	防护等级定义	
0	没有防护	对外界的人或物无特殊防护
1	防止大于50mm的固体物体侵入	防止人体（如手掌）因意外而接触到产品内部的零件。防止较大尺寸（直径大于50mm）的外物侵入
2	防止大于12mm的固体物体侵入	防止人的手指接触到产品内部的零件，防止中等尺寸（直径大12mm）的外物侵入

续表

第一位表征数字	防护等级定义	
3	防止大于 2.5mm 的固体物体侵入	防止直径或厚度大于 2.5mm 的工具、电线或类似的细节小外物侵入而接触到产品内部的零件
4	防止大于 1.0mm 的固体物体侵入	防止直径或厚度大于 1.0mm 的工具、电线或类似的细节小外物侵入而接触到产品内部的零件
5	防尘	完全防止外物侵入，虽不能完全防止灰尘进入，但侵入的灰尘量并不会影响产品的正常工作
6	防尘	完全防止外物侵入，且可完全防止灰尘进入

表 6-11　IP 第二位表征数字定义

第二位表征数字	防护等级定义	
0	没有防护	对外界的人或物无特殊防护
1	防止滴水侵入	垂直滴下的水滴（如凝结水）对产品不会造成有害影响
2	倾斜 15°时仍可防止滴水侵入	当产品由垂直倾斜至 15°时，滴水对产品不会造成有害影响
3	防止喷洒的水侵入	防雨，或防止与垂直的夹角小于 60°的方向所喷洒的水进入产品造成损害
4	防止飞溅的水侵入	防止各方向飞溅而来的水进入产品造成损害
5	防止喷射的水侵入	防止来自各方向由喷嘴射出的水进入产品造成损害
6	防止大浪的侵入	装设于甲板上的产品，防止因大浪的侵袭而进水造成损坏
7	防止浸水时水的侵入	产品浸在水中一定时间或水压在一定的标准以下能确保不因进水而造成损坏
8	防止沉没时水的侵入	产品无限期地沉没在指定水压的状况下，能确保不因进水而造成损坏

由表 6-10 和表 6-11 可以看出，在户外或露天场所的控制柜应采用 IP54 的防护等级，而普通场合的控制柜 IP20 也可以满足要求。

另外，振动的因素一般只在有振动的周边环境中才有，如车载式变频器、冲击性机械用变频器等。当振动的加速度超过变频器的容忍范围时，则必须采取一定的措施，如在变频器的安装时采用防震橡胶或变更安装地点等。

3. 防尘控制柜的设计

在多粉尘场所，特别是多金属粉尘、絮状物的场所使用变频器时，采取正确、合理的防护措施是十分必要的，防尘措施得当对保证变频器正常工作非常重要。电梯控制柜要求为 IP54 也要有防尘要求（即 IP5x 以上）的，总体上控制柜整体应该密封，应该通过专门设计的进风口、出风口进行通风；控制柜顶部应该有防护网和防护顶盖出风口；控制柜底部应该有底板和进风口、进线孔，并且安装防尘网。

防尘控制柜的设计主要分以下几方面。

(1) 控制柜的风道要设计合理，排风通畅，避免在柜内形成涡流，在固定的位置形成灰尘堆积。

(2) 控制柜顶部出风口上面要安装防护顶盖，防止杂物直接落入；防护顶盖高度要合理，不影响排风。防护顶盖的侧面出风口要安装防护网，防止絮状杂物直接落入。

(3) 如果采用控制柜顶部侧面排风方式，出风口必须安装防护网。

(4) 一定要确保控制柜顶部的轴流风机旋转方向正确，向外抽风。如果风机安装在控制柜顶部的外部，必须确保防护顶盖与风机之间有足够的高度；如果风机安装在控制柜顶部的内部，安装所需螺钉必须采用止逆弹件，防止风机脱落造成柜内元件和设备的损坏。建议在风机和柜体之间加装塑料或者橡胶减振垫圈，可以大大减小风机振动造成的噪声。

(5) 控制柜的前、后门和其他接缝处，要采用密封垫片或者密封胶进行一定的密封处理，防止粉尘进入。

(6) 控制柜底部、侧板的所有进风口、进线孔，一定要安装防尘网，阻隔絮状杂物进入。防尘网应该设计为可拆卸式，以方便清理、维护。防尘网的网格要小，能够有效阻挡细小絮状物（与一般家用防蚊蝇纱窗的网格相仿）；或者根据具体情况确定合适的网格尺寸。防尘网四周与控制柜的结合处要处理严密。

4. 防潮湿霉变的控制柜的设计

多数变频器、PLC厂家内部的印制板、金属结构件均未进行防潮湿霉变的特殊处理，如果变频器和PLC长期处于这种状态，金属结构件容易产生锈蚀，对于导电铜排在高温运行情况下，更加剧了锈蚀的过程。对于控制板和驱动电源板上的细小铜质导线，由于锈蚀将造成损坏。因此，对于应用于潮湿的电梯使用场合，还需要设计能够防潮湿霉变或防高湿度的电梯控制柜，保证其防护等级在IP54及以上，具体的措施有以下几条。

(1) 控制柜可以安装在单独的、密闭的采用空调的机房，此方法适用控制设备较多，建立机房的成本低于柜体单独密闭处理的场合，此时控制柜可以采用如上防尘或者一般环境设计即可。

(2) 采用独立进风口。单独的进风口可以设在控制柜的底部，通过独立密闭地沟与外部干净环境连接，此方法需要在进风口处安装一个防尘网，当地沟超过5m以上时，可以考虑加装鼓风机。

(3) 密闭控制柜内可以加装吸湿的干燥剂或者吸附毒性气体的活性材料，并进行周期性检查和更换。

(4) 采用具有独立风道冷却方式的变频器，将该风道外置，与柜内完全隔离；或者在大功率变频器的情况下选择液冷方式。

(5) 在湿度高的氛围中为防止变频器停止运行后产生积累的结露，可以装设空间对流加热器，在变频器运转时可以自行切断加热器回路。

思考与练习

1. 如果电梯的平层信号是采取接近开关的话，该如何进行接近开关选型和安装？如果选择编码器的话，又该如何选型和安装？

2. 电梯如果出现外电源故障，但是由于预先不间断电源，电梯还能运行，但是对于运行中的电梯要确保其平稳停至最近的一层，该如何设计PLC程序？（注意：停电信号通过输入开关模拟。）

3. 电梯曳引电动机一般都会采用矢量变频器控制，您认为应该选择哪一种？请说明选择理由。

4. 对于2台并行电梯来说，其电梯厅外的召唤按钮是共用的，如何根据最优原则进行响应？请进行相应的编程（以2台5层电梯为例）。

课题 7

电镀自动生产线的设计

随着工业化生产的不断细分，新工艺新材料的不断涌现，电镀逐渐成为工业生产中重要的一个中间工艺。通过电镀处理通常可以得到一些金属色泽的效果，如高光、亚光等，搭配不同的效果构成产品的效果的差异性。电镀就是利用电解的方式使金属或合金沉积在工件表面，以形成均匀、致密、结合力良好的金属层的过程。

电镀自动生产线主要设备包括机架、槽体、行车等，槽体由退锡、去油、腐蚀、抛光、活化、电镀以及水箱组成，部分槽体中装有加热及温控装置，水箱中装有液位控制器。行车由电动机、升降导轨、水平导轨等部件组成。它主要是利用 PLC 控制技术，自动控制整个电镀生产流程，监控镀槽的各种工艺指标（如 pH 值、温度、液位等），保证电镀产品性能一致。

【课题任务书】

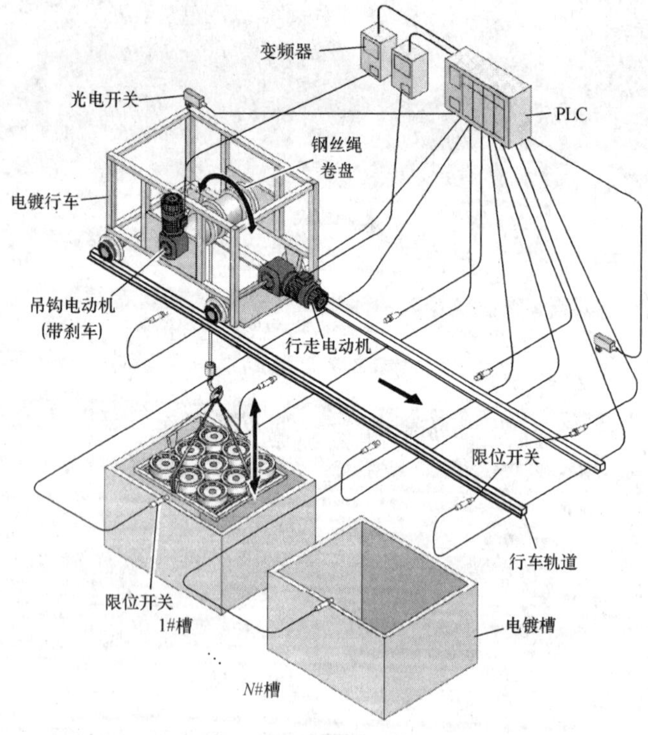

图 7－1　电镀自动生产线

1. 任务概述

图 7－1 所示为一电镀自动生产线，它是按照一定的工艺要求，将有关的各种电镀处理槽、行车、机架、电气系统、电源设备、抽风系统、循环过滤系统、温控加热系统、空气搅拌系统、液位控制系统、阴极移动装置等构成一个完整的多功能自动控制系统。请根据电镀工艺和控制要求进行系统设计。

2. 电镀工艺

以上料工位、前处理工位、镀槽工位、后处理工位、下料工位等简单的三槽五工位电镀工艺为例，其具体要求如下：

工人在原始位置将待镀工件放入吊篮中后发出“启动电镀”工作命令→吊篮自动上升至合适位置后停止→行车平移到 1＃槽上方后停止→吊篮自动下降至 1＃槽内处理（处理时间为 t_1）→处理结束后吊篮自动上升至合适位置后停止→行车平移到 2＃槽上方后停止→吊篮自动下降至 2＃槽内进行电镀处理（处理时间为 t_2）→电镀处理结束后吊篮自动上升至合适位置后停止→行车平移到 3＃槽上方后停止→吊篮自动下降至 3＃槽内进行中和处理（处理时间为 t_3）→中

和处理结束后吊篮自动上升至合适位置后→行车自动返回到原始位置放下吊篮后结束工作。

注：待镀工件在各槽处理时间 $t_1/t_2/t_3$ 按工艺要求确定。

3. 控制要求

(1) 输入电源为三相 380V 电源。

(2) 电镀自动生产线采用 PLC 控制，并能采集温度、液位和 pH 值信号。

(3) 行车的行走电动机和吊钩电动机均采用变频器控制。

(4) 各槽处理时间可以调整。

分任务 1　电镀行车的变频设计

一、电镀行车行走电动机的控制要求

1. 行走电动机的控制特点

电镀行车的行走电动机一般都采用带刹车电动机。刹车电机尾部安装有电磁刹车，主要用于实现断电急停或精确定位等功能，如图 7-2 所示。

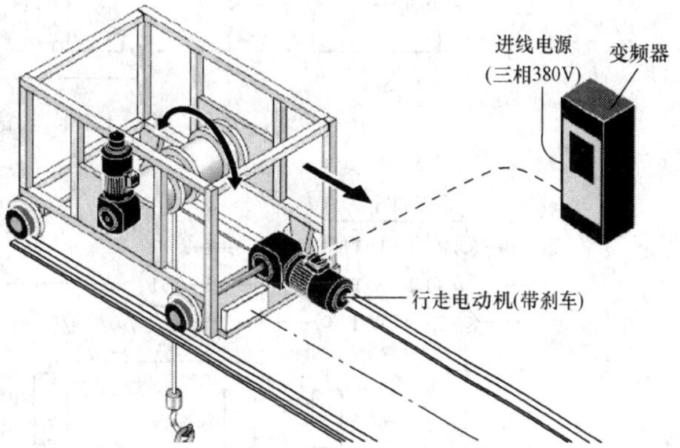

图 7-2　行走电动机的变频控制

刹车电动机有两个特点：当不给电动机速度命令时，要求运转中的电机急速停车；或者要求只要不收到速度指令，电动机就始终保持在停止状态中。

行车的带刹车行走电动机在选用变频器时，必须注意以下事项。

(1) 由于刹车电机本身工作要求要快速制动，因此要求选配的变频器也需要有制动单元和制动电阻。

(2) 在低于 30Hz 运行时，有时会因制动圆盘的松动会发出声音，但对于确定位置停止等短时低速运转并无妨碍，可以正常工作。

(3) 刹车盘动作和变频器的动作必须进行配合，并等确认后再进行下一工序动作。

2. 有速度传感器的变频矢量控制

有速度传感器的变频矢量控制方式，主要用于高精度的速度控制、转矩控制、简单伺服控制等对控制性能要求严格的使用场合，电镀行车的行走电动机因为需要精确定位，也属于该应用场合。在该方式下采用的速度传感器一般是旋转编码器，并安装在被控电动机的轴端。

有速度传感器矢量控制方式的变频调速是一种理想的控制方式，它有许多优点：①可以从零转速起进行速度控制，即使低速也能运行，因此调速范围很宽广，可达 1000∶1；②可以对转矩实行精确控制；③系统的动态响应速度很快；④电动机的加速度特性很好等。

矢量变频器与编码器 PG 之间的连接方式，必须与编码器 PG 的型号相对应。一般而言，编码器 PG 型号分差动输出、集电极开路输出和推挽输出三种，其信号的传递方式必须考虑到变频器 PG 卡的接口，因此选择合适的 PG 卡型号或者设置合理的跳线至关重要。前

者的典型代表是安川 VS G7 变频器，后者的典型代表为艾默生 TD3000 变频器。

以安川 VS G7 变频器为例，其用于带速度传感器矢量控制方式安装的 PG 卡类型主要有两种：①PG-B2 卡，含 A/B 相脉冲输入，对应补码输出，如图 7-3 所示；②PG-X2 卡，含 A/B/Z 相脉冲输入，对应线驱动，如图 7-4 所示。

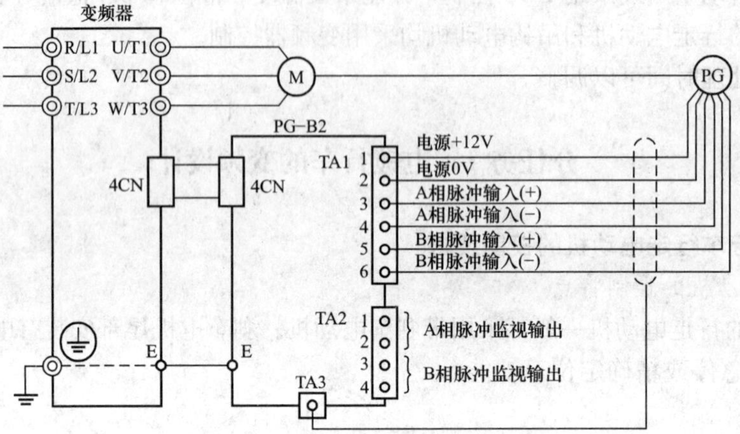

图 7-3 PG-B2 卡与编码器接线图

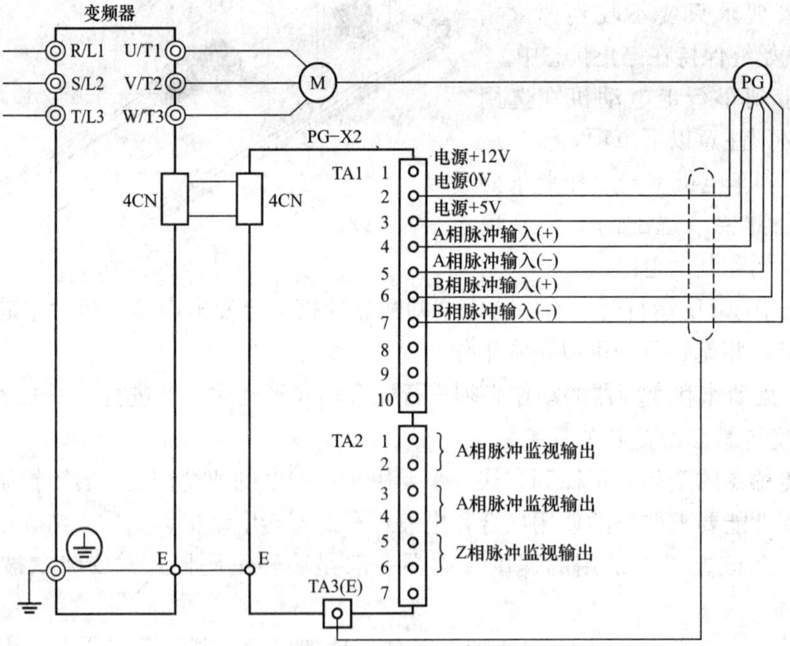

图 7-4 PG-X2 卡与编码器接线图

艾默生 TD3000 变频器的 PG 卡是统一配置的，最高输入频率为 120kHz，它与不同的编码器 PG 接线时，只需注意接线方式和跳线 CN4。当跳线 CN4 位于 DI 侧时，可以选择编码器信号由 A+、A−、B+、B−差动输入（见图 7-5）或者 A+、B+推挽输入（见图 7-6）；当跳线 CN4 位于 OCI 侧时，可以选择编码器信号由 A−、B−开路集电极输入（见图 7-7）。

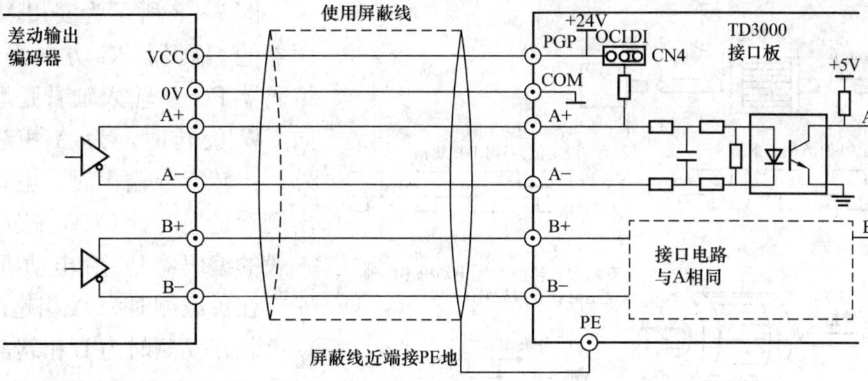

图 7－5　差动输出编码器接线图

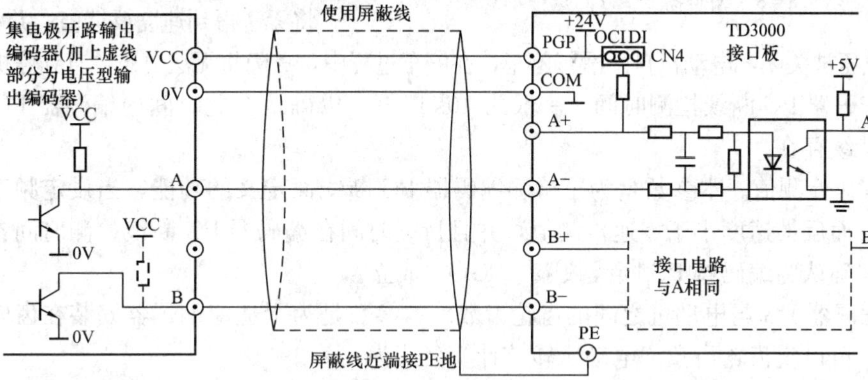

图 7－6　集电极开路输出编码器（加上虚线为电压型输出编码器）接线图

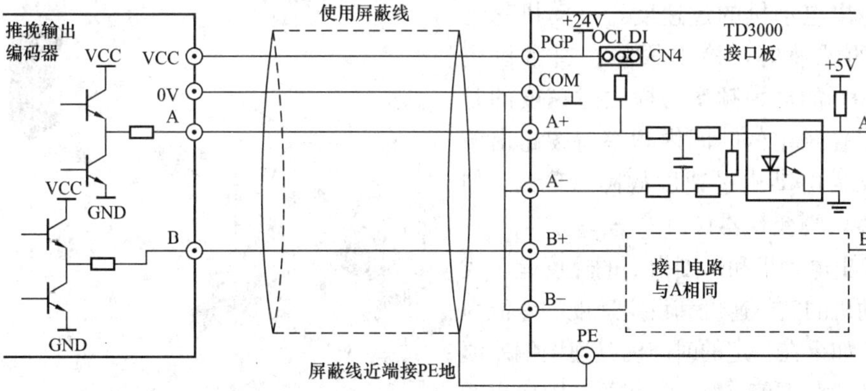

图 7－7　推挽输出编码器接线图

在变频器的参数组中对于编码器 PG 都有比较严格的定义，这些定义包括：

(1) 编码器 PG 每转脉冲数。此参数可以查看编码器本身的技术指标，单位为 PPR。

(2) 编码器 PG 方向选择。如果变频器 PG 卡与编码器 PG 接线次序代表的方向，和变频器与电动机连接次序代表的方向匹配，设定值应为正向，否则为反向。必须注意当方向选择错误时，变频器将无法加速到所需要的频率，并报过流故障或编码器反向故障。更改此参数可方便地调整接线方向的对应关系，而无须重新接线。

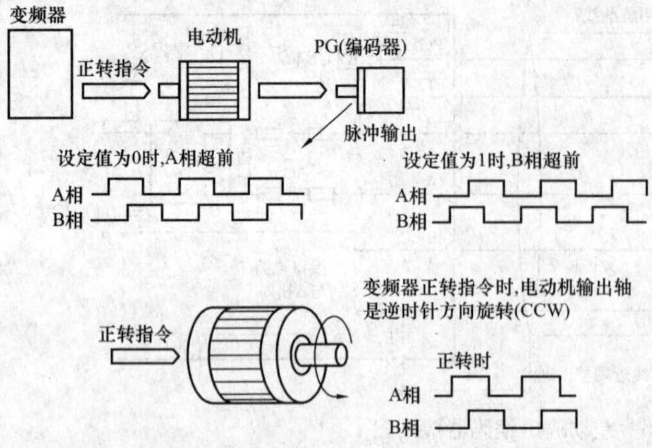

图 7-8 编码器 PG 方向选择示意

图 7-8 所示为安川 VS G7 变频器的编码器 PG 方向选择示意。编码器 PG 从输入轴看是顺时针方向 CW 旋转时，为 A 相超前；另外，正转指令输出时，电动机从输出侧看是逆时针 CCW 旋转。然而，一般的编码器 PG 在电动机正转时，安装在负载侧时为 A 相超前，安装在负载相反侧时为 B 相超前。

(3) 编码器 PG 断线动作。如果编码器 PG 断线（即 PGO），变频器将无法得到速度反馈值，并将立即报警且输出电压被关闭，电动机自由滑行停车，在停车过程中，故障将无法复位，直到停机为止。

(4) 编码器 PG 断线检测时间。一般为 10s 以下，以确认在此时间内编码器 PG 的断线故障是否持续存在。

(5) 零速检测值。本参数是为了检测编码器 PG 断线而定义的功能，当设定频率大于零速检测值，而反馈速度小于零速检测值，并且持续时间在编码器 PG 断线检测时间参数以上时，变频器确认为编码器 PG 断线故障（PGO）成立。

(6) 编码器 PG 与电动机之间的齿轮齿数。本参数是为了适应编码器安装在齿轮电动机上的情况，可设定齿轮齿数。电动机转速计算公式为

电动机速度（RPM）=(从编码器 PG 输入的脉冲数×60)×(负载侧齿轮齿数/电动机侧齿轮齿数)/编码器 PG 的每转脉冲数

(7) 检出电动机的过速度。电动机超过规定以上的转速时，检出故障。通常设定 100%～120%的最大频率为检出过速度的基准值，如果在预定的时间内频率持续超出该值，则定义为电动机过速度故障（OS）。如发生该故障，则变频器自由停车。

(8) 检出电动机和速度指令的速度差。我们定义电动机的实际速度和设定速度的差值为速度偏差，如果在一定的时间内其速度偏差值持续超出某一范围值（如 10%时），则检出速度偏差过大（DEV）。如发生该故障，变频器可以按照预先设定的故障停机方式停机。

二、电镀行车吊钩电动机的变频控制

1. 吊钩电动机的变频控制特点

在电镀行车中，吊钩电动机负责拖动电镀篮作吊起或放下的上下运动，它采用变频器进行控制（如图 7-9 所示）。变频吊钩的

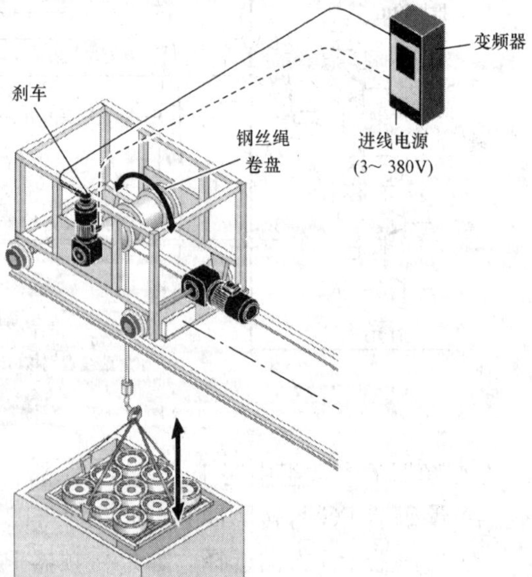

图 7-9 吊钩电动机的变频控制

电气控制原理图如图7-10所示。

用于变频控制的吊钩电动机具有以下几个特点：

(1) 变频器过压特性。由于电镀篮属于恒转矩性质负载，且其吊钩拖动系统为位能性负载，当吊钩吊起物品下降或者快速减速运行时，电动机处于再生发电制动状态。因此，需要将电能通过反馈装置反送给电网或者消耗在制动电阻上，以防止变频器母线电压过冲而导致变频器过压。

(2) 吊钩拖动系统在启、停过程中容易出现“溜钩”问题。由于制动器从抱紧到松开，以及从松开到抱紧的动作过程需要时间（约0.6s），而电动机转矩的产生或消失是在通电或断电瞬间就立刻反应的。因此，制动器和电动机在动作的配合上极易出现问题。如电动机已经通电，而制动器尚未松开，将导致电动机严重过载；反之，如电动机已经断电，而制动器尚未抱紧，则重物必将下滑，即出现所谓的“溜钩”现象。因此要有相应的防止措施。

(3) 制动器问题。吊钩传动系统中要有机械抱闸装置（机械制动器）。当重物吊在空中出现突然停电的情况，如果不加装机械抱闸装置，重物就会有下滑的危险。因此，吊钩电动机轴上必须加装制动器。常用的有电磁铁制动器和液压电磁制动器等。

(4) 其他。吊钩拖动系统要求启动转矩大，启动运行平稳，能够实现正反运行且要有超载、限位、限流等多种保护。

2. 吊钩电动机的变频设计要点

图7-11所示为电镀行车的吊钩传动结构，它包括电动机（含刹车）、减速机和卷筒。

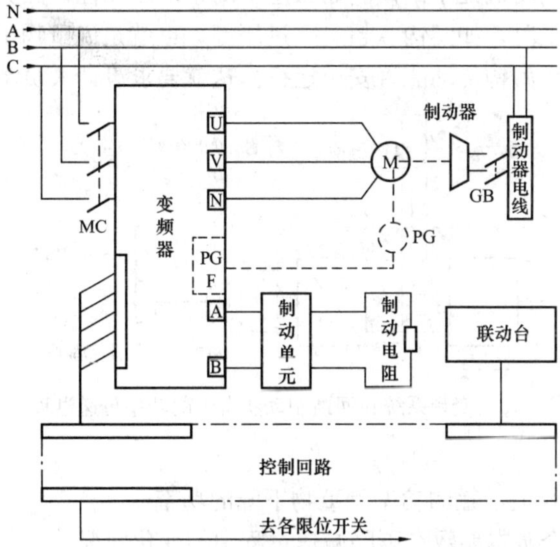

图7-10　变频吊钩的电气控制原理图

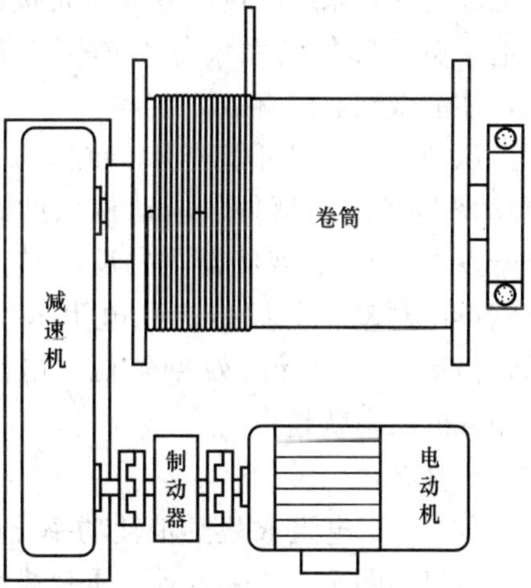

图7-11　电镀行车的吊钩传动结构

因此，吊钩变频控制系统的设计必须充分考虑到传动结构的各个部分，并遵循以下几点。

(1) 电动机输出转速应小于3000r/min（由减速机输入端的工作转速进行限制）；

(2) 系统最高工作频率应小于100Hz（频率越高，电动机的损耗功率就越大，将破坏恒功率特性，起吊能力大幅度降低而无实际应用价值）；

(3) 电动机额定转矩用于校核最大起重量（考虑总传动比、效率、倍率等）；

(4) 电动机的额定功率用于校核高速时的起重量（考虑总传动比、效率、倍率等，如果频率接近100Hz，应考虑有效功率降低10%～15%）。

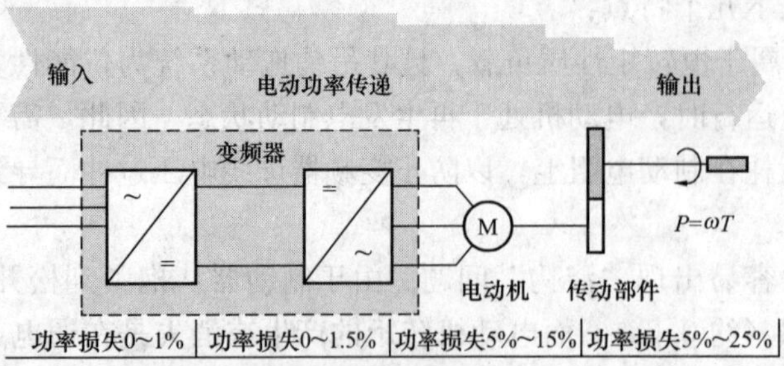

图7-12 变频系统电动状态功率图

在选择吊钩的电动机功率时，应参考图7-12给出的功率损失图，同时根据上述4个条件就能基本确定吊钩减速机的减速比与电动机功率和极数。

3. 变频器及其控制方式的选择

当吊钩传动系统的电动机确定后，就可着手进行控制系统的设计。首先是变频器的选型。根据前面章节的内容，已经知道变频器分为U/F控制、矢量控制和DTC直接转矩控制三种控制方式，但用于电镀行车的吊钩传动，建议最好选用具有矢量控制功能或者是具有DTC直接转矩控制功能的变频器。这样的变频器品牌较多，设计者可根据自己的熟悉程度、技术支持力度、行业用户使用情况等因素来选择。

由于变频器品牌的不同，相同功率下变频器的过载能力和额定电流值也不完全一致。所以，选择变频器容量时，不单要看额定功率的大小，还要校核额定工作电流是否大于或者等于电动机的额定电流，一般的经验是选择变频器的功率大于电动机功率10%～30%左右。

4. 能耗电阻的选取

作为吊钩变频系统，其设计的重点在于电动机处于回馈制动状态下的系统可靠性，因为这种系统出故障往往都发生在重物下降时的工况，如溜钩、超速、过压等。也就是说重物下降工况时变频系统的性能好坏将直接影响整个吊钩传动能否安全运行。这就要求设计人员清楚地了解变频传动系统的回馈工作过程，才能做到心中有数。

从图7-13中可以看出，重物的下降功率是经传动部件、电动机（此时处于发电状态）、变频器内的反向整流回路再由制动单元而传递到电阻R上的，传动环节的反向效率越低，电阻上消耗的功率就越小。

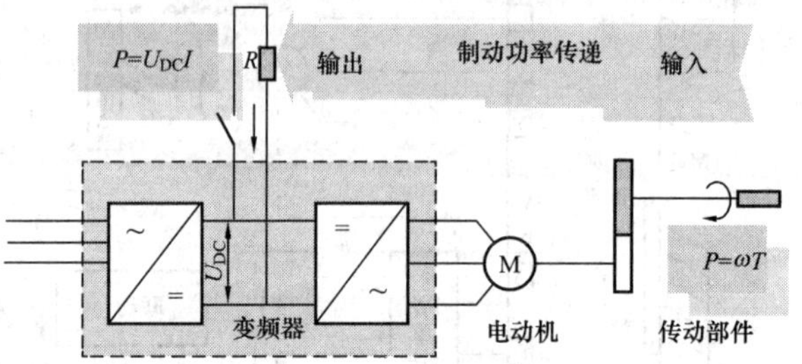

图7-13 变频系统在回馈制动状态下的功率传递过程

于是有：

电阻R发热消耗功率＋传递路径上消耗的功率＝重物下降的功率

可以用图7-14来表示起重变频系统各个基本参数在下降减速过程中的变化状况。

进一步还可得到电阻消耗功率P的表达式如下：

在匀速下降时稳态功耗为

$$P_e = \omega_m M_e \delta \tag{7-1}$$

式中 δ——传动系统的反向效率。

减速时的峰值功耗为

$$P_m = P_e + \delta J(\omega_m - \omega_d)/T_a \tag{7-2}$$

式中 J——传动系统的转动惯量。

结合图7-14、式（7-1）和式（7-2）有：

（1）当吊钩运行在额定功率状态并高速下降时，如果此时给出减速指令，在减速的初期，电阻的消耗功率将达到最大值；

（2）过短的减速时间，将造成在电阻上的消耗功率峰值上升；

（3）系统的转动惯量和载荷越大，减速时的制动转矩就越高，也会造成在电阻上消耗功率的峰值上升；

（4）传动系统的机械效率越低，电阻消耗功率也越低。

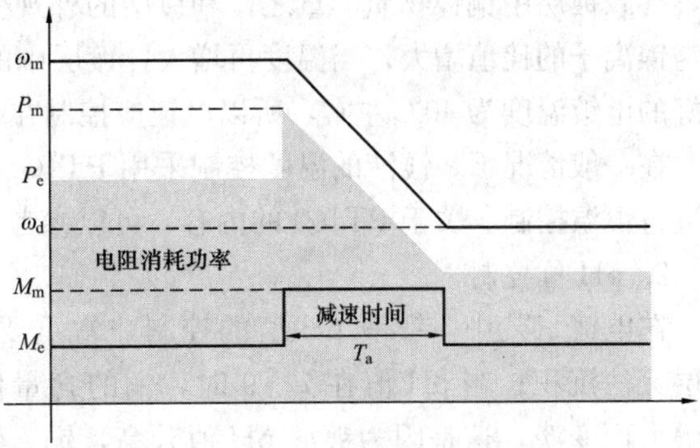

图7-14　下降减速状态

ω_m—减速前下降速度；ω_d—减速后下降速度；P_m—减速峰值功率；P_e—匀速消耗功率；M_m—减速制动转矩；M_e—负载转矩

可见，要准确地计算电阻消耗功率，就必须知道传动系统中各个部件的转动惯量、减速点对应的起始工作速度和结束工作速度、减速过程的时间长短以及系统载荷大小等。要确定这些参数的精确值，在系统设计初期是有一定难度的，其一，在产品未完成前，无法精确测量或计算各传动部件的转动惯量；其二，在实际使用中，系统的减速特征是会随现场的需要而改变的。所以大多数情况下，电阻功率都未作严格计算。经验取值一般是在电机功率的40%～70%之间，减速机的反向效率较低时，可以选用较小的电阻功率。

只要充分了解了变频系统的减速过程的工作状态，就可以根据所设计系统的实际工作表现来修正电阻参数。

5．控制方案的确定

首先是系统采用开环或闭环控制的选择，一般的电镀行车吊钩可以采用开环控制方式，那些对速度控制精度要求较高的情况才要考虑闭环控制。如果要构成闭环系统，一定要有PG（编码器）、检测回路和连接线。这些环节加大了安装的复杂性；增加了系统成本；更重要的是降低了系统的可靠性，因为在闭环系统中，反馈回路任何细小的差错都可能造成系统紊乱。

其次是速度给定方式的选取，绝大多数的变频器都有多种速度输入方式，如多级开关量输入方式和模拟量给定方式，不少品牌的变频器还具备有总线通信接口。对于常规变频起升机构，大多采用开关量作为速度给定，不同在于是采用PLC还是继电逻辑控制。

分任务2　电镀线的模拟量输入控制

一、电镀工艺的温度控制和pH值控制

1．温度控制

不同的电镀工艺，所采用的镀液温度也不同，温度的变化对电镀过程的影响比较复杂。

以锡镍合金电镀工艺为例，其镀液以硫酸锡、硫酸镍、硫酸铜为主要成分，柠檬酸三钠为主络合剂，EDTA是辅助络合剂，甘氨酸、氯化铵作为添加剂，十二烷基苯磺酸钠为润

滑剂。温度对阴极极化、金属在阴极极化扩散层中的浓度及阴极电流效率等因素产生综合影响，导致镀层中铜镍物质的量之比和镀层的外观变化较大，如图 7-15 所示。当温度升高，铜与镍离子的比值增大，当温度再增大，镀层中的铜镍离子有所下降并稳定在设定值上下，较好的电镀温度为 40℃左右，所以电镀应控制在 40℃左右。

在一般情况下，镀液的温度控制采用 PT100 温度传感器进行信号检测，根据设定的温度进行恒温控制。关于 PT100 的内容，可以参考相关章节，此处不再赘述。

2. pH 值控制

在电镀工艺中，镀液 pH 值的控制非常重要。以锡镍合金电镀为例，当 pH>12 时，镀层无法沉积；当 pH 值在 7～9 时，铜的含量保持在一稳定值左右，且镀层颜色随 pH 值增大而变淡，这是因为镀液 pH 值升高，铜、镍金属络合物的稳定性增加，铜、镍游离金属离子含量减少，铜、镍离子沉积电势变得更负，从而使镀层含锡量增加，颜色变淡；pH<6 后，阴极出现析氢现象，镀层质量下降。图 7-16 所示为 pH 值对铜镍含量的影响示意。

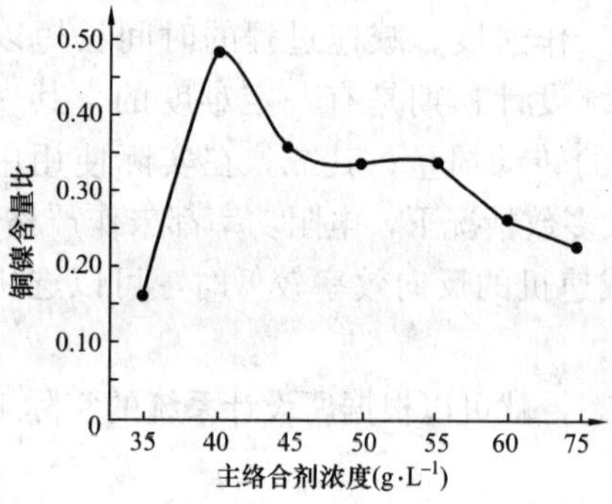

图 7-15 温度对镀液铜镍含量比的影响

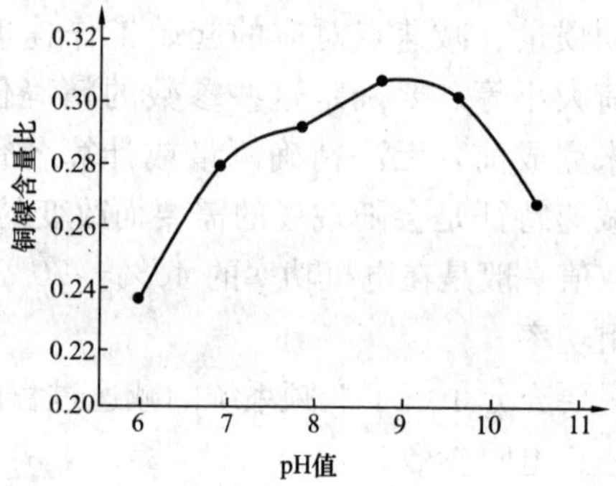

图 7-16 pH 值对铜镍含量的影响示意

因此，电镀自动生产线必须及时获取镀槽镀液的 pH 值，并随之作出工艺操作。通常的做法就是在镀槽或者其他槽液中安装在线 pH 传感器，并与 PLC 相连，这样就能够使 pH 值自动控制在一个很窄的范围内（比如±0.2～0.5pH）；还可精确控制药剂的用量，避免过量投药，化学试剂消耗大大减少。由于是在线测试，减少了人为抽样实验的错误，提高了处理效果，节省了处理成本。

二、在线 pH 传感器

1. 在线 pH 传感器的原理

测定 pH 值，就是测定溶液中 H^+ 的活度，通过 pH 计换算成 pH 值进行显示与控制。在线 pH 传感器一般都采用双高阻输入，它既适用于不接地的试液的 pH 值的测定，又适用于接地的试液，如工业生产中反应槽内溶液 pH 的原位监测等。

在线 pH 检测系统结构框图如图 7-17 所示。

在线 pH 传感器与数字电压表（或智能仪表，或计算机终端）以及 pH 发送器组成一种在线 pH 测量仪器。pH 指示电极、参比电极、第三电极（溶液地电极）、温度传感器和被测试液组成测量电池。指示电极的电位随被测溶液的 pH 值变化而变化，而参比电极的电位不随 pH 值的变化而变化，它们符合能斯特方程中电位 E 与离子活度之间的关系。第三电极用

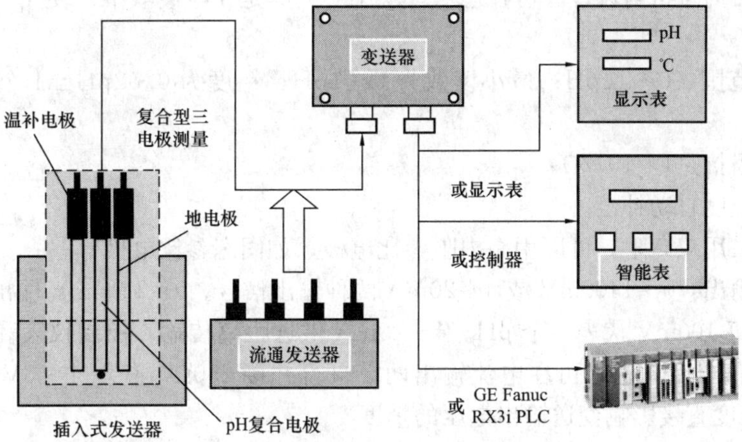

图 7-17 在线 pH 检测系统结构框图

来克服共模电压干扰和地电流的干扰。仪器设置了稳定的定位调节器和斜率调节器。前者是用来抵消测量电池的起始电位，使仪器的示值与溶液的实际 pH 值相等；而后者通过调节放大器的灵敏度使 pH 值整量化；由温度传感器进行温度自动补偿。pH 计外观如图 7-18 所示。

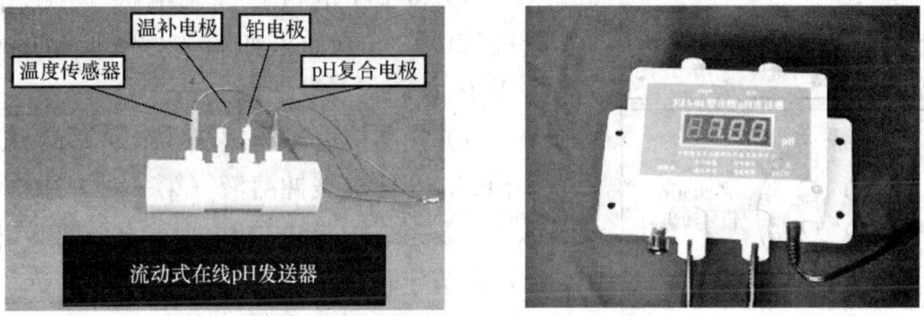

图 7-18 pH 计外观

2. 在线 pH 传感器的技术指标

图 7-19 所示为电镀自动生产线所用的其中一种在线 pH 传感器（PC3 型），它具有如下几个技术指标。

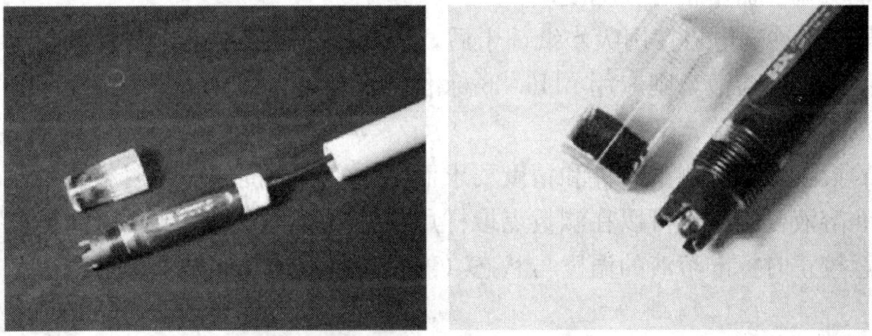

图 7-19 PC3 型在线 pH 传感器

(1) 传感器为全密封设计，可在恶劣环境中（尤其是在电镀液中）使用，能在现场挂壁安装。

(2) 测量范围：0～14pH；最小读数为0.01pH；精度为0.02pH±1个字（工业上要求±0.2pH)。

(3) 输入阻抗≥1×1012Ω。

(4) 具有温度自动补偿。

(5) 由于采用双高阻，可以用高内阻参比电极，如固态参比电极等。

(6) 变送输出：0～1400mV或4～20mA两种输出信号。0～1400mV输出信号是供数字电压表读数，每100mV代表1个pH。4～20mA供远距离传输、控制仪表和上位机用，如需要电压输出信号变送时，可在电流输出两端自行并接250Ω，获取1～5V直流电压输出(并接电阻的精度直接影响变送输出电压的精度)。

(7) 用智能仪表作为显示器，具有4～20mA或0～20mA输出、pH下限值和上限值报警或控制开关信号输出功能，可通过设置改变显示精度（最小读数为0.01pH或0.1pH)。

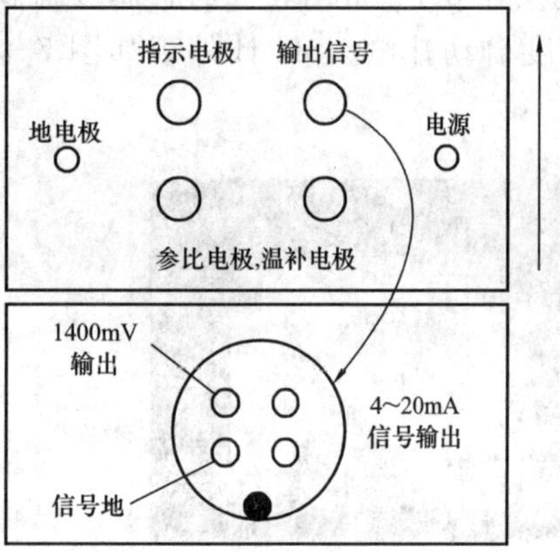

图7-20 变送器各插座连接图（向插座看）

3. 测量电镀液pH时的使用方法

在电镀液中使用在线pH传感器应按照以下使用方法进行。

(1) 将pH电极、参比电极、温度传感器、地电极和电源分别插入如图7-20所示的相应的电极插座中。

(2) 仪器接通电源预热30min后，将所有电极插入pH6.86标准缓冲溶液（第一种）中，平衡一段时间（主要考虑电极电位和温度的平衡），待读数稳定后，调节定位调节器，使仪器显示6.86。

(3) 用蒸馏水冲洗电极并用吸水纸擦干后，插入pH4.01标准缓冲溶液（第二种）中，待读数稳定后，调节斜率调节器，使仪器显示4.01。仪器就校正完毕，将密封盖盖上。

为了保证精度建议以上(2)、(3)两个标定步骤重复1～2次。一旦仪器校正完毕，“定位”和“斜率”调节器不得有任何变动。

(4) 用蒸馏水冲洗电极并用吸水纸擦干后，插入样品溶液中进行测量。

若测定偏碱性的溶液，则应用pH6.86标准缓冲溶液（第一种）和pH9.18标准缓冲溶液（第二种）来校正仪器。

变送器的校正周期因测量条件和精度要求而定，一般一周或一个月校正一次。校正的方法可以用标准溶液校正；也可以在测量点取样用精密pH计测量出pH值，据此对变送器进行校正。注意校正时标准溶液的温度与状态（静止还是流动）和被测液的温度与状态应尽量一致。

当遇到下列情况时仪器必须重新标定：①换用新电极；②“定位”或“斜率”调节器变动过。

4. 在线 pH 传感器的维护与注意事项

为了确保电镀控制工艺的准确性，在线 pH 传感器应注意以下事项。

（1）在线 pH 传感器的输入端的玻璃电极插座与插头必须保持干燥清洁，在电镀液环境中，尤其需要进行日常维护。

电镀处理场所，空气不可能干燥及非常清洁，故对传输线接插部分应用单面胶的绝缘胶带缠绕密实以防潮。对 pH 计最好外加透明有机玻璃罩严实。调校打开后应立即封好。

（2）新玻璃 pH 电极或长期干储存的电极，在使用前应在 pH 浸泡液中浸泡 24h 后才能使用。pH 电极在停用时，就将电极的敏感部分浸泡在 pH 浸泡液中，这对改善电极响应迟钝和延长电极寿命是非常有利的。在使用复合电极时，溶液一定要超过电极头部的陶瓷孔。常温电极一般在 5～60℃温度范围内使用。如果需在低于 5℃或高于 60℃时使用，请分别选用特殊的低温电极或高温电极。

（3）pH 浸泡液的正确配制方法：取 pH4.00 缓冲剂（250mL）包，溶于 250mL 纯水中，再加入 56g 分析纯 KCl，适当加热，搅拌至完全溶解即成。用标准溶液标定时，首先要保证标准缓冲溶液的精度，否则将引起严重的测量误差。标准溶液可自行配制，但最好用国家规定的标准缓冲溶液。

表 7－1　缓冲溶液的 pH 值与温度关系的对照表

溶液 pH / 温度（℃）	0.05M 邻-苯二甲酸氢钾	0.02M 混合磷酸盐	0.01M 四硼酸钠	溶液 pH / 温度（℃）	0.05M 邻-苯二甲酸氢钾	0.02M 混合磷酸盐	0.01M 四硼酸钠
0	4.003	6.984	9.464	30	4.015	6.853	9.139
5	3.999	6.951	9.395	35	4.024	6.844	9.102
10	3.998	6.923	9.332	40	4.035	6.838	9.068
15	3.999	6.900	9.276	45	4.047	6.834	9.038
20	4.002	6.881	9.225	50	4.060	6.833	9.011
25	4.008	6.865	9.180				

（4）玻璃 pH 电极和甘汞电极在使用时，必须注意内电极与球泡之间及参比电极内陶瓷蕊附近是否有气泡或污物存在，如有必须除去。

在线 pH 测量中，电极的沾污也是经常遇到的另一个问题。在电极敏感膜上沾附某些物质，例如油类、沥青、胶体物质、悬浮物及固体结块等，均会引起电极响应迟钝，甚至使电极失效。为了保证有效的连续测量，电极系统应安装清洗装置。常用的有定时自动刷洗、超声波清洗或定时喷水清洗等。另一种办法是在测量池前面安装过滤分离设备，将样品液流中可能沾污电极的物质分离出去，然后进入测量池测量。还有一种最简单和可靠的方法是定期进行人工清洗，具体期限应根据被测介质的液体情况及测试的精度要求综合考虑，一般为一周至几周，同时也可用两支电极进行交换使用，换下的电极进行清洗和活化，更可延长电极寿命。

三、大中型 PLC 的模拟量输入模块

1. 大中型 PLC 的模拟量输入模块

大中型 PLC 系统在要求高密度、更快、更精确的测量，并且能灵活连接各种温度、压

力和流量变送器的过程控制场合中使用模拟量输入模块。

从结构方面来看，大中型 PLC 与小型 PLC 的模拟量输入模块不太一致，前者更复杂、灵活性更强，主要表现在以下几点。

(1) 用户可选的输入模块允许用户配置每个通道，以连接来自工业现场的各类电压或电流信号；

(2) 高分辨率的输入模块有助于实现高精度的控制；

(3) 模块上的输入滤波功能能有效防止电磁干扰的影响；

(4) 背板隔离保证了输入信号干扰不会对背板产生影响；

(5) 通过更多的故障状态信息编程（如开路、超量程等），使得用户可以及时了解现场情况而有效缩短了故障恢复时间。

2. GE Fanuc RX3i PLC 模拟量输入模块

GE Fanuc RX3i PLC 模拟量输入模块种类丰富，如表 7-2 所示。

由于电镀自动生产线的模拟量信号差别比较大，从经济的角度出发选用 IC695ALG600 符合设计要求（如图 7-21 所示），它可以外接各种模拟量信号，如热电偶 TC 信号（包括 B/C/E/J/K/N/R/S/T 型）、热电阻 RTD 信号（如铂电阻、铜电阻等）、电阻信号（0～4000Ω）、电流信号（0/4～±20mA）、电压信号（0～±10V、0～±150mV）等。

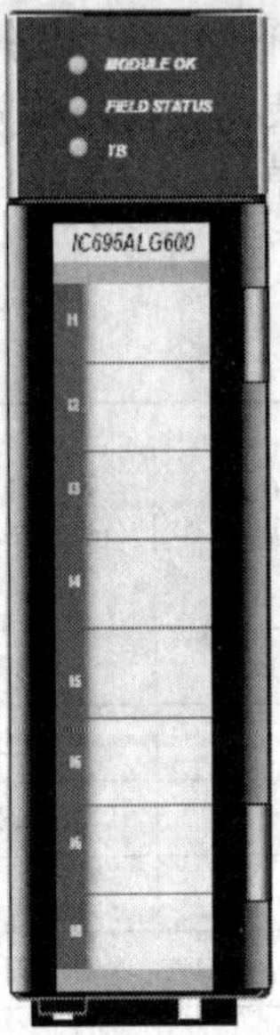

图 7-21 IC695ALG600 模块

表 7-2 GE Fanuc RX3i PLC 模拟量输入模块

模拟量输入模块	规格型号
4 通道电压输入信号	IC694ALG220
4 通道电流输入信号	IC694ALG221
16/8 通道电压输入信号	IC694ALG222
16 通道电流输入信号	IC694ALG223
8 通道非隔离/4 通道差分输入信号	IC695ALG608
16 通道非隔离/8 通道差分输入信号	IC695ALG616
8 通道多功能输入信号	IC695ALG600

表 7-3 所示为 IC695ALG600 模块的控制精度。

表 7-3 IC695ALG600 模块的控制精度

最大误差		+25℃			0～+60℃		
滤波频率		8，12，16Hz	200Hz	1000Hz	8，12，16Hz	200Hz	1000Hz
电压输入	+/−10.5V，0.0～+10.5V	+/−5mV	+/−5.5mV	+/−7mV	+/−10mV	+/−11mV	+/−14mV
	0～+5.25V，+1.0～+5.25V	+/−3mV	+/−3.3mV	+/−4.2mV	+/−5mV	+/−5.mV	+/−7mV
	+/−155mV	+/−30μV	+/−33μV	+/−42μV	+/−110μV	+/−121μV	+/−154μV
	+/−55mV	+/−15μV	+/−17μV	+/−21μV	+/−70μV	+/−77μV	+/−98μV
电流输入	+/−22.5mA，0.0～+22.5mA，+3.0～+22.5mA	+/−20μA	+/−22μA	+/−28μA	+/−40μA	+/−44μA	+/−56μA

续表

最大误差		+25℃			0～+60℃		
滤波频率		8，12，16Hz	200Hz	1000Hz	8，12，16Hz	200Hz	1000Hz
热电偶TC	Type J（－180～+1200℃）	+/－0.6℃	+/－0.7℃	+/－0.9℃	+/－2.3℃	+/－2.6℃	+/－3.3℃
	Type J（－210～－180℃）	+/－0.8℃	+/－0.9℃	+/－1.2℃	+/－3.3℃	+/－3.7℃	+/－4.7℃
	Type N（－160～+1300℃）	+/－1.0℃	+/－1.1℃	+/－1.4℃	+/－4.5℃	+/－5.0℃	+/－6.3℃
	Type N（－210～－160℃）	+/－1.8℃	+/－2.0℃	+/－2.6℃	+/－8.0℃	+/－8.8℃	+/－11.2℃
	Type T（－190～+400℃）	+/－0.9℃	+/－1.0℃	+/－1.3℃	+/－4.0℃	+/－4.4℃	+/－5.6℃
	Type T（－270～－190℃）	+/－6.7℃	+/－7.4℃	+/－9.4℃	+/－18.0℃	+/－19.8℃	+/－25.2℃
	Type K（－200～+1372℃）	+/－1.0℃	+/－1.1℃	+/－1.4℃	+/－4.0℃	+/－4.4℃	+/－5.6℃
	Type K（－270～－200℃）	+/－9.5℃	+/－10.5℃	+/－13.3℃	+/－21.0℃	+/－23.1℃	+/－29.4℃
	Type E（－200～+1000℃）	+/－0.6℃	+/－0.7℃	+/－0.9℃	+/－2.5℃	+/－2.8℃	+/－3.5℃
	Type E（－270～－200℃）	+/－5.3℃	+/－5.8℃	+/－7.5℃	+/－14.0℃	+/－15.4℃	+/－19.6℃
	Type S and R	+/－2.8℃	+/－3.1℃	+/－4.0℃	+/－11.5℃	+/－12.7℃	+/－16.1℃
	Type C	+/－1.7℃	+/－1.9℃	+/－2.4℃	+/－7.0℃	+/－7.7℃	+/－9.8℃
	Type B	+/－3.3℃	+/－3.7℃	+/－4.5℃	+/－20.0℃	+/－22.0℃	+/－28.0℃
热电阻RTD	100Ω Platinum 385	+/－0.7℃	+/－0.8℃	+/－1.0℃	+/－1.2℃	+/－1.4℃	+/－1.7℃
	200Ω Platinum 385	+/－0.6℃	+/－0.7℃	+/－0.9℃	+/－1.0℃	+/－1.1℃	+/－1.4℃
	500Ω Platinum 385	+/－0.5℃	+/－0.6℃	+/－0.7℃	+/－0.9℃	+/－1.0℃	+/－1.3℃
	1000Ω Platinum 385	+/－0.5℃	+/－0.6℃	+/－0.7℃	+/－0.9℃	+/－1.0℃	+/－1.3℃
	100Ω Platinum 3916	+/－0.6℃	+/－0.7℃	+/－0.9℃	+/－1.1℃	+/－1.2℃	+/－1.6℃
	200Ω Platinum 3916	+/－0.5℃	+/－0.6℃	+/－0.7℃	+/－0.9℃	+/－1.0℃	+/－1.3℃
	500Ω Platinum 3916	+/－0.4℃	+/－0.5℃	+/－0.6℃	+/－0.8℃	+/－0.9℃	+/－1.2℃
	1000Ω Platinum 3916	+/－0.4℃	+/－0.5℃	+/－0.6℃	+/－0.8℃	+/－0.9℃	+/－1.2℃
	Nickel 672	+/－0.3℃	+/－0.4℃	+/－0.5℃	+/－0.5℃	+/－0.6℃	+/－0.7℃
	Nickel 618	+/ 0.3℃	+/－0.6℃	+/－0.5℃	+/－0.5℃	+/－0.6℃	+/－0.7℃
	Nickel - Iron 518	+/－0.4℃	+/－0.5℃	+/ 0.6℃	+/－0.7℃	+/－0.8℃	+/－1.0℃
	Copper 426	+/－1.0℃	+/－1.1℃	+/－1.4℃	+/－2.4℃	+/－2.7℃	+/－3.4℃
电阻信号	250 ohms	+/－0.25Ω	+/－0.28Ω	+/－0.35Ω	+/－0.35Ω	+/－0.39Ω	+/－0.49Ω
	500 ohms	+/－0.3Ω	+/－0.33Ω	+/－0.42Ω	+/－0.45Ω	+/－0.5Ω	+/－0.63Ω
	1000 ohms	+/－0.5Ω	+/－0.55Ω	+/－0.7Ω	+/－0.8Ω	+/－0.88Ω	+/－1.2Ω
	2000 ohms	+/－0.9Ω	+/－1.0Ω	+/－1.26Ω	+/－1.5Ω	+/－1.65Ω	+/－2.1Ω
	3000 ohms	+/－1.3Ω	+/－1.43Ω	+/－1.82Ω	+/－2.2Ω	+/－2.42Ω	+/－3.08Ω
	4000 ohms	+/－1.7Ω	+/－1.87Ω	+/－2.38Ω	+/－2.9Ω	+/－3.19Ω	+/－4.06Ω

图7－22和图7－23所示分别为IC695ALG600模块的接线端子和接线方式。

端子	热电阻或电阻	热电偶/电压/电流	热电偶/电压/电流	TC/Voltage/Current	端子
1		CJC1 IN+	Channel 1EXC+		19
2		CJC1 IN−	Channel 1 IN+	Channel 1 IN+	20
3	Chanel 2 EXC+			Channel 1 iRTN	21
4	Channel 2 IN+	Channel 2 IN+	Channel 1 IN−	Channel 1 IN−	22
5		Channel 2 iRTN	Channel 3 EXC+		23
6	Channel 2 IN−	Channel 2 IN−	Channel 3 IN+	Channel 3 IN+	24
7	Channel 4 EXC+			Channel 3 iRTN	25
8	Channel 4 IN+	Channel 4 IN+	ChanneL 3IN−	Channel 3 IN−	26
9		Channel 4 iRTN	Channel 5 EXC+		27
10	Channel 4 IN−	Channel 4 IN−	Channel 5 IN+	ChanneL 5 IN+	28
11	Channel 6 EXC+			ChanneL 5 iRTN	29
12	Channel 6 IN+	Channel 6 IN+	Channel 5 IN−	Channel 5 IN−	30
13		Channel 6 iRTN	Channel 7 EXC+		31
14	Channel 6 IN−	Channel 6 IN−	Channel 7 IN+	Channel 7IN+	32
15	Channel 8 EXC+			Channel 7 iRTN	33
16	Chanel 8 IN+	Channel 8 IN+	Channel 7 IN−	Channel 7 IN−	34
17		Channel 8 iRTN		CJC2 IN+	35
18	Channel 8 IN−	Channel 8 IN−		CJC2 IN−	36

图 7-22　IC695ALG600 模块的接线端子

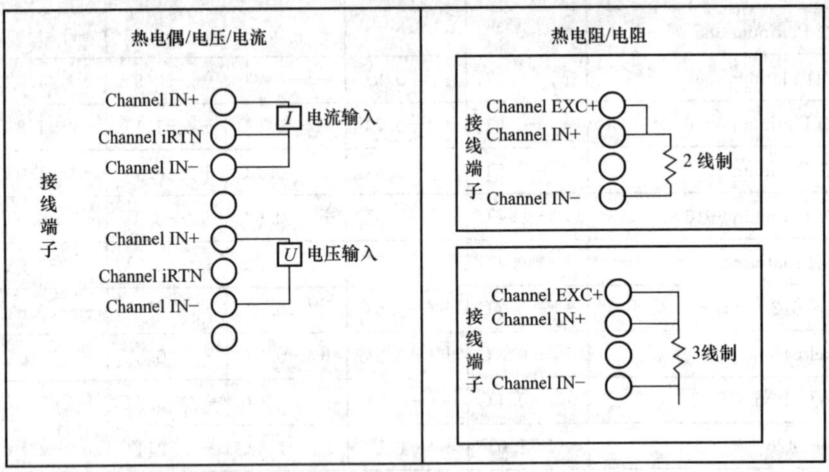

图 7-23　IC695ALG600 模块的接线方式

分任务 3　电镀自动生产线的整体设计

一、电镀自动生产线的硬件设计

1. PLC 控制原理

本课题的电镀自动生产线采用直线悬臂式行车，行车架上有可升降的吊钩。行车和吊钩各由一台电机带动，并由变频器控制电机的速度。在行车的适当位置装有接近开关和行车限位，在定位轨上依照工位安装行车限位，行车的平移和吊钩的上下均由接近行车限位来定位。

为了简单地说明该电镀自动生产线的工作过程，现将流程简化为5个工位：上料工位、前处理工位、镀槽工位、后处理工位、下料工位，其控制装置如图7-24所示。

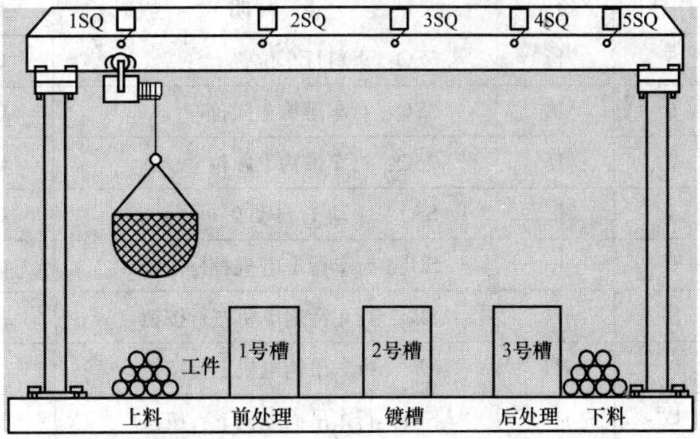

图7-24　电镀自动生产线控制装置

由于该电镀自动生产线运行动作复杂，循环运动、附属设备、各种定位位置检测、信号的拾取种类繁多，而且根据不同的工艺要求，需要完成的任务也不相同，这就要求能够随时修改工艺流程和运行参数，使整个控制系统具有较强的自适应能力和可调性，同时要求系统安全、可靠、准确、性能稳定。为使工件清洗彻底干净，在各镀槽后的水洗槽上配有喷淋设备。当行车按工艺要求到达水洗槽后水洗完毕，工件被提起时，由PLC控制的电磁阀立即被打开，定时冲洗工件后自动关闭电磁阀。

从电镀原理可知，电镀电源必须是直流电源或脉冲电源。各类镀槽对电源的要求也不尽相同，电镀时电流、电压应控制在一定的误差范围内。故选用高频开关电源，具有恒压、恒流、恒电流密度控制功能，采用IGBT模块和独特的驱动保护方式。由PLC实现本地控制和远端控制机及其转换，为实际生产带来了便利。

图7-25所示为电镀自动生产线的PLC控制示意。

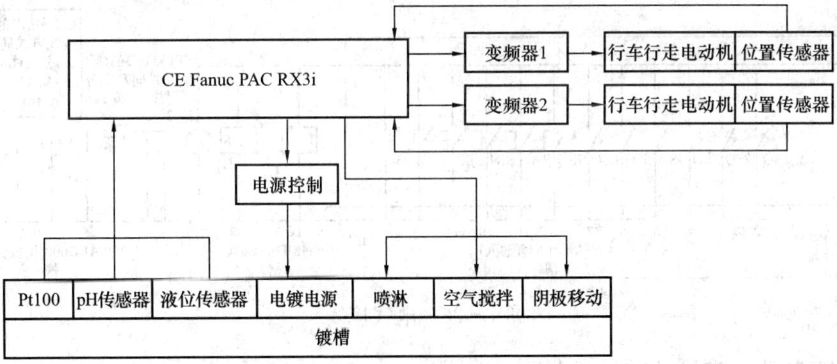

图7-25　电镀自动生产线的PLC控制示意

2. I/O资源配置（如表7-4所示）

表7-4　电镀自动生产线的输入/输出资源配置

序号	输入	说　明	输出	说　明
1	I1	1SQ：上料行车位置	Q1	KA1：行车行走电机右行
2	I2	2SQ：前处理行车位置	Q2	KA2：行车行走电机左行
3	I3	3SQ：镀槽行车位置	Q3	KA3：行车吊钩电机上行
4	I4	4SQ：后处理行车位置	Q4	KA4：行车吊钩电机下行

续表

序号	输入	说　明	输出	说　明
5	I5	5SQ：下料行车位置	Q5	KA5：电镀电源控制
6	I6	6SQ：行车吊钩上限位	Q6	KA6：喷淋控制
7	I7	7SQ：行车吊钩下限位	Q7	KA7：空气搅拌控制
8	I8	SA1：手动 1/自动 0	Q8	KA8：阴极移动控制
9	I9	SB1：行车行走电机右行按钮	Q9	H1：运行指示
10	I10	SB2：行车行走电机左行按钮		
11	I11	SB3：行车吊钩电机上行按钮		
12	I12	SB4：行车吊钩电机下行按钮		
13	AI1	TT1：1 号槽温度（Pt100）		
14	AI3	TT2：2 号槽温度（Pt100）		
15	AI5	TT3：3 号槽温度（Pt100）		
16	AI7	LT1：1 号槽液位		
17	AI9	LT2：2 号槽液位		
18	AI11	LT3：3 号槽液位		
19	AI13	PHT1：2 号镀槽 pH 传感器		
20	AI15	PHT2：3 号后处理槽 pH 传感器		

3. 电气接线（如图 7－26 所示）

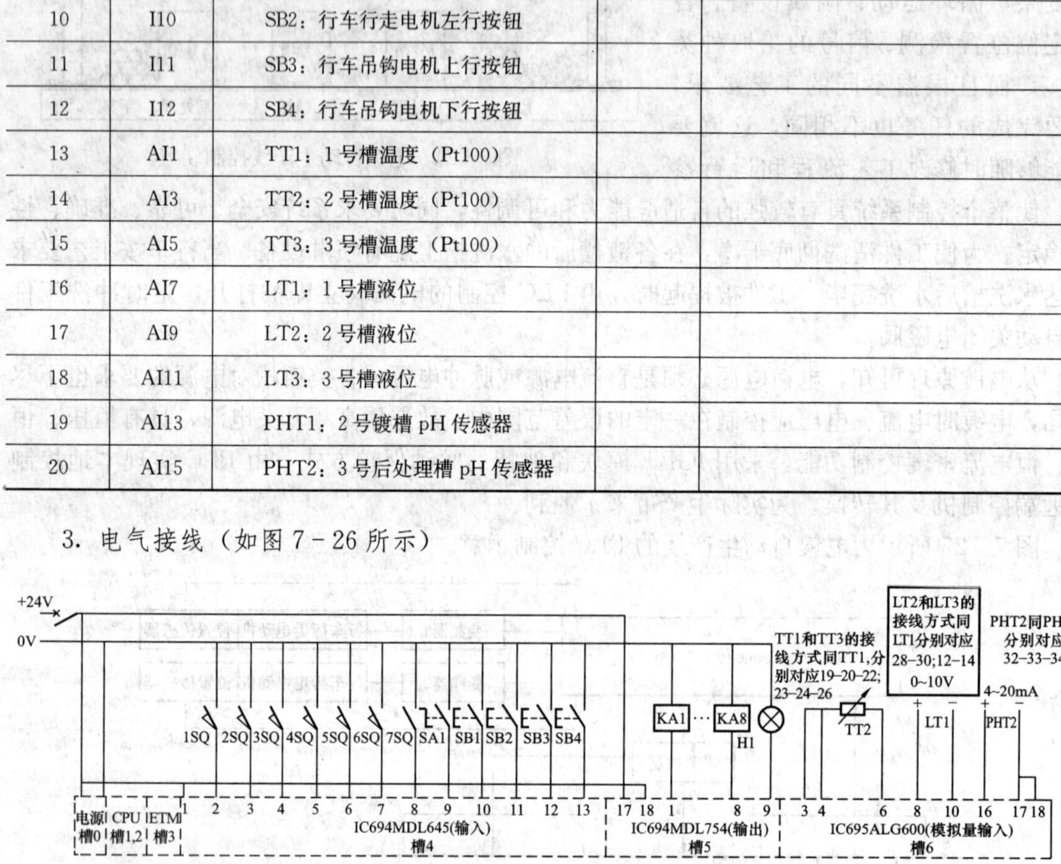

图 7－26　电气接线

二、电镀自动生产线的软件设计

1. 工艺说明（见图 7－27）

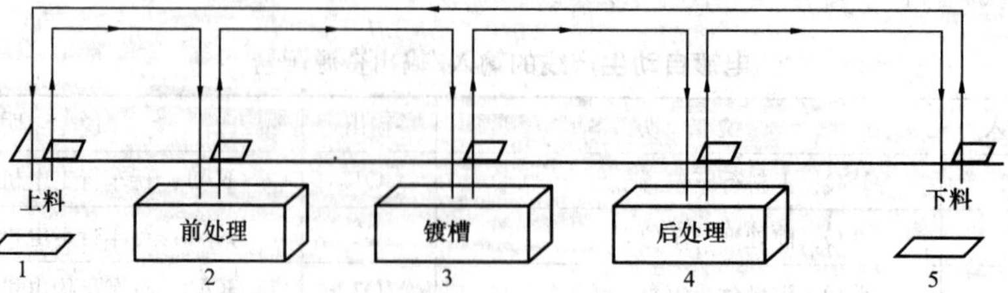

图 7－27　工艺流程

工艺说明如下：在下料处放下镀件，就返回上料工位继续挂镀件，循环电镀工作。

(1) 上、下料工位是行车运行的始末位置。在上料处人工挂好镀件（1SQ 处），行车即可按照工艺要求运行，为工序 M1；

(2) 挂好镀件吊钩上升，接近到上限行车限位 6SQ 时停止，转到下一步工序 M2；

(3) 行车右移，直至接近行车限位 2SQ 时才停止，吊钩正好在前处理工位上方，转入工序 M3；吊钩下降，直至接近下限行车限位 7SQ 时才停止，镀件放入前处理槽里，按具体工艺要求定时一段时间处理好镀件（工序 M4）；

(4) 定时时间一到，吊钩上升提起镀件（工序 M5），直至接近上限行车限位 6SQ 时才停止，继续转到下一步工序 M6；

(5) 行车继续右移，直至接近行车限位 3SQ 停止，镀件恰好在镀槽工位的正上方；

(6) 吊钩下降，直至接近下限行车限位 7SQ 时才停止（工序 M7），镀件放入镀槽里，按具体工艺要求定时一段时间电镀好镀件（工序 M8）；

(7) 电镀完毕，吊钩上升直至接近上限行车限位 6SQ 停止（工序 M9）；

(8) 行车继续右移，直至接近行车限位 4SQ 才停止（工序 M10），镀件恰好在后处理槽工位的正上方；

(9) 吊钩下降，直至接近下限行车限位 7SQ 时才停止（工序 M11），镀件放入后处理槽里，进行回收镀液，并且水洗干净（工序 M12）；

(10) 吊钩上升到位后（工序 M13），行车继续右移到达下料工位（5SQ，工序 M14）放下镀好的工件（工序 M15），并且返回上料工位（工序 M16 和 M17），重复前述工序。

2. 模拟量的软件配置

电镀自动生产线的 PLC 模拟量采用 IC695ALG600 多功能模块，其配置如图 7－28～图 7－30 所示。

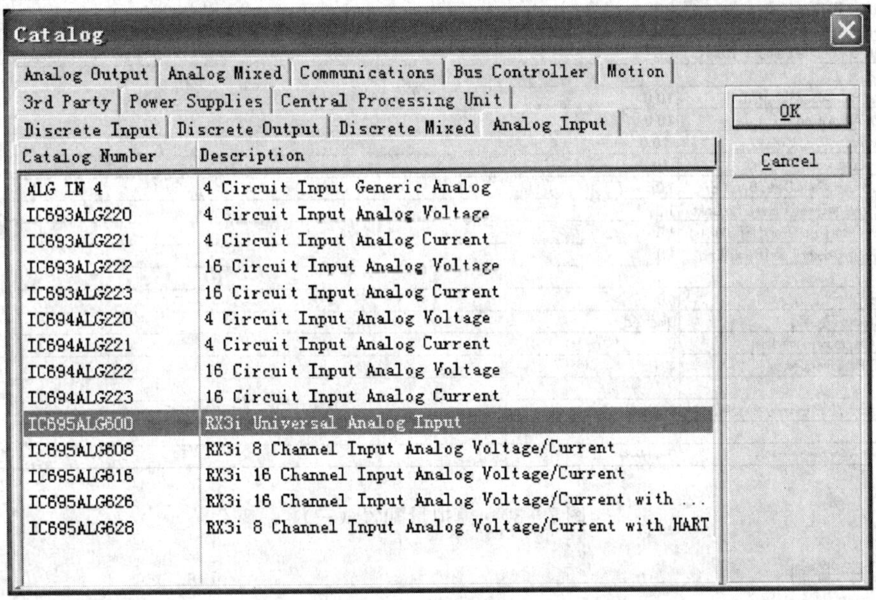

图 7－28　模拟量配置（一）

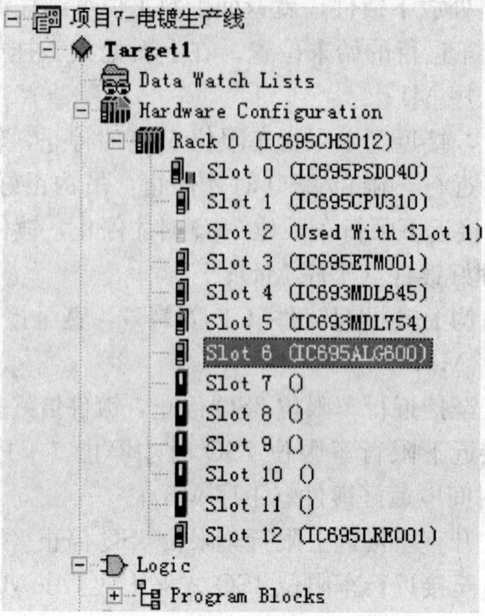

图 7-29　模拟量配置（二）

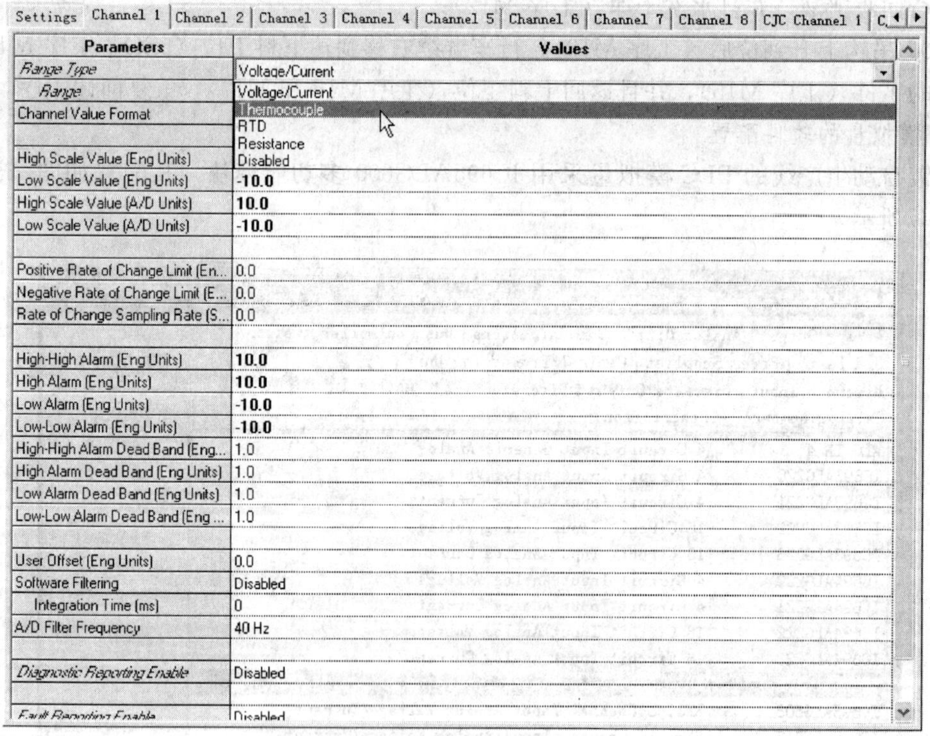

图 7-30　模拟量配置（三）

3. 程序编制

电镀自动生产线的 PLC 控制采用主程序（如图 7-31 所示），其主要的中间变量说明如表 7-5 所示。

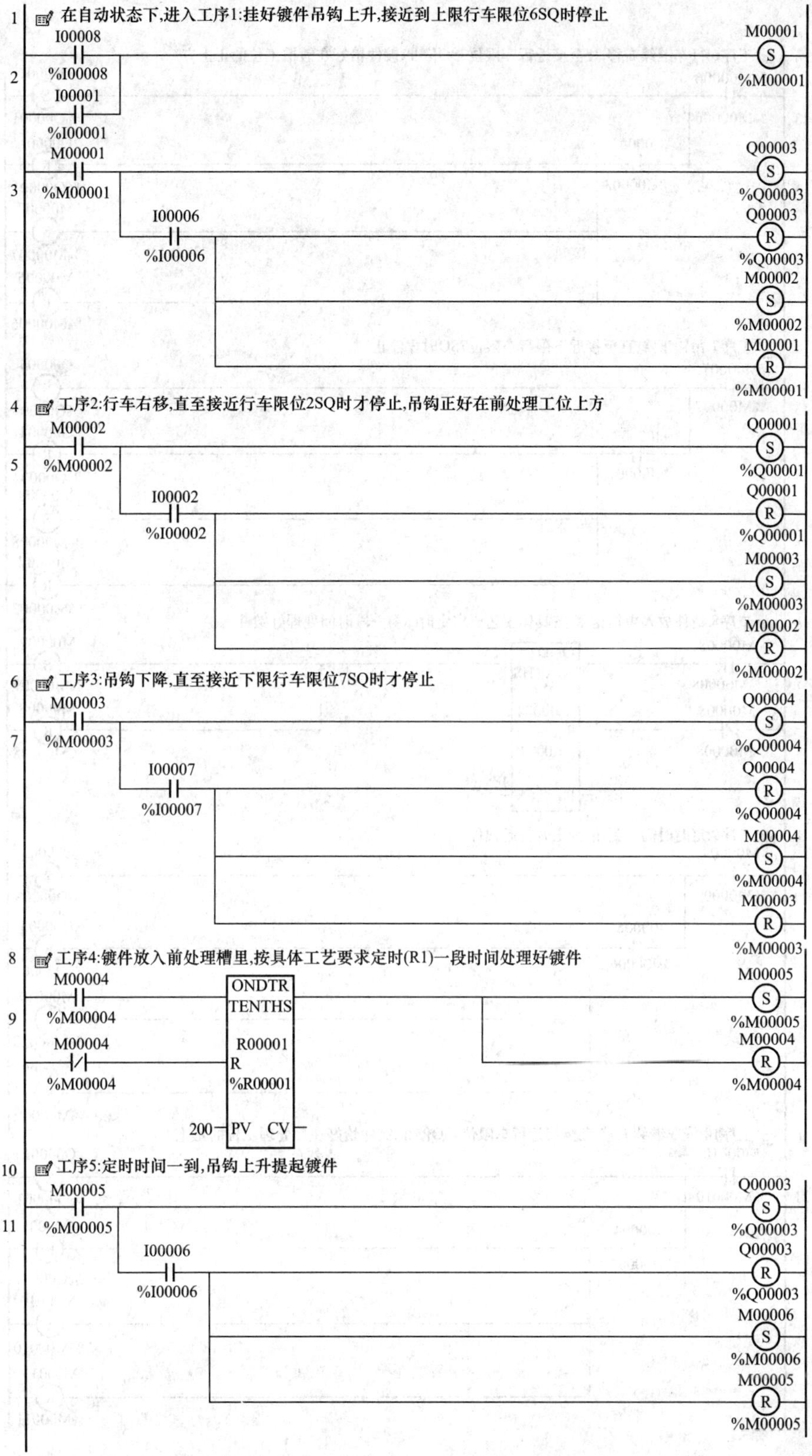

图 7-31　电镀自动生产线的 PLC 主程序（一）

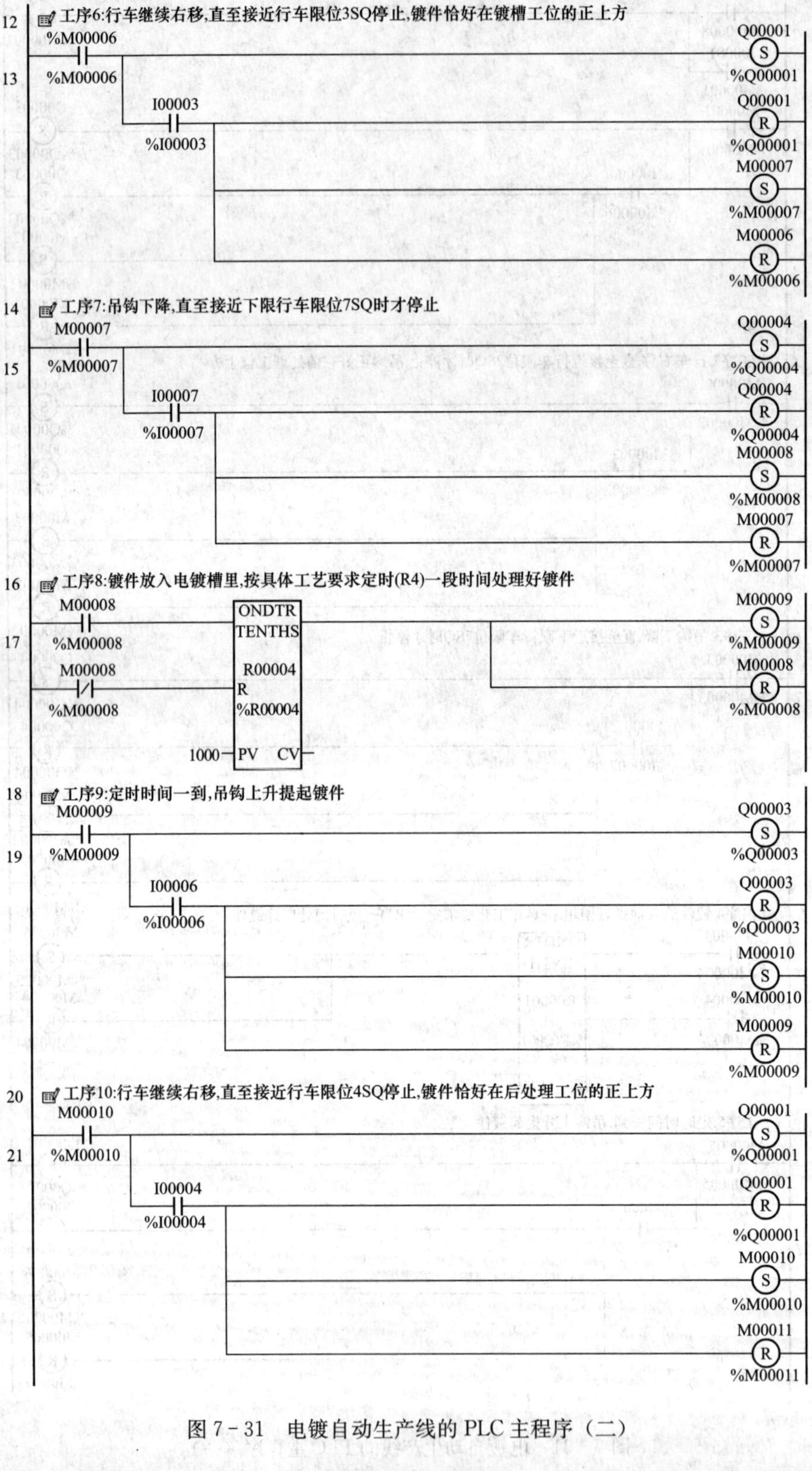

图 7-31　电镀自动生产线的 PLC 主程序（二）

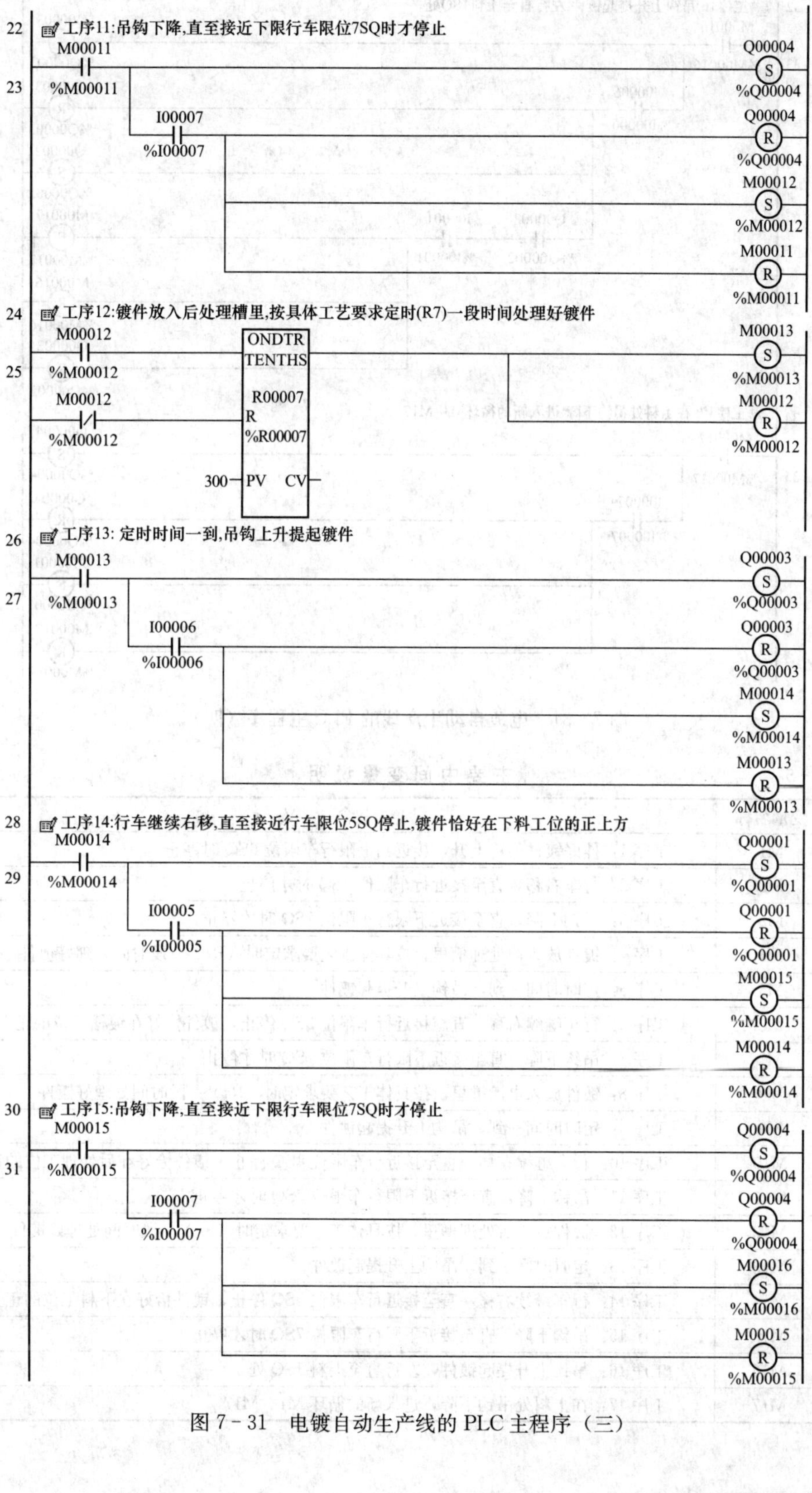

图 7-31　电镀自动生产线的 PLC 主程序（三）

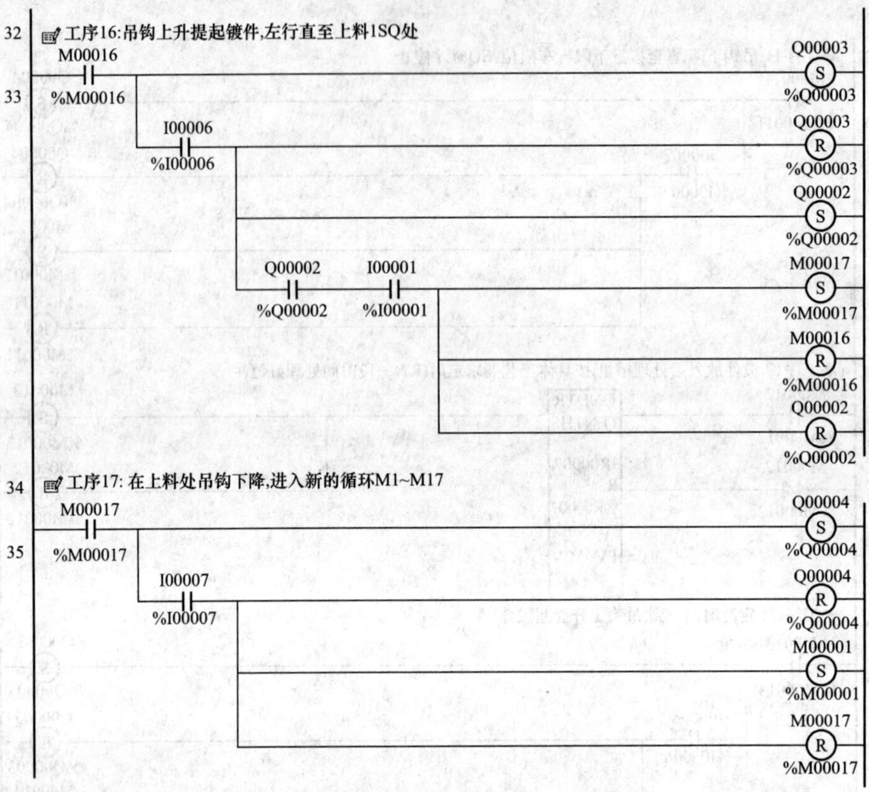

图 7-31　电镀自动生产线的 PLC 主程序（四）

表 7-5　　主要中间变量说明

序号	变量名称	含　义
1	M1	工序 1：挂好镀件吊钩上升，接近到上限行车限位 6SQ 时停止
2	M2	工序 2：行车右移，直至接近行车限位 2SQ 时才停止
3	M3	工序 3：吊钩下降，直至接近下限行车限位 7SQ 时才停止
4	M4	工序 4：镀件放入前处理槽里，按具体工艺要求定时（R1）一段时间处理好镀件
5	M5	工序 5：定时时间一到，吊钩上升提起镀件
6	M6	工序 6：行车继续右移，直至接近行车限位 3SQ 停止，镀件恰好在镀槽工位的正上方
7	M7	工序 7：吊钩下降，直至接近下限行车限位 7SQ 时才停止
8	M8	工序 8：镀件放入电镀槽里，按具体工艺要求定时（R4）一段时间处理好镀件
9	M9	工序 9：定时时间一到，吊钩上升提起镀件
10	M10	工序 10：行车继续右移，直至接近行车限位 4SQ 停止，镀件恰好在后处理工位的正上方
11	M11	工序 11：吊钩下降，直至接近下限行车限位 7SQ 时才停止
12	M12	工序 12：镀件放入后处理槽里，按具体工艺要求定时（R7）一段时间处理好镀件
13	M13	工序 13：定时时间一到，吊钩上升提起镀件
14	M14	工序 14：行车继续右移，直至接近行车限位 5SQ 停止，镀件恰好在下料工位的正上方
15	M15	工序 15：吊钩下降，直至接近下限行车限位 7SQ 时才停止
16	M16	工序 16：吊钩上升提起镀件，左行直至上料 1SQ 处
17	M17	工序 17：在上料处吊钩下降，进入新的循环 M1～M17

思考与练习

1. 电镀行车的定位假如采取编码器的话，该如何选择编码器？并如何安装、接线和编程？

2. 假如电镀行车到行走电动机出现变频故障，应该立即启用工频电路，这时该如何设计工频和变频的自动切换？

3. 假如某电镀生产线生产其中一个系列产品时，它不需要“后处理”槽位，这时该如何进行处理？（注意：该产品投入生产与否采用输入开关模拟。）

4. 对于复杂的电镀生产线来说，一般都会配备 2 台电镀行车，以保证工件运送到实时性，现在其中一台行车负责上料、前处理和镀槽，另外一台行车只处理后处理和下料，请进行电气设计、PLC 编程和变频器参数设置。

课 题 8

轨道输送车的自动化设计

在仓库领域中，物资的输送、存储、管理和控制的规模越来越大，靠人工实现已经远不能达到。自动化仓库技术在物资存储行业中受到人们的重视，其控制重点已经转向对物资的控制和管理的实时协调，它可以实现计算机之间、数据采集点之间、机械设备的控制器之间以及它们与主计算机之间的通信信息的及时汇总。

仓库是货储的重要组成部分，它是在不直接进行人工处理的情况下能自动地存储和取出物品的系统。在仓库进货过程中，使用轨道输送车能将物品自动存入仓库。在现代大型仓库中货储任务十分繁重的背景下，实现了全自动作业后，既可以节省开支，又减少了浪费，因此建立一个便捷、可靠的自动配货系统是十分迫切和需要的。本课题采用 PLC 实现轨道输送车的自动化控制，解决了劳动强度大、经济效益差的问题。

【课题任务书】

1. 任务概述

图 8-1 所示的轨道输送车采用调速控制，能在丝杠轨道上进行活动。对三个工位上的工件操作是借助于轨道输送车自带的真空吸盘来进行抓取和存放的。请根据工艺流程和控制要求设计相应的轨道输送车自动化系统。

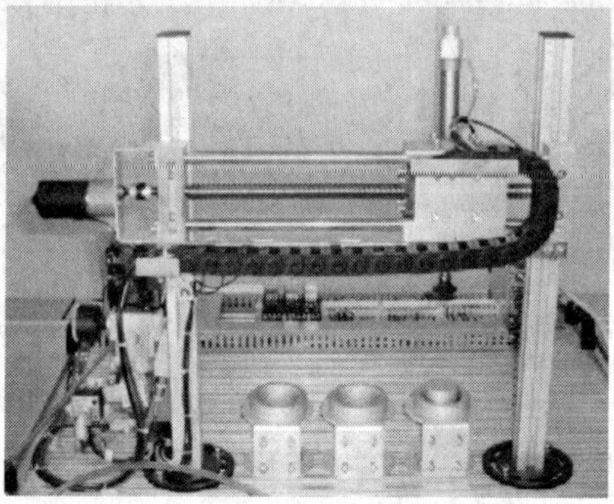

图 8-1 轨道输送车

2. 工艺流程

轨道输送车在对 3 个仓库工位存储物品时，对输送车有以下的工艺要求。

（1）工作开始后，轨道输送车自动返回到 1 号工位（工位从左边开始依次为 1 号、2 号和 3 号）。

（2）工艺人员能在离开仓库现场情况下，通过自动化仓库操作画面（比如触摸屏等），将 3 个工位中的任意一个工件搬运到另外一个工位。

（3）当轨道输送车在搬运物料时，进行其他操作无效，以保证工序的正确性。

（4）待轨道输送车完成一项任务后，又自动返回至 1 号工位。

3. 控制要求

（1）输入电源为三相 380V 电源，输入气源为 0.7MPa。

（2）轨道输送车电机建议采用直流电动机，电枢电压 0～220VDC。

（3）轨道输送车抓取工件方式为气动，通过气缸上的真空吸盘进行操作。

分任务 1 轨道输送车的直流调速设计

一、轨道输送车的直流调速控制概述

电气传动主要分为直流电气传动和交流电气传动两大类，它们分别采用直流、交流电动

机为动力的传动。直流电动机虽不如交流电动机结构简单、制造方便、维护容易、价格便宜等，但是由于直流电动机具有良好的启动、制动性能和调速性能，可以方便地在很宽的范围内平滑调速，因此在轧钢机、矿井卷扬机、挖掘机、大型起重机、金属切削机床、造纸机、轨道输送车等调速性能要求较高的电力拖动领域中得到了广泛应用。尽管近年来的交流调速系统发展很快，但直流调速系统在理论和实践上都比较成熟，并且从反馈闭环控制的角度来看，它又是交流调速系统的基础，因此，直流调速还会在很长一段时间里存在于特定行业。

直流他励电动机的转速计算式可表示为

$$n = \frac{U_d - I_d R_d}{K_e \phi}$$

式中　n——转速，r/min；

U_d——电枢电压；

I_d——电枢电流；

R_d——电枢回路电阻；

ϕ——励磁磁通；

K_e——由电动机结构决定的电动势系数。

由此可见，直流电动机的调速方法有以下三种。

(1) 改变电枢电压，即调压调速。

(2) 改变电枢回路电阻，即串电阻调速。

(3) 改变励磁磁通，即弱磁调速。

对于要求在一定范围内无级平滑调速的系统来说，以调节电枢电压方式为最好，调压调速是调速系统采用的主要调速方式。

1. 直流调速系统的供电方式

调节电动机的电枢供电电压需要有专门的可控直流电源。早在 20 世纪 40 年代，采用电动机－发电机机组（又称放大机控制的发电机－电动机组系统）向直流电动机供电。但它的缺点是占地面积大、效率低、运行费用昂贵、维护不方便等。为了克服这些缺点，20 世纪 50 年代开始使用水银整流器作为可控变流装置。其主要缺点是污染环境，危害人体健康。20 世纪 60 年代初，大功率晶闸管投入使用，采用晶闸管可控整流器向直流电动机供电，随着晶闸管变流技术的日渐成熟，使直流调速系统更加完善。目前，用晶闸管变流器控制的他励直流电动机，是工业应用最广泛的电动机传动系统。

2. 对直流调速系统的要求

各类不同的生产机械，由于其具体的生产工艺过程不同，对控制系统的性能要求也是不同的。但归纳起来有以下三个方面。

(1) 调速。在一定的范围内实现有级或无级地调节转速。调速系统的转向若要求正、反转，则为可逆调速系统；若只要求单向运转，则为不可逆调速系统。

(2) 稳速。以一定的精度在要求的转速上稳定运行，尽可能不受外部或内部扰动的影响，以确保产品质量。

(3) 良好的启、制动性能。对于频繁启、制动的设备要求尽可能快地加、减速，以提高生产效率。不宜经受剧烈速度变化的机械则要求启、制动尽可能地平稳。

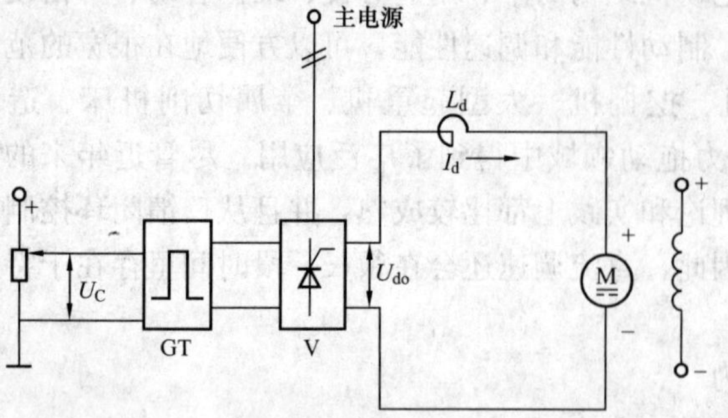

图 8-2 轨道输送车开环直流调速系统原理图

二、轨道输送车直流调速的原理

1. 轨道输送车开环调速系统

图 8-2 所示为由晶闸管可控整流器向直流电动机供电的开环直流调速系统原理图。

轨道输送车开环直流调速系统的组成主要包括：

(1) 直流电动机。直流电动机有两个独立的电路，一个是电枢回路，另一个是励磁回路。直流电动机各物理量间的基本关系式如下：

$$\left.\begin{aligned} u_d &= i_d R_d + L_a \frac{di_d}{dt} + e \\ T_e &= K_T \phi i_d \\ T_e - T_L &= J_G \frac{dn}{dt} \\ e &= K_e \phi n \end{aligned}\right\} \tag{8-1}$$

当电动机处于稳态运行时，$di_d/dt=0$，$dn/dt=0$，式（8-1）可写成

$$U_d = I_d R_d + E$$

$$T_e = C_T \phi I_{da}$$

$$T_e - T_L = J_G \frac{dn}{dt}$$

$$E = K_e \phi n \quad 或 \quad n = \frac{E}{K_e \phi} = \frac{U_d - I_d R_d}{K_e \phi}$$

(2) 晶闸管整流电路。

作用：把不变的交流电变换成可控的直流电。

形式：单相整流电路和三相整流电路。

晶闸管有很多优点，但使用不当也会出现故障，甚至损坏元件，应加适当的保护电路。

(3) 晶闸管触发脉冲电路。晶闸管触发脉冲控制是晶闸管变流器常用的控制方式，改变触发装置的控制电压 U_c 的大小，即可移动触发器的脉冲相位，实现对整流器输出电压的调节。晶闸管触发脉冲电路主要形式有单结晶体管触发电路、正弦波触发电路、锯齿波触发电路等。

在轨道输送车晶闸管—直流电动机开环调速系统中，U_c 是系统的给定输入信号，经过触发电路控制晶闸管整流电路，使外界交流电源整流出直流电压 U_{do} 供给直流电动机，使电动机以一定的速度旋转。改变控制电压 U_c 就可改变触发器的脉冲控制角及整流电压 U_{do}，相应改变电动机的转速，从而达到调速的目的。

这时电动机的机械特性为

$$n = \frac{U_{do} - I_d R_\Sigma}{C_e \phi} = \frac{K_{tr} U_c - I_d R_\Sigma}{C_e \phi} = \frac{K_{tr}}{C_e \phi} U_c - \frac{I_d R_\Sigma}{C_e \phi} = n_0 - \Delta n$$

式中 Δn——系统的开环稳态速降，$\Delta n = \dfrac{I_d R_\Sigma}{C_e \phi}$。

开环系统当给定输入信号一定时，经过触发电路控制晶闸管整流电路，使交流电源整流出直流电压U_{do}也是恒定的，电动机就以恒定的速度旋转。但当外界有扰动（例如负载波动）时，转速就有较大的波动，而开环系统不能进行自动补偿。为了满足轨道输送车的技术指标要求，这时应考虑采用闭环控制系统。

2. 轨道输送车的单闭环直流调速

图8-3所示为转速负反馈有静差直流调速系统。它在图8-1所示开环调速系统的基础上增加了转速检测环节（测速发电机TG和反馈电位器R_{P2}）和放大环节。测速发电机TG和电动机同轴连接，TG检测到电动机转速，并变换成与之成正比的电压，再经电位器衰减为反馈电压U_{fn}，引至放大器的输入端与转速给定电压U_{sn}比较，得到偏差电压ΔU，经过放大器放大后得到输出电压U_k，用U_k控制晶闸管触发器的控制角，使晶闸管整流装置变换出不同的直流电压U_{do}，用以控制电动机的转速。因为只有转速反馈环，所以称为单闭环转速负反馈调速系统。

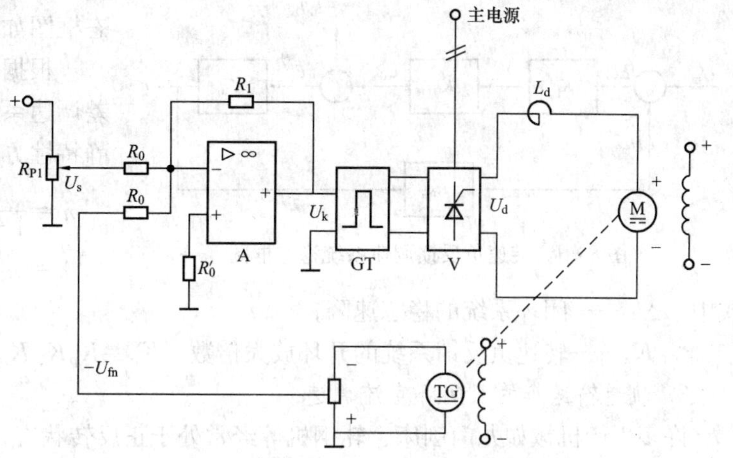

图8-3 转速负反馈有静差直流调速系统

(1) 单闭环系统的自动调节过程。当电动机的转速n由于某种原因（例如机械负载转矩T_L增加）而下降时，转速负反馈环节将进行自动调节，其调节过程如下：

$T_L\uparrow\rightarrow n\downarrow\rightarrow U_{fn}\downarrow\rightarrow\Delta U\uparrow=U_{sn}-U_{fn}\rightarrow U_k\uparrow\rightarrow$ 脉冲前移 $\rightarrow U_d\uparrow\rightarrow n\uparrow$

由此可见，转速负反馈环节是通过转速负反馈电压U_{fn}的下降，使偏差电压ΔU增加，经过放大后，提高晶闸管的输出电压U_d，使转速n回升，从而减小稳态速降。

当放大器为比例调节器时，触发器的控制电压U_k整流平均电压U_{do}由偏差量ΔU决定，如果稳态误差为零，则$\Delta U=0$，因而U_k、U_{do}均为零，电动机就不可能旋转。所以具有比例放大器的调速系统一定是有差的。

(2) 单闭环系统的稳态数学模型。单闭环系统中的各种稳态关系如下：

1) 放大器：

$$\Delta U=U_{sn}-U_{fn}$$
$$U_k=K_p\Delta U$$

式中 K_p——放大器的放大倍数。

2) 触发器和晶闸管整流装置：

$$U_{do}=K_{tr}U_k$$

式中 K_{tr}——触发器和晶闸管整流装置的放大倍数。

3) 电动机：

$$n=\frac{U_{do}-I_dR_\Sigma}{K_e\phi}=(U_{do}-I_dR_\Sigma)K_m$$

其中

$$K_{m}=\frac{1}{K_{e}\phi}$$

4）反馈环节：

$$U_{fn}=\alpha_{n}n$$

式中 α_{n}——速度负反馈系数。

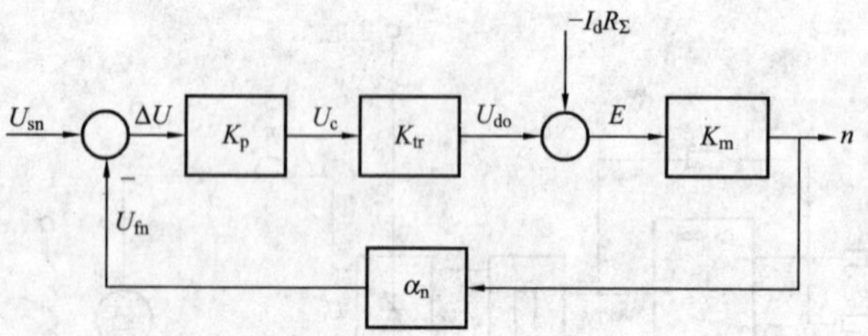

图 8-4 转速负反馈调速系统稳态框图

根据上述关系式，得到系统的稳态框图如图 8-4 所示。

根据图 8-4 所示转速负反馈有静差调速系统的稳态框图可得到系统的静特性方程式为

$$n=\frac{K_{p}K_{tr}K_{m}}{1+K_{p}K_{tr}K_{m}\alpha_{n}}U_{sn}-\frac{K_{m}I_{d}R_{\Sigma}}{1+K_{n}}$$

$$=n_{0}-\Delta n_{c}$$

式中 Δn_{c}——闭环系统的稳态速降；

K_{n}——转速负反馈系统的开环放大倍数，$K_{n}=K_{p}K_{tr}K_{m}\alpha_{n}$。

3. 轨道输送车的双闭环直流调速

许多生产机械如龙门刨床、轧钢机等经常处于正反转状态，它们的运行有很大一部分时间工作在过渡过程中，有的甚至几秒钟就正反转一次。为了提高生产效率和加工质量，要求尽量缩短过渡过程时间。因此希望能充分利用晶闸管元件和电动机所允许的过载能力，使启动时的电流保持在最大允许值上，使电动机输出最大转矩，从而使转速直线上升，使过渡过程的时间大大减小。为了获得近似理想的启动过程，引入了转速、电流双闭环调速系统。

转速、电流双闭环直流调速系统的原理图如图 8-5 所示。

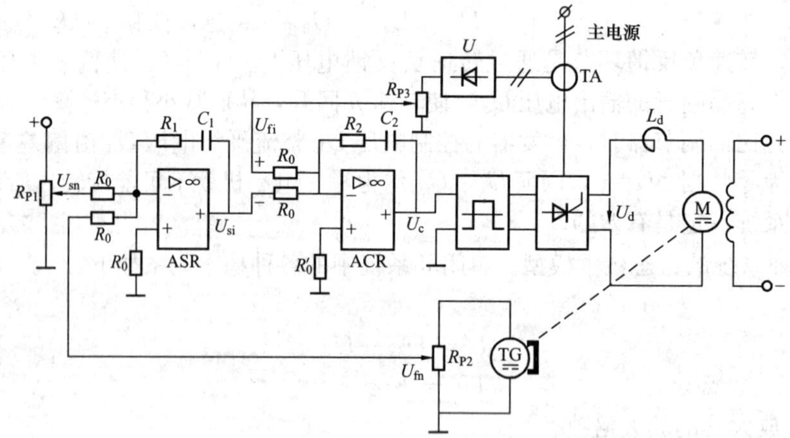

图 8-5 转速、电流双闭环直流调速系统的原理图

该系统有两个反馈回路，构成双闭环。其中一个是由电流调节器 ACR 和电流检测反馈环节构成的电流环，另一个是由速度调节器 ASR 和转速检测反馈环节构成的速度环。由于速度环包围电流环，因此称电流环为内环，称速度环为外环。在电路中，ASR 和 ACR 实行串级连接，即以 ASR 的输出作为 ACR 的输入，实现两种作用的配合控制。

速度调节器 ASR 和电流调节器 ACR 均为比例积分调节器，其输入和输出均设有限幅电路（图中未画出）。ASR 的限幅值为 U_{sim}，它主要限制最大电流 I_{dm}；ACR 的输出限幅值为 U_{km}，它主要限制晶闸管整流装置的最大输出电压 U_{dom}。

（1）双闭环电流调节器 ACR 的调节作用。如图 8－6 所示，电流环是由电流负反馈组成的闭环，它的主要作用是稳定电流。由于 ACR 为 PI 的调节器，所以稳态时 $\Delta U_i = U_S - \beta I_d = 0$。由此式可见，在稳态时，$I_d = U_S/\beta$。此式的含义是：当 U_S 为一定的情况下，由于电流调节器的调节作用，整流装置的电流将保持在 U_S/β 的数值上。其自动调节过程如下：

$$I_d \uparrow \rightarrow U_{fi} \uparrow \rightarrow \Delta U_i \downarrow = U_{si} - U_{fi} \rightarrow U_c \downarrow \rightarrow \text{脉冲后移} \rightarrow U_d \downarrow \rightarrow I_d \downarrow$$

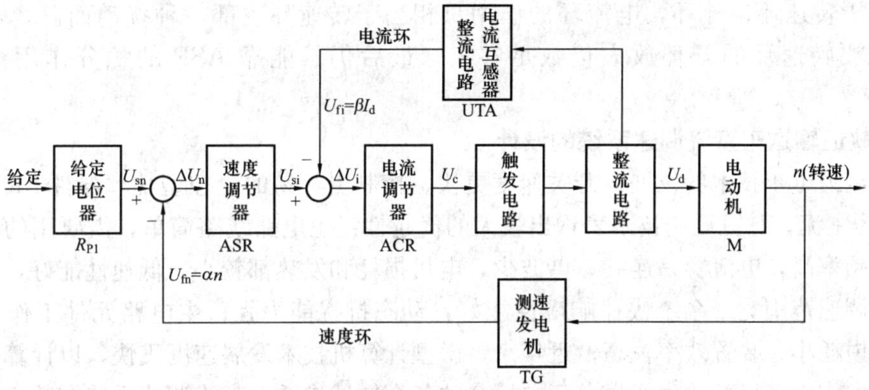

图 8－6　转速、电流双闭环直流调速系统组成框图

这种保持电流不变的特性将使系统具有以下功能。

1）自动限制最大电流。由于 ASR 有输出限幅，限幅值为 U_{sim}，这样电流的最大值便为 $I_m = U_{sim}/\beta$，当 $I_d > I_{dm}$ 时，电流环将使电流降下来。由此可见，整流电流反馈系数 β（调节电位器 R_{P3}）或调节 ASR 限幅值 U_{sim}，即可整定 I_m 的数值。一般整定 $I_m = (2 \sim 2.5) I_N$（额定电流）。

2）能有效抑制电网电压波动的影响。

单闭环：

$$U_{\sim} \uparrow \rightarrow U_d \uparrow \rightarrow I_d \uparrow \rightarrow n \uparrow \rightarrow U_{fn} \uparrow \rightarrow \Delta U \downarrow = U_{sn} - U_{fn}$$
$$\rightarrow U_c \downarrow \rightarrow \text{脉冲后移} \rightarrow U_d \downarrow \rightarrow n \downarrow$$

要通过 n 的变化，测速发电机才能检测出来并进行调节。

双闭环：

$$U_{\sim} \uparrow \rightarrow U_d \uparrow \rightarrow I_d \uparrow \rightarrow U_{fi} \uparrow \rightarrow \Delta U_i \downarrow = U_{si} - U_{fi}$$
$$\rightarrow U_c \downarrow \rightarrow \text{脉冲后移} \rightarrow U_d \downarrow \rightarrow I_d \downarrow$$

由此可见，当电网电压波动而引起电流波动时，通过电流调节器 ASR 的调节作用，使电流很快回复原值。在双闭环调速系统中，电网电压波动对转速的影响几乎看不出来（在仅有转速环的单闭环调速系统中，电网电压的波动要通过转速的变化并进而由转速环来进行调节，这样调节过程慢得多，速降也大）。

（2）双闭环速度调节器 ASR 的作用。速度环是由转速负反馈组成的闭环，它的主要作用是保持转速稳定，并最后消除转速静差。

由于 ASR 也是 PI 调节器，因此稳态时 $\Delta U_n = U_S - \alpha_n = 0$。由此式可见，在稳态时，$n=$

U_S/α。此式的含义是：在 U_S 为一定的情况下，由于速度调节器的调节作用，转速 n 将稳定在 U_S/α 的数值上。其自动调节过程如下：

$T_L\uparrow\rightarrow n\downarrow\rightarrow U_{fn}\downarrow\rightarrow\Delta U_n\uparrow(=U_{sn}-U_{fn})>0\rightarrow U_{si}^{-}\downarrow(|U_{si}|\uparrow)\rightarrow\Delta U_i\uparrow(=-U_{si}+U_{fi})<0\rightarrow U_c\uparrow\rightarrow$ 脉冲前移 $\rightarrow U_d\uparrow\rightarrow n\uparrow$

此外，由 $n=U_S/\alpha$ 可见，调节 U_S 即可调节转速。调节电位器 R_{P2}，即可整定转速反馈系数 α。

由上面的分析还可以看出，转速环要求电流迅速响应转速 n 的变化而变化，而电流环则要求维持电流不变。这种性能会不利于电流对转速变换的响应，有使静特性变软的趋势。但由于转速环是外环，电流环的作用只相当于转速环内部一种扰动而已，不起主导作用。只要转速环的开环放大倍数足够大，最后仍然能靠 ASR 的积分作用消除转速偏差。

三、轨道输送车直流调速系统的设计

随着电力电子技术的发展，开关速度更快、控制更容易的全控型功率器件 MOSFET 和 IGBT 成为主流，脉宽调制技术表现出较大的优越性：主电路线路简单，需要用的功率元件少；开关频率高，电流容易连续，谐波少，电机损耗和发热都较小；低速性能好，稳速精度高，因而调速范围宽；系统快速响应性能好，动态抗扰能力强；主电路元件工作在开关状态，导通损耗小，装置效率较高；近年来，微型计算机技术发展速度飞快，以计算机为主导的信息技术作为一崭新的生产力，正向社会的各个领域渗透，直流调速系统向数字化方向发展成为一大趋势。

图 8-7 所示为采用了转速、电流双闭环控制结构的系统。在该系统中设置了两个调节器，分别调节转速和电流，二者之间实行串级连接，即以转速调节器的输出作为电流调节器的输入，再用电流调节器的输出作为 PWM 的控制电压。从闭环反馈结构上看，电流调节环在里面，是内环，按典型Ⅰ型系统设计；转速调节环在外面，称为外环，按典型Ⅱ型系统设计。为了获得良好的动、静态品质，调节器均采用 PI 调节器并对系统进行了校正。检测部分中，采用了霍尔片式电流检测装置对电流环进行检测，转速则还是采用了测速电机进行检测，达到了比较理想的检测效果。主电路部分采用了以 GTR 为可控开关元件、H 桥电路为功率放大电路所构成的电路结构。控制部分采用 C 语言编程控制 ARM-S3C2410X 芯片的定时器产生两路互补的 PWM 脉冲波形，通过调节这两路波形的宽度来控制 H 电路中的 GTR

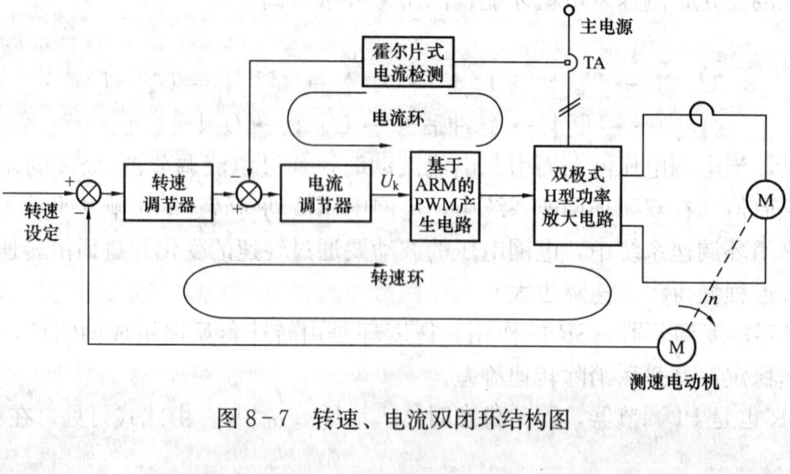

图 8-7 转速、电流双闭环结构图

通断时间，便能够实现对电机速度的控制。

(1) 主回路。在系统主电路部分，采用的是以大功率 GTR 为开关元件、H 桥电路为功率放大电路所构成的电路结构，如图 8-8 所示。图中，四只 GTR 分为两组，VT1 和 VT4 为一组，VT2 和 VT3 为另一组。同一组中的两只 GTR 同时导通，同时关断，且两组晶体管之间可以是交替的导通和关断。欲使电动机 M 向正方向转动，则要求控制电压 U_k 为正，各三极管基极电压波形如图 8-9 所示。欲使电动机反转，则使控制电压 U_k 为负即可。

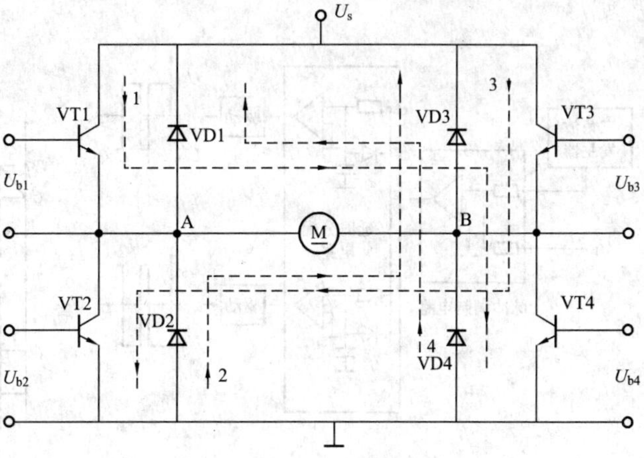

图 8-8　双极式 H 型 PWM 变换电路

GTR 是一种双极性大功率高反压晶体管，它大多用作功率开关使用，而且 GTR 是一种具有自关断能力的全控型电力半导体器件，这一特性可以使各类变流电路的控制更加方便和灵活，线路结构大为简化。

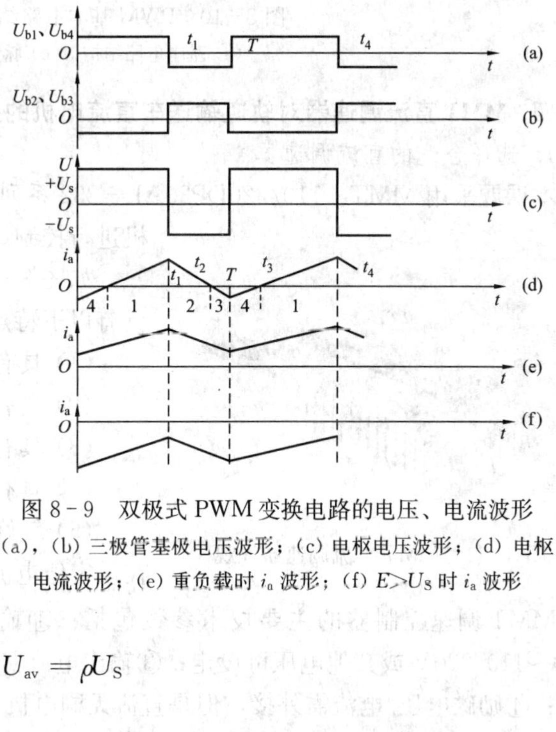

图 8-9　双极式 PWM 变换电路的电压、电流波形

(a)，(b) 三极管基极电压波形；(c) 电枢电压波形；(d) 电枢电流波形；(e) 重负载时 i_a 波形；(f) $E>U_S$ 时 i_a 波形

设矩形波的周期为 T，正向脉冲宽度为 t_1，并设 $\lambda=t_1/T$ 为占空比，则电枢电压 U 的平均值 $U_{av}=(2\lambda-1)U_S=(2t_1/T-1)U_S$，并定义双极性双极式脉宽放大器的负载电压系数为

$$\rho=U_{av}/U_S=2t_1/T-1$$

即

$$U_{av}=\rho U_S$$

可见，ρ 可在 $-1\sim+1$ 之间变化。

双极式 PWM 变换器的优点有：①电流一定连续；②可使电机在四象限中运行；③电动机停止时有微振电流，能消除正、反向时的静摩擦死区；④低速时，每个晶体管的驱动脉冲仍较宽，有利于保证晶体管可靠导通；⑤低速平稳性好，低速范围可达 1∶20 000 左右。

(2) PWM 控制电路。PWM 发生电路是采用三角波发生器产生的三角波放大后与一路可调直流电压（电流调节器输出的 u_k）进行比较，电压比较器输出的是一系列方波信号。如果改变 u_k 的大小，那么方波脉冲宽度将会改变，从而达到脉宽调制的目的。其基本电路结构和调制原理如图 8-10 所示。脉宽调制信号的质量，对于 PWM 调速系统是十分重要的。然而它的质量主要取决于三角波信号的质量。如果三角波的线性度不好，那么 PWM 的输出将得不到对称的波形。这对调速系统来说，将大大地降低系统的性能，出现正反转不平衡。

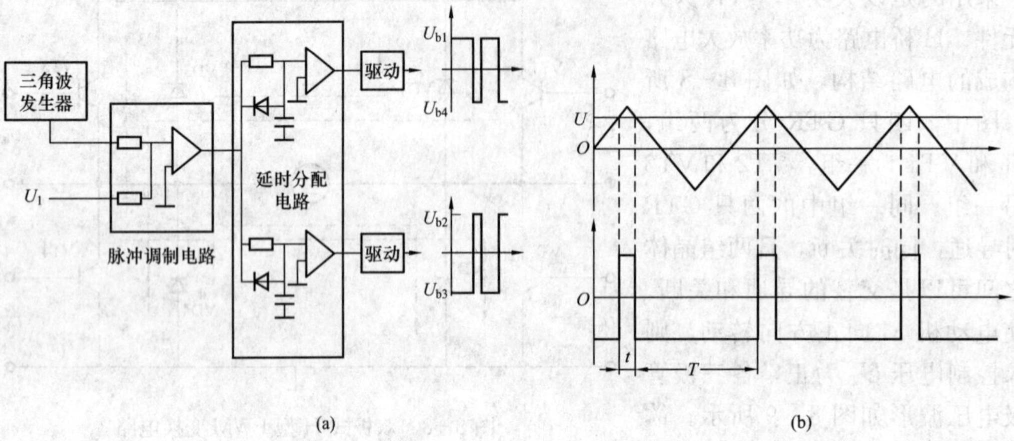

图 8-10 PWM 基本电路结构和调制原理

(a) 基本电路结构；(b) 脉宽调制原理

四、MMT 直流调速器对轨道输送车直流电机的控制

1. 选择合适的直流调速器

本课题采用 MMT-110/220DP20AL-232 系列 PWM 直流调速器对轨道输送车直流电机进行控制。

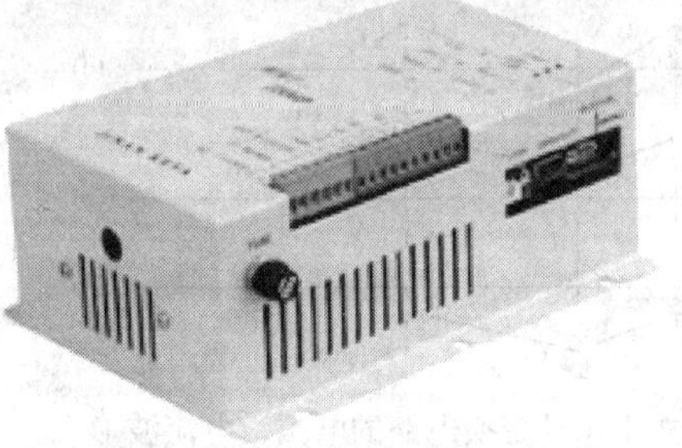

图 8-11 MMT 直流调速器外观

如图 8-11 所示，MMT 系列 PWM 直流调速器具有以下特点。

(1) 具有较硬的机械特性，静差率为 1%；

(2) 具有较宽的调速范围（0～最大）；

(3) 具有较快的动态响应过程；

(4) 具有加、减速时自动平滑的过渡过程；

(5) 较好的挖土机特性，能将过载电流自动限制在设定值电流上。

MMT 调速控制器的主要技术参数包括：①输入电压：AC 110/220V；②输出电压：DC 0～110/220V 或其他电压可设定；③输出电流：DC 10/20A 或其他电流（最大 20A）可设定；④励磁电压/电流需外接，但是直流无刷电机不用外接；⑤精度：≤1%。

2. 主回路与控制回路接线

MMT 调速器用在轨道输送车中的主回路与控制回路接线如图 8-12 所示。

说明如下：

(1) 1 和 2 端口、3 和 4 端口具有机械位置保护功能，当马达所带动的机械运行到设定限位时，此接点应变为断开状态（接点接通时，驱动器为运行状态），否则会造成设备损坏。

(2) 7 和 8 端口为外部控制电源的输入端（12V 和 0V），该电源的输出电流大于 300mA，其中“7”端口为+12V 输入，“8”端口为 0V 输入。

(3) 8、9 和 10 端口为外接“换向继电器”控制端口。MMT 驱动器内部已对换向继电器

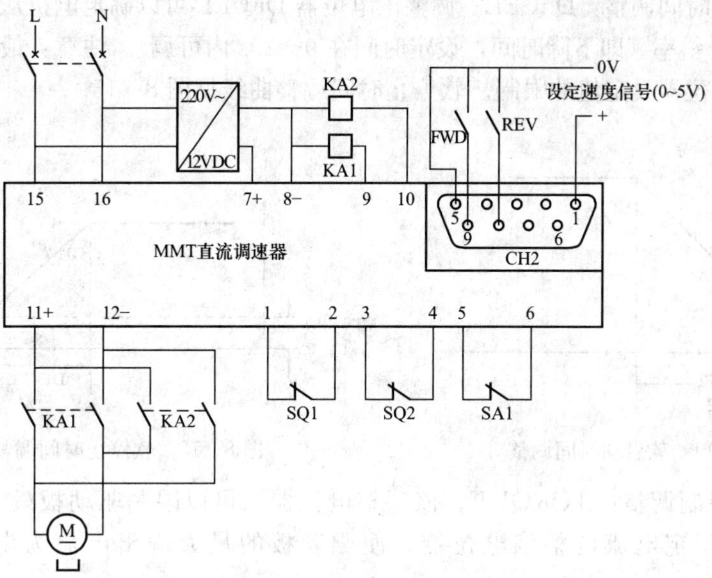

图 8-12　MMT 直流调速器外部接线

的控制进行了安全和互锁处理，为确保安全，内部单片机会自动判断马达的电压、电流，确保在零电流下换向。

(4) 11 和 12 端口为轨道输送车直流电机电枢电压输出端，其中输出端可通过换向继电器与马达的电枢端连接。11 端口为输出＋极、12 端口为输出－极。如果马达的运转方向与要求方向不符，则调换 11、12 端口的连线即可。

(5) 15 和 16 端口为 MMT 驱动器的主电源输入端。

(6) CH2 端口为 DB9 型，本系统中用到了模拟量输入和正、反转信号。具体如图 8-13 所示。

3. 轨道输送车调速性能的调试与设定

MMT 直流调速可以通过调整电位器来改善各种运行性能。

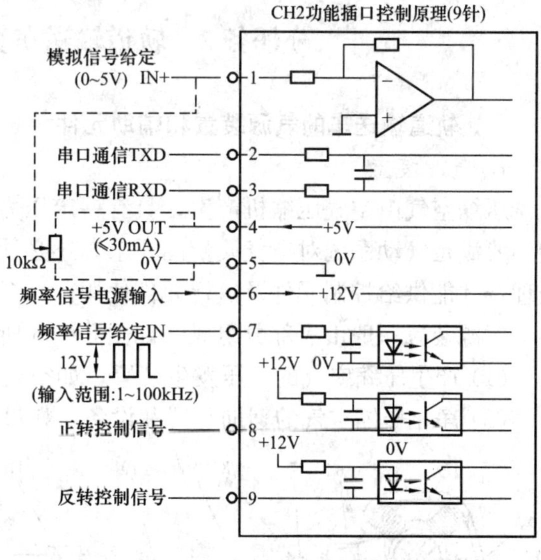

图 8-13　CH2 端口接线示意

(1) 最高转速限制：MAX SPD。将给定信号调到最大，然后调整 MAX SPD 电位器(顺时针增大)，可限制电机的最高输出转速。

(2) 最低转速限制：MIN SPD。将给定电位器调整到最小，然后调整 MIN SPD 电位器，可限制电机的最低输出转速。

(3) 软启动时间调整：ACCEL。调整该电位器 ACCEL 可以确定电机从初始速度到设定速度的上升斜率（即上升时间，设定时间在 0～20s 内可调）。软启动时间调整曲线见图 8-14。

(4) 软停止时间调整：DECEL。调整该电位器 DECEL 可以确定电机从最高速度下降到最低速度的下降斜率（即下降时间，设定时间在 0～20s 内可调）。注意：最低实际转速会受到 MIN SPD 电位器设定值的限制。软停止时间调整曲线见图 8-15。

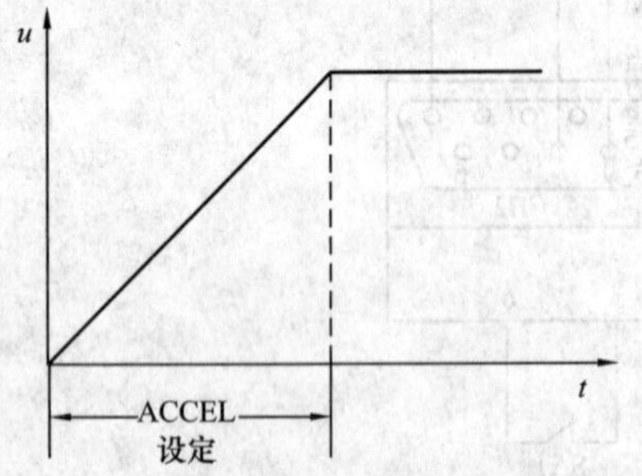

图 8-14 软启动时间调整

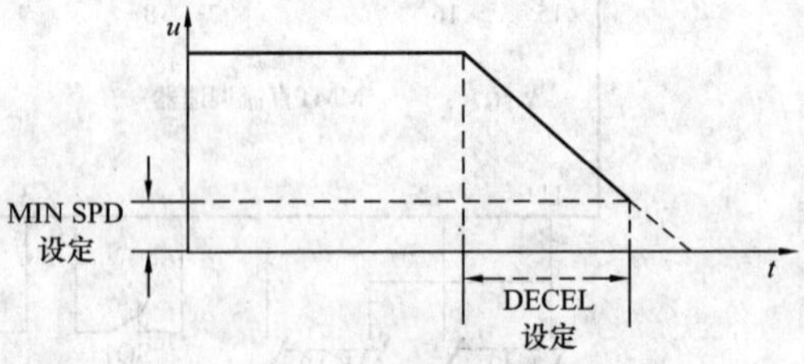

图 8-15 软停止时间调整

(5) 电流限制调整：TORQUE。该调整电位器，可以限制驱动板最大输出电流，根据所选电机的额定电流调整该电位器，使驱动板的最大输出电流为电机额定电流的 120%～200%。

(6) 力矩补偿调整：IR COMP。调整 IR COMP 电位器可以使电机工作在不同的负载时，保持其转速恒定。

分任务 2 轨道输送车真空吸盘的气动设计

一、轨道输送车的气源装置和辅助元件

1. 气源装置

压缩空气由空气压缩机产生，具有一定压力和流量，同时也含有一定的水分、油分和灰尘。要满足气动系统对空气质量的要求，还必须对压缩空气进行降温、净化和稳压等一系列处理，才能供给控制元件及执行元件使用。

气源装置一般由三部分组成，如图 8-16 所示。

(1) 产生压缩空气的气压发生装置，如空气压缩机；

(2) 净化压缩空气的辅助装置和设备，如过滤器、油水分离器、干燥器等；

(3) 输送压缩空气的供气管道系统。

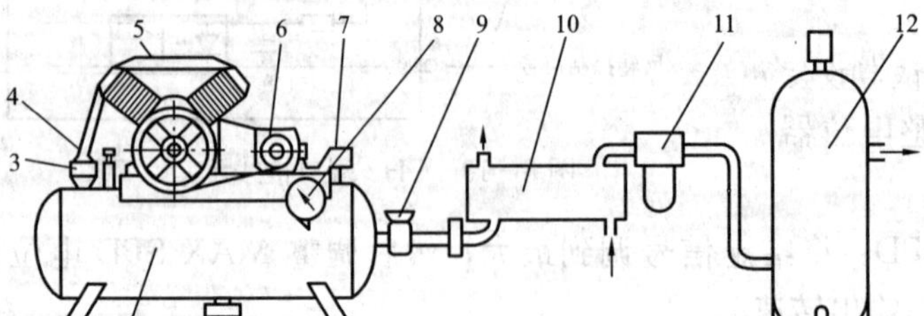

图 8-16 气源装置

1—自动排水器；2—小气罐；3—单向阀；4—安全阀；5—空气压缩机；6—电动机；7—压力开关；8—压力表；9—截止阀；10—后冷却器；11—分水排水器；12—气罐

空气压缩机是气源装置的核心部件，它是将电动机提供的机械能转换成气体压力能的一种能量转换装置，即气压发生装置，它为气动装置提供具有一定压力和流量的压缩空气。

常见的压缩机类型包括活塞式、膜片式、叶片式和螺杆式几种，具体如图 8-17 所示。

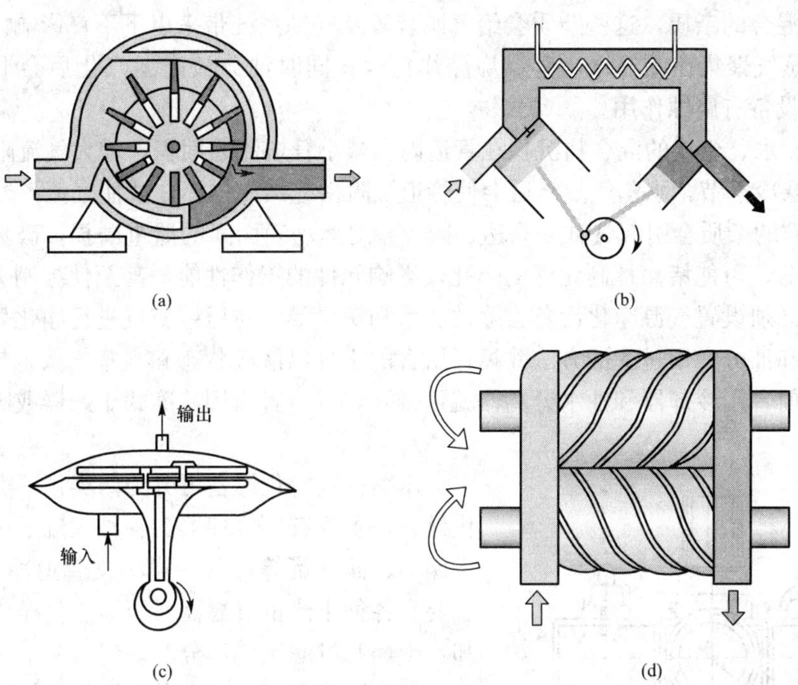

图 8-17　压缩机类型

(a) 活塞式；(b) 膜片式；(c) 叶片式；(d) 螺杆式

选择空气压缩机主要是确定空气压缩机的排气压力和排气流量。

(1) 排气压力。一般气动系统的工作压力为 0.5～0.6MPa，选用额定排气压力为 0.7～0.8MPa 的空气压缩机。若气动系统中各装置对气源有不同的压力要求，则按其中最高的工作压力，并考虑系统压力损失再加上一定的压力来选用空气压缩机的输出压力。对气动系统中某些装置要求的工作压力较低时，可采用减压方式供给。

(2) 排气流量。对每台气动装置来讲，执行元件通常是断续工作的，因而所需的耗气量也是断续的，并且每个耗气元件的耗气量大小也不同，因此，在供气系统中，把所有气动元件和装置在一定时间内的平均耗气量之和作为确定空压机站供气量的依据，并将各元件和装置在其不同压力下的压缩空气流量转换为大气压下的自由空气流量，即

$$q_z = q_y \frac{p + 0.1013}{0.1013}$$

式中　q_z——自由空气流量；

q_y——在压力 p 下的压缩空气流量；

p——压缩空气压力，MPa。

2. 气源净化设备

压缩空气要具有一定的清洁度和干燥度以满足气动装置对压缩空气的质量要求。清洁度是指气源中含有的杂质（油、水及灰尘）粒径在一定的范围内。干燥度是指压缩空气中含水分的程度。气动装置要求压缩空气的含水量越小越好。

在气压传动系统中，较常使用活塞式空气压缩机，其多用油润滑，它排出的压缩空气温度较高（在 100～170℃之间），使空气中的水分和部分润滑油变成气态，再与吸入的灰尘混

合，形成了混合的杂质，这些杂质会给气源装置及气动系统带来以下不良影响。

(1) 油蒸气聚集在储气罐，有燃烧爆炸危险；同时油分被高温汽化后会形成一种有机酸，对金属设备有腐蚀作用。

(2) 油、水、尘埃的混合物沉积在管道内会减小管道流通面积，增大气流阻力。

(3) 在寒冷季节，水蒸气凝结后会使管道及附件冻结而损坏，或使气流不通畅。

(4) 颗粒的杂质会引起气缸、马达、阀等相对运动表面间的严重磨损，破坏密封，降低设备使用寿命，可能堵塞控制元件的小孔，影响元件的工作性能，甚至使控制失灵等。

因此，必须设置气源净化设备去除油、水和灰尘等，对压缩空气进行净化处理。压缩空气中的灰尘和油分常用过滤的方法除掉；所含的水分以液滴状态和水蒸气状态与空气混合在一起的，对前者用冷却器和油水分离器就可排除，对后者需用冷冻式干燥器或吸附式干燥器来排除。

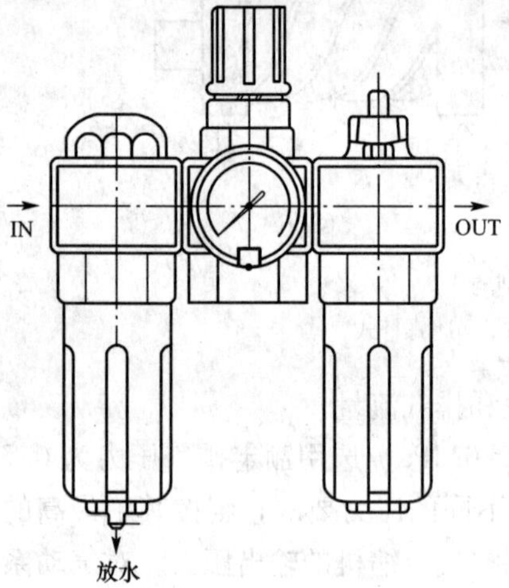

图 8-18　气源处理三联件

压缩空气净化设备可分为两类：一类为主管道净化设备，主要有后冷却器、各种大流量过滤器、各种干燥器、储气罐等；另一类为支管道净化处理装置，主要有各种小流量过滤器。压缩空气净化过程包括冷却，干燥和过滤三个部分。

在轨道输送车中应用最广泛的是气源处理三联件（如图 8-18 所示），它是将空气过滤器、减压阀和油雾器统称为气动“三大件”，它们虽然都是独立的气源处理元件，可以单独使用，但在实际应用时却又常常组合在一起作为一个组件使用。其工作原理是：压缩空气首先进入空气过滤器，经除水滤灰净化后进入减压阀，经减压后控制气体的压力以满足气动系统的要求，输出的稳压气体最后进入油雾器，将润滑油雾化后混入压缩空气一起输往气动装置。

(1) 空气过滤器。空气过滤器的工作原理是，压缩空气由输入口进入过滤器内部后，由于旋风叶片的导向，在内部产生强烈的旋转，在离心力的作用下，空气中混有的大颗粒固体杂质、液态水滴和油滴等被甩到过滤器壳体内表面上，在重力作用下沿壁面沉降到底部，由手动或自动排水器排出。气体通过滤芯进一步清除其中的固态粒子，洁净的空气便从输出口输出。挡水板可防止气流的漩涡卷起沉积的污水，造成二次污染。

空气过滤器分为主管道过滤器和支管道过滤器。主管道过滤器安装在储气罐的出口，除去压缩空气中的油污、水和其他杂质，增加下游干燥效果及延长精密过滤器的寿命，防止设备故障。它没有标准过滤器的导流板，过滤面积大，装在内部的自动排水器能确保排出积聚的水。

空气过滤器的主要性能指标有流量特性、分水效率和过滤精度。

(2) 油雾器。在气动元件中，气缸、气马达或气阀等内部常有滑动部分，为使其动作灵活、经久耐用，一般需加入润滑油润滑。油雾器是一种特殊的注油装置，其作用是使润滑油雾化后注入空气流中，随着空气流动进入需要润滑的部件，达到润滑的目的。

油雾器的主要性能指标有流量特性、起雾空气流量和油雾粒度等。

流量特性也称为压力—流量特性，它表征了在给定进气压力下，随着通过空气流量的变化，油雾器进出口压力降的变化情况。油雾器中通过额定流量时，进出口压力降一般不超过0.15MPa。

当油位处于最高位置，节流阀全开，气流压力为0.5MPa时，起雾时的最小空气流量规定为额定空气流量的40%。

(3) 减压阀。减压阀又称调压阀，用来调节或控制气压的变化，并保持降压后的输出压力值稳定在需要的值上，确保系统压力的稳定。

二、气动执行元件和控制元件

气动执行元件是一种能量转换装置，它是将压缩空气的压力能转化为机械能，驱动机构实现直线往复运动、摆动、旋转运动或冲击动作。气动执行元件分为气缸和气马达两大类。气缸用于提供直线往复运动或摆动，输出力和直线速度或摆动角位移。气马达用于提供连续回转运动，输出转矩和转速。

气动控制元件用来调节压缩空气的压力流量和方向等，以保证执行机构按规定的程序正常进行工作。气动控制元件按功能可分为压力控制阀、流量控制阀和方向控制阀。

1. 气缸

图8-19所示为最常用的单杆双作用普通气缸的基本结构，气缸一般由缸筒、前后缸盖、活塞、活塞杆、密封件和紧固件等零件组成。

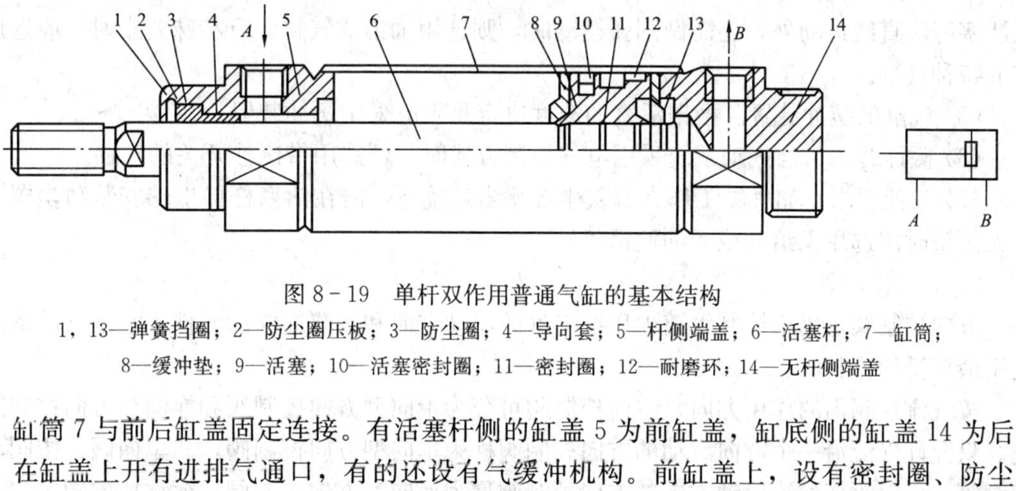

图8-19 单杆双作用普通气缸的基本结构

1，13—弹簧挡圈；2—防尘圈压板；3—防尘圈；4—导向套；5—杆侧端盖；6—活塞杆；7—缸筒；8—缓冲垫；9—活塞；10—活塞密封圈；11—密封圈；12—耐磨环；14—无杆侧端盖

缸筒7与前后缸盖固定连接。有活塞杆侧的缸盖5为前缸盖，缸底侧的缸盖14为后缸盖。在缸盖上开有进排气通口，有的还设有气缓冲机构。前缸盖上，设有密封圈、防尘圈3，同时还设有导向套4，以提高气缸的导向精度。活塞杆6与活塞9紧固相连。活塞上除有密封圈10，11用于防止活塞左右两腔相互漏气外；耐磨环12用以提高气缸的导向性；带磁性开关的气缸，活塞上装有磁环。活塞两侧常装有橡胶垫作为缓冲垫8。如果是气缓冲，则活塞两侧沿轴线方向设有缓冲柱塞，同时缸盖上有缓冲节流阀和缓冲套，当气缸运动到端头时，缓冲柱塞进入缓冲套，气缸排气需经缓冲节流阀，排气阻力增加，产生排气背压，形成缓冲气垫，起到缓冲作用。

磁性开关气缸是指在气缸的活塞上安装有磁环，在缸筒上直接安装磁性开关，磁性开关用来检测气缸行程的位置，控制气缸往复运动。因此，就不需要在缸筒上安装行程阀或行程开关来检测气缸活塞位置，也不需要在活塞杆上设置挡块。

磁性开关气缸的工作原理示意如图 8-20 所示。它是在气缸活塞上安装永久磁环，在缸筒外壳上装有舌簧开关。开关内装有舌簧片、保护电路和动作指示灯等，均用树脂塑封在一个盒子内。当装有永久磁铁的活塞运动到舌簧片附近，磁力线通过舌簧片使其磁化，两个簧片被吸引接触，则开关接通。当永久磁铁返回离开时，磁场减弱，两簧片弹开，则开关断开。由于开关的接通或断开，使电磁阀换向，从而实现气缸的往复运动。

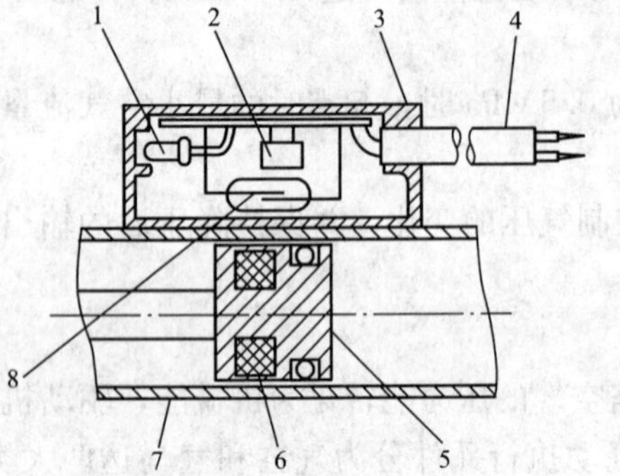

图 8-20 磁性开关气缸的工作原理示意

1—动作指示灯；2—保护电路；3—开关外壳；4—导线；5—活塞；6—磁环；7—缸筒；8—舌簧开关

气缸的选型应根据工作要求和条件，正确选择气缸的类型。这里以单活塞杆双作用缸为例介绍气缸的选型步骤。

（1）气缸缸径。根据气缸负载力的大小来确定气缸的输出力，由此计算出气缸的缸径。

（2）气缸的行程。气缸的行程与使用的场合和机构的行程有关，但一般不选用满行程。

（3）气缸的强度和稳定性计算。

（4）气缸的安装形式。气缸的安装形式根据安装位置和使用目的等因素决定。一般情况下，采用固定式气缸。在需要随工作机构连续回转时（如车床、磨床等），应选用回转气缸。在活塞杆除直线运动外，还需做圆弧摆动时，则选用轴销式气缸。有特殊要求时，应选用相应的特种气缸。

（5）气缸的缓冲装置。根据活塞的速度决定是否应采用缓冲装置。

（6）磁性开关。当气动系统采用电气控制方式时，可选用带磁性开关的气缸。

（7）其他要求。如气缸工作在有灰尘等恶劣环境下，需在活塞杆伸出端安装防尘罩。要求无污染时需选用无给油或无油润滑气缸。

2. 方向控制阀

方向控制阀是用来控制管道内压缩空气的流动方向和气流通断的元件，它是气动系统中应用最广泛的一类阀。

按气流在阀内的作用方向，方向控制阀可分为单向型方向控制阀和换向型方向控制阀两类。只允许气流沿一个方向流动的方向控制阀称为单向型方向控制阀，如单向阀、梭阀、双压阀等。可以改变气流流动方向的方向控制阀称为换向型方向控制阀，简称换向阀。

（1）阀的分类。

1）按阀的控制方式分类：阀的控制方式主要有气压控制、电磁控制、人力控制和机械控制等类型。

2）按阀的工作位置分类：阀的工作位置称为“位”，有几个切换工作位置的阀就称为“几位”阀。经常使用的有“二位”阀和“三位”阀。阀在未加控制信号或被操作时所处的位置称为零位。

3）按阀的接口数目分类：阀的接口（包括排气口）称为“通”，阀的接口包括入口、出口和排气口，但不包括控制口。常见的阀有两通、三通、四通、五通。

根据阀的切换位置和接口数目，便可叫出阀的名称，如二位二通阀、三位五通阀等。

二位和三位换向阀的图形符号见表 8－1。

表 8－1　　二位和三位换向阀的图形符号

	二位	三位			
		中位封闭式	中位泄压式	中位加压式	中位止回式
二通	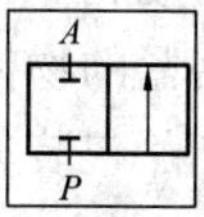	—	—	—	—
三通	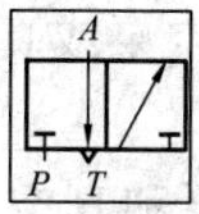	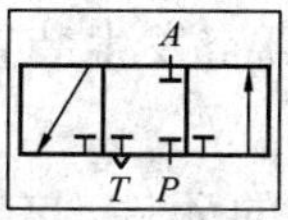	—	—	—
四通	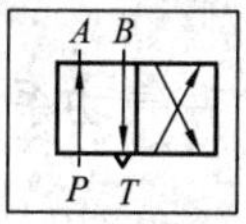	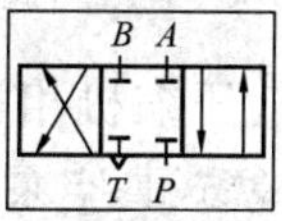	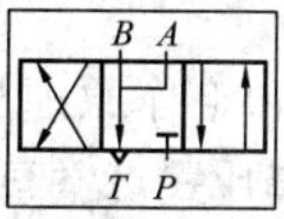	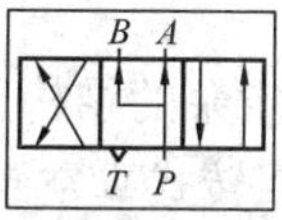	—
五通	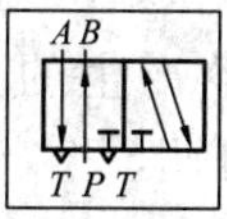	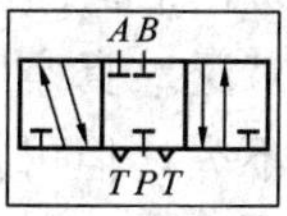	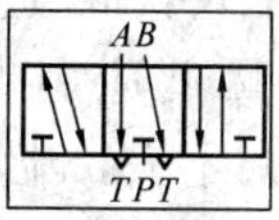	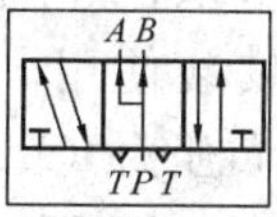	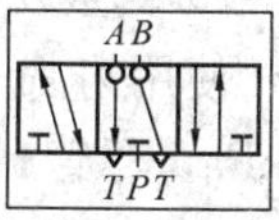

4）按阀芯结构形式分类：常用的阀芯结构形式有截止式、滑柱式两大类。

5）按控制数分类：按控制数可分为单控式和双控式。单控式是指阀的一个工作位置由控制信号获得，另一个工作位置是当控制信号消失后，靠其他力来获得（称为复位方式）。如靠弹簧力复位称为弹簧复位；靠气压力复位称为气压复位；靠弹簧力和气压力复位称为混合复位。混合复位可减小阀芯复位活塞直径，复位力越大，阀换向越可靠，工作越稳定。

双控式是指阀有两个控制信号，对二位阀采用双控，当一个控制信号消失，另一个控制信号未加入时，能保持原有阀位不变，称阀具有记忆功能。对三位阀，每个控制信号控制一个阀位。当两个控制信号都不存在时，靠弹簧力和（或）气压力使阀芯处于中间位置。

6）按阀的安装连接方式分类：阀的连接方式有管式连接、板式连接、法兰连接和集成式连接等。

各种控制阀是设计气动控制系统的重要环节，能保证气动系统准确、可靠、成本低、耗气量小。

（2）选择控制阀时应注意的几点。

1）阀的技术条件与使用场合是否一致：如气源压力的大小、电源条件（交直流、电压等）、介质温度、环境温度、湿度、粉尘状况、振动情况等。

2）根据任务要求选择阀的机能。

3）根据执行元件需要的流量，选择阀的通径及连接管径的尺寸：对于直接控制气动执行元件的主阀，需根据执行元件在工作压力状态下的额定流量来选择阀的通径。选用阀的流量应略大于所需要的流量。对于信号阀（手控阀、机控阀），应根据它所控制的阀的远近、控制阀的数量和要求的动作时间等因素来选择阀的通径。

4）根据使用条件选择阀的结构形式：如要求泄漏量小，则应选用软质密封的阀；如气源过滤条件差，则应选用截止阀；如容易发生爆炸的场合，则应选用气控阀。如需要远距离控制的情况，则可选用电磁阀。

3. 真空发生装置

近年来，真空吸附技术在工业自动化生产中的应用越来越广泛。真空吸附是利用真空发生装置产生真空压力为动力源，由真空吸盘吸附抓取物体，从而达到移动物体，为产品的加工和组装服务。对任何具有较光滑表面的物体，特别是那些不适合于夹紧的物体，都可使用真空吸附来完成。真空吸附已广泛应用于电子电器生产、汽车制造、产品包装、板材输送等作业中。

在一个典型的真空吸附系统中，常用的元件有真空发生装置（真空泵或真空发生器）、真空开关、真空破坏阀、真空过滤器和真空吸盘等。

（1）真空发生装置。真空发生装置是产生真空的元件，有真空泵和真空发生器两种类型。

1）真空泵。真空泵的结构形式和工作原理与空气压缩机相类似，在气动系统中多采用容积型真空泵，如回转式真空泵、膜片式真空泵和活塞式真空泵。

2）真空发生器。真空发生器由于它获取真空容易，结构简单，体积小，无可动机械部件，使用寿命长，安装使用方便，因此应用十分广泛。真空发生器产生的真空度可达88kPa，尽管产生的负压力（真空度）不大，流量也不大，但可控、可调，稳定可靠，瞬时开关特性好，无残余负压，同一输出口可正负压交替使用。

典型真空发生器工作原理如图8-21所示。它是由先收缩后扩张的拉瓦尔喷管1、负压腔2和接收管3等组成，有供气口、排气口和真空口。当供气口的供气压力高于一定值后，喷管射出超声速射流。由于气体的黏性高速射流卷吸走负压腔内的气体，使该腔形成很低的真空度。在真空口A处接上真空吸盘，靠真空压力和吸盘吸附面积可吸取物体。

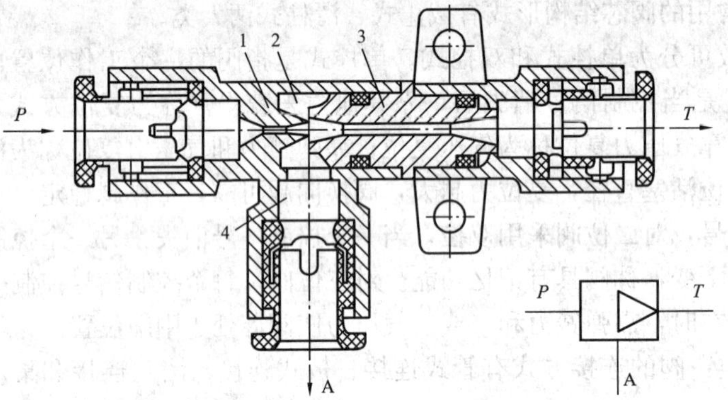

图8-21 典型真空发生器工作原理

1—拉瓦尔喷管；2—负压腔；3—接收管；4—真空腔

（2）真空吸盘。真空吸盘是利用吸盘内形成负压（真空）而把工件吸附住的元件。它适用于抓取薄片状的工件，如塑料板、矽钢片、纸张及易碎的玻璃器皿等，要求工件表面平整光滑、无孔无油。

根据吸取对象的不同需要，真空吸盘的材料由丁腈橡胶、硅橡胶、氟化橡胶和聚氨酯橡胶等与金属压制而成。

除要求吸盘材料的性能要适应外，吸盘的形状和安装方式也要与吸取对象的工作要求相适应。常见真空吸盘的形状和结构有平板形、深型、风琴形等多种。

选择真空吸盘时真空吸盘的吸力是一个重要性能指标。在使用工作中，真空吸盘相当于正压系统的气缸。真空吸盘的外径称为公称直径，其吸持工件被抽空的直径称为有效直径。

吸盘的理论吸力 F 为

$$F=\frac{\pi}{4}D_e^2\Delta p_v$$

式中　D_e——吸盘有效直径；

Δp_v——真空度。

根据吸盘安装位置和带动负载运动状态（方向和快慢，直线运动和回转运动）的不同，吸盘的实际吸力应考虑一个安全系数 n，即实际吸力 F_r 为

$$F_r=\frac{F}{n}$$

图 8－22 所示为利用引射原理的真空发生器外观。

(3) 真空开关。真空开关是一种检测真空度范围的开关，又称真空继电器。其作用是：当实际工作中所产生的真空度达到规定要求时，自动开闭控制电路，发出电信号，指令真空吸附机构正常动作。它属于可靠性、安全性元件。

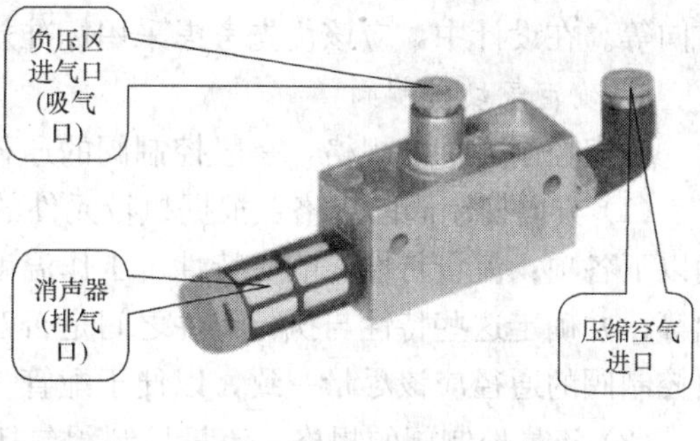

图 8－22　利用射引原理的真空发生器外观

真空开关分为机械式、半导体式和气桥式三种类型。机械式真空开关是利用机械变位来确定真空压力的变化，如膜片式真空开关。半导体式真空开关是利用半导体压力传感器来检测真空压力的变化，并能够将检测到的压力信号直接转换成电气信号。

(4) 真空阀。真空阀用于控制真空泵产生的真空的通断，真空吸盘的吸着和脱离。真空阀的种类很多，其分类方法与气动换向阀的分类基本相同；按通口数目可分为两通阀、三通阀和五通阀；按控制方式可分为电磁控制真空阀、机械控制真空阀、人力控制真空阀和气控型真空阀；按主阀的结构形式可分为截止式、膜片式和软质密封滑阀式。

一般来说，间隙密封的滑阀、没有使用气压密封圈的弹性密封的滑阀、直动式电磁阀、他控式先导电磁阀和非气压密封的截止阀等都可以用于真空系统中。

三、轨道输送车气动系统设计的一般步骤

设计气动系统就是根据工作设备的控制功能要求，从种类与性能众多的元件中选择性能和参数最适合的元件，并将其巧妙合理地组合配置。主要设计内容包括系统方案的确定、气动元件的选型、气路管道设计、空压机的选型等。

气动系统的设计一般按下列步骤进行。

1. 明确工作要求

设计前一定要明确主机对气动系统控制的要求，主要包括以下几个方面。

(1) 运动和操作力的要求：如主机的动作顺序、动作时间、运动速度及其可调范围、运动的平稳性、定位精度、操作力以及连锁和自动化程度等。

(2) 工作环境条件：如温度、防尘、防爆、防腐蚀要求及工作场地的空间等。

(3) 与机、电、液控制相配合的情况，以及对气动系统的要求。

2. 设计气动控制回路

(1) 列出气动执行元件的工作程序图。

(2) 绘制 X－D线图或卡诺图等，也可直接写出逻辑函数表达式。

(3) 绘制逻辑原理图。

(4) 绘制气动回路原理图。

(5) 设计控制回路，根据实际情况合理选用全气控、电-气控制、逻辑控制，或者 PLC 控制等控制方案。

3. 确定执行元件的规格

确定执行元件的类型，如气缸、摆动气缸或气马达。确定执行元件的规格和安装形式，例如气缸，在确定其规格时，必须考虑：气缸的驱动力，摩擦阻力，运动速度，气缸的耗气量，结构尺寸和行程，传感器的安装位置，是否需要缓冲，工作温度范围，以及气缸的工作方向等。在设计中，应该优先考虑采用标准规格的气缸。

4. 确定气动控制阀

确定控制元件的规格，一般控制阀的通径可按阀的工作压力与最大流量确定。

(1) 方向控制阀的规格。根据执行元件的规格来确定方向控制阀的规格，选择时必须明确以下各项：流量特性、响应特性、工作温度范围、安装尺寸、最低工作压力和所用的润滑油等；并确定这些特性与执行元件之间是否匹配，能否满足系统的工作要求。注意，选用方向控制阀的通径应该尽量一致，以便于配管。

(2) 流量控制阀的规格。流量控制阀包括节流阀和缓冲阀等，其性能对气缸运动的平稳性具有很大的影响。根据流量控制阀和执行元件的工作速度范围，来确定流量控制阀的规格。

5. 确定辅助元件和保护元件

辅助元件和保护元件主要包括储气罐、油水分离器、分水滤气器、减压阀和油雾器等。由于空气中含有很多水分和尘埃，如果不注意清除，将使气动元件发生故障，因此，辅助元件也是影响气动系统性能的重要因素。

(1) 储气罐。对于往复式空压机，应该在空压机输出侧设置储气罐，防止压力脉动；同时，也可以促进空气中水分、杂质和油分的分离。对于旋转式空压机，由于其压力脉动小，在耗气量不太高时，可以不设置储气罐。

(2) 分水滤气器。分水滤气器根据过滤精度的要求来确定：对于一般气动回路、截止阀以及操纵气缸等，要求过滤精度$\leqslant 50 \sim 75\mu m$；对于操纵气马达等存在高速相对运动金属部件以及向机械部件滑动部分吹入空气等情况，要求过滤精度$\leqslant 25\mu m$；对于气控滑阀、射流元件、精密检测等，要求过滤精度$\leqslant 10\mu m$。分水滤气器的通径由流量决定，并与减压阀相同。

(3) 油雾器。油雾器的规格根据油雾颗粒直径及其流量来确定。一般，流入空气中的油量以每 $10m^3$ 含 $1cm^3$ 为基准。与减压阀、分水滤气器串联使用时，三者通径应相同。

(4) 减压阀。减压阀根据流量及其调压范围来确定。减压阀的压力调节范围通常为：微压 0～0.01MPa；低压 0～0.3MPa；标准 0～0.8MPa；高压 0～1.6MPa。

6. 确定管道直径，计算压力损失

(1) 确定管道直径。管道直径主要根据流量、流速要求以及允许的压力损失来确定。通常情况下，考虑与其连接的控制元件通径相一致的原则初步确定管径，并在验算压力损失以后，再加以修正。

（2）验算压力损失。为了保证执行元件正常工作，压缩空气通过各种控制元件、辅助元件及其连接管道以后到达执行元件的总压力损失 Δp 必须满足

$$\Delta p = \Delta p_l + \Delta p_\xi \leqslant [\Delta p]$$

式中　Δp_l——沿程压力损失之和；

Δp_ξ——局部压力损失之和；

$[\Delta p]$——允许压力损失。一般对于较大型的空压站，在厂区范围内，从管道的起点至终点，压力损失不应超过气源初始压力的8%；在车间范围内，不能超过供气压力的5%；流水生产线上，不应超过2%。

实际验算时，可以采用下面的简化公式验算压力损失，即

$$\Delta p = K_p \Delta p_\xi \leqslant [\Delta p]$$

式中　Δp_ξ——流经控制元件和辅助元件的压力损失之和，可以查表8-2计算；

K_p——修正系数，K_p=1.05～1.3，对于长管道、截面复杂的管道，取大值。

如果验算的压力损失 $\Delta p>[\Delta p]$，则必须加大管径，或者改进管道布置，直至 $\Delta p<[\Delta p]$，从而得到最后的管道直径。

额定流量下，通过控制元件和辅助元件的压力损失见表8-2。

表8-2　额定流量下，通过控制元件和辅助元件的压力损失　单位：MPa

元件名称			公称通径（mm）/压力损失≤ 3	6	8	10	15	20	25	32	40	50
方向阀	换向阀	截止阀	0.025		0.022	0.015		0.01		0.009		
方向阀	换向阀	滑阀	0.025		0.022	0.015		0.01	0.009			
方向阀	单向型控制阀	单向阀、梭阀、双压阀	0.025	0.022	0.02	0.015	0.012	0.01		0.009		0.008
方向阀	单向型控制阀	快排阀 P→A		0.022	0.02	0.012		0.01		0.009		0.008
方向阀	脉冲阀、延时阀		0.025									
流量阀	节流阀		0.025	0.022	0.02	0.015	0.012	0.01		0.009		0.008
流量阀	单向节流阀 P→A		0.025					0.02				
流量阀	消声节流阀			0.02	0.012	0.01		0.009				
压力阀	单向压力顺序阀		0.025	0.022	0.02	0.015	0.012					
辅件	分水滤气器过滤精度（μm）	25	0.015	0.025								
辅件	分水滤气器过滤精度（μm）	75	0.01					0.020				
辅件	油雾器		0.015									
辅件	消声器		0.022	0.02	0.012	0.001		0.009		0.008		0.007

注　其他元、辅件可以通过实验或按该表类比选定。

7. 确定空压机的规格

确定空压机规格的主要依据是空压机的供气压力 p_s 和供气量 q_z。

（1）计算空压机的供气量 q_z。空压机的供气量 q_z 可以按相关气动手册估算。

（2）计算空压机的供气压力 p_s。空压机的供气压力 p_s 的计算式为

$$p_s = p + \Delta p$$

式中 p——用气设备使用的额定压力；

Δp——气动系统的总压力损失。

分任务3 基于触摸屏的轨道输送车自动化设计

一、触摸屏控制

触摸屏是用户和计算机之间实现互动的最简单、最直接的方式。各行各业都已成功地将触摸屏的效用发挥到各自的应用中。在所有行业和应用中，触摸屏技术都带来很大的实质益处，主要表现为以下几点：触摸屏使用户无须经过任何培训就能马上使用计算机；触摸屏几乎完全消除了操作员误操作的可能性，因为供用户选择的菜单设置非常明确；触摸屏结实耐用，可以承受键盘和鼠标易受损坏的恶劣环境。

1. 工业触摸屏的出现

随着工业自动化的发展，基于PLC、单片机和PC的自动化系统与自动化设备越来越普及，几乎遍布所有自动化领域，与之相应的人机交互系统也应运而生，并得到同步发展，液晶显示工业触摸屏是人机交互系统中一颗耀眼的明星。由于其具有高可靠性、长寿命、高性能等特点，使得触摸屏越来越受到自动化系统集成商、自动化设备制造商的青睐。

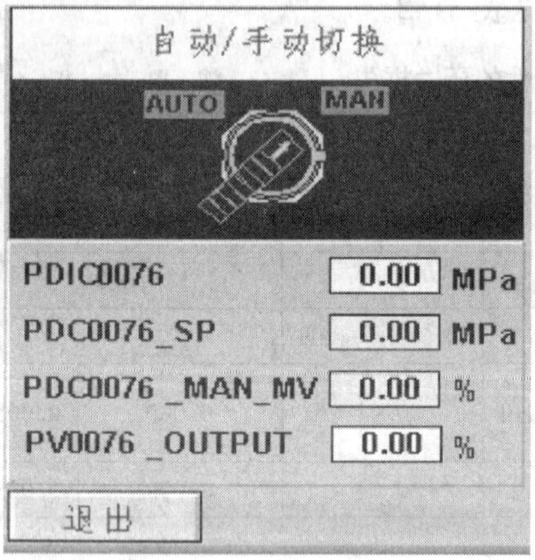

图8-23 触摸屏画面

传统的工业控制系统一般使用按钮和指示灯来操作和监视系统，但很难实现系统工艺参数的现场设置和修改，也不方便对整个系统的集中监控。触摸屏的主要功能就是取代传统的控制面板和显示仪表（如图8-23所示），通过控制单元（如PLC）通信，实现人与控制系统的信息交换，更方便地实现对整个系统的操作和监视。触摸屏由于具有操作简便、界面美观、人机交互好等优点，将在控制领域得到广泛的应用。

2. 触摸屏的种类

为了操作上的方便，人们用触摸屏来代替鼠标或键盘。工作时，必须首先用手指或其他物体触摸安装在显示器前端的触摸屏，然后系统根据手指触摸的图标或菜单位置来定位选择信息输入。触摸屏由触摸检测部件和触摸屏控制器组成；触摸检测部件安装在显示器屏幕前面，用于检测用户触摸位置，接收后送触摸屏控制器；而触摸屏控制器的主要作用是从触摸点检测装置上接收触摸信息，并将它转换成触点坐标，再送给CPU，它同时能接收CPU发来的命令并加以执行。

从技术原理来区别触摸屏，可分为五个基本种类，即矢量压力传感技术触摸屏、红外线技术触摸屏、电阻技术触摸屏、电容技术触摸屏、表面声波技术触摸屏。其中矢量压力传感技术触摸屏已退出历史舞台。触摸屏红外屏价格低廉，但其外框易碎，容易产生光干扰，曲面情况下失真；电容屏设计理论好，但其图像失真问题很难得到根本解决；电阻屏的定位准确，但其价格颇高，且怕刮易损；表面声波触摸屏解决了以往触摸屏的各种缺陷，清晰、抗暴性好，适于各种场合，缺憾是屏表面的水滴、尘土会使触摸屏变得迟钝，甚至不工作。按照触摸屏的工作原理和传输信息的介质，可以把触摸屏分为四种，分别为电阻式、红外线式、电容感应式以及表面声波式。

(1) 电阻式触摸屏。电阻触摸屏的屏体部分是一块与显示器表面非常配合的多层复合薄膜，由一层玻璃或有机玻璃作为基层，表面涂有一层透明的导电层（OTI，氧化铟），上面再盖有一层外表面硬化处理、光滑防刮的塑料层，它的内表面也涂有一层 OTI，在两层导电层之间有许多细小（小于 1/1000in）的透明隔离点把它们隔开绝缘。当手指接触屏幕，两层 OTI 导电层出现一个接触点，因其中一面导电层接通 Y 轴方向的 5V 均匀电压场，使得侦测层的电压由零变为非零，控制器侦测到这个接通后，进行 A/D 转换，并将得到的电压值与 5V 相比，即可得触摸点的 Y 轴坐标，同理得出 X 轴的坐标，这就是电阻技术触摸屏的最基本原理。电阻屏根据引出线数多少，分为四线、五线等多线电阻触摸屏。五线电阻触摸屏的 A 面是导电玻璃而不是导电涂覆层，导电玻璃的工艺使其寿命得到极大的提高，并且可以提高透光率。图 8－24 所示为电阻式触摸屏。

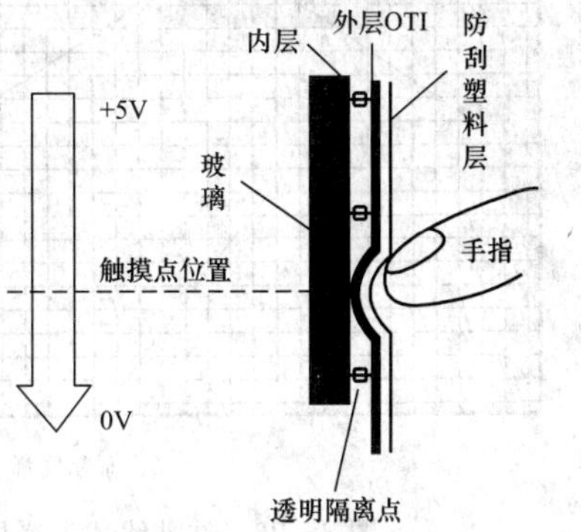

图 8－24　电阻式触摸屏

电阻式触摸屏的 OTI 涂层比较薄且容易脆断，涂得太厚又会降低透光且形成内反射降低清晰度，OTI 外虽多加了一层薄塑料保护层，但依然容易被锐利物件所破坏；且由于经常被触动，表层 OTI 使用一定时间后会出现细小裂纹，甚至变形，如其中一点的外层 OTI 受破坏而断裂，便失去作为导电体的作用，触摸屏的寿命并不长久。但电阻式触摸屏不受尘埃、水、污物影响。

这种触摸屏利用压力感应进行控制。它用两层高透明的导电层组成触摸屏，两层之间距离仅为 2.5μm。当手指按在触摸屏上时，该处两层导电层接触，电阻发生变化，在 X 和 Y 两个方向上产生信号，然后送触摸屏控制器。这种触摸屏能在恶劣环境下工作，但手感和透光性较差，适合配戴手套和不能用手直接触控的场合。

(2) 电容式触摸屏。电容式触摸屏的构造主要是在玻璃屏幕上镀一层透明的薄膜体层，再在导体层外加上一块保护玻璃，双玻璃设计能彻底保护导体层及感应器。图 8－25 所示为电容式触摸屏。

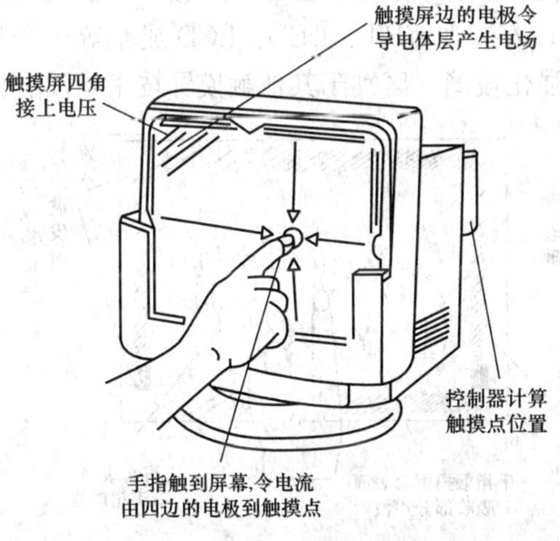

图 8－25　电容式触摸屏

电容式触摸屏在触摸屏四边均镀上狭长的电极，在导电体内形成一个低电压交流电场。用户触摸屏幕时，由于人体电场，手指与导体层间会形成一个耦合电容，四边电极发出的电流会流向触点，而电流强弱与手指到电极的距离成正比，位于触摸屏幕后的控制器便会计算电流的比例及强弱，准确算出触摸点的位置。电容触摸屏的双玻璃不但能保护导体及感应器，更能有效地防止外在环境因素对触摸屏造成影响，就算屏幕沾有污秽、尘埃或油渍，电容式触摸屏依然能准确算出触摸位置。

电容式触摸屏是在玻璃表面贴上一层透明的特殊金属导电物质。当手指触摸在金属层上时，触点的电容就会发生变化，使得与之相连的振荡器频率发生变化，通过测量频率变化可以确定触摸位置获得信息。由于电容随温度、湿度或接地情况的不同而变化，故其稳定性较差，往往会产生漂移现象。该种触摸屏适用于系统开发的调试阶段。

(3) 红外线式触摸屏。该触摸屏由装在触摸屏外框上的红外线发射与接收感测元件构成，在屏幕表面上，形成红外线探测网，任何触摸物体可改变触点上的红外线而实现触摸屏操作。红外触摸屏不受电流、电压和静电干扰，适宜某些恶劣的环境条件。其主要优点是价格低廉、安装方便、不需要卡或其他任何控制器，可以用在各档次的计算机上。此外，由于没有电容充放电过程，响应速度比电容式快，但分辨率较低。图 8-26 所示为红外线式触摸屏。

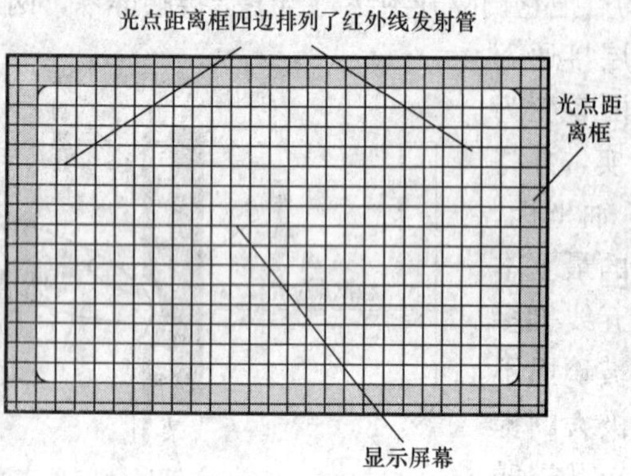

图 8-26 红外线式触摸屏

红外线触摸屏原理很简单，只是在显示器上加上光点距架框，无需在屏幕表面加上涂层或接驳控制器。光点距架框的四边排列了红外线发射管及接收管，在屏幕表面形成一个红外线网。用户以手指触摸屏幕某一点，便会挡住经过该位置的横竖两条红外线，计算机便可即时算出触摸点位置。不过，由于只是在普通屏幕增加了框架，在使用过程中架框四周的红外线发射管及接收管很容易损坏。

(4) 表面声波触摸屏。表面声波是一种沿介质表面传播的机械波。该种触摸屏由触摸屏、声波发生器、反射器和声波接收器组成，其中声波发生器能发送一种高频声波跨越屏幕表面，当手指触及屏幕时，触点上的声波即被阻止，由此确定坐标位置。表面声波触摸屏不受温度、湿度等环境因素影响，分辨率极高，有极好的防刮性，寿命长（5000万次无故障）；透光率高（92%），能保持清晰透亮的图像质量；没有漂移，只需安装时一次校正；有第三轴（即压力轴）响应，最适合公共场所使用。表面声波触摸屏的触摸屏部分可以是一块平面、球面或是柱面的玻璃平板，安装在 CRT、LED、LCD 或是等离子显示器屏幕的前面。这块玻璃平板只是一块纯粹的强化玻璃，区别于其他触摸屏技术是没有任何贴膜和覆盖层。玻璃屏的左上角和右下角各固定了竖直和水平方向的超声波发射换能器，右上角则固定了两个相应的超声波接收换能器。玻璃屏的四个周边则刻有 45°角由疏到密间隔非常精密的反射条纹。图 8-27 所示为表面声波触摸屏。

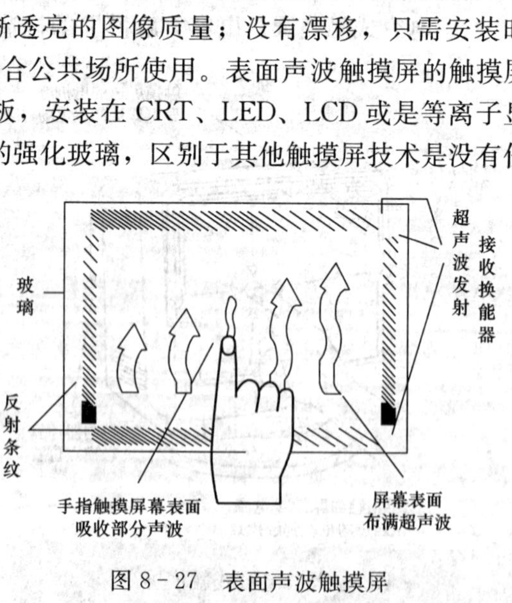

图 8-27 表面声波触摸屏

3. 触摸屏的使用方法

触摸屏的使用方法如图 8-28 所示，分为以下几个步骤。

(1) 明确监控任务要求，选择适合的触

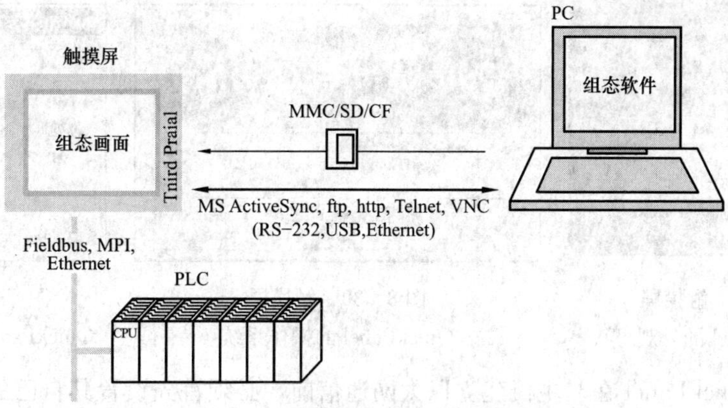

图 8-28 触摸屏的使用方法

摸屏产品；

(2) 在 PC 上用画面组态软件编辑“工程文件”；

(3) 测试并保存已编辑好的“工程文件”；

(4) PC 连接触摸屏硬件，下载“工程文件”到触摸屏中；

(5) 连接触摸屏和工业控制器（如 PLC、仪表等），实现人机交互。

4. 触摸屏的应用方式

一般而言，触摸屏在连接外部设备上的应用方式主要有以下四种。

(1) 一般应用。触摸屏提供多种 PLC 等硬件设备的驱动程序，能与绝大多数 PLC 进行通信，与 PLC 通信无需转接器。

(2) 多口通信。有些触摸屏可以提供两个通信口，且可以同时使用，可以和任何开放协议的设备进行通信，且大部分触摸屏支持 Modbus 总线协议，可非常简单地与 modbus 设备通信。

(3) 网络通信。触摸屏丰富灵活的组网功能，可以接入现场总线和 Internet 网络，使用户设备的成本降到最低，CPV 就便于将不同协议的多种设备共同接入到同一总线中去。

(4) 集中监控。可在上位 PC 中使用编程软件或组态软件，或用户按照触摸屏的开放协议自行编写监控软件，实现对整个车间、不同设备的集中监控。

总之，随着计算机网络及现场总线技术的发展，PLC 及触摸屏在工业控制和楼宇自动化中的应用将越来越广泛。现场总线技术及其总线接口模块、智能仪表、控制设备等组成的综合监控系统已成为当前自动化技术发展的一个重要方向。在工控领域，PLC 与触摸屏结合运用的技术已越来越为工程人员所了解与熟悉，由于触摸屏具有操作简便、界面美观直接、编程容易掌握、与 PLC 通信良好、抗干扰能力强等特点，它正迅速地渗入各个行业，发挥着自动化控制的最大优势。

5. GE Fanuc 的触摸屏

图 8-29 所示为 GE Fanuc 触摸屏 QuickPanel 的外观，其操作系统采用 Windows CE 嵌入式版本，可以通过以太网与主机 PLC 进行通信（如图 8-30 所示）。

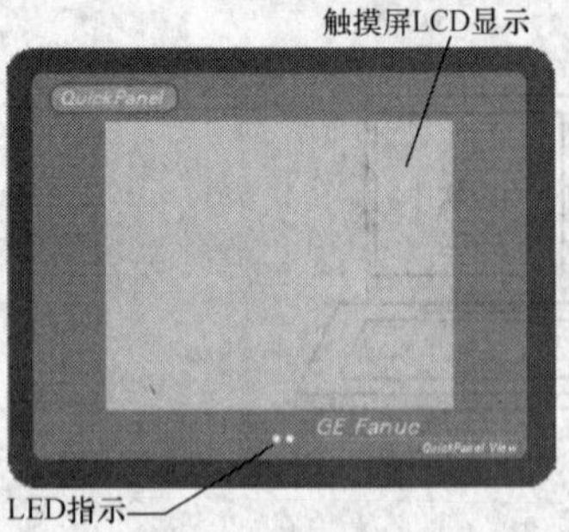

图 8－29 触摸屏 QuickPanel 的外观

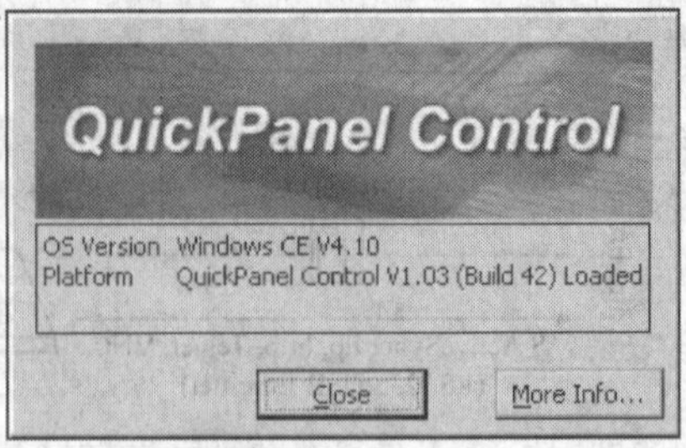

图 8－30 触摸屏 QuickPanel 的操作系统

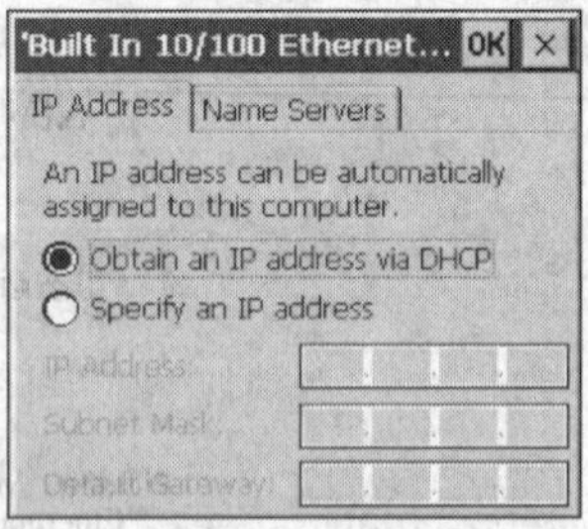

图 8－31 触摸屏 QuickPanel 的 IP 地址设置

触摸屏 QuickPanel 在与主机建立以太网通信前，必须首先设置其自己的 IP 地址与主机在一个频段上，如图 8－31 所示。

触摸屏 QuickPanel 最大的特点在于其编程软件与 GE PLC 的编程软件为同一个，只是 Target 名不一样而已，触摸屏可以通过建立驱动来直接调用 PLC 中的任何一个变量名。

触摸屏 QuickPanel 驱动的建立画面如图 8－32 所示，显然触摸屏可以与大多数的 PLC 进行通信，这里选择的 GE Fanuc TCPIP 则是标准的以太网通信模式。

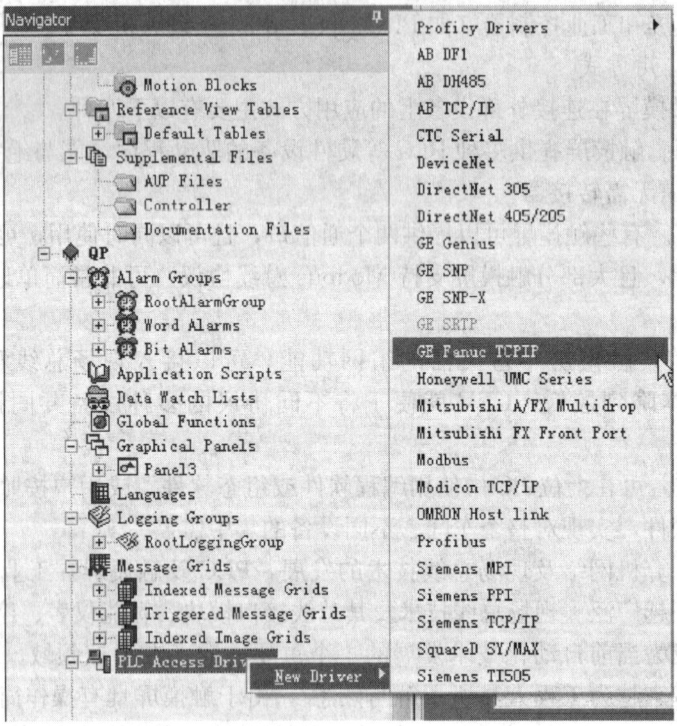

图 8－32 触摸屏驱动的建立画面

二、轨道输送车触摸屏的设计原则

一个优良的触摸屏界面设计，需要符合操作者的需求，考虑到操作者的身体和心理状况。一个友善便利的触摸屏界面，不但可增加操作之方便性，也可减少操作错误率，使机器、设备和器材发挥最大的功能，达到造福用户的目的。

触摸屏的画面设计应该遵循以下原则。

1. 以通信功能作为界面设计的核心

设计触摸屏的关键是使人与机器之间能够准确地交流信息。一方面，人向机器输入时应当尽量采取自然的方式；另一方面，机器向人传递的信息必须准确，不致引起误解或混乱。另外，不要把内部的处理、加工与触摸屏混在一起（触摸屏程序只是通信），以免互相干扰，影响速度。

触摸屏设计时，针对每一个功能，都要按照“I-P-O”的模块化思想，使输入、处理与输出“泾渭分明”，充分体现触摸屏的通信功能。这样设计出来的触摸屏不但不易出错，而且易于维护，即使有了错误也很容易加以改正。图8-33所示为触摸屏的通信交互模型。

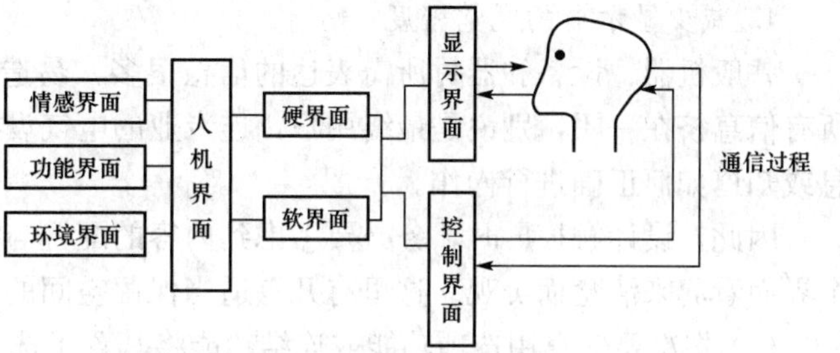

图8-33　触摸屏的通信交互模型

由图8-33中可以对人机交互进行如下分析。

(1) 使用环境的分析：环境条件是影响人机关系的外界因素，如产品的使用场所、气候、季节、时间等。因为使用环境不同，使用的条件就不同。例如，冶金工业和公用事业的触摸屏因为使用环境不同，设计要求也不一样。

(2) 使用者的分析：使用者的分析主要包括使用对象、使用者生理状态和条件以及使用者行为方式等的分析。因为使用对象不同，操作的尺寸、用力大小、对色彩的喜好等就不一样。在人机分工时，要根据使用者的生理状态和工作时的状态确定任务分析。使用行为是由于年龄、性别、地区、种族、职业、生活习性、受教育程度等原因形成的动作习惯。

(3) 使用过程的分析：使用过程分析是一项深入细致的工作。一些产品中人机问题不是靠常识可以发现的，甚至短时间使用也体会不到。因此必须对使用过程进行认真分析。

通过用户通信模型的建立，我们可以明确设计中人机系统是否合理、人机分工是否恰当、是否体现了人本主义思想等。

2. 设计合理的文字区规划

有些设备或器材的显示屏看起来像个棋盘，毫无秩序可言；当然有时候别出心裁的界面设计或许会带给操作者眼睛一亮、赏心悦目的视觉感，但无论如何，井然有序的文字区规划，才易达成最有效、最舒适的效果。

试着让说明具有顺畅的阅读连贯性；举例来说，一个向中对齐与一个向左对齐的文字区块，明显地，向左对齐的区块读起来顺畅多了，因为使用者在读完一行字后，自然而然往左下方继续读下去，不需要重新找寻开头，相较之下，向中对齐的区块看起来混乱多了。因此，有规矩的文字区规划将可大幅度提升使用者界面的质量。

3. 色彩和字形的合理应用

一个触摸屏中（包括背景和操作组件）最好不要超过3～5种颜色，最好大区域使用浅灰阶色调，如浅灰、白色等；重要操作组件则以红、蓝、绿等彩度较高的颜色来表达，但颜色不宜过多，且区域不可以太大，否则看起来过度混乱，反而失去当初欲强调重点的用意了。

对管道或化学工程师，如果显示是红色的，则表明它是关闭的，而显示绿色则表明其在运行。但对电力工程师，显示红色表明其是带电的，它是火线，不要碰它！如果是绿色，则表明它是关闭且安全的。那时，我们使用硬性规定的编码颜色来显示对象。它是蛮不讲理而令人惊奇的。没有标准化，就没有办法不作修改即从化工应用进入到电力应用。

一个界面中，最好不要有太多的字形，更不宜选用字形太复杂或软弱无力的字体，如斜体字等，越简洁清楚则辨识性越佳。

4. 减少显示器的视觉密度

一般机器、设备和器材所需表达的信息很多，易造成显示和操作界面看起来非常拥挤，所有信息挤在一团，别说是最终用户，连专业的电气设计人员都未必一眼就能获得所需的信息或知道如何正确进行操作。

因此，设计触摸屏时，务必要考虑到内容的配置与空间裕度的保留，适当的留白将使整个界面看起来清楚而美观。这里有几点适当保留空间的方法可供参考。

(1) 把次要信息用选项功能或连结功能将其置于选项中，需要时再选取即可；

(2) 降低品牌识别图像的大小，像品牌 logo、名称等，无需为了彰显品牌形象而刻意将其放大；

(3) 使用简单的图形，尽量 2-D 平面化，不要使用过度复杂的图像；

(4) 使用空白空间而非线条去区分文字内容，尽量使整个界面简易化；

(5) 使用简洁的语句表达信息，避免内容过多。

5. 使用简明扼要的词句和精简图像

操作界面中按钮、图标以及其他功能键的设计要符合用户的认知习惯。当用户使用产品时尽量不需要通过太多的学习，通过按钮的形态、色彩以及上面的图标就可以进行操作。言简意赅地点出重点，叙述性的文字只会让使用者失去耐性，并让整体界面看起来复杂难懂。

对于触摸屏来说需要避免使用复杂的图像，以象形符码的表示为最佳，只要能引起使用者的共识，越简单越好。而对于操作面板来说，在增加功能时，要尽量采用复用按键，加强在屏显示提示等方法，一般来说，可能有些消费者会认为按键越多产品档次越高，但太多的按键会增加操作的难度。

无论是以色彩或还是以字体来表示某项含意，一定要前后一致，红色代表危险、粗体代表强调，决不可随意应用，否则会造成使用者之混淆。

一致的触摸屏不致增加用户的负担，让用户始终用同一种方式思考与操作。最忌讳的是每换一个屏幕用户就要换一套操作命令与操作方法。就如同 Windows 下的应用软件之所以备受青睐，与其界面的一致性有很大关系。因此，在触摸屏画面设计中也不妨用问号图标表示帮助、以磁盘图标表示存盘、以打印机图标表示打印，等等。

6. 安全提示、报警和故障

机器、设备和器材的使用安全性也与触摸屏设计的好坏有关，因为设计上的缺失将会直接或间接地造成操作时的失误，严重时还可能造成使用者的伤亡。

比如在输入过程控制中的工艺数据时，由于误操作、按键连击等均有可能导致数据误录。巧妙地进行程序设计，可以避免此类因素造成的错误。例如，输入电机转速时，可以对其范围进行限定，使用户无法输入 0～1500r/min 以外的数据，这样就可以确保电机的运行正常了。

还有一个经常会被忽略的问题就是如何设置报警，这是人机工程学的一个部分，人们应给予足够的注意。相同的报警不能用于每一个故障事件，报警声必须引起操作人员的警觉，但不能到达干扰人们反应能力的程度。不少触摸屏给出太多的脉冲和闪烁信号，这都不符合人机工程学的设计要求。

当使用触摸屏产品，其功效如同任何计算机时，应对相同的警告和制约进行检验，需将重复的动作压缩到最小。触摸屏对任何的修改都是开放的从而能适应不同的需要。

由此可知，一项产品，尤其是其与操作者人身安全有着密切关系时，在设计时须绝对谨慎。

三、轨道输送车触摸屏的设计方案

1. I/O配置表（如表8-3所示）

表8-3　　轨道输送车I/O分配表

输　入			输　出		
地址	符号	说　明	地址	符号	说　明
I1	SB4	START 启动按钮	Q1	SA1	手动/自动指示
I2	SB5	STOP 停止按钮	Q2	SB4	START 灯
I3	SB6	RESET 复位按钮	Q3	SB5	STOP 灯
I4	ES1	紧急停止按钮	Q4	SB6	RESET 灯
I5	SA1	MAN/AUTO（手动/自动）	Q5	KA1	轨道输送电机左转
I6	S1	X轴左定位	Q6	KA2	轨道输送车电机右转
I7	S2	X轴中间定位	Q7	Y1	Z轴下降
I8	S3	X轴右定位	Q8	Y2	Z轴上升
I9	S4	Z轴上定位	Q9	Y3	工件抓取
I10	S5	Z轴下定位	Q10	Y4	工件释放
I11	X102	X轴左限位	Q11	SB2	Z轴控制指示
I12	X103	X轴右限位	Q12	SB3	抓取控制指示
			AQ1	V1	轨道输送车速度设定

2. 外部接线图（如图8-34所示）

3. 触摸屏的配置

从图8-34中可以看出，触摸屏采用24VDC供电，通过以太网与PLC之间进行通信。

(1) 编制轨道输送车的画面设置。图8-35所示为轨道输送车操作画面，左边为3个工位仓库的所有模式，即模式_1_2表示工件从1号工位搬运到2号工位，依次类推，共有6种模式；右边为所有重要动作的状态指示，包括电机正转、电机反转、Z轴向下、Z轴向上、真空吸合、物品释放等。

(2) 对PLC程序与触摸屏功能之间做个规划。从触摸屏的画面可以看出，6种模式不尽相同，而且任何情况下只有一种模式在工作，因此可以采用子程序，每次某一运行模式选择后，其他五种模式就不执行，这样可以大大减小程序的运行时间。

GE Fanuc 程序中调用子程序的过程如图 8－36 所示，每个子程序的命名与触摸屏一致即可。

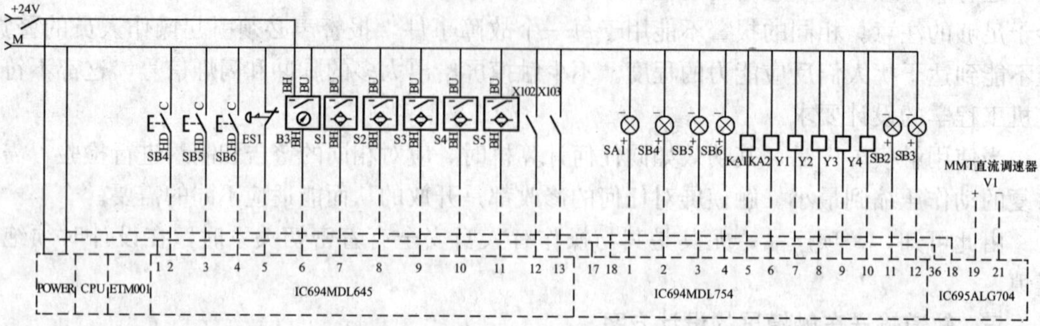

图 8－34　基于触摸屏的轨道输送车自动化系统

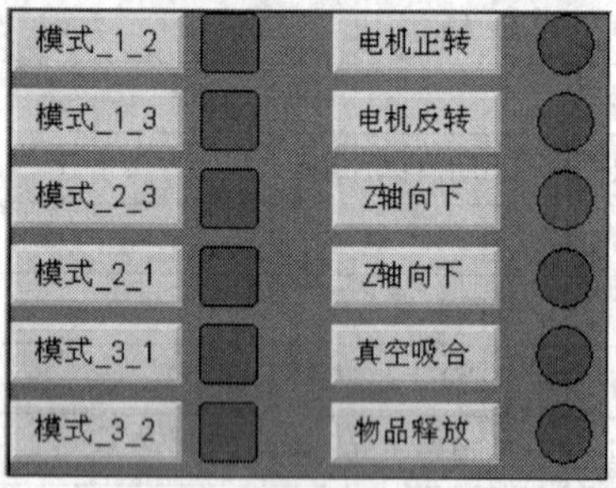

图 8－35　轨道输送车操作画面

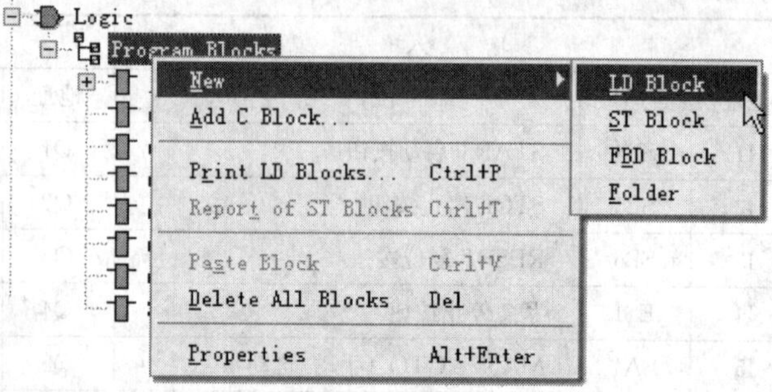

图 8－36　子程序的建立

在主程序中可以采用 CALL 指令进行子程序的调用，如图 8－37 所示。

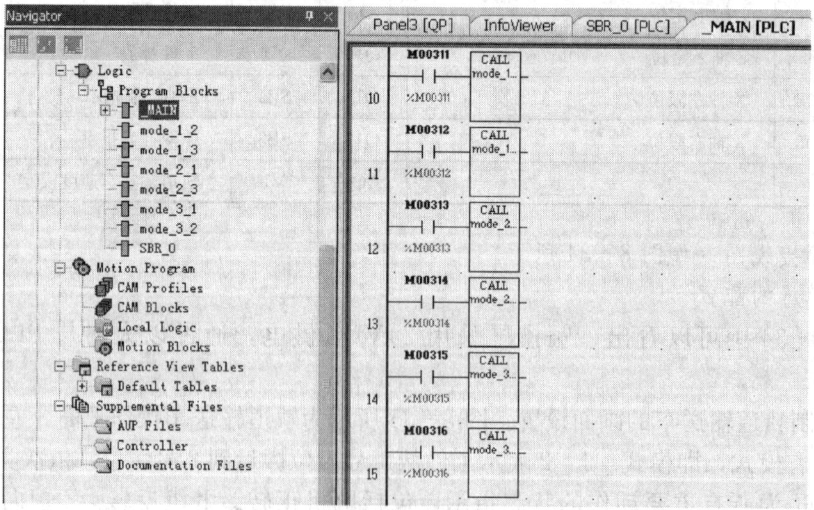

图 8－37　子程序的调用

本课题的完整程序请见配套资源网站 www.zjbti.net.cn 进入精品课程网《自动化综合实践》。

思 考 与 练 习

1. 假如轨道输送车采用变频器控制，该如何设计？

2. 目前直流调速也有相当一部分采用无刷直流永磁控制，请进行相关信息搜索并进行电气设计。

3. 如果本系统不采用触摸屏进行设计，而是采用传统的按钮和开关来设计，要达到课题的要求，又该如何设计？

4. 高级语言如 VB 等均可以设计人机界面，请用高级语言尝试设计完成本课题的内容？(注意：即采用 PC＋PLC 监控模式。)

参 考 文 献

[1] 刘长青．电气控制与 PLC 应用技术［M］．北京：科学出版社，2008.
[2] 刘增辉．模块化生产加工系统应用技术［M］．北京：电子工业出版社，2005.
[3] 李方园．触摸屏工程应用［M］．北京：电子工业出版社，2008.
[4] 李方园．变频器应用技术［M］．北京：科学出版社，2008.
[5] 武汉华中数控股份有限公司．HNC-21 华中数控实验指导书系列［M］．2007.
[6] 中国亚龙科技集团．YL-235 光机电一体化说明书［M］．2007.
[7] 西门子公司．S7 200 用户手册［M］．2004.
[8] GE Fanuc 公司．PAC RX3i 用户手册［M］．2007.
[9] 张运刚，等．从入门到精通——西门子 S7-200 PLC 技术与应用［M］．北京：人民邮电出版社，2007.